2026
개정 9 판

책 구입 시 드리는 혜택

❶ 전 과목 이론 동영상 강의 평생 제공
❷ 최근 CBT 시험 복원 문제 수록
❸ 우수회원 인증 후 2012년 ~ 2014년 3개년
　기출문제(해설 포함) 추가 제공

평생
무료

평생 무료 동영상과 함께하는

용접기능장 필기
최근기출문제

11개년기출문제 + 필기무료강의

최갑규 저

합 ⊕ 격

2025년
77회, 78회
복원 기출문제
수록

세진북스

전 과목 핵심 이론 강의 평생 제공 / 11개년 기출문제 수록 및 완벽 해설
최근 CBT 시험 복원 문제 수록 / 최근 기출문제 수록 및 완벽 해설
문제 해설을 이해하기 쉽도록 자세히 설명

무료 동영상 강의

Daum　용접무료동영상강의　🔍 http://cafe.daum.net/kh02260117

SEJIN Books
세진북스
www.sejinbooks.kr

용접은 산업현장에서 반드시 필요한 기술이며, 용접의 사용처는 무수히 많으나 그 중에서도 조선, 자동차, 플랜트 설비, 원자력, 가스 시공, 석유화학, 건축 등 아주 다양한 분야에서 사용되어지고 있습니다.

최근에는 용접을 배우려고 하는 사람들이 늘어나는 추세이며 용접기술을 배워 산업현장에 취업이나 자격증을 취득하려고 하는 인원 또한 늘어나고 있는 추세입니다.

오랜 강의 경험과 노하우를 이용하여 독학으로 충분히 용접기능장 필기에 합격할 수 있도록 서술하였습니다. 또한 최근 기출문제를 쉽게 접할 수 있도록 노력하였고, 수험생 여러분들이 자격증을 손쉽게 취득할 수 있도록 본 교재를 서술하였습니다.

단기간에 문제 해설을 공부할 수 있도록 하여 용접기능장 시험에 대비할 수 있도록 하였으니 이 교재로 공부하시는 모든 수험생 여러분의 합격을 기원하며 추후 부족한 부분이 있으면 보강할 것을 약속하며 여러분의 건승을 빕니다.

끝으로 본 교재를 집필하는 데 물심양면으로 도움을 주신 세진북스 홍세진 대표와 임직원 여러분께 감사의 말씀을 전하며 이 책으로 공부하시는 여러분에게 합격의 영광이 함께 하시길 기원합니다.

저자 최갑규

1. 필 기

직무분야	재료	중직무분야	금속재료	자격종목	용접기능장	적용기간	2024.01.01~2028.12.31

• **직무내용** : 용접에 관한 최고의 숙련기능을 가지고, 산업현장에서 작업관리, 소속기능자의 지도 및 감독, 현장교육훈련, 환경관리, 경영층과 생산계층을 유기적으로 결합시켜주는 현장관리 등을 수행하는 직무이다.

필기검정방법	객관식	문제수	60	시험시간	1시간

필기 과목명	문제수	주요항목	세부항목	세세항목
용접공학, 용접설계 시공, 용접재료, 용접자동화, 용접검사, 공업경영에 관한 사항	60	1. 용접공학	1. 용접공학	1. 용접의 원리　2. 용접의 장·단점 3. 용접의 종류 및 용도
			2. 피복아크 용접법	1. 피복아크용접기기　2. 피복아크용접용 설비 3. 피복아크용접봉　4. 피복아크용접기법
			3. 가스용접법	1. 가스 및 불꽃　2. 가스용접설비 및 기구 3. 산소, 아세틸렌 용접기법
			4. 절단 및 가공	1. 가스절단 장치 및 방법　2. 플라즈마, 레이저 절단 3. 특수가스절단 및 아크절단 4. 스카핑 및 가우징
			5. 특수용접 및 기타 용접	1. 서브머지드 아크용접　2. TIG, MIG 아크용접 3. 이산화탄소가스 아크용접 4. 플럭스 코어드 용접　5. 플라즈마 용접 6. 일렉트로슬랙, 테르밋 용접 및 그래비티 용접 7. 전자빔 용접　8. 레이저 용접 9. 저항 용접　10. 납땜 및 기타용접
			6. 각종금속의 용접	1. 탄소강 및 저합금강의 용접 2. 주철 및 주강의 용접　3. 스테인리스강의 용접 4. 알루미늄 및 그 합금의 용접 5. 동 및 그 합금의 용접 6. 기타 철금속, 비철금속 및 그 합금의 용접
			7. 용접안전	1. 피복아크용접 작업안전보건관리 2. 물질안전보건관리
			8. 기계설비법	1. 기계설비법령
		2. 용접재료	1. 용접재료 및 금속재료	1. 금속재료의 일반적 성질 2. 금속의 결정구조 및 결합 3. 금속 및 합금　4. 철강의 종류 및 특징 5. 비철재료의 종류 및 특징 6. 열처리　7. 표면경화 및 처리법
		3. 용접 설계시공	1. 용접설계	1. 용접 구조물의 설계　2. 용접이음의 강도 3. 용접도면 해독
			2. 용접시공	1. 용접 시공계획　2. 용접 준비 3. 본 용접　4. 용접 전, 후처리 5. 용접결함, 변형 및 방지대책
		4. 용접 자동화	1. 용접의 자동화	1. 자동화 절단 및 용접　2. 로봇 용접
		5. 용접 검사 (시험)	1. 파괴, 비파괴 및 기타 검사(시험)	1. 인장시험　2. 굽힘시험 및 경도시험 3. 충격시험　4. 방사선투과시험 5. 초음파탐상시험 6. 자분탐상시험 및 침투탐상시험 7. 현미경조직시험 및 기타시험
		6. 공업경영	1. 품질관리	1. 통계적 방법의 기초　2. 샘플링 검사 3. 관리도
			2. 생산관리	1. 생산계획　2. 생산통제
			3. 작업관리	1. 작업방법연구　2. 작업시간연구
			4. 기타공업경영에 관한 사항	1. 기타공업경영에 관한 사항

2. 실 기

직무분야	재료	중직무분야	금속재료	자격종목	용접기능장	적용기간	2024.01.01~2028.12.31

- 직무내용 : 용접에 관한 최고의 숙련기능을 가지고, 산업현장에서 작업관리, 소속기능자의 지도 및 감독, 현장교육훈련, 환경관리, 경영층과 생산계층을 유기적으로 결합시켜주는 현장관리 등을 수행하는 직무이다.
- 수행준거 : 1. 도면, 용접절차사양서, 작업지시서에서 용접요구사항을 수행할 수 있다.
  2. 용접재료 준비와 작업환경을 확인할 수 있다.
  3. 안전보호구 착용 및 용접장치 특성을 이해하고, 용접기 설치 및 점검관리를 할 수 있다.
  4. 주어진 도면을 해독하여 소요 재료를 산출할 수 있다.
  5. 작업공정계획을 수립하여, 제작할 수 있다.
  6. 작업공정에 따라 용접재료를 용도에 맞게 절단, 가공 및 용접할 수 있다.
  7. 용접작업시 수시(자주)검사와 결함부위를 수정하고, 용접부의 전·후처리를 할 수 있다.
  8. 작업장정리 및 용접기록부를 작성할 수 있다.

실기검정방법	작업형	시험시간	5시간 정도

실기과목명	주요항목	세부항목	세세항목
용접 실무	1. 피복아크용접 도면해독	1. 용접기호 확인하기	1. 용접자세를 지시하는 용접기본기호를 구별할 수 있다. 2. 용접이음, 그루브의 형상을 지시하는 용접 본기호를 구별 할 수 있다. 3. 가공 상태를 지시하는 용접보조기호의 의미를 구별할 수 있다.
		2. 도면 파악하기	1. 제작도면을 해독하여 도면에 표기된 용접자세, 용접이음, 그루브의 형상 등을 파악할 수 있다. 2. 제작도면에 표기된 용접에 필요한 기본 요구사항 등을 파악할 수 있다. 3. 제작도면을 해독하여 용접구조물 형상을 파악할 수 있다.
		3. 용접절차사양서 파악하기	1. 용접절차사양서(용접도면, 작업지시서)에서 용접 일반에 관한 특정사항 등을 파악할 수 있다. 2. 용접절차사양서(용접도면, 작업지시서)에서 요구하는 이음의 형상을 파악할 수 있다. 3. 용접절차사양서(용접도면, 작업지시서)에서 요구하는 용접방법에 대하여 파악할 수 있다. 4. 용접절차사양서(용접도면, 작업지시서)에서 요구하는 용접조건을 파악할 수 있다. 5. 용접절차사양서(용접도면, 작업지시서)에서 요구하는 용접 후처리 방법에 대하여 파악 할 수 있다.
	2. 피복아크용접 재료준비	1. 모재 준비하기	1. 용접구조물의 사용성능에 맞는 모재를 선택할 수 있다. 2. 요구하는 용접강도 및 모재 두께에 알맞은 그루브형상을 가공할 수 있다. 3. 요구하는 이음형상으로 모재를 배치할 수 있다. 4. 작업에 사용할 모재를 청결하게 유지할 수 있다.
		2. 용접봉 준비하기	1. 용접절차사양서(용접도면, 작업지시서)에 따라 모재의 화학성분, 기계적성질에 적합한 용접봉을 선택할 수 있다. 2. 용접절차사양서(용접도면, 작업지시서)에 따라 모재의 두께, 이음형상에 적합한 용접봉을 선택할 수 있다. 3. 용접절차사양서(용접도면, 작업지시서)에 따라 용접성, 작업성에 적합한 용접봉을 선택할 수 있다. 4. 용접봉 피복제 종류에 따른 적정 건조온도와 시간을 관리할 수 있다.
		3. 용접치공구 준비하기	1. 용접치공구의 특성을 알고 다룰 수 있다. 2. 용접포지셔너의 특성을 알고 적용할 수 있다. 3. 용접구조물 형태에 따른 치공구 특성을 알고 배치할 수 있다. 4. 용접변형에 따른 역변형과 고정력을 치공구에 반영할 수 있다.

실기과목명	주요항목	세부항목	세세항목
3. 피복아크용접 장비준비	1. 용접장비 설치하기	1. 작업 전 용접기 설치장소의 이상 유무를 확인할 수 있다. 2. 용접기의 각부 명칭을 알고 조작할 수 있다. 3. 용접기의 부속장치를 조립할 수 있다. 4. 용접기에 전원 케이블과 접지 케이블을 연결할 수 있다. 5. 용접용 치공구를 정리정돈할 수 있다.
	2. 용접설비 점검하기	1. 아크를 발생시켜 용접기의 이상 유무를 확인할 수 있다. 2. 전격방지기의 용도를 알고 이상 유무를 확인할 수 있다. 3. 용접봉 건조기의 용도를 알고 이상 유무를 확인할 수 있다. 4. 환풍기의 용도를 알고 이상 유무를 확인할 수 있다. 5. 용접포지셔너의 용도를 알고 이상 유무를 확인할 수 있다. 6. 용접설비가 작업여건에 맞게 배치되었는지를 확인할 수 있다.
	3. 환기장치 설치하기	1. 환풍기의 종류를 알고 작업여건에 따라 선택할 수 있다. 2. 작업환경에 따라 환기방향을 선택하고 환기량을 조절할 수 있다. 3. 작업장의 환기시설을 조작하고 이상 유무를 확인할 수 있다. 4. 이동용 환풍기를 설치할 때 이상 유무를 확인할 수 있다.
4. 피복아크용접 작업안전보건관리	1. 용접작업 안전수칙 파악하기	1. 산업안전보건법에 따라 용접작업의 안전수칙을 준수할 수 있다. 2. 산업안전보건법에 따라 안전보호구를 준비하고 착용할 수 있다. 3. 안전사고 행동 요령에 따라 사고 시 행동에 대비할 수 있다. 4. 용접장비의 안전수칙을 숙지하여 장비에 의한 사고에 대비할 수 있다.
	2. 용접작업장 주변정리상태 점검하기	1. 용접작업장 주변에 화재예방을 위해 인화물질을 점검하고 소화용 장비를 준비할 수 있다. 2. 용접작업시 추락 방지와 낙화물에 의한 사고를 예방하기 위하여 작업장 주변을 점검할 수 있다. 3. 용집직업장 청결을 위해 주변을 깨끗이 정리정돈할 수 있다. 4. 용접작업장의 환기를 위해 환기시설을 확인하고 설치, 조작할 수 있다.
	3. 용접안전보호구 점검하기	1. 안전을 위하여 안전보호구 선택 시 유의사항을 파악할 수 있다. 2. 안전수칙에 규정된 보호구 구비조건을 알고 사용할 수 있다. 3. 안전보호구의 특징을 알고 이를 선택 착용할 수 있다.
5. 피복아크용접 가용접작업	1. 모재치수 확인하기	1. 도면에 따라 용접조건에 맞는 모재의 재질을 확인할 수 있다. 2. 도면에 따라 용접조건에 맞는 모재의 치수를 확인할 수 있다. 3. 도면에 따라 길이 및 각도 측정용 공구 등을 사용하여 치수를 측정할 수 있다.
	2. 용접부 이음형상 확인하기	1. 도면에 따라 이음형상이 조립되어 있는지 확인할 수 있다. 2. 이음형상에 따라 치공구를 배치할 수 있다. 3. 조립부의 치수가 도면과 일치하는 지 확인할 수 있다.
6. 피복아크용접 본용접작업	1. 용접조건 설정하기	1. 용접절차사양서에 따라 피복아크용접을 실시할 모재의 특성, 두께, 이음의 형상을 파악할 수 있다. 2. 용접절차사양서에 따라 용접전류를 설정할 수 있다. 3. 용접절차사양서에 따라 적합한 용접기의 작업기준을 설정할 수 있다. 4. 용접절차사양서에 따라 용접작업표준을 설정할 수 있다.
	2. 용접부 온도관리	1. 용접부 형상과 모재의 종류에 따른 예열 기구를 이해하고 적용할 수 있다. 2. 용접절차사양서(용접도면, 작업지시서)에 규정된 예열 온도를 준수하여 용접부를 예열할 수 있다. 3. 다층용접인 경우에는 용접절차사양서에 규정된 층간 온도를 준수하여 용접작업을 할 수 있다.

실기과목명	주요항목	세부항목	세세항목
		3. 용접부 본용접하기	1. 용접절차사양서(용접도면, 작업지시서)에 따라 용접기의 종류를 선정하고 용접조건을 설정할 수 있다. 2. 용접절차사양서(용접도면, 작업지시서)에 따라 용접작업을 수행할 수 있다. 3. 용접절차사양서(용접도면, 작업지시서)에 따라 전후 처리를 할 수 있다.
	7. 피복아크 용접부 검사	1. 용접 전 검사하기	1. 모재의 재질 및 용접조건을 확인할 수 있다. 2. 용접이음과 그루브의 형상 상태를 확인할 수 있다. 3. 용접부 모재의 청결 상태를 확인할 수 있다. 4. 용접구조물의 가용접 상태를 확인할 수 있다.
		2. 용접 중 검사하기	1. 용접부의 변형 상태를 확인할 수 있다. 2. 용접부의 외관 결함여부를 확인할 수 있다. 3. 용접부 용착 상태를 확인할 수 있다.
		3. 용접 후 검사하기	1. 용접부 외관검사를 할 수 있다. 2. 용접부 잔류응력, 내부응력을 확인할수 있다. 3. 용접부 비파괴 검사를 실시할 수 있다.
	8. 피복아크 용접 작업 후 정리정돈	1. 용접작업장 정리정돈하기	1. 용접케이블을 안전하게 정리정돈할 수 있다. 2. 용접작업 시 사용한 전기기기를 안전하게 정리정돈할 수 있다. 3. 용접작업후 잔여 재료를 구분하여 정리정돈할 수 있다. 4. 용접용 치공구를 정리정돈할 수 있다. 5. 용접작업 시 사용한 안전보호구를 종류별로 정리정돈 할 수 있다. 6. 용접작업장의 작업안전을 위해서 항상 청결하게 정리정돈 할 수 있다.
	9. 가스팅스텐 아크용접 도면해독	1. 도면 파악하기	1. 제작도면을 해독하여 도면에 표기된 이음형상을 파악할 수 있다. 2. 제작도면에 표기된 용접에 필요한 기본 요구사항을 파악할 수 있다. 3. 제작도면을 해독하여 용접구조물 형상을 파악할 수 있다.
		2. 용접기호 확인하기	1. 용접자세를 지시하는 용접 기본기호를 구별할 수 있다. 2. 용접이음의 형상을 지시하는 용접 기본기호를 구별할 수 있다. 3. 용접 보조기호의 의미를 구별할 수 있다.
		3. 용접절차사양서 파악하기	1. 용접절차사양서(용접도면, 작업지시서)에서 용접 일반에 관한 특정 사항등을 파악할 수 있다. 2. 용접절차사양서(용접도면, 작업지시서)에서 요구하는 이음의 형상을 파악할 수 있다. 3. 용접절차사양서(용접도면, 작업지시서)에서 요구하는 용접방법에 대하여 파악할 수 있다. 4. 용접절차사양서(용접도면, 작업지시서)에서 요구하는 용접조건을 파악할 수 있다. 5. 용접절차사양서(용접도면, 작업지시서)에서 요구하는 용접 후처리 방법에 대하여 파악할 수 있다.
	10. 가스팅스텐 아크용접 재료준비	1. 모재준비하기	1. 용접구조물의 기계적성질, 화학성분, 열처리 특성에 맞는 모재를 선택할 수 있다. 2. 요구하는 용접강도에 맞는 이음형상으로 가공할 수 있다. 3. 요구하는 모재치수에 맞는 이음형상으로 가공 할 수 있다. 4. 작업에 사용될 모재를 청결하게 유지할 수 있다.
		2. 용가재준비하기	1. 용접절차사양서(용접도면, 작업지시서)에 따라 용접조건에 맞는 용가재를 선정 할 수 있다. 2. 용접절차사양서(용접도면, 작업지시서)에 따라 용접모재 크기에 적합한 용가재 지름을 선택할 수 있다. 3. 용접절차사양서(용접도면, 작업지시서)에 따라 용접성, 작업성에 적합한 용가재를 선택할 수 있다.

실기과목명	주요항목	세부항목	세세항목
11. 가스텅스텐 아크용접 작업안전 보건관리	1. 용접작업 안전수칙 파악하기	1. 산업안전보건법에 따라 용접작업의 안전수칙을 준수할 수 있다. 2. 안전보호구를 준비하고 착용할 수 있다. 3. 안전사고 행동 요령에 따라 사고 시 행동에 대비 할 수 있다. 4. 안전수칙을 숙지하여 전격에 의한 사고를 대비할 수 있다.
	2. 용접안전보호구 점검하기	1. 안전을 위하여 보호구 선택시 유의사항을 파악할 수 있다. 2. 안전수칙에 규정된 보호구 구비조건을 파악하고 사용할 수 있다. 3. 안전모의 특징을 파악하고 착용할 수 있다. 4. 안전화의 특징을 파악하고 착용할 수 있다. 5. 보호복의 특징을 파악하고 착용할 수 있다.
12. 가스텅스텐 아크용접 장비준비	1. 용접장비 설치하기	1. 용접작업 전 가스텅스텐아크용접기 설치 장소를 확인하여 정리정돈 할 수 있다. 2. 용접작업에 적합한 용접기의 용량을 선택할 수 있다. 3. 용접작업에 사용할 용접기에 1차 입력 케이블을 연결할 수 있다. 4. 용접작업에 사용할 접지 케이블을 연결할 수 있다.
	2. 보호가스 설치하기	1. 설치한 용접기의 후면 접속부에 보호가스용기의 레귤레이터 연결 가스호스를 연결할 수 있다. 2. 보호가스 용기의 레귤레이터를 설치 할 수 있다. 3. 보호가스의 압력과 유량을 용접작업에 알맞게 조정할 수 있다.
13. 가스텅스텐 아크용접 가용접 작업	1. 모재치수 확인하기	1. 용접절차사양서(용접도면, 작업지시서)에 따라 용접조건에 맞는 모재의 재질을 파악할 수 있다. 2. 도면에 따라 용접조건에 맞는 모재의 치수를 파악할 수 있다. 3. 측정용 공구를 사용하여 도면과의 일치 여부를 확인할 수 있다.
14. 가스텅스텐 아크용접 본용접 작업	1. 본용접하기	1. 용접절차사양서(용접도면, 작업지시서)에 따라 용접기의 종류를 선정하고 용접조건을 설정할 수 있다. 2. 용접절차사양서(용접도면, 작업지시서)에 따라 용접작업을 수행할 수 있다. 3. 용접절차사양서(용접도면, 작업지시서)에 따라 용접 후처리를 할 수 있다. 4. 도면에 제시된 강판(4mm 이하), 강관 및 구조물의 용접작업을 할 수 있다.
15. 가스텅스텐 아크용접부 검사	1. 용접 전 검사	1. 용접이음과 개선 그루브 상태를 확인할 수 있다. 2. 용접부 모재의 청결 상태를 확인할 수 있다. 3. 용접구조물의 가용접 상태를 확인할 수 있다.
	2. 용접 중 검사	1. 용접부의 수축 변형 상태를 확인할 수 있다 2. 용접부의 층간 온도 유지 상태를 확인할 수 있다. 3. 용접부의 결함여부를 육안으로 확인할 수 있다.
	3. 용접 후 검사	1. 용접부 외관검사를 할 수 있다. 2. 도면에 따라 용접부의 치수를 검사할 수 있다. 3. 용접부의 변형상태를 검사할 수 있다. 4. 작업지침서에 따라 일부 비파괴검사를 할 수 있다.
16. 가스텅스텐 아크용접 결함부 보수용접 작업	1. 용접결함 확인하기	1. 용접부에 발생한 치수상 결함을 확인할 수 있다. 2. 용접부에 발생한 구조상 결함을 확인할 수 있다. 3. 용접부에 발생한 성질상 결함을 확인할 수 있다.
17. 가스텅스텐 아크용접 작업 후 정리정돈	1. 보호가스 차단하기	1. 용접용 보호가스 밸브를 차단할 수 있다. 2. 보호가스 누설을 확인 및 검사할 수 있다. 3. 검사 실시 후 이상 발견 시 상황에 맞는 조치를 취할 수 있다.
	2. 전원차단하기	1. 용접기 본체의 스위치를 차단할 수 있다. 2. 용접부스에 공급되는 메인전원을 차단할 수 있다 3. 배기 및 환기시설 전원을 차단할 수 있다.

실기과목명	주요항목	세부항목	세세항목
		3. 용접작업장 정리정돈하기	1. 용접모재 및 잔여 재료를 정리정돈할 수 있다. 2. 용접용 보호구 및 작업 공구를 정돈할 수 있다. 3. 작업장 주변을 청결하게 청소할 수 있다.
	18. CO_2용접 재료 준비	1. 모재 준비하기	1. 용접구조물의 사용성능(기계적 성질, 화학성분, 열처리 특성)에 맞는 모재를 선택할 수 있다. 2. 요구하는 용접강도 및 모재 두께에 알맞은 이음형상에 맞게 가공할 수 있다. 3. 작업에 쓰일 모재를 청결하게 유지할 수 있다.
		2. 용접와이어 준비하기	1. 모재의 재질 및 작업성에 맞는 와이어를 선정할 수 있다. 2. 용접부 이음 형상에 맞는 와이어를 선택할 수 있다. 3. 용접재료 및 두께에 맞는 와이어 지름을 선택할 수 있다. 4. 솔리드와이어, 플럭스코어드와이어 특성을 이해하고 선택할 수 있다.
		3. 보호가스 준비하기	1. CO_2용접작업에 적합한 보호가스 종류와 사용방법을 선택할 수 있다. 2. 용접절차사양서에 따라 보호가스로 CO_2나 혼합가스를 선택할 수 있다. 3. 보호가스가 토치부로 적정 유량이 나오는지 확인할 수 있다.
		4. 백킹재 준비하기	1. 용접절차사양서에 따라 적합한 백킹재를 준비할 수 있다. 2. 모재의 두께와 이음형상에 알맞은 백킹재를 선택할 수 있다. 3. 백킹재를 모재의 홈에 맞게 부착할 수 있다.
	19. CO_2용접 장비 준비	1. 용접장비 점검하기	1. CO_2용접기의 각부 명칭을 알고 조작할 수 있다. 2. 가스 공급장치의 가스누설 점검 및 유량을 조절할 수 있다. 3. 용접기 패널의 크레이터 유/무 전환 스위치와 일원/개별 전환 스위치를 선택할 수 있다. 4. 아크를 발생시켜 용접기 이상 유/무를 확인할 수 있다.
	20. 가용접 작업	1. 모재치수 확인하기	1. 용접절차사양서(용접도면, 작업지시서)에 따라 용접조건에 맞는 모재의 재질을 파악할 수 있다. 2. 용접절차사양서(용접도면, 작업지시서)에 따라 용접조건에 맞는 모재의 치수를 파악할 수 있다. 3. 용접절차사양서(용접도면, 작업지시서)에 따라 길이 및 각도 측정용 공구 등을 사용하여 치수를 측정할 수 있다.
		2. 홈가공하기	1. 용접절차사양서(용접도면, 작업지시서)에 따라 홈 가공에 사용되는 공구 및 기계를 선택하여 사용할 수 있다. 2. 용접절차사양서(용접도면, 작업지시서)에 따라 홈 각도, 루트 면 등 용접이음부를 가공할 수 있다 3. 용접절차사양서(용접도면, 작업지시서)에 따라 홈 가공 시 안전 수칙을 준수할 수 있다.
		3. 가용접하기	1. 용접절차사양서(용접도면, 작업지시서)에 따라 용접 구조물 조립을 위한 순서를 파악할 수 있다 2. 용접절차사양서(용접도면, 작업지시서)에 따라 용접 구조물의 이음 형상에 적합한 가용접 위치 및 길이를 파악할 수 있다. 3. 용접절차사양서(용접도면, 작업지시서)에 따라 용접 구조물의 응력 집중부를 피하여 가용접 작업을 수행할 수 있다. 4. 용접절차사양서(용접도면, 작업지시서)에 따라 용접 구조물이 변형되지 않도록 가용접 작업을 수행할 수 있다.
	21. 솔리드와이어 용접 작업	1. 솔리드와이어 용접 조건 설정하기	1. 용접절차사양서(용접도면, 작업지시서)에 따라 솔리드와이어용접을 실시할 모재의 특성, 두께, 이음의 형상을 파악할 수 있다. 2. 용접절차사양서(용접도면, 작업지시서)에 따라 용접전류, 용접전

실기과목명	주요항목	세부항목	세세항목
			압 등을 설정할 수 있다. 3. 용접절차사양서(용접도면, 작업지시서)에 따라 적합한 용접기의 작업기준을 설정할 수 있다. 4. 용접절차사양서(용접도면, 작업지시서)에 따라 용접 작업표준을 설정할 수 있다.
		2. 솔리드와이어 선택하기	1. 용접절차사양서(용접도면, 작업지시서)에 따라 모재의 화학성분, 기계적 성질에 적합한 솔리드 와이어를 선택할 수 있다. 2. 용접절차사양서(용접도면, 작업지시서)에 따라 모재의 두께, 이음 형상에 적합한 솔리드와이어를 선택할 수 있다. 3. 용접절차사양서(용접도면, 작업지시서)에 따라 용접성, 작업성에 적합한 솔리드와이어를 선정할 수 있다.
		3. 솔리드와이어 용접 보호가스 선택하기	1. 용접절차사양서(용접도면, 작업지시서)에 따라 솔리드와이어용접 작업에 적합한 보호가스를 선정할 수 있다. 2. 용접절차사양서(용접도면, 작업지시서)에 따라 솔리드와이어용접 작업에 적합한 보호가스 사용조건을 설정할 수 있다. 3. 선정한 보호가스 공급장비를 안전하게 운용할 수 있다.
		4. 솔리드와이어 용접하기	1. 용접절차사양서(용접도면, 작업지시서)에 따라 용접기의 종류를 선정하고 용접조건을 설정할 수 있다. 2. 용접절차사양서(용접도면, 작업지시서)에 따라 솔리드와이어용접 작업을 시행할 수 있다. 3. 용접절차사양서(용접도면, 작업지시서)에 따라 용접후처리(표면 처리, 열처리 등)를 할 수 있다.
	22. 플럭스코어드 와이어용접 작업	1. 플럭스코어드 와이어 용접 조건 설정하기	1. 용접절차사양서(용접도면, 작업지시서)에 따라 플럭스코어드와이 어용접 작업을 실시할 모재의 특성, 두께, 이음의 형상을 파악할 수 있다. 2. 용접절차사양서(용접도면, 작업지시서)에 따라 용접전류, 용접전 압 등을 설정할 수 있다. 3. 용접절차사양서(용접도면, 작업지시서)에 따라 적합한 용접기의 작업기준을 설정할 수 있다. 4. 용접절차사양서(용접도면, 작업지시서)에 따라 용접 작업표준을 설정할 수 있다.
		2. 플럭스코어드 와이어 선택하기	1. 용접절차사양서(용접도면, 작업지시서)에 따라 모재의 화학성분, 기계적 성질에 적합한 플럭스코어드와이어를 선택할 수 있다. 2. 용접절차사양서(용접도면, 작업지시서)에 따라 모재의 두께, 이음 형상에 적합한 플럭스코어드와이어를 선택할 수 있다. 3. 용접절차사양서(용접도면, 작업지시서)에 따라 용접성, 작업성에 적합한 플럭스코어드 와이어를 선정할 수 있다.
		3. 플럭스코어드 와이어 용접 보호가스 선택하기	1. 용접절차사양서(용접도면, 작업지시서)에 따라 플럭스코어드와이 어용접 작업에 적합한 보호가스를 선정할 수 있다. 2. 용접절차사양서(용접도면, 작업지시서)에 따라 플럭스코어드와이 어용접 작업에 적합한 보호가스 사용조건을 설정할 수 있다. 3. 선정한 보호가스 공급장비를 안전하게 운용할 수 있다.
		4. 플럭스코어드 와이어 용접하기	1. 용접절차사양서(용접도면, 작업지시서)에 따라 용접기의 종류를 선정하고 용접 조건을 설정할 수 있다. 2. 용접절차사양서(용접도면, 작업지시서)에 따라 플럭스코어드와이 어 용접작업을 시행할 수 있다. 3. 용접절차사양서(용접도면, 작업지시서)에 따라 용접 후처리(표면 처리, 열처리 등)를 할 수 있다.

실기과목명	주요항목	세부항목	세세항목
23. 용접부 검사	1. 용접 전 검사	1. 용접 모재의 재질 및 용접조건을 확인할 수 있다. 2. 용접이음과 개선 홈 상태를 확인할 수 있다. 3. 용접부 모재의 청결 상태를 확인할 수 있다. 4. 용접구조물의 가용접 상태를 확인할 수 있다.
		2. 용접 중 검사	1. 용접부의 수축 변형 상태를 확인할 수 있다. 2. 용접부의 균열, 슬래그 섞임 등 결함여부를 확인할 수 있다. 3. 용접부 용착 상태를 확인할 수 있다.
		3. 용접 후 검사	1. 용접부 외관검사를 할 수 있다. 2. 용접부 재질에 따른 변형 교정 및 후열처리를 할 수 있다. 3. 용접부 잔류응력 및 내부응력을 확인할 수 있다. 4. 용접부 파괴 및 비파괴 검사를 실시할 수 있다.
24. 작업 후 　　정리·정돈	1. 보호가스 　차단하기	1. 용접용 보호가스 밸브를 차단할 수 있다. 2. 보호가스 누설을 확인 및 검사할 수 있다. 3. 검사 실시 후 이상 발견 시 상황에 맞는 조치를 취할 수 있다.
		2. 전원차단하기	1. 용접기 본체의 스위치를 차단할 수 있다. 2. 용접부스에 공급되는 메인전원을 차단할 수 있다. 3. 배기 및 환기시설 전원을 차단할 수 있다.
		3. 작업장 정리· 　정돈하기	1. 용접모재 및 잔여 재료를 정리 정돈할 수 있다. 2. 용접용 보호구 및 작업 공구를 정돈할 수 있다. 3. 작업장 주변을 청결하게 청소할 수 있다.

차례

Contents

용접기능장 필기
최근 기출문제

용접기능장

2015

최근 기출문제

용접기능장 필기

 **01**

KS D 7004 규정에서 연강용 피복 용접봉의 표시는 E 43 △ □이다. 용착금속의 최저인장강도를 나타내는 것은?

① E

② 43

③ △

④ □

해설 **E4316(저수소계)**
① E : 전기용접봉
② 43 : 용착금속의 최저인장강도
③ 1 : 용접자세(아래보기 : F, 수직 : V, 수평 : H, 위보기 : O)
④ 6 : 피복제 계통

 **02**

스테인리스강, 스텔라이트, 모넬메탈 등의 용접에 사용되며 금속 표면에 침탄 작용을 일으키기 쉬운 산소-아세틸렌 불꽃은?

① 중성불꽃

② 산화불꽃

③ 산소과잉불꽃

④ 탄화불꽃

해설 **산소-아세틸렌 불꽃**
① 탄화불꽃 : ㉠ 아세틸렌 과잉불꽃
    ㉡ 아세틸렌 페더가 있는 불꽃
    ㉢ 적황색으로 매연을 내면서 탐.
    ㉣ 스테인리스, 모넬메탈, 스텔라이트 용접에 사용
② 산화불꽃 : ㉠ 산소과잉불꽃
    ㉡ 구리, 황동 용접에 사용
③ 중성불꽃 : ㉠ 표준불꽃이라 함.
    ㉡ 산소와 아세틸렌의 비가 1 : 1이다.

해답

문제 03

가스 용접에서 역류, 역화, 인화의 주된 원인으로 틀린 것은?

① 토치 체결부분의 나사가 풀렸을 때

② 팁에 석회가루, 먼지, 기타 이물질이 막혔을 때

③ 팁의 과열, 토치의 취급을 잘못할 때

④ 산소가스의 공급이 부족할 때

해설 **역류, 역화, 인화의 주 원인**
① 아세틸렌 공급가스가 부족 시
② 아세틸렌의 압력 과소 시
③ 토치 성능이 불량 시
④ 토치의 체결나사가 풀렸을 때
⑤ 토치를 부주의하게 취급하였을 때
⑥ 팁이 과열되었을 때
⑦ 팁 구멍이 막혔을 때
⑧ 팁에 먼지, 기타 잡물이 막혔을 때

문제 04

용접자세에 사용된 기호 F가 나타내는 용접자세는?

① 아래보기자세   ② 수직자세

③ 수평자세   ④ 위보기자세

해설 **아래보기자세** : F   **수직자세** : V
수평자세 : H   **위보기자세** : O(OH)

문제 05

교류 아크 용접기 중 가동철심형에 대한 설명으로 틀린 것은?

① 가변저항기 부분을 분리하여 용접전류를 원격으로 조정한다.

② 가동철심으로 누설자속을 이용하여 전류를 조정한다.

③ 중간이상 가동철심을 빼면 누설자속의 영향으로 아크가 불안정되기 쉽다.

④ 미세한 전류 조정이 가능하다.

해설 **교류 아크 용접기 특징**
① 가동철심형 *(현미가광)*
  ㉠ 현재 가장 많이 사용
  ㉡ 미세한 전류 조정 가능
  ㉢ 가동철심으로 누설자속을 가감하여 전류 조정
  ㉣ 광범위한 전류 조정이 어렵다.
② 탭전환용 *(무ㄹ미)*
  ㉠ 무부하 전압이 높아 전격의 위험이 있다.
  ㉡ 코일의 감긴 수에 따라 전류 조정
  ㉢ 미세한 전류 조정이 어렵다.
③ 가포화 리액터형 : 원격제어가 되고 가변저항의 변화로 용접전류 조정
④ 가동코일형
  ㉠ 가격이 비싸다.
  ㉡ 1차, 2차 코일 중의 하나를 이동하여 누설자속을 변화하여 전류 조정

문제 06

용접성에 영향을 미치는 탄소강의 5대 인자 중 강도, 경도, 인성을 증가시키고 유황의 해를 제거하며 강의 고온가공을 쉽게 하는 원소는?

① 탄소(C) ② 규소(Si)
③ 망간(Mn) ④ 인(P)

해설 **망간**
① 적열취성 방지 ② 황의 해를 제거 ③ 고온가공을 쉽게 한다.

문제 07

다음 중 피복 아크 용접에서 아크의 성질 중 정극성(DCSP)의 특징이 옳은 것은?

① 모재의 용입이 얕다.
② 용접봉의 녹음이 느리다.
③ 비드 폭이 넓다.
④ 박판, 주철, 비철금속의 용접에 쓰인다.

해설 **직류 정극성(DCSP)** *(후비용용ㄹ)*
① 후판 용접에 적합 ② 비드 폭이 좁다.
③ 용입이 깊다. ④ 용접봉의 용융속도가 느리다.
⑤ 모재(+) 70%열, 용접봉(−) 30%열

해답

 **08**

순수한 카바이드 5kg은 이론적으로 몇 l의 아세틸렌가스를 발생시키는가?

① 174 l ② 1,740 l

③ 219 l ④ 2,190 l

해설 $CaC_2 + 2H_2O \rightarrow Ca(OH)_2 + C_2H_2$

$64kg$ $22.4m^3$

$\ 5kg$ x

$$x = \frac{5kg \times 22.4m^3}{64kg} = 1.75m^3 \times 1,000l/1m^3 = 1,750l$$

 **09**

피복 아크 용접봉의 피복제의 주요 기능을 설명한 것 중 틀린 것은?

① 아크를 안정하게 하며 슬래그를 제거하기 쉽게 하고, 파형이 고운 비드를 만든다.
② 중성 및 환원성의 가스를 발생하여 아크를 덮어서 대기 중 산소나 질소의 침입을 방지하고 용융금속을 보호한다.
③ 용착금속의 탈산 정련 작용을 하며, 용융점이 낮은 적당한 점성의 가벼운 슬래그를 만든다.
④ 용착금속의 냉각속도를 빠르게 하여 급랭을 방지한다.

해설 **피복제의 역할** *(전끙아슬탈합용)*
① 전기절연작용
② 공기중 산화, 질화 방지
③ 아크 안정
④ 슬래그 제거를 쉽게 한다.
⑤ 탈산정련작용
⑥ 합금원소 첨가
⑦ 용착금속의 냉각속도를 느리게 한다.
⑧ 용착효율을 높인다.

 **10**

가스 절단에 관한 설명으로 옳은 것은?

① 모재가 산화 연소하는 온도는 그 금속의 용융점보다 높아야 한다.
② 생성된 산화물의 용융점은 모재의 용융점보다 높아야 한다.
③ 예열 불꽃을 약하게 하면 역화가 발생하지 않는다.
④ 동심형 팁은 전·후, 좌·우 및 직선을 자유롭게 절단할 수 있다.

해설 ① 모재가 산화 연소하는 온도는 그 금속의 용융점보다 낮아야 한다.
② 생성된 산화물의 용융점은 모재의 용융점보다 낮아야 한다.
③ 예열불꽃을 약하게 하면 역화가 발생한다.

 **11**

스테인리스강을 플라즈마 절단하고자 할 때 어떤 작동가스를 사용하는가?

① $O_2 + H_2$ ② $Ar + N_2$
③ $N_2 + O_2$ ④ $N_2 + H_2$

해설 스테인리스강을 플라즈마 절단하고자 할 때 작동가스 : $H_2 + N_2$

12

용접기 사용상의 일반적인 주의사항으로 틀린 것은?

① 탭전환형 용접기에서 탭전환은 반드시 아크를 멈추고 행한다.
② 용접기 케이스에 접지(earth)를 시키지 않는다.
③ 정격사용률 이상 사용하면 과열되므로 사용률을 준수한다.
④ 1차측의 탭은 1차측의 전류 전압의 변동을 조절하는 것이므로 2차측의 무부하 전압을 높이거나 용접전류를 높이는 데 사용해서는 안 된다.

해설 용접기 케이스에 접지를 시켜야 한다.

문제 13

용접기의 자동전격방지장치에서 아크를 발생하지 않을 때는 보조변압기에 의해 용접기의 2차 무부하 전압을 몇 V 이하로 유지하는 것이 가장 적합한가?

① 30

② 40

③ 45

④ 50

해설 **1차 무부하 전압** : 85~90V

2차 무부하 전압 : 20~30V

문제 14

산소가스 절단의 원리를 가장 바르게 설명한 것은?

① 산소와 금속의 산화 반응열을 이용하여 절단한다.

② 산소와 금속의 탄화 반응열을 이용하여 절단한다.

③ 산소와 금속의 산화 아크열을 이용하여 절단한다.

④ 산소와 금속의 탄화 아크열을 이용하여 절단한다.

해설 **산소가스 절단 원리** : 산소와 금속의 산화 반응열을 이용, 절단

문제 15

아크 에어 가우징 시 압축공기의 압력은 몇 kgf/cm^2 정도가 좋은가?

① 2~4

② 5~7

③ 8~10

④ 11~13

해설 **아크 에어 가우징 압축공기 압력** : 5~7kg/cm^2

[특징] ① 조작방법이 간단하다.

② 용접결함부의 발견이 쉽다.

③ 모재에 악영향을 주지 않는다.

④ 작업방법이 간단하다.

⑤ 응용범위가 넓다.

문제 16

용접 관련 안전사항에 대한 설명으로 옳은 것은?

① 탭 전환 시 아크를 발생하면서 진행한다.
② 용접봉 홀더는 전체가 절연된 B형을 사용하여 작업자를 보호한다.
③ 작업자의 안전을 위하여 무부하 전압은 높이고 아크 전압은 낮춘다.
④ 정격 2차 전류가 낮을 때 정격사용률 이상으로 용접기를 사용해도 안전하다.

해설 용접봉 홀더는 전체가 절연된 A형을 사용하여 작업자 보호.
작업자의 안전을 위하여 무부하 전압을 낮추고 아크 전압을 낮춘다.

문제 17

레이저 광에 의한 눈의 위험을 방지하기 위한 주의사항으로 적합하지 않은 것은?

① 적당한 보호안경을 사용할 것.
② 밝은 장소에서 레이저를 취급하지 말 것.
③ 레이저 장치에 따른 레이저 광이 난반사되지 않게 정밀히 조절할 것.
④ 레이저 장치의 주위에 반사율이 높은 물질을 사용하는 것을 피할 것.

해설 밝은 장소에서도 레이저를 취급하여도 무방.

문제 18

전기 저항열을 이용한 용접법은?

① 전자빔 용접
② 일렉트로 슬래그 용접
③ 플라즈마 용접
④ 레이저 용접

해설 **전기 저항열을 이용한 용접법** : 일렉트로 슬래그 용접
가장 두꺼운 판 용접 : 일렉트로 슬래그 용접
텅스텐이나 몰리브덴 등 고용융점 금속 용접 : 전자빔 용접

문제 19 CO₂ 가스 아크 용접에서 사용되는 복합 와이어의 구조가 아닌 것은?

① U관상 와이어　　　　② Y관상 와이어

③ S관상 와이어　　　　④ 아코스 와이어

해설 CO₂ 가스 아크 용접에서 사용되는 복합 와이어의 구조
① Y관상 와이어　② S관상 와이어　③ 아코스 와이어

문제 20 납땜에서 용제가 갖추어야 할 조건이 아닌 것은?

① 모재의 산화 피막과 같은 불순물을 제거하고 유동성이 좋을 것.
② 청정한 금속면의 산화를 방지할 것.
③ 용제의 유효온도범위와 납땜온도가 일치할 것.
④ 침지 땜에 사용되는 것은 충분한 수분을 함유할 것.

해설 침지 땜에 사용되는 것은 수분을 함유하지 말 것.

문제 21 탄산가스 아크 용접은 어느 극성으로 연결하여 사용해야 하는가?
(단, 복합와이어는 사용하지 않는다.)

① 교류(AC)를 사용하므로 극성에 제한이 없다.
② 직류(DC) 전원을 사용하며 극성에 제한이 없다.
③ 직류 정극성(DCSP)을 사용한다.
④ 직류 역극성(DCRP)을 사용한다.

해설 탄산가스 아크 용접, 미그 용접 : 직류 역극성 사용

문제 22 헬륨을 이용하여 불활성 가스 아크 용접을 하고자 할 때 가장 적합한 금속은?

① 비중이 높은 금속　　　② 저속도의 수동 용접

③ 연성이 큰 얇은 금속　　④ 열전도율이 높은 금속

해설 헬륨을 이용하여 불활성 가스 아크 용접을 하고자 할 때 가장 적합한 금속 : 열 전도율이 높은 금속

 **23**

불활성 가스 아크 용접에서 일반적으로 헬륨(He)가스는 아르곤(Ar) 가스의 몇 배의 유량을 분출해야만 아르곤과 같은 정도의 실드 효과를 나타내는가?

① 약 1배　　　　　　　② 약 2배
③ 약 3배　　　　　　　④ 약 4배

해설 불활성 가스 아크 용접에서 일반적으로 헬륨가스는 아르곤가스의 약 2배의 유량을 분출해야만 아르곤과 같은 정도의 실드 효과를 나타냄.

 **24**

서브머지드 아크 용접 시 용접속도가 지나치게 빠른 경우 어떤 현상이 나타나는가?

① 용입은 다소 증가하고 이음가공의 정도가 좋아진다.
② 용접선이 길어져 단열작용의 원인이 된다.
③ 비드가 좁고 용입이 얕아진다.
④ 용접전류와 전압이 높아져 용입이 깊게 된다.

해설 서브머지드 아크 용접 시 용접속도가 지나치게 빠른 경우 : 비드가 좁고 용입이 얕아진다.

 **25**

스터드 용접에서 페룰의 역할이 아닌 것은?

① 용접이 진행되는 동안 아크열을 집중시켜 준다.
② 용착부의 오염을 방지한다.
③ 용융금속의 유출을 증가시킨다.
④ 용융금속의 산화를 방지한다.

해답 　　　　　　　　　　　　　　　　　　23. ②　24. ③　25. ③

해설 **페롤의 역할**
① 용착부의 오염을 방지한다.
② 용융금속의 유출 방지
③ 용융금속의 산화 방지
④ 용접이 진행되는 동안 아크열을 집중시켜 준다.

문제 26

아크 용접법에 속하지 않는 것은?

① 프로젝션 용접   ② 그래비티 용접
③ MIG 용접   ④ 스터드 용접

해설 **아크 용접법**
① TIG 용접   ② MIG 용접
③ 스터드 용접   ④ 그래비티 용접
⑤ CO_2 용접   ⑥ 서브머지드 아크 용접
⑦ 전자빔 용접 등

문제 27

전자빔 용접법의 특징이 아닌 것은?

① 에너지 밀도가 크다.
② 고용융점 재료의 용접이 가능하다.
③ 얇은 판에서 두꺼운 판까지 용접할 수 있다.
④ 모재의 크기에 제한이 없고, 배기장치가 필요없다.

해설 **전자빔 용접법** : 텅스텐이나 몰리브덴 등의 고용융점 금속을 용접
[특징] ① 에너지 밀도가 크다.
② 고용융점 재료의 용접이 가능하다.
③ 얇은 판에서 두꺼운 판까지 용접이 가능
④ 슬래그 섞임 등의 결함이 생기지 않는다.
⑤ 고진공 속에서 용접을 하므로 대기와 반응되기 쉬운 활성재료도 용이하게 용접된다.
⑥ 기계적 성질과 야금적 성질이 양호한 용접부를 얻을 수 있다.

 **28** 용접매연 발생의 영향인자에 대한 설명으로 틀린 것은?

① 일반적으로 용접전류가 증가함에 따라 용접매연의 발생량이 증가한다.

② 일반적으로 모든 아크용접에는 용접전압이 증가함에 따라 용접매연
의 발생량이 증가한다.

③ 보호가스의 조성은 용접매연의 조성뿐만 아니라 발생량에도 영향을
미친다.

④ 피복용접봉과 플럭스 코어드 와이어가 솔리드 와이어보다 용접매연
이 적게 발생한다.

해설 피복용접봉과 플럭스 코어드 와이어가 솔리드 와이어보다 용접매연이 많이
발생한다.

 **29** 서브머지드 아크 용접용 용제의 종류 중 광물성 원료를 혼합하여 노
에 넣어 1,300℃ 이상으로 가열해서 용해하여 응고시킨 후 분쇄하여
알맞은 입도로 만든 것으로 유리 모양의 광택이 나며 흡습성이 적은
것이 특징인 것은?

① 용융형 용제　　　　　　② 소결형 용제
③ 혼성형 용제　　　　　　④ 분쇄형 용제

해설 **서브머지드 아크 용접의 용제**

① 용융형 용제 : 원재료를 아크 전기로에서 1,300℃ 이상으로 용융하여 응
고 분쇄한 것. 유리 알갱이처럼 보임. 조성이 균일하고 흡수성이 작은 장
점이 있으므로 가장 많이 사용.

② 소결형 용제 : 원료의 분말, 합금분말을 정결제와 더불어 원료가 용해되
지 않을 정도의 300~1,000℃ 정도의 낮은 온도에서 소정의 입도로 소결
한 것

③ 혼성형 용제 : 분말상 원료에 고착제(물, 유리)를 가하여 비교적 저온
300~400℃에서 건조하여 제조함.

해답

문제 30

일반 고장력강의 용접 시 주의사항으로 틀린 것은?

① 용접봉은 저수소계를 사용한다.
② 아크 길이는 가능한 한 짧게 한다.
③ 위빙 폭을 가급적 크게 한다.
④ 용접 개시 전에 이음부 내부 또는 용접할 부분을 청소한다.

해설 위빙 폭을 가급적 적게 한다.

문제 31

주철의 용접이 곤란하고 어려운 이유를 설명한 것은?

① 주철은 연강에 비해 수축이 적어 균열이 생기기 어렵기 때문이다.
② 일산화탄소가 발생하여 용착금속에 기공이 생기기 쉽기 때문이다.
③ 장시간 가열로 흑연이 조대화된 경우 모재와의 친화력이 좋기 때문이다.
④ 주철은 연강에 비하여 경하고 급랭에 의한 흑선화로 기계가공이 쉽기 때문이다.

해설 **주철 용접이 곤란하고 어려운 이유** : 일산화탄소가 발생하여 용착금속에 기공이 생기기 쉽기 때문

문제 32

순철이 1,539℃ 용융상태에서 상온까지 냉각하는 동안에 1,400℃ 부근에서 나타나는 동소변태의 기호는?

① A_1 ② A_2
③ A_3 ④ A_4

해설 **순철의 변태** : 순철은 1,539℃에서 응고하며 상온에서 냉각되는 동안 A_4, A_3, A_2라고 부르는 변태가 일어난다. 그 중 A_4, A_3는 동소변태이고, A_2는 자기변태이다.

변태의 종류	변태의 내용	변태온도
A_4(동소변태)	가열 δ-FeCBCC $\rightleftarrows$ γ-Fe(FCC)냉각	1,400℃
A_3(동소변태)	γ-Fe(FCC) $\rightleftarrows$ α-Fe(BCC)	910℃
A_2(자기변태)	α-Fe(상자성) $\rightleftarrows$ α-Fe(강자성)	768℃

 **33** 탄소강의 기계적 성질인 취성(메짐)과 관계없는 것은?

① 청열 취성 　　　　　　　　② 저온 취성

③ 흑연 취성 　　　　　　　　④ 적열 취성

해설 P(인) : 청열취성(200~300℃), 상온취성
S(황) : 적열취성(800~900℃)
저온취성 : 천이온도에 도달하면 급격히 감소하여 −70℃ 부근에서 충격치가 0에 도달

 **34** 탈산 및 기타 가스 처리가 불충분한 상태의 용강을 그대로 주형에 주입하여 응고한 것으로 강괴 내에 기포가 많이 존재하게 되어 품질이 균일하지 못한 강괴는?

① 림드강 　　　　　　　　② 킬드강

③ 캡드강 　　　　　　　　④ 세미킬드강

해설 **강괴**
① 림드강 : 탈산 및 기타 가스 처리가 불충분한 상태의 용강을 그대로 주형에 주입하여 응고한 것으로 강괴 내에 기포가 많이 존재하게 되어 품질이 균일하지 못한 강괴
② 킬드강 : 평로나 전기로 안에서 규소철(Fe–Si), 알루미늄 등의 강력한 탈산제를 첨가하여 충분히 탈산시킨 고급강
③ 세미킬드강 : 탈산의 정도를 킬드강과 림드강의 중간 정도로 한 약탈산강을 말한다. 용도로는 일반구조용 강, 두꺼운 판 등의 소재로 쓰임.

 **35** 표준자, 시계추 등 치수 변화가 적어야 하는 부품을 만드는 데 가장 적합한 재료는?

① 스텔라이트 　　　　　　　　② 샌더스트

③ 인바 　　　　　　　　④ 불수강

해답 　　　　　　　　　　　　　　　　33. ③　34. ①　35. ③

해설 **불변강의 종류**
인바 : Ni(35~36%)+Mn(0.4%)+Co(0.3%)+Fe. 시계추에 사용.
초인바 : Ni(32%)+Co(4~6%)
엘린바 : Ni(36%)+Cr(13%)
　　　　　고급시계, 정밀저울의 스프링, 정밀기계의 재료
코엘린바 : Ni(10~16%), Cr(10~11%), Co(2.6~5.8%)
　　　　　스프링, 태엽, 기상관측용 기구의 부품
플래티나이트 : Ni(40~50%)의 Ni-Fe합금. 전구나 진공관의 도입선
퍼멀로이 : Ni(75~80%), Co(0.5%), C(0.5%). 해저 전선의 장하 코일용

보충 **불변강(고니켈강)** : 온도변화에도 불구하고 선팽창계수나 탄성계수가 변하지 않는 강

문제 36

오스테나이트계 스테인리스강을 용접하면 내식성을 감소시키는 입계부식이 발생하는데 이 입계부식을 방지하는 방법이 아닌 것은?

① 탄소량을 감소시켜 Cr_4C 탄화물의 발생을 저지시킨다.
② 500~800℃로 가열하여 가능한 한 예민화(sensitize)시키도록 한다.
③ 티탄(Ti), 바나듐(V), 니오듐(Nb) 등을 첨가하여 Cr의 탄화물화를 감소시킨다.
④ 고온으로 가열한 후 Cr 탄화물을 오스테나이트 조직 중에 용체화하여 급랭시킨다.

해설 **입계부식 방지법**
① 고온으로 가열한 후 Cr 탄화물을 오스테나이트 조직 중에 용체화하여 급랭시킨다.
② 티탄(Ti), 바나듐(V), 니오듐(Nb) 등을 첨가하여 Cr의 탄화물화를 감소시킨다.
③ 탄소량을 감소시켜 Cr_4C 탄화물의 발생을 저지시킨다.

문제 37

Fe-C 상태도에서 탄소함유량이 약 0.8%일 때 강의 명칭은?

① 공석강　　　　　　　　② 아공석강
③ 과공석강　　　　　　　④ 공정주철

 **Fe-C 상태도에서 탄소함유량**
① 순철 : 0.0218% 이하. 조직 : 페라이트
② 아공석강 : 0.0218% 초과~0.85% 이하. 조직 : 펄라이트＋페라이트
③ 강 : 0.218~2.11% 이하
④ 공석강 : 0.85% 이하. 조직 : 펄라이트
⑤ 과공석강 : 0.85% 초과 2.11% 이하. 조직 : 펄라이트＋시멘타이트
⑥ 아공정주철 : 2.11~4.3% 이하
⑦ 공정주철 : 4.3% 이하. 조직 : 레데뷰라이트
⑧ 주철 : 2.11~6.67%
⑨ 과공정주철 : 4.3~6.67% 이하. 조직 : 레데뷰라이트＋시멘타이트

문제 38

Fe-C 평형상태도에서 나타나는 반응이 아닌 것은?

① 공석반응　　　　　　　② 공정반응
③ 포정반응　　　　　　　④ 포석반응

 **Fe-C 상태도에서 나타나는 반응**
① 공정반응 : 탄소함유량이 2.11~6.67%, 일정온도 1,148℃의 주철에서
　　나타난다.
② 공석반응 : 탄소함유량이 0.025~2.11%, 일정온도 727℃ 강에서 나타난다.
③ 포정반응 : 탄소함유량이 0.08~0.50%, 일정온도 1,495℃의 강에서 나타
　　난다.

문제 39

구리 및 구리합금의 용접성에 관한 설명으로 틀린 것은?

① 충분한 용입을 얻으려면 예열을 해야 한다.
② 용접 후 응고 수축 시 변형이 발생하기 쉽다.
③ 구리합금의 경우 아연 증발로 중독을 일으키기 쉽다.
④ 가스 용접 시 수소 분위기에서 가열하면 산화물이 산화되어 수분을
　생성하지 않는다.

 **구리 및 구리합금의 용접성**
① 구리합금의 경우 아연 증발로 중독을 일으키기 쉽다.
② 가사 용접 후 수소 분위기 속에서 가열하면 산화물이 산화되어 수분을 생
　성한다.
③ 용접 후 응고, 수축 시 변형이 발생하기 쉽다.
④ 충분한 용입을 얻으려면 예열을 해야 한다.

해답
38. ④　39. ④

문제 40

오스테나이트 온도로 가열 유지시킨 후 절삭유 또는 연삭유의 수용액 등에 담금질하여 미세펄라이트 조직을 얻는 방법으로 200℃ 이하에서 공랭하는 것은?

① 슬랙(slack) 담금질
② 시간(time) 담금질
③ 분사(jet) 담금질
④ 프레스(press) 담금질

해설 **슬랙 담금질** : 오스테나이트 온도로 가열 유지시킨 후 절삭유 또는 연삭유의 수용액 등에 담금질하여 미세펄라이트 조직을 얻는 방법으로 200℃ 이하에서 공랭하는 방법

문제 41

열처리 방법 중 연화를 목적으로 하며, 냉각 시 서냉하는 열처리법은?

① 뜨임
② 풀림
③ 담금질
④ 노멀라이징

해설 **열처리 방법**
① 담금질=퀜칭 : 경도 및 강도 증가
② 뜨임=템퍼링 : 인성 증가
③ 풀림=어닐링 : 가공응력, 내부응력 제거. 연화를 목적.
④ 불림=노멀라이징 : 가공조직의 균일화. 결정립의 미세화. 기계적 성질의 향상

문제 42

Cu에 5~20%Zn을 첨가한 황동으로 강도는 낮으나 전연성이 좋고 금색에 가까운 색을 나타내며, 금박 대용으로 사용되는 것은?

① 톰백
② 쾌삭황동
③ 문쯔메탈
④ 네이벌황동

해설 **합금**
① 톰백 : Cu(80%)+Zn(20%). 화폐, 메달, 금박 대용 사용
② 쾌삭황동 : 황동+납(1.5~3%)
③ 문쯔메탈 : 구리(60%)+아연(40%). 열교환기, 열간단조품, 탄피
④ 네이벌황동 : 6 : 4 황동+주석(1~2%). 파이프, 선박용 기계

⑤ 델타메탈 : 6 : 4 황동＋철(1~2%). 모조금, 판 및 선에 사용
⑥ 모넬메탈 : Ni(65~70%)＋Fe(1~2%)
⑦ 인코넬 : Ni(70~80%)＋Cr(12~14%). 열전쌍보호관, 진공관 필라멘트
⑧ 플래티나이트 : Ni(40~50%)＋Fe. 진공관이나 전구의 도입선.
⑨ 인바 : Ni(35~36%)＋Mn(0.4%)＋Co(1~3%)＋Fe
　　열팽창계수가 0에 가까워 정밀기기류의 재료에 사용. 시계추에 사용.
⑩ 하드필드강 : 주강＋망간(10~14%). 파쇄장치, 기차 레일, 굴착기에 사용

 **43**

용접부 인장시험에서 모재의 인장강도가 450kg/mm^2, 용접시험편의 인장강도가 300kg/mm^{2}으로 나타났다면 이음효율은 몇 %인가?

① 15%　　　　　　　　　② 66.7%
③ 150%　　　　　　　　　④ 667%

 이음효율＝$\dfrac{300}{450} \times 100 = 66.67\%$

 **44**

모재 가운데 유황 함유량의 과대, 아크길이 조작의 부적당, 과대전류 사용 등으로 기공이 발생하는데 기공의 방지 대책으로 틀린 것은?

① 건조한 저수소계 용접봉을 사용한다.
② 정해진 범위 안의 전류로 긴 아크를 사용한다.
③ 적정전류를 사용한다.
④ 용접 분위기 가운데 수소량을 증가시킨다.

해설 **기공의 방지 대책**
① 용접 분위기 속에 수소량을 없앤다.
② 적정전류를 사용한다.
③ 정해진 전류 안의 전류로 긴 아크를 사용한다.
④ 건조한 저수소계 용접봉을 사용한다.
⑤ 용접봉 또는 용접부에 습기를 없앤다.
⑥ 용접부가 급랭되지 않도록 한다.

 **45**

용착법에 대해 잘못 표현된 것은?

① 후진법 : 잔류응력을 최소로 해야 할 경우에 이용된다.
② 대칭법 : 이음의 수축에 따른 변형이 서로 대칭이 되게 할 경우에 사용된다.
③ 스킵법 : 판이 매우 얇은 경우나 용접 후에 비틀림이 생길 염려가 있는 경우에 사용된다.
④ 전진법 : 이음의 수축에 따른 변형과 잔류응력을 최소화하여 기계적 성질을 높이는 데 사용된다.

해설 **전진법** : 시작부분의 수축보다 끝나는 부분의 수축이 더 커지며 잔류응력도 시작부분에 비하여 끝나는 부분 쪽이 더 크다.

 **46**

대형 공작물을 일정하게 고정하고 용접기를 용접부 위로 이동시켜 작업을 능률적으로 하기 위한 장치로 대차주행 크로스, 헤드, 상승 컬럼, 선회 붐(boom) 등으로 구성되어 용접작업하는 자동화 장치는?

① 포지셔너(positioner)
② 머니퓰레이터(manipulator)
③ 포지션 코더(position corder)
④ 포텐셔미터(potentiometer)

해설 **머니퓰레이터** : 대형 공작물을 일정하게 고정하고 용접기를 용접부 위로 이동시켜 작업을 능률적으로 하기 위한 장치로 대차주행 크로스, 헤드, 상승 컬럼, 선회 붐 등으로 구성되어 용접작업하는 자동화 장치
포지셔너 : 용접물을 용접하기 쉬운 상태로 놓기 위한 지그
스트롱백 : 용접 제품의 치수를 정확하게 하기 위하여 변형을 억제하는 용접 고정구

 **47**

보수용접의 설명으로 틀린 것은?

① 용접부분의 기공은 연삭하여 제거 후에 재용접한다.
② 용접 균열부는 균열 정지구멍을 뚫고 용접 홈을 만든 다음 재용접한다.
③ 언더컷은 굵은 용접봉을 사용한다.
④ 용접부의 천이속도가 높을수록 취화가 적다.

 해답   **45. ④ 46. ② 47. ③**

 **해설** 언더컷은 가는 용접봉을 사용한다.

문제 48

꼭지각이 136°인 다이아몬드 4각추의 압자를 1~120kg의 하중으로 시험편에 압입한 후에 생긴 오목자국의 대각선을 측정하여 경도를 측정하는 시험은?

① 로크웰 경도
② 브리넬 경도
③ 쇼어 경도
④ 비커즈 경도

해설 **비커즈 경도** : 꼭지각이 136°인 다이아몬드 4각추의 압자를 1~120kg의 하중으로 시험편에 압입한 후 생긴 오목자국의 대각선을 측정하여 경도 측정

$$HV = 1.8544 \times \frac{P}{D^2}$$

쇼어 경도 : 소형의 추를 일정 높이에서 낙하시켜 튀어오르는 높이에 의하여 경도를 측정

$$H_s = \frac{10,000}{65} \times \frac{h}{h_o}$$

(여기서, h_o[cm] : 낙하 물체의 높이, h[cm] : 낙하 물체의 튀어오른 높이)

브리넬 경도 : 특수강구를 일정한 하중(500, 750, 1000, 3000kgf)으로 시험편의 표면적을 압입한 후 이때 생긴 오목자국의 표면적을 측정하여 나타낸 값

문제 49

용접의 결함 중 마이크로(Micro) 결함에 속하는 것은?

① 본드부
② 연화 영역
③ 취성화 영역
④ 불순물 또는 비금속 개재물 편석

 **해설** **마이크로 결함** : 불순물 또는 비금속 개재물 편석

문제 50

초음파 탐상법의 종류가 아닌 것은?

① 직각통전법
② 투과법
③ 펄스반사법
④ 공진법

 **해답** 48. ④ 49. ④ 50. ①

해설 **초음파 탐상법의 종류**
① 투과법　② 공진법　③ 펄스반사법

문제 51

다음 용접 보조 기호는?

① 용접부를 볼록으로 다듬질함.
② 끝 단부를 매끄럽게 함.
③ 용접부를 오목으로 다듬질함.
④ 영구적인 덮개판을 사용함.

해설 끝단부를 매끄럽게 함 :

영구적인 덮개판 사용 : M

제거 가능한 덮개판 사용 : MR

문제 52

용접용 로봇을 동작 기능으로 분류할 때 좌표계의 종류로 해당되지 않는 것은?

① 원통 좌표 로봇　　　② 평행 좌표 로봇
③ 극 좌표 로봇　　　　④ 관절 좌표 로봇

해설 **용접용 로봇을 동작 기능으로 분류 시 좌표계의 종류**
① 원통 좌표 로봇　② 극 좌표 로봇　③ 관절 좌표 로봇

문제 53

용접변형에 영향을 미치는 인자 중 용접열에 관계되는 인자가 아닌 것은?

① 용접속도　　　　　② 용접층수
③ 용접전류　　　　　④ 부재치수

해설 **용접열에 관계되는 인자**
① 용접전류 ② 용접층수 ③ 용접속도

문제 **54**

용접 설계상 주의하여야 할 사항으로 틀린 것은?

① 용접 이음이 한군데 집중되거나 너무 접근하지 않도록 할 것.
② 반복하중을 받는 이음에서는 이음표면을 볼록하게 할 것.
③ 용접길이는 가능한 한 짧게 하고, 용착금속도 필요한 최소한으로 할 것.
④ 필릿 용접은 가능한 한 피할 것.

해설 **용접 설계상 주의사항**
① 필릿 용접은 가능한 한 피할 것.
② 용접길이는 가능한 한 짧게 하고 용착금속도 필요한 최소한으로 할 것.
③ 용접 이음이 한군데 집중되거나 너무 접근하지 않도록 할 것.
④ 큰 구조물에서는 구조물의 중앙에서 끝으로 향하여 용접 실시
⑤ 대칭으로 용접 실시

문제 **55**

생산보전(PM : Productive Maintenance)의 내용에 속하지 않는 것은?

① 보전예방   ② 안전보전
③ 예방보전   ④ 개량보전

해설 **생산보전의 내용의 종류**
① 예방보전 ② 보전예방 ③ 개량보전

문제 **56**

200개들이 상자가 15개 있을 때 상자로부터 제품을 랜덤하게 10개씩 샘플링할 경우, 이러한 샘플링 방법을 무엇이라 하는가?

① 층별 샘플링   ② 계통 샘플링
③ 취락 샘플링   ④ 2단계 샘플링

 해답

 **샘플링 방법**

① 층별 샘플링 : 모집단을 몇 개의 층으로 나누고 각 층으로부터 각각 랜덤하게 시료를 뽑는 샘플링

② 단순 샘플링 : 랜덤 샘플링은 모집단의 어느 부분도 같은 확률로 시료 중에 뽑혀지도록 하는 샘플링 방법

③ 계통 샘플링 : 모집단으로부터 시간적 또는 공간적으로 일정한 간격을 두고 샘플링하는 방법

④ 2단계 샘플링 : 공정이나 로트와 같은 모집단으로부터 샘플을 뽑는 것을 샘플링이라 하며 2단계 샘플링은 각종 샘플링법의 종류

문제. 57

모든 작업을 기본동작으로 분해하고, 각 기본동작에 대하여 성질과 조건에 따라 미리 정해놓은 시간치를 적용하여 정미시간을 산정하는 방법은?

① PTS법

② Work Sampling법

③ 스톱워치법

④ 실적자료법

 **PTS법** : 모든 동작을 기본동작으로 분해하고 각 기본동작에 대하여 성질과 조건에 따라 미리 정해놓은 시간치를 적용하여 정미시간을 산정하는 방법

WS(워크샘플링법) : 측정자는 무작위로 현장에서 작업자가 작업하는 내용에 대해 측정률 및 가동시간에 대한 측정결과를 조합하여 표준시간을 설정하는 방법

스톱워치법 : 실제로 현장에서 이루어지는 모든 작업공정에 대해 사전에 미리 구분하여 별도의 측정 표준을 통해 표준시간을 산정하는 방법

문제. 58

어떤 공장에서 작업을 하는 데 있어서 소요되는 기간과 비용이 다음 표와 같을 때 비용구배는? [단, 활동시간의 단위는 일(日)로 계산한다.]

정상작업		특급작업	
기간	비용	기간	비용
15일	150만원	10일	200만원

① 50,000원

② 100,000원

③ 200,000원

④ 500,000원

 해답

57. ① **58.** ②

38

2015년도 제 57 회

 **비용구배** $= \dfrac{200\text{만원} - 150\text{만원}}{15 - 10} = 100\text{만원}$

문제 59

관리도에서 측정한 값을 차례로 타점했을 때 점이 순차적으로 상승하거나 하강하는 것을 무엇이라 하는가?

① 연(run) ② 주기(cycle)
③ 경향(trend) ④ 산포(dispersion)

 **경향** : 관리도에서 측정한 값을 차례로 타점했을 때 점이 순차적으로 상승하거나 하강하는 것
런 : 관리도 내에서 점이 관리한계 내에 있고 중심선 한쪽에 연속해서 나타나는 점
주기 : 점이 주기적으로 상·하로 변동하여 파형을 나타내는 경우

문제 60

품질 특성을 나타내는 데이터 중 계수치 데이터에 속하는 것은?

① 무게 ② 길이
③ 인장강도 ④ 부적합품률

해설 **품질 특성을 나타내는 데이터 중 계수치 데이터에 속하는 것** : 부적합품률

해답

59. ③ 60. ④

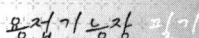

2015년도 제 58 회

문제 01

저수소계 용접봉은 용접하기 전에 어느 정도의 온도에서 일정 시간 건조시켜 사용하는가?

① 100℃~150℃   ② 200℃~250℃

③ 300℃~350℃   ④ 400℃~450℃

해설 저수소계 용접봉은 300~350℃에서 1~2시간 가열 후 사용.

문제 02

가스절단이 원활하게 이루어질 수 있는 재료의 성질은?

① 모재의 산화물이 유동성이 좋아야 한다.
② 산화물의 용융온도가 모재의 용융온도보다 높아야 한다.
③ 모재의 점도가 높아야 한다.
④ 산소와 결합하여 연소되면 안 된다.

해설 **가스절단이 원활하게 이루어질 수 있는 재료의 성질**
① 모재의 산화물이 유동성이 좋아야 한다.
② 산화물의 용융온도가 모재의 용융온도보다 낮아야 한다.
③ 모재의 점도가 낮아야 한다.
④ 산소와 결합하여 연소가 잘 되어야 한다.

문제 03

산소-아세틸렌을 사용한 수중절단 시 팁 끝과 연강판 사이의 거리는 백심에서 약 몇 mm 정도가 가장 적당한가?

① 0.5~1.0   ② 1.5~2.0

③ 2.5~3.0   ④ 3.5~4.0

 해답   **01. ③   02. ①   03. ②**

해설 산소-아세틸렌을 사용한 수중절단 시 팁 끝과 연강판 사이의 거리는 백심에서 약 1.5~2.0mm 정도가 적당하다.

문제 04

아세틸렌가스 발생기가 아닌 것은?

① 투입식   ② 청정식
③ 주수식   ④ 침지식

해설 **아세틸렌가스 발생기**
① 투입식 ② 주수식 ③ 침지식(접촉식)

문제 05

가스 절단팁의 노즐 모양으로 가우징, 스카핑 등에서 사용하는 것으로 넓고 얇게 용착을 행하기 위한 노즐로 가장 적합한 것은?

① 스트레이트 노즐   ② 곡선형 노즐
③ 저속 다이버전트 노즐   ④ 직선형 노즐

해설 **저속 다이버전트 노즐** : 가스 절단팁의 노즐 모양으로 가우징, 스카핑 등에서 사용하는 것으로 넓고 얇게 용착을 행하기 위한 노즐

문제 06

용착(deposit)을 가장 잘 설명한 것은?

① 모재가 녹은 깊이
② 용접봉이 용융지에 녹아 들어가는 것
③ 모재의 열영향을 받는 경계부
④ 아크열에 녹은 모재의 용융지 면적

해설 **용착** : 용접봉이 용융지에 녹아 들어가는 것
용입 : 모재가 녹은 깊이
용융지 : 모재 일부가 녹은 쇳물 부분
은점 : 용착금속의 파단면에 나타나는 은백색을 한 고기눈 모양의 결합부
노치 취성 : 홈이 없을 때는 연성을 나타내는 재료라도 홈이 있으면 파괴되는 것
스패터 : 아크 용접이나 가스 용접 시 비산하는 슬래그

해답   04. ②   05. ③   06. ②

 **문제 07**

다음 중 전류 100A 이상 300A 미만의 금속아크 용접 시 어떤 범위의 차광렌즈를 사용하는 것이 가장 적당한가?

① 8~9 ② 10~12
③ 13~14 ④ 15 이상

해설 차광유리
① No.10 : 용접전류 100~200A, 용접봉 지름 2.6~3.2
② No.11 : 용접전류 150~200A, 용접봉 지름 3.2~4.0
③ No.10~No.12 : 100A 이상 300A 미만

 **문제 08**

강재 표면의 홈이나 개재물, 탈탄층 등을 제거하기 위하여 될 수 있는 대로 얇게, 그리고 타원형 모양으로 표면을 깎아 내는 가공법은?

① 가우징(gouging) ② 드래그(drag)
③ 스테이킹(staking) ④ 스카핑(scarfing)

해설 스카핑 : 강재 표면의 홈이나 개재물, 탈탄층 등을 제거하기 위하여 될 수 있는 대로 얇게, 그리고 타원형 모양으로 표면을 깎아 내는 가공법
가스가우징 : 용접부분의 뒷면을 따내든지 H형, U형의 용접홈을 가공하기 위하여 깊은 홈을 파내는 방법
드래그 : 입구점과 출구점 사이의 거리

 **문제 09**

E4313-AC-5-400 연강용 피복아크 용접봉의 규격을 표시한 것 중 규격 설명이 잘못된 것은?

① E : 전기용접봉 ② 43 : 용착금속의 최저인장강도
③ 13 : 피복제의 계통 ④ 400 : 용접전류

해설 400 : 정격 2차 전류

문제 10

용접부의 내식성에 영향을 미치는 인자가 아닌 것은?

① 용접이음 형상　　　　② 용제(flux)
③ 잔류응력 및 재질　　　④ 용접방법

해설 용접부의 내식성에 영향을 미치는 인자
① 잔류응력 및 재질
② 용제
③ 용접이음 형상

문제 11

용접기의 핫스타트(hot start) 장치의 장점이 아닌 것은?

① 아크 발생을 쉽게 한다.
② 크레이터 처리를 잘 해준다.
③ 비드 모양을 개선한다.
④ 아크 발생 초기의 비드 용입을 양호하게 한다.

해설 핫스타트 장치의 장점
① 아크 발생 초기의 비드 용입을 양호하게 한다.
② 비드 모양을 개선한다.
③ 아크 발생을 쉽게 한다.

문제 12

아세틸렌가스의 자연발화온도는 몇 도인가?

① 306~308℃　　　　② 355~358℃
③ 406~408℃　　　　④ 455~458℃

해설 아세틸렌가스 자연발화온도 : 406~408℃
아세틸렌가스 폭발온도 : 505~515℃

 13

정격사용률이 40%, 정격2차전류 300A, 무부하전압 80V, 효율 85% 인 용접기를 200A의 전류로 사용하고자 할 때 이 용접기의 허용사용률은 몇 %인가?

① 60% ② 70.6%

③ 76.5% ④ 90%

해설 허용사용률 $= \dfrac{(\text{정격2차전류})^2}{(\text{실제용접전류})^2} \times \text{정격사용률} = \dfrac{300^2}{200^2} \times 40 = 90\%$

14

가스 용접에서 전진법에 대한 설명으로 옳은 것은?

① 용접봉의 소비가 많고 용접시간이 길다.
② 용접봉의 소비가 적고 용접시간이 길다.
③ 용접봉의 소비가 많고 용접시간이 짧다.
④ 용접봉의 소비가 적고 용접시간이 짧다.

해설 전진법 : 용접봉의 소비가 많고 용접시간이 길다.

15

아세틸렌의 발화나 폭발과 관계없는 것은?

① 압력 ② 가스혼합비

③ 유화수소 ④ 온도

해설 아세틸렌의 발화나 폭발과 관련 있는 것
① 온도 ② 조성 ③ 압력 ④ 가스의 혼합비

문제 16

TIG 용접으로 Ti 합금 재질의 파이프(pipe) 용접 시의 설명으로 틀린 것은?

① Ar 가스로 용접부의 용접 비드 보호를 위하여 파이프 내면의 퍼징과 외면에 퍼징 기구를 사용하여 보호가스로 퍼징하여 산화를 막는다.
② Ti 합금의 용접부 가공 시 초경합금 또는 다이아몬드 숫돌로 가공 후 용접한다.
③ Ti 합금의 용접전류는 펄스(pulse)전류를 사용하는 것이 좋으며 직류 정극성을 사용하여야 한다.
④ Ti 합금 용접 시 예열온도는 350℃, 층간온도는 300℃로 하여야 한다.

해설 **TIG 용접으로 Ti 합금재질의 파이프 용접 시**
① Ti 합금의 용접전류는 펄스(pulse)전류를 사용하는 것이 좋으며 직류 정극성을 사용하여야 한다.
② Ti 합금의 용접부 가공 시 초경합금 또는 다이아몬드 숫돌로 가공 후 용접한다.
③ Ar 가스로 용접부의 용접 비드 보호를 위하여 파이프 내면의 퍼징과 외면에 퍼징 기구를 사용하여 보호가스로 퍼징하여 산화를 막는다.

문제 17

용접면을 가볍게 접촉시키면서 대전류를 흐르게 하여 접촉면에 전기불꽃을 발생시켜 그 열로 두 개의 면을 접합시키는 용접은?

① 플래시 용접   ② 마찰 용접
③ 프로젝션 용접   ④ 심 용접

해설 **플래시 용접** : 용접면을 가볍게 접촉시키면서 대전류를 흐르게 하여 접촉면에 전기불꽃을 발생시켜 그 열로 두 개의 면을 접합시키는 용접
심 용접 : 기밀, 수밀을 필요로 하는 탱크의 용접이나 배관의 탄소강관의 용접에 적합
프로젝션 용접 : 제품의 한쪽 또는 양쪽에 돌기를 만들어 이 부분에 용접전류를 집중시켜 용접

해답   16. ④   17. ①

18

불활성 가스 아크 용접에서 주로 사용되는 불활성 가스는?

① C_2H_2 ② Ar
③ H_2 ④ N_2

해설 불활성 가스 아크 용접에서 주로 사용되는 불활성 가스 : Ar(아르곤)

 19

탄산가스(CO_2) 아크용접 작업 시 전진법의 특징으로 옳은 것은?

① 용접 스패터가 비교적 많으며 진행방향 쪽으로 흩어진다.
② 용접선이 잘 안 보이므로 운봉을 정확하게 할 수 없다.
③ 용착금속의 용입이 깊어진다.
④ 비드 폭의 높이가 높아진다.

해설 **탄산가스 아크용접 시 전진법의 특징**
① 용접 스패터가 비교적 많으며 진행방향 쪽으로 흩어진다.
② 용접선이 잘 보이므로 운봉을 정확하게 할 수 있다.
③ 용착금속의 용입이 얕아진다.
④ 비드 폭의 높이가 높아진다.

20

가스용접 및 절단작업 시 안전사항으로 가장 거리가 먼 것은?

① 작업 시 작업복은 깨끗하고 간편한 복장으로 갈아입고 작업자의 눈을 보호하기 위해 보안경을 착용한다.
② 납이나 아연합금 및 도금 재료의 용접이나 절단 시 중독의 우려가 있으므로 환기에 신경을 쓰며 방독마스크를 착용하고 작업을 한다.
③ 산소병은 고압으로 충전되어 있으므로 운반 시는 전용 운반장비를 이용하며, 나사부분의 마모를 적게 하기 위하여 윤활유을 사용한다.
④ 밀폐된 용기를 용접하거나 절단할 때 내부의 잔여물질 성분이 팽창하여 폭발할 우려를 충분히 검토 후 작업을 한다.

해설 산소는 조연성 가스이므로 윤활유(가연성 물질)와 혼합 시 발화의 위험이 있다.

 **21** 서브머지드 아크 용접에 사용하는 용제(flux)의 작용이 아닌 것은?

① 용착금속에 포함된 불순물을 제거한다.
② 용접금속의 급랭을 방지한다.
③ 용제의 공급이 많아지면 기공의 발생이 적어진다.
④ 단열작용으로 아크열이 외부에 발산되는 것을 막아 용접부에 집중시킨다.

해설 **서브머지드 아크 용접에 사용하는 용제의 작용**
① 용접금속의 급랭 방지
② 용착금속에 포함된 불순물 제거
③ 단열작용으로 아크열이 외부에 발산되는 것을 막아 용접부에 집중시킨다.

 **22** CO_2 용접에서 용접부에 가스를 잘 분출시켜 양호한 시일드(shield) 작용을 하도록 하는 부품은?

① 토치 바디(torch body)　② 노즐(nozzle)
③ 가스 분출기(gas diffuse)　④ 인슐레이터(insulator)

해설 CO_2 용접에서 용접부에 가스를 잘 분출시켜 양호한 시일드 작용을 하도록 하는 것은 노즐이다.

 **23** 땜납 가운데 결정입자가 치밀하며 강도도 충분하여 스테인리스강의 납땜에 이용되는 것은?

① 20% 주석 - 납　② 30~40% 주석 - 납
③ 50% 주석 - 납　④ 60% 주석 - 납

해설 **60% 주석 - 납** : 결정입자가 치밀하며 강도도 충분하여 스테인리스강의 땜납에 사용

24

서브머지드 아크 용접에서 고능률 용접법이 아닌 것은?

① 다전극법
② 컷 와이어(cut wire) 첨가법
③ CO_2+UM 다전극법
④ 일렉트로 슬래그 용접법

해설 **서브머지드 아크 용접에서 고능률 용접법**
① CO_2+UM 다전극법
② 컷 와이어(cut wire) 첨가법
③ 다전극법

 25

테르밋 용접의 특징은?

① 용접시간이 짧고 용접 후 변형이 적다.
② 설비비가 비싸고 작업장소 이동이 어렵다.
③ 용접에 전기가 필요하다.
④ 불활성 가스를 사용하여 용접한다.

해설 **테르밋 용접의 특징**
① 용접작업 후의 변형이 적다.
② 용접하는 시간이 비교적 짧다.
③ 용접작업이 단순하고 용접결과의 재현성이 높다.
④ 전력이 불필요하다.
⑤ 용접용 기구가 간단하고 설비비가 싸다.
⑥ 작업장소의 이동이 가능하다.

26

일렉트로 가스 아크 용접(EGW) 시 사용되는 보호가스가 아닌 것은?

① 아르곤가스
② 헬륨가스
③ 이산화탄소
④ 수소가스

해설 **일렉트로 가스 아크 용접 시 사용되는 보호가스**
① 아르곤가스 ② 헬륨가스 ③ 이산화탄소

 해답

24. ④ 25. ① 26. ④

 **27** 불활성가스 금속 아크 용접법에 대한 설명 중 틀린 것은?

① 알루미늄(Al), 마그네슘(Mg), 동합금, 스테인리스강, 저합금강 등 거의 모든 금속에 적용되며, TIG 용접의 2~3배 용접 능률을 얻을 수 있다.

② MIG 용접에서 아크길이를 일정하게 유지할 수 있게 하는 것은 고주파장치가 있기 때문이다.

③ MIG 용접에서의 용적이행은 단락 이행, 입상 이행, 스프레이 이행이 있으며 이 중 가장 많이 사용하는 것은 스프레이 이행이다.

④ TIG 용접과 같이 청정작용으로 용제(flux)가 필요 없다.

해설 고주파장치가 있는 것은 TIG(알곤) 용접이다.

 **28** TIG 용접에서 고주파 교류전원은 일반 교류전원에 비하여 다음과 같은 장점을 가지고 있다. 틀린 것은?

① 텅스텐 전극봉의 수명이 연장된다.

② 텅스텐 전극봉을 모재에 접촉시키지 않아도 아크가 발생된다.

③ 아크가 더욱 안정된다.

④ 텅스텐 전극봉에 보다 많은 열이 발생한다.

해설 **TIG 용접에서 고주파 교류전원의 일반 교류전원에 비한 장점**
① 텅스텐 전극봉에 적은 열이 발생한다.
② 아크가 더욱 안정된다.
③ 텅스텐 전극봉을 모재에 접촉시키지 않아도 아크가 발생된다.
④ 텅스텐 전극봉의 수명이 연장된다.

29 이음 형상에 다른 심 용접기의 종류가 아닌 것은?

① 횡 심 용접기   ② 종 심 용접기
③ 만능 심 용접기   ④ 업셋 심 용접기

해설 **심 용접기의 종류**
① 횡 심 용접기 ② 종 심 용접기 ③ 만능 심 용접기

 **해답**   27. ② 28. ④ 29. ④

문제 30 베어링 합금의 필요조건으로 틀린 것은?

① 충분한 점성과 인성이 있을 것.

② 마찰계수가 크고 저항력이 작을 것.

③ 전동피로수명이 길고, 내마모성을 가질 것.

④ 하중에 견딜 수 있는 정도의 경도와 내압력을 가질 것.

해설 **베어링 합금의 필요조건**
① 마찰계수가 적고 저항력이 적을 것.
② 충분한 점성과 인성이 있을 것.
③ 하중에 견딜 수 있는 정도의 경도와 내압력을 가질 것.
④ 전동피로수명이 길고 내마모성을 가질 것.

문제 31 합금강에서 Cr 원소의 첨가 효과로 틀린 것은?

① 내열성을 증가시킨다.　　② 자경성을 증가시킨다.

③ 부식성을 증가시킨다.　　④ 내마멸성을 증가시킨다.

해설 **합금강에서 Cr 원소의 첨가 효과**
① 내열성을 증가시킨다.
② 자경성을 증가시킨다.
③ 내마멸성을 증가시킨다.

문제 32 금속침투법 중에서 Al을 침투시키는 것은?

① 세라다이징　　　　　② 크로마이징

③ 실리코나이징　　　　④ 칼로나이징

해설 **금속침투법**
① Al(알루미늄) : 칼로라이징　② Cr(크롬) : 크로마이징
③ Zn(아연) : 세라다이징　　④ Si(실리카=규소) : 실리카나이징
⑤ B(붕소) : 브로나이징

 **33**

용접 구조용 압연 강재의 한국산업표준(KS D3515)의 기호로 옳은 것은?

① SM400A

② SS400A

③ STS410A

④ SWR11A

해설 **용접 구조용 압연 강재** : SM400A

일반 구조용 압연 강재 : SS400A

 **34**

다음 탄소공구강 중 탄소 함유량이 가장 많은 것은?

① STC1

② STC2

③ STC3

④ STC4

해설 **탄소공구강 중 탄소 함유량이 많은 순서**

STC1 > STC2 > STC3 > STC4

 **35**

Sn 청동의 용해 주조 시에 탈산제로 사용되는 P를 합금 중에 0.05~ 0.5% 정도 남게 하여 용탕의 유동성이 좋아지고 합금의 경도, 강도가 증가하며, 내마모성, 탄성이 개선되는 청동은?

① 인청동

② 연청동

③ 규소청동

④ 알루미늄청동

해설 **특수청동**

① 인청동

② 연청동 : 주석청동 중에 납을 3~26% 첨가한 것으로 베어링, 패킹재료 등에 사용

③ 베어링용 청동 : 구리 + 주석(10~14%). 차축, 베어링 등의 마모가 심한 곳에 사용

④ 납청동 : Pb은 구리와 합금을 만들지 않고 윤활작용을 하므로 베어링용으로 적합

 **36** 주철의 기계적 성질로서 틀린 것은?

① 압축강도가 크다.　　　　② 내마멸성이 크다.

③ 절삭성이 크다.　　　　　④ 연성 및 전성이 크다.

해설 주철의 기계적 성질
① 연성 및 전성이 적다.
② 절삭성이 크다.
③ 내마멸성이 크다.
④ 압축강도가 크다.

 **37** 시멘타이트(cementite)란?

① Fe와 C의 화합물　　　　② Fe와 S의 화합물

③ Fe와 N의 화합물　　　　④ Fe와 O의 화합물

해설 시멘타이트 : Fe와 C의 화합물

 **38** 스테인리스강 용접 시 열영향부 부근의 부식저항이 감소되어 입계부식이 일어나기 쉬운데 이러한 현상의 주된 원인은?

① 탄화물의 석출로 크롬 함유량 감소
② 산화물의 석출로 니켈 함유량 감소
③ 수소의 침투로 니켈 함유량 감소
④ 유황의 편석으로 크롬 함유량 감소

해설 스테인리스강 용접 시 열영향부 부근의 부식저항이 감소되어 입계부식이 일어나기 쉬운데 이러한 현상의 주된 원인은 탄화물의 석출로 크롬 함유량 감소

 **39**

Fe-C 평형상태도에 대한 설명 중 틀린 것은?

① BCC 격자가 FCC 격자로 변태하면 팽창한다.
② 결정격자가 변화하는 것을 동소변태라 한다.
③ 강자성을 잃고 상자성으로 변화하는 것을 자기변태라 한다.
④ 성질 변화가 일정한 온도에서 급격히 불연속적으로 일어나는 것을 동소변태라 한다.

해설 Fe-C 평형상태도에 대한 설명
① 성질변화가 일정한 온도에서 급격히 불연속적으로 일어나는 것을 동소변태라 한다.
② 강자성을 잃고 상자성으로 변화하는 것을 자기변태라 한다.
③ 결정격자가 변하는 것을 동소변태라 한다.

 **40**

WC, TiC, TaC 등의 분말에 Co 분말을 결합제로 혼합하여 1,300~1,600℃로 가열 소결시키는 재료는?

① 세라믹
② 초경합금
③ 스테인리스
④ 스텔라이트

해설 초경합금 : WC, TiC, TaC 등의 분말에 Co 분말을 결합제로 혼합하여 1,300~1,600℃로 가열 소결시키는 재료.
WC : 탄화텅스텐, TiC : 탄화티탄, TaC : 탄화탈륨

 **41**

라우탈(lautal)의 주요 합금 조성으로 옳은 것은?

① Al - Si 합금
② Al - Cu - Si 합금
③ Al - Cu - Ni - Mn
④ Al - Cu - Mg - Mg

해설 라우탈 : Al + Cu + Si   **일렉트론** : Al + Zn + Mg
Y합금 : Al + Cu + Mg + Ni   **두랄루민** : Al + Cu + Mg + Mn
실루민 : Al + Si   **로엑스** : Al + Cu + Mg + Ni + Si

해답   39. ①   40. ②   41. ②

문제 42

불변강이란 온도변화에 따라 열팽창계수, 탄성계수 등이 변하지 않는 것이다. 이러한 불변강에 해당되지 않는 것은?

① 인바(invar)
② 코엘린바(coelinvar)
③ 센더스트(sendust)
④ 슈퍼인바(superinvar)

불변강 : 온도변화에도 불구하고 선팽창계수나 탄성계수가 변하지 않는 강
① 인바 ② 초인바 ③ 엘린바 ④ 코엘린바 ⑤ 플래티나이트 ⑥ 퍼멀로이

문제 43

인장을 받는 맞대기 용접이음에서 굽힘모멘트 : M[kgf · mm], 굽힘응력 : σ_b[kgf/mm^2], 용접길이 : L[mm]일 때, 용접치수(모재 두께) : t[mm]를 구하는 식으로 옳은 것은?

① $t = \sqrt{\dfrac{\sigma_b L}{6M}}$
② $t = \sqrt{\dfrac{\sigma_b M}{6L}}$

③ $t = \sqrt{\dfrac{6M}{\sigma_b L}}$
④ $t = \sqrt{\dfrac{6L}{\sigma_b M}}$

모재 두께(용접치수) $= \sqrt{\dfrac{6M}{\sigma_b \times L}}$

문제 44

용접전류가 과대하거나 운봉속도가 너무 빨라서 용접 비드 토(toe)에 생기는 작은 홈과 같은 용접결함을 무엇이라 하는가?

① 기공
② 오버랩
③ 언더컷
④ 용입불량

언더컷
① 전류가 높을 때
② 부적당한 용접봉 사용 시
③ 용접속도가 빠를 때
④ 아크길이가 길 때

 **45**

용접에서 잔류응력이 영향을 주는 것은?

① 좌굴강도
② 은점(fish eye)
③ 용접덧살
④ 언더컷

해설 **용접에서 잔류응력이 영향을 주는 것** : 좌굴강도

 **46**

꼭지각이 136°인 다이아몬드 사각추의 압입자를 시험하중으로 시험편에 압입한 후에 생긴 오목 자국의 대각선을 측정해서 환산표에 의해 경도를 표시하는 것은?

① 비커스 경도
② 피로 경도
③ 브리넬 경도
④ 로크웰 경도

해설 **비커스 경도** : 꼭지각이 136°인 다이아몬드 사각추의 압입자를 시험하중으로 시험편에 압입한 후 생긴 오목자국의 대각선을 측정해서 환산표에 의해 경도 표시
쇼어 경도 : 소형의 추를 일정 높이에서 낙하시켜 튀어오르는 높이에 의해 경도 측정

$$H_s = \frac{10000}{65} \times \frac{h}{h_0}$$

(여기서, h_0[cm] : 낙하 물체의 높이, h[cm] : 낙하 물체의 튀어오른 높이)
브리넬 경도 : 특수강구를 일정한 하중(500, 750, 1000, 3000kgf)로 시험편의 표면적을 압입한 후 이때 생긴 오목자국의 표면적을 측정

$$HB = \frac{P}{\pi Dt}$$

로크웰 경도 : B 스케일과 C 스케일을 이용 측정

 **47**

주철은 대체적으로 보수용접에 많이 쓰이며, 주물의 상태, 결함의 위치, 크기와 특징, 겉모양 등에 대하여 요구될 때에는 여러 가지 시공법에 유의하여 용접하여야 한다. 다음 중 주철의 보수용접에 쓰이는 용접방법이 아닌 것은?

① 스터드법
② 비녀장법
③ 버터링법
④ 홀더링법

해답

[해설] 주철의 보수방법
① 스터드법 ② 버터링법 ③ 비녀장법 ④ 로킹법

문제 48

비파괴검사법 중 표면 바로 밑의 결함 검출에 가장 좋은 검사법은 어느 것인가?

① 방사선투과시험   ② 육안검사시험
③ 자기탐상시험   ④ 침투탐상시험

[해설] 방사선투과시험 : 표면 바로 밑의 결함 검출에 가장 좋은 검사법

문제 49

제조업의 피크 전력 시간대에 용접된 제품의 품질이 저하되는 이유는?

① 전압 강하로 인한 용접 조건의 변화
② 기온 상승에 의한 모재 온도 상승
③ 전류 밀도 증가로 용적 이행 상태 변화
④ 작업 권태 발생으로 품질의식 저하

[해설] 제조업의 피크 전력 시간대에 용접된 제품의 품질이 저하하는 이유 : 전압 강하로 인한 용접 조건의 변화

문제 50

보조기호 중 영구적인 이면 판재 사용을 표시하는 기호는?

① M   ② ⌒
③ MR   ④ ⌣⌣

[해설] 보조기호

① 영구적인 이면판 재사용 : M

② 제거 가능한 이면판 재사용 : MR

③ 끝단부를 매끄럽게 함 : ⌣⌣

문제 51

다음 중 각 변형의 방지 대책으로 틀린 것은?

① 개선각도는 용접에 지장이 없는 한도 내에서 작게 한다.
② 판 두께가 얇을수록 첫 패스의 개선깊이를 작게 한다.
③ 용접속도가 빠른 용접 방법을 선택한다.
④ 구속 지그 등을 활용한다.

해설 각 변형의 방지 대책
① 구속, 지그 등을 활용한다.
② 용접속도가 빠른 용접 방법을 선택한다.
③ 개선각도는 용접에 지장이 없는 한도 내에서 작게 한다.

문제 52

가접에 대한 설명 중 가장 올바른 것은?

① 가접은 가능한 크게 한다.
② 가접은 중요치 않으므로 본용접공보다 기능이 떨어지는 용접공이 해도 된다.
③ 강도상 중요한 곳, 용접 시점 및 종점이 되는 끝부분은 가접을 피하도록 한다.
④ 가접은 본용접에는 영향이 없다.

해설 가접은 가능한 작게 한다.
가접은 본용접자보다 기능이 떨어지지 않는 용접공이 해야 한다.
가접은 본용접에 영향을 미친다.
강도상 중요한 곳, 용접시점 및 종점이 되는 끝부분은 가접을 피하도록 한다.

문제 53

용접성(weldability) 시험법에 속하는 것은?

① 화학분석시험   ② 부식시험
③ 노치취성시험   ④ 파면시험

해설 용접성 시험법에 속하는 것은 노치취성시험이다.

 해답   **51.** ②   **52.** ③   **53.** ③

문제 54

용접 패스상의 언더컷이 발생하는 가장 큰 원인은?

① 용접전류가 너무 높을 때 ② 짧은 아크 길이를 유지할 때
③ 이음 설계가 적당할 때   ④ 용접부가 급랭될 때

해설 언더컷이 발생하는 이유
① 용접전류가 너무 높을 때   ② 아크 길이가 길 때
③ 부적당한 용접봉 사용 시   ④ 용접속도가 빠를 때

문제 55

TPM 활동 체제 구축을 위한 5가지 기둥과 가장 거리가 먼 것은?

① 설비 초기 관리체제 구축 활동
② 설비 효율화의 개별 개선 활동
③ 운전과 보전의 스킬 업 훈련 활동
④ 설비경제성 검토를 위한 설비투자분석 활동

해설 TPM 활동 체제 구축을 위한 활동
① 운전과 보전의 스킬 업 훈련 활동
② 설비 효율화의 개별 개선 활동
③ 설비 초기 관리체제 구축 활동

문제 56

로트에서 랜덤하게 시료를 추출하여 검사한 후 그 결과에 따라 로트의 합격, 불합격을 판정하는 검사방법을 무엇이라 하는가?

① 자주검사   ② 간접검사
③ 전수검사   ④ 샘플링 검사

문제 57

도수분포표에서 알 수 있는 정보로 가장 거리가 먼 것은?

① 로트 분포의 모양
② 100단위당 부적합 수
③ 로트의 평균 및 표준편차
④ 규격과의 비교를 통한 부적합품률의 추정

해답

54. ① 55. ④ 56. ④ 57. ②

 **58**

ASME(American Society of Mechanical Engineers)에서 정의하고 있는 제품공정 분석표에 사용되는 기호 중 "저장(storage)"을 표현한 것은?

① ○   ② □
③ ▽   ④ ⇨

 **공정분석 기호**
① 작업 : ○ ② 운반 : ⇨ ③ 검사 : □ ④ 지연 : D ⑤ 저장 : ▽

 59

자전거를 셀 방식으로 생산하는 공장에서, 자전거 1대당 소요공수가 14.5H이며, 1일 8H, 월 25일 작업을 한다면 작업자 1명 당 월 생산 가능 대수는 몇 대인가? (단, 작업자의 생산종합효율은 80%이다.)

① 10대   ② 11대
③ 13대   ④ 14대

해설 월 생산 가능 대수 = $\frac{8 \times 25}{14.5} \times 0.8 = 11$대

 **60**

미리 정해진 일정 단위 중에 포함된 부적합수에 의거하여 공정을 관리할 때 사용되는 관리도는?

① c관리도   ② P관리도
③ X관리도   ④ nP관리도

해설 c관리도 : 미리 정해진 일정 단위 중에 포함된 부적합수에 의거하여 공정을 관리 시 사용

용접기능장

2016

최근 기출문제

문제 01 가스절단 작업에서 산소의 순도가 99.5% 이상 높을 때 나타나는 현상이 아닌 것은?

① 절단속도가 빠르다.　　　② 절단면이 양호하다.

③ 절단 홈의 폭이 넓어진다.　④ 경제적인 절단이 이루어진다.

해설 **가스절단 작업에서 산소의 순도가 99.5% 이상 높을 때 나타나는 현상**
① 절단 홈의 폭이 좁아진다.
② 경제적인 절단이 이루어진다.
③ 절단면이 양호하다.
④ 절단속도가 빠르다.

문제 02 피복 아크 용접에서 아크 쏠림 방지 대책 중 옳은 것은?

① 아크길이를 길게 할 것.
② 접지점은 가급적 용접부에 가까이 할 것.
③ 교류 용접으로 하지 말고 직류 용접으로 할 것.
④ 용접봉 끝을 아크 쏠림 반대방향으로 기울일 것.

해설 **아크 쏠림(자기 불림) 방지 대책**
① 후진법(후퇴법)으로 할 것.
② 직류 용접으로 하지 말고 교류 용접으로 할 것.
③ 아크길이를 짧게 할 것.
④ 접지점을 용접부로부터 멀리 할 것.
⑤ 접지점을 2개 이상 설치할 것.
⑥ 용접봉 끝을 아크 쏠림 반대방향으로 할 것.

 토치를 사용하여 용접부의 결함, 뒤따내기, 가접의 제거, 압연강재, 주강의 표면결함 제거 등에 사용하는 가공법은?

① 가스 가우징   ② 산소창 절단

③ 산소 아크 절단   ④ 아크 에어 가우징

해설 **산소창 절단** : 두꺼운 판, 주강의 슬래그 덩어리, 암석의 천공 등의 절단에 사용
산소 아크 절단 : 중공(가운데가 빈)의 피복용접봉과 모재 사이에 아크를 발생시키고 중심에서 산소를 분출시키며 절단
아크 에어 가우징 : 탄소아크절단장치에다 압축공기($5 \sim 7 kg/cm^2$)를 병용하여서 아크열로 용융시킨 부분을 압축공기로 불어 날려서 홈을 파내는 작업
장점 : ① 조작 방법이 간단하다.
② 용융금속을 순간적으로 불어내어 모재에 악영향을 주지 않는다.
③ 작업능률이 2~3배 높다.
④ 응용범위가 넓고 경비가 저렴하다.

 저수소계 용접봉은 사용 전에 충분한 건조가 되어야 한다. 가장 적당한 건조온도와 건조시간은?

① 150~200℃, 30분~1시간   ② 200~250℃, 1시간~2시간

③ 300~350℃, 1시간~2시간   ④ 400~450℃, 30분~1시간

해설 **연강용 피복아크 용접봉의 특징**
① E4301(일미나이트계) : TiO_2, FeO를 약 30% 이상 함유. 광석, 사철 등을 주성분으로 기계적 성질이 우수하고 용접성 우수.
② E4303(라임티탄계) : 산화티탄을 약 30% 이상 함유한 용접봉 비드의 외관이 아름답고 언더컷이 발생되지 않는다.
③ E4311(고셀룰로오스계) : 셀룰로오스를 20~30% 정도 포함한 용접봉으로 좁은 홈의 용접. 보관 시 습기가 흡수되기 쉬우므로 건조 필요.
④ E4313(고산화티탄계) : 비드 표면이 고우며 작업성이 우수. 고온 크랙을 일으키기 쉬운 결점이 있다. 산화티탄이 35% 이상 함유.
⑤ E4316(저수소계) : 석회석, 형석을 주성분으로 한 것으로 기계적 성질, 내균열성이 우수. 용착금속 중에 수소 함유량이 다른 피복봉에 비해 1/10 정도로 매우 낮음. 건조온도와 건조시간은 300~350℃, 1~2시간
⑥ E4324(철분산화티탄계)   ⑦ E4326(철분저수소계)
⑧ E4327(철분산화철계)   ⑨ E4340(특수계)

 **05**

다음 가연성 가스 중 발열량이 가장 큰 것은?

① 수소 　　　　　　　　② 부탄
③ 에틸렌 　　　　　　　④ 아세틸렌

해설 **가스의 발열량과 온도**

가스의 종류	발열량[kcal/m³]	최고 불꽃온도[℃]
부탄	26691	2926
프로판	20780	2820
아세틸렌	12690	3430
메탄	8080	2700
일산화탄소	2865	2820
수소	2420	2900

 **06**

교류와 직류 용접기를 비교할 때 교류 용접기가 유리한 항목은?

① 역률이 매우 양호하다. 　　② 아크의 안정이 우수하다.
③ 비피복봉 사용이 가능하다. 　④ 자기 쏠림 방지가 가능하다.

해설 **직류 아크 용접기와 비교한 교류 아크 용접기의 특징**

비교	직류	교류
아크 안정	안정	불안정
극성 변화	가능	불가능
무부하전압	40~60V	70~80V
구조	복잡	간단
고장	많다	적다
역률	우수	떨어짐
가격	고가	저가
판 이용	박판	후판
아크 쏠림	일어남	방지 가능

07

정격 2차 전류 250A, 정격사용률 40%의 아크 용접기로써 실제로 200A의 전류로 용접한다면 허용사용률은 몇 %인가?

① 22.5 　　　　　　　　② 42.5
③ 62.5 　　　　　　　　④ 82.5

해답 　　　　　　　　　　　　　　　　**05.** ② **06.** ④ **07.** ③

해설 허용사용률 $= \dfrac{(\text{정격 2차 전류})^2}{(\text{실제 용접 전류})^2} \times \text{정격사용률} = \dfrac{(250)^2}{(200)^2} \times 40\% = 62.5\%$

문제 08

포갬 절단(stack cutting)에 대한 설명으로 틀린 것은?

① 비교적 얇은 판(6mm 이하)에 사용한다.
② 절단 시 판 사이에 산화물이나 불순물을 깨끗이 제거한다.
③ 0.08mm 이하의 틈이 생기도록 포개어 압착시킨 후 절단한다.
④ 예열 불꽃으로 산소-프로판 불꽃보다 산소-아세틸렌 불꽃이 적합하다.

해설 포갬 절단이나 후판 절단은 산소-아세틸렌 불꽃보다 산소-프로판 불꽃이 적합하다.

문제 09

아세틸렌가스에 관한 설명으로 틀린 것은?

① 공기보다 무겁다.
② 탄소와 수소의 화합물이다.
③ 압축하면 분해폭발을 일으킬 수 있다.
④ 카바이드와 물의 화학작용으로 발생한다.

해설 **아세틸렌가스**

① 공기보다 가볍다. $\left(\dfrac{26\,\text{g}}{29\,\text{g}} = 0.9\right)$
② 탄소와 수소의 화합물이다.
③ 압축하면 분해 폭발을 일으킨다. ($C_2H_2 \rightarrow 2C + H_2 + 54.2\,\text{kcal/mol}$)
④ 카바이드와 물의 화학작용으로 발생한다.
   $CaC_2 + 2H_2O \rightarrow Ca(OH)_2 + C_2H_2 \uparrow$
⑤ 용해 아세틸렌 양(C) $= 905(A - B)$
⑥ 여러 가지 액체에 잘 용해된다.(석유 : 2배, 벤젠 : 4배, 알코올 : 6배, 아세톤 : 25배)
⑦ 15℃ 1기압에서 아세틸렌 1l의 무게는 1.179g이다.
⑧ 액체 아세틸렌보다 고체 아세틸렌이 안전하다.
⑨ 무색의 기체로 약간의 에테르향이 있고 불순물로 인하여 특이한 냄새가 난다.

⑩ Cu, Ag, Hg 등의 금속과 화합 시 폭발성 물질인 아세틸라이드 생성

$$C_2H_2 + 2Cu \rightarrow Cu_2C_2 + H_2\uparrow$$
$$C_2H_2 + 2Ag \rightarrow Ag_2C_2 + H_2\uparrow$$
$$C_2H_2 + 2Hg \rightarrow Hg_2C_2 + H_2\uparrow$$

⑪ 온도가 406~408℃에서 자연발화, 505~515℃에서 폭발

문제 10

강판 두께 25.4mm를 가스 절단 시 표준 드래그 길이는 약 몇 mm 정도인가?

① 3.1 ② 5.1
③ 7.1 ④ 9.1

해설 표준 드래그 길이 $= $ 판 두께 $\times \dfrac{1}{5} = 25.4 \times \dfrac{1}{5} = 5.1\text{mm}$

문제 11

가스 절단 시 예열불꽃이 강할 때 일어나는 현상이 아닌 것은?

① 절단속도가 늘어진다.
② 절단면이 거칠어진다.
③ 모서리가 용융되어 둥글게 된다.
④ 슬래그 중의 철 성분의 박리가 어려워진다.

해설 예열불꽃이 강할 때 일어나는 현상
① 모서리가 용융되어 둥글게 된다.
② 절단면이 거칠어진다.
③ 슬래그 중의 철 성분의 박리가 어려워진다.
예열불꽃이 약할 때 일어나는 현상
① 절단속도가 늘어지고 절단이 중단되기 쉽다.
② 드래그가 증가한다.
③ 역화를 일으키기 쉽다.

문제 12

일명 핀치 효과형이라고도 하며, 비교적 큰 용적이 단락되지 않고 옮겨가는 이행형식은?

① 단락형 ② 입자형
③ 스프레이형 ④ 글로뷸러형

해설 **용착현상**

① 글로뷸러형 : ㉠ 일명 핀치 효과형이라고도 한다.
　　　　　　　㉡ 비교적 큰 용적이 단락되지 않고 옮겨가는 이행형식
　　　　　　　㉢ 서브머지드 아크 용접과 같이 대전류 사용 시
② 스프레이형 : ㉠ 미세한 용적이 스프레이와 같이 날려 보내어 옮겨가서 용착
　　　　　　　㉡ 일미나이트계 피복 아크 용접봉
③ 단락형 : ㉠ 저수소계 용접봉
　　　　　　㉡ 표면장력의 작용으로 모재로 옮겨가서 용착

문제 13

공업용 LP가스는 상온에서 얼마 정도로 압축하는가?

① 1/100　　　　　　　② 1/150
③ 1/200　　　　　　　④ 1/250

해설

LP가스 : $\dfrac{1}{250}$ 압축(상온)

도시가스 : $\dfrac{1}{600}$ 압축(상온)

문제 14

스카핑(scarfing)에 대한 설명으로 옳은 것은?

① 탄소 또는 흑연 전극봉과 모재와의 사이에 아크를 일으켜서 절단하는 방법이다.
② 강재 표면의 탈탄층 또는 홈을 제거하기 위해 얇게 타원형 모양으로 넓게 표면을 깎는 것이다.
③ 탄소 아크 절단에 압축공기를 병용한 방법으로 결함 제거, 절단 및 구멍 뚫기 작업이다.
④ 물의 압력을 초고압 이상으로 압축하여 물의 정지에너지를 운동에너지로 전환하여 절단하는 작업이다.

해설 **가스 가우징** : 용접부분의 뒷면을 따내든지 H형, U형의 용접 홈을 가공하기 위해서 깊은 홈을 파내는 방법
아크 에어 가우징 : 탄소아크절단장치에다 압축공기($5 \sim 7 \text{kg/cm}^2$)를 병용하여서 아크열로 용융시킨 부분을 압축공기로 불어 날려서 홈을 파내는 작업

문제 15

AW-500 교류 아크 용접기의 최고 무부하 전압은 몇 V 이하인가?

① 30　　　　　　　　　　② 80
③ 95　　　　　　　　　　④ 110

해설 **무부하 전압** : 85~95V

문제 16

CO_2 아크 용접 시 아크 전압은 비드 형상을 결정하는 가장 주요한 요인이 되는데 아크 전압을 높이면 어떤 현상이 나타나는가?

① 용입이 약간 깊어진다.
② 비드가 볼록하고 좁아진다.
③ 비드가 넓어지고 납작해진다.
④ 와이어가 녹지 않고 모재 바닥을 부딪친다.

해설 CO_2 아크 전압을 높이면 비드가 넓어지고 납작해진다.

문제 17

불활성 가스 아크 용접으로 스테인리스강을 용접할 때의 설명 중 가장 거리가 먼 것은?

① 깊은 용입을 위하여 직류 정극성을 사용한다.
② 용접봉이 우수한 순텅스텐 전극봉을 가장 많이 사용한다.
③ 전극의 끝은 뾰족할수록 전류가 안정되고 열 집중성이 좋다.
④ 보호가스는 아르곤 가스를 사용하며 낮은 유속에서도 우수한 보호 작용을 한다.

해설 용접성이 우수한 토륨 텅스텐 전극봉을 가장 많이 사용한다.

문제 18

논 가스 아크 용접법의 특징으로 틀린 것은?

① 보호가스나 용제를 필요로 하지 않는다.
② 수소가 많이 발생하여 아크 빛과 열이 약하다.
③ 보호가스의 발생이 많아서 용접선이 잘 보이지 않는다.
④ 용접길이가 긴 용접물에 아크를 중단하지 않고 연속으로 용접할 수 있다.

해답　　　　　　　　　　　　15. ③　16. ③　17. ②　18. ②

해설 논 가스 아크 용접(non gas arc welding)

원리	보호가스의 공급 없이 와이어 자체에서 발생하는 가스에 의해 아크 분위기를 보호하는 용접방법으로 탈산제, 탈질제를 적당히 첨가한 솔리드 와이어를 전극으로 하는 논 가스 논 용제 아크법(non gas non flux arc welding)과 탈산제, 슬래그 생성제, 아크 안정제, 탈질제를 섞은 용제를 넣은 복합 와이어를 쓰는 논 가스 아크 용접이다.
장점	① 일반 피복아크 용접보다 용착속도가 약 4배 빠르므로 용착비용이 50~75% 정도 절감된다. ② 보호가스나 용제를 필요로 하지 않는다. ③ 전원으로 직류 또는 교류를 모두 사용할 수 있으며, 전자세 용접이 가능하다. ④ 용접장치가 간단하며 운반이 편리하다. ⑤ 저수계 용접봉과 같이 수소 발생이 적다. ⑥ 바람이 있는 옥외에서도 작업이 용이하다. ⑦ 용접 비드가 아름답고 슬래그의 박리성이 좋다. ⑧ 용접 길이가 긴 용접물에 아크 중단 없이 연속 용접을 할 수 있다.
단점	① 전극 와이어의 가격이 비싸다. ② 아크 빛과 열이 강렬하다. ③ 용착금속의 기계적 성질은 다소 떨어진다. ④ 보호가스의 발생이 많아서 용접선이 잘 보이지 않는다.

문제 19

CO_2 가스 아크 용접용 토치의 구성품이 아닌 것은?

① 노즐   ② 오리피스
③ 송급 롤러   ④ 콘택트 팁

해설 CO_2 가스 아크 용접용 토치의 구성품
① 노즐 ② 오리피스 ③ 디퓨저 ④ 콘택트 팁 ⑤ 절연통(노즐 인슐레이터)

문제 20

테르밋 용접에 대한 설명으로 틀린 것은?

① 용접시간이 짧고, 용접 후 변형이 적다.
② 설비가 싸고, 전원이 필요 없으므로 이동해서 사용이 가능하다.
③ 테르밋 반응의 발화제로서 산화구리, 티타늄 등의 혼합분말을 이용한다.
④ 철도 레일의 맞대기 용접, 크랭크축, 배의 프레임 등의 보수용접에 사용한다.

 **테르밋 용접**

원리	용접 열원을 외부로부터 가하는 것이 아니라 테르밋제 반응에 의해 생성되는 열을 이용한 금속을 용접하는 방법이다. 즉, 미세한 알루미늄 분말과 산화철 분말을 3~4 : 1의 중량비로 혼합한 테르밋제에 과산화바륨과 마그네슘 분말을 혼합한 점화촉진제를 넣어 연소시키면 화학반응에 의해 약 2,800℃ 이상의 고온에 달하며 매우 짧은 시간이다. 주로 철도 레일, 차축, 선박 프레임 등의 용접에 이용된다.
특징	① 용접 작업이 단순하고 용접 결과의 재현성이 높다. ② 전력이 불필요하다. ③ 용접용 기구가 간단하고 설비비가 싸다. 또한 작업장소의 이동이 용이하다. ④ 용접 작업 후의 변형이 적다. ⑤ 용접하는 시간이 비교적 짧다.

문제 21

TIG 용접에 사용되는 텅스텐 전극봉의 종류에 해당되지 않는 것은?

① 순 텅스텐
② 바륨 텅스텐
③ 2% 토륨 텅스텐
④ 지르코늄 텅스텐

 **TIG 용접에 사용하는 텅스텐 전극봉의 종류**
① 순 텅스텐 전극봉 : 녹색
② 지르코늄 텅스텐 전극봉 : 갈색
③ 토륨 1% 함유한 텅스텐 전극봉 : 황색
④ 토륨 2% 함유한 텅스텐 전극봉 : 적색

문제 22

다음과 같은 성질을 무엇이라고 하는가?

아크 플라스마는 고전류가 되면 방전 전류에 의하여 생기는 자장과 전류의 작용으로 아크 단면이 수축하여 가늘게 되고 전류밀도는 증가한다.

① 플라스마
② 단락 이행 효과
③ 자기적 핀치 효과
④ 플라스마 제트 효과

해답

문제 23

납땜과 용제를 삽입한 틈을 고주파 전류를 이용하여 가열하는 납땜 방법으로 가열시간이 짧고 작업이 용이한 것은?

① 저항 납땜
② 노내 납땜
③ 인두 납땜
④ 유도 가열 납땜

해설 **인두 납땜** : 가열된 인두에서 열전도에 의해 모재를 가열하고 땜납을 용융하여 납땜하는 방법
저항 납땜 : 납땜할 이음부에 용제를 바르고 납땜재를 삽입하여 저항열로 가열하는 방법
노내 납땜 : 전열이나 가스불꽃 등으로 가열된 노 내에서 납땜하는 방법
담금 납땜 : 이음면에 땜납을 삽입하여 미리 가열된 염욕에 침지하여 가열하는 방법
유도 가열 납땜 : 땜납과 용제를 삽입한 틈을 고주파 전류를 이용하여 가열하는 땜납법

문제 24

플라스마(plasma) 아크 용접 장치의 구성 요소가 아닌 것은?

① 토치
② 홀더
③ 용접전원
④ 고주파 발생장치

해설 **플라스마 아크 용접** : 기체를 수천 도의 높은 온도로 가열하면 그 속의 가스 원자가 원자핵과 전자로 유리되며, 양(+)과 음(−)의 이온상태로 된다. 이것을 플라스마라고 부르며, 탄소강, 스테인리스강, 티타늄, 니켈합금, 동, 황동 등에 적용됨. 용입이 깊고, 비드 폭이 좁으며, 용접속도가 빠르다.

문제 25

전자빔 용접의 단점이 아닌 것은?

① 냉각속도가 빨라 경화 현상이 일어난다.
② 배기장치가 필요하고 피용접물의 크기도 제한 받는다.
③ X선이 많이 누출되므로 X선 방호장비를 착용해야 한다.
④ 용접봉을 일반적으로 사용하지 않으므로 슬래그 섞임 등의 결함이 생기지 않는다.

 **전자빔 용접의 장점과 단점**
① 피용접물의 크기에 제한을 받으며 장치가 고가이다.
② 용접부의 경화현상이 일어나기 쉽다.
③ X선이 많이 누출되므로 X선 방호장비를 착용해야 한다.
④ 예열이 필요한 재료를 예열 없이 국부적으로 용접할 수 있다.
⑤ 잔류응력이 없다.
⑥ 용접입열이 적으므로 열영향부가 적어 용접변형이 적다.
⑦ 얇은 판에서 두꺼운 판까지 광범위한 용접이 가능하다.
⑧ 고속용접이 가능하므로 열영향부가 적고 완성치수에 정밀도가 높다.

문제 26

플래시 버트 용접의 특징으로 틀린 것은?

① 용접면에 산화물 개입이 적다.
② 업셋 용접보다 전력 소비가 적다.
③ 용접면을 정밀하게 가공할 필요가 없다.
④ 가열부의 열영향부가 넓고 용접시간이 길다.

해설 **플래시 버트 용접의 특징**
① 용접면을 정밀하게 가공할 필요가 없다.
② 업셋 용접보다 전력 소비가 적다.
③ 용접면에 산화물 개입이 적다.

문제 27

레이저 용접(laser welding)에 관한 설명으로 틀린 것은?

① 소입열 용접이 가능하다.
② 좁고 깊은 용접부를 얻을 수 있다.
③ 고속 용접과 용접 공정의 융통성을 부여할 수 있다.
④ 접합되어야 할 부품의 조건에 따라서 한 방향의 용접으로는 접합이 불가능하다.

해설 **레이저 용접의 특징**
① 고속 용접과 용접 공정의 융통성을 부여할 수 있다.
② 좁고 깊은 용접부를 얻을 수 있다.
③ 소입열 용접이 가능하다.
④ 접합하여야 할 부품의 조건에 따라서 한 방향의 용접으로는 접합이 가능
⑤ 용접장치는 반도체형, 가스방전형, 고체금속형이 있다.

 해답

26. ④ 27. ④

⑥ 원격 조작이 가능하고 육안으로 확인하면서 용접 가능
⑦ 정밀 용접도 가능하다.
⑧ Ar, He으로 냉각하여 레이저 효율을 높일 수 있다.

문제 28

금속 또는 금속화합물의 분말을 가열하여 반용융 상태로 하여 불어서 밀착 피복하는 방법은?

① 용사   ② 스카핑
③ 레이저   ④ 가우징

해설 **용사** : 금속 또는 금속화합물의 분말을 가열하여 반용융 상태로 하여 불어서 밀착 피복하는 방법
스카핑 : 강괴, 강편, 슬래그, 주름, 탈탄층, 표면균열 등의 표면결함을 불꽃 가공에 의해 제거하는 방법으로 얕은 홈 가공 시 사용
가스 가우징 : 용접부분의 뒷면을 따내든지 H형, U형의 용접홈을 가공하기 위해서 깊은 홈을 파내는 방법

문제 29

탄산가스 아크 용접에서 전진법의 특징이 아닌 것은?

① 비드 높이가 낮고 평탄한 비드가 형성된다.
② 용접선이 잘 보이므로 운봉을 정확하게 할 수 있다.
③ 스패터가 비교적 많으며 진행방향 쪽으로 흩어진다.
④ 용융 금속이 앞으로 나가지 않으므로 깊은 용입을 얻을 수 있다.

해설 **탄산가스 아크 용접의 전진법의 특징**
① 스패터가 비교적 많으며 진행방향 쪽으로 흩어진다.
② 용접선이 잘 보이므로 운봉을 정확하게 할 수 있다.
③ 비드 높이가 낮고 평탄한 비드가 형성된다.

문제 30

고Mn강의 조직으로 옳은 것은?

① 오스테나이트   ② 펄라이트
③ 베이나이트   ④ 마텐자이트

해설 **고망간강의 조직** : 오스테나이트 조직

해답   28. ① 29. ④ 30. ①

 알루미늄 및 알루미늄 합금 재료의 용접에 가장 적절한 용접 방법은?

① TIG 용접   ② CO₂ 용접

③ 피복 아크 용접   ④ 서브머지드 아크 용접

 다음 금속 중 비중이 가장 큰 것은?

① Mo   ② Ni

③ Cu   ④ Mg

해설 금속 원소와 물리적 성질

원소 기호	금속명	원자 번호	원자량	비중 20℃	용융점 [℃]	비등점 [℃]	비열 [cal/g℃]
Ag	은	47	107.880	10.497	960.5	2210	0.056[℃]
Al	알루미늄	13	26.98	2.699	660.2	2060	0.223
Au	금	79	192.10	19.32	1063.0	2970	0.131
Ba	바륨	56	137.36	3.78	704±20	1640	0.068
Be	베릴륨	4	9.013	1.84	1278±5	1500	0.4246
Bi	비스무트	83	209.00	9.80	271	1420	0.0303
Ca	칼슘	20	40.08	1.55	850±20	1440	0.149
Nb	니오브	41	92.91	8.569	2415	3300	0.065
Cd	카드뮴	48	112.41	8.65	320.9	767	0.0559
Ce	세륨	58	140.13	6.90	600±50	1400	0.042
Co	코발트	27	58.94	8.90	1495	2375±40	0.1042
Cr	크롬	24	52.04	7.09	1553	2220	0.1178
Cu	구리	29	63.554	8.96	1083.0	2310	0.0931
Fe	철	26	55.85	7.871	1538±3	2450	0.1172
Ga	갈륨	31	69.72	5.91	29.78	2070	0.079
Ge	게르마늄	32	72.60	5.36	958±10	2700	0.073
Hg	수은	80	200.61	13.55	−38.89	357	0.03326
In	인듐	49	114.76	7.31	156.4	1450	0.057
Ir	이리듐	77	193.50	22.50	2454±3	5300	0.031
K	칼륨	19	39.090	0.862	63±1	762.2	0.182
Li	리튬	3	0.940	0.534	180±5	1400	0.092
Mg	마그네슘	12	24.32	1.743	650	1110	0.2475
Mn	망간	25	54.93	7.40	245±10	1900	0.1211
Mo	몰리브덴	42	95.95	10.218	2025±50	3700	0.059
Na	나트륨	11	22.99	0.971	97.9	882.9	0.295
Ni	니켈	28	58.68	8.85	1455	2450~2900	0.2079
Pb	납	82	207.21	11.341	327.43	1540~15	0.031
Pd	팔라듐	46	106.70	12.03	1554	4000	0.058
Pt	백금	78	195.23	21.43	1773.5	4410	0.032
Rh	로듐	45	102.91	12.44	1966±3	4500	0.059

해답   31. ①   32. ①

원소 기호	금속명	원자 번호	원자량	비중 20℃	용융점 [℃]	비등점 [℃]	비열 [cal/g℃]
Sb	안티몬	51	121.76	6.62	630.5	1440	0.0502
Se	셀렌	34	78.96	4.81	220±5	680	0.084
Si	규소	14	28.09	2.33	1414	3500	0.162
Sn	주석	50	118.70	7.298	231.84	2270	0.551
Te	텔루르	52	127.61	6.235	450±10	1390	0.047
Th	토륨	90	232.12	11.50	1800±150	3000	0.034
Ti	티탄	22	47.90	4.54	1800±22	3400	0.1125
U	우라늄	92	238.07	18.70	1133±2	−	0.028
V	바나듐	23	50.95	5.82	1725±50	3400	0.1153
W	텅스텐	74	183.92	19.26	3410±20	5930	0.0338
Zn	아연	30	65.38	7.133	419.46	906	0.0944
Zr	지르코늄	40	91.22	6.50	1530	2900	0.066

문제 33

철강 재료 선정 시 고려사항 중 틀린 것은?

① 기계적 강도가 요구되면 인장강도가 클 것.
② 반복하중을 받는 것이면 피로강도가 클 것.
③ 마모되는 곳에는 탈탄 산화성이 클 것.
④ 부식되는 곳에는 내부식성이 클 것.

해설 마모되는 곳에는 산화성이 적을 것.

문제 34

용접 후 열처리(post weld heat treatment)를 실시한 후 시간의 경과
에 따라 형상 치수를 안정시키는 방법으로 옳은 것은?

① 최종 잔류응력을 증가시켜야 한다.
② 냉각속도는 가급적 빠르게 진행한다.
③ 노로부터 반출온도는 가급적 낮게 하여야 한다.
④ 용접부의 가열 후 유지온도의 상하한 폭을 가능한 한 높게 한다.

해설 **용접 후 열처리를 실시한 후 시간의 경과에 따라 형상 치수를 안정시키는 방법 :**
노로부터 반출온도는 가급적 낮게 하여야 한다.

 **35**

알루미늄 합금 중 불화알칼리, 금속나트륨 등을 첨가하여 개량 처리하는 합금은?

① 실루민
② 라우탈
③ 로엑스 합금
④ 하이드로날륨

해설 **주조용 Al 합금**

종 류	특징 및 용도
실루민(silumin) Al + Si 10~14%	① 주조성은 좋으나 절삭성 불량 ② 재질(개량) 처리 효과가 크다. [금속나트륨(Na), 플루오르 화합물(F), 수산화나트륨(NaOH)](가성소다)
라우탈(lautal) Al + Cu 3~8% + Si 3~8%	① 주조성이 좋고 시효경화성이 있다. ② Si 첨가로 주조성 개선, Cu 첨가로 실루민의 결점인 절삭성 향상 ③ 피스톤, 기계부속품
Al–Cu계(Cu 8%)	주조성, 기계적 성질, 절삭성 양호하나 고온 메짐, 수축균열이 있다.
하이드로날륨(hydronalium) Al + Mg 4~7%	① 내식성이 매우 우수하다. ② 선박용품, 건축용 재료 등에 사용
내열용	Y합금(내열합금) Al + Cu 4% + Ni 2% + Mg 1.5%	① 고온강도가 크므로 내연기관의 실린더, 피스톤 등에 사용 ② 열처리는 510~530℃로 가열 후 더운물에 냉각, 약 4일간 상온 시효시킨다. 인공시효 처리 온도 : 100~150℃ ※ RR계 내열 합금(hiduminum RR) : Y합금에 Si, Fe을 가한 합금
	Lo-ex(로엑스) Al, Si 11~14% Mg 1.0%, Ni, Cu, Fe	① 열팽창계수가 적고, 내열성·내마멸성이 우수하다. ② 금형에 주조되는 피스톤용

 **36**

질화 처리에 대한 설명으로 틀린 것은?

① 내마모성이 커진다.
② 피로한도가 향상된다.
③ 높은 표면경도를 얻을 수 있다.
④ 고온에서 처리되는 관계로 변형이 많다.

해설 **질화 처리**(강 표면에 질소를 침투시켜 경화하는 방법)
① 높은 표면경도를 얻을 수 있다.
② 피로한도가 향상된다.
③ 내마모성이 커진다.

해답

35. ① 36. ④

문제 37 한국산업표준에서 정한 일반 구조용 탄소강관을 나타내는 기호로 옳은 것은?

① STS
② SKS
③ SNC
④ STK

해설 배관용 강관

① SPP : 배관용 탄소강관
② SPPS : 압력 배관용 탄소강관
③ SPPH : 고압 배관용 탄소강관
④ SPLT : 저온 배관용 탄소강관
⑤ SPHT : 고온 배관용 탄소강관

문제 38 Fe-C 평형상태도에서 시멘타이트의 자기변태점에 해당되는 것은?

① A_0 변태점
② A_1 변태점
③ A_3 변태점
④ A_4 변태점

해설 Fe-C계 평형 상태도

Fe-C계 평형상태도는 철과 탄소량에 따른 조직을 표시한 것으로서 그림 중의 실선은 철-시멘타이트계, 점선은 철-탄소계의 평형상태도이다.

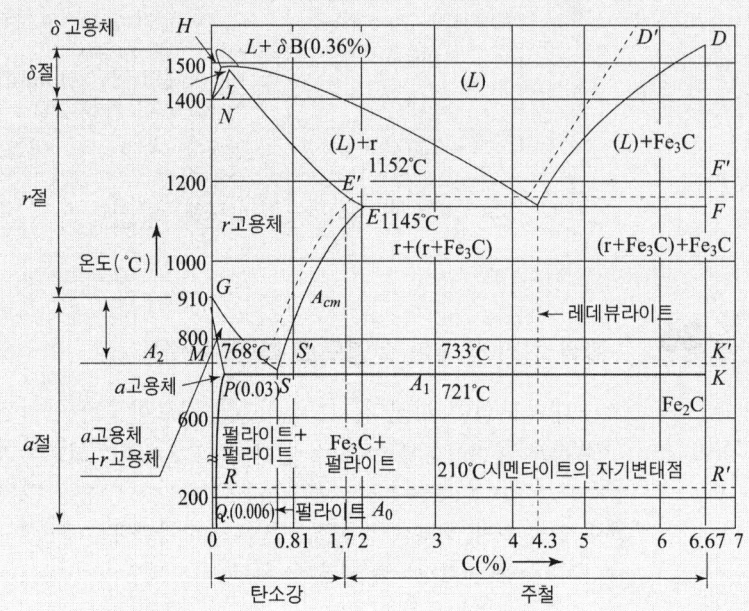

 **39**

주철 용접 시 주의사항 중 틀린 것은?

① 용접봉은 가능한 한 가는 지름을 사용한다.

② 용접전류는 필요 이상 높이지 말아야 한다.

③ 가스 용접에 사용되는 불꽃은 산화 불꽃으로 한다.

④ 균열의 보수는 균열의 연장을 방지하기 위하여 균열 끝에 작은 구멍을 뚫는다.

해설 주철 용접 시 주의사항

① 보수 용접 시 본 바닥이 나타날 때까지 잘 깎아낸 후 용접한다.

② 균열의 보수는 양 끝에 정지구멍을 뚫는다.

③ 용접전류는 필요 이상 높이지 말고 직선 비드를 배치할 것이며 용입은 지나치게 깊게 하지 않는다.

④ 용접봉은 될 수 있는 대로 가는 용접봉을 사용한다.

⑤ 피닝작업을 하여 변형을 줄이는 것이 좋다.

⑥ 비드의 배치는 짧게 하여 여러 번 조작으로 완료한다.

⑦ 큰 공작물, 복잡한 형상의 용접에는 예열과 후열 후 서냉이 되도록 한다.

⑧ 중성불꽃 또는 약간 탄화불꽃을 사용하며 용제를 충분히 사용하며, 용접부는 필요 이상으로 크게 하지 않는다.

 **40**

철강 표면에 아연(Zn)을 확산 침투시키는 세러다이징(sheradizing)의 주요 목적으로 옳은 것은?

① 연성   ② 가단성

③ 내식성   ④ 인장강도

해설 금속침투법 : 내식, 내산, 내마멸을 목적으로 금속을 침투시키는 열처리

① 세라다이징 : 아연(Zn)

② 크로마이징 : 크롬(Cr)

③ 칼로라이징 : 알루미늄(Al)

④ 실리코나이징 : 규소(Si)

⑤ 보로나이징 : 붕소(B)

해답

문제 41

CO_2 용접으로 용접하기에 가장 용이한 재료로 사용되는 것은?

① 철강
② 구리
③ 실루민
④ 알루미늄

해설 CO_2 용접은 Fe 계통 용접만 가능.

문제 42

강의 담금질 조직에서 경도가 높은 순서로 옳게 표시한 것은?

① 마텐자이트 > 트루스타이트 > 소르바이트 > 오스테나이트
② 마텐자이트 > 소르바이트 > 오스테나이트 > 트루스타이트
③ 오스테나이트 > 트루스타이트 > 마텐자이트 > 소르바이트
④ 마텐자이트 > 소르바이트 > 트루스타이트 > 오스테나이트

해설 **담금질 조직에서 경도가 높은 순서**

마텐자이트 > 트루스타이트 > 소르바이트 > 펄라이트 > 오스테나이트 > 페라이트

문제 43

오버랩(overlap)의 결함이 있을 경우, 보수 방법으로 가장 적합한 것은?

① 비드 위에 재용접한다.
② 드릴로 구멍을 뚫고 재용접한다.
③ 결함부분을 깎아내고 재용접한다.
④ 직경이 작은 용접봉으로 재용접한다.

해설 **결함 보수 방법**
① 오버랩의 보수 : 결함부분을 깎아내고 재용접한다.
② 언더컷의 보수 : 가는 용접봉을 이용하여 보수한다.
③ 균열의 보수 : 정지구멍을 뚫어 균열부분은 홈을 판 후 재용접한다.
④ 슬래그의 보수 : 깎아내고 재용접한다.

 **44**

양호한 용접 품질을 얻기 위하여 용접 시공 시 예열이 많이 사용되고 있다. 다음 중 예열을 하는 가장 주된 이유는?

① 표면 오염을 제거하기 위하여

② 고강도의 용착금속을 얻기 위하여

③ 저 열전도도 재료를 용이하게 용접하기 위하여

④ 열영향부와 용착금속의 경화를 방지하고 연성을 증가하기 위하여

해설 예열을 하는 가장 주된 이유

① 용접금속 및 열영향부의 연성 또는 인성을 향상

② 용접부의 수축변형 및 잔류응력을 경감

③ 금속 중에 수소를 방출시켜 균열을 방지

④ 용접의 작업성 개선

⑤ 열영향부의 균열을 방지

⑥ 용접부의 냉각속도를 느리게 하여 결함 방지

 **45**

용접작업에서 잔류응력의 경감과 완화를 위한 방법으로 적합하지 않은 것은?

① 포지셔너 사용　　　　② 직선 수축법 선정

③ 용착 금속량의 감소　　④ 용착법의 적절한 선정

해설 용접작업에서 잔류응력의 경감과 완화를 위한 방법

① 용착법의 적절한 선정　② 용착 금속량의 감소　③ 포지셔너 사용

 **46**

판 두께 12mm, 용접 길이가 25cm인 판을 맞대기 용접하여 4200N의 인장하중을 작용시킬 때 인장응력은 얼마인가?

① $14N/cm^2$　　　　　　② $140N/cm^2$

③ $700N/cm^2$　　　　　④ $1400N/cm^2$

해설

$$인장응력 = \frac{4200N}{(1.2 \times 25)cm^2} = 140N/cm^2$$

해답　　　　　　　　　　　　　　　**44. ④　45. ②　46. ②**

문제. 47 가접에 대한 설명으로 가장 거리가 먼 것은?

① 부재 강도 상 중요한 곳은 가접을 피한다.
② 가접할 때 용접봉은 본 용접봉보다 지름이 굵은 것을 사용한다.
③ 본 용접사와 동등한 기량을 갖는 용접자로 하여금 가접을 하게 한다.
④ 본 용접 전에 좌우의 홈부분을 잠정적으로 고정하기 위한 짧은 용접이다.

해설 가접할 때 용접봉은 본 용접봉 때보다 지름이 약간 가는 용접봉을 사용한다.

문제. 48 용접 비드 끝에서 불순물과 편석에 의해 발생하는 응고 균열은?

① 은점   ② 스패터
③ 수소 취성   ④ 크레이터

해설 **은점** : 용착금속 파단면에 나타나는 고기눈 모양의 결함부
수소 취성 : $Fe_3C + 2H_2 \rightarrow CH_4 + 3Fe$
선상 조직 : 용착금속 파단면에 나타나는 서리조직
헤어 크랙 : 머리카락 모양으로 균열이 가는 것

문제. 49 용접길이를 짧게 나누어 간격을 두면서 용접하는 것으로 잔류응력이 적게 발생하도록 하는 용착법은?

① 전진법   ② 후진법
③ 스킵법   ④ 빌드업법

해설 **용착법**

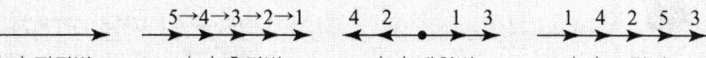

(ㄱ) 전진법   (ㄴ) 후퇴법   (ㄷ) 대칭법   (ㄹ) 스킵법

① **전진법** : 가장 간단한 방법으로서 이음의 한쪽 끝에서 다른 쪽 끝으로 용접을 진행하는 방법이다. 이 방법으로 용접을 하면 시작 부분의 수축보다 끝나는 부분의 수축이 더 커지며, 잔류응력도 시작부분에 비하여 끝나는 부분 쪽이 더 크다.
② **후진법** : 용접 진행 방향과 용착 방법이 반대로 되는 방법이다. 두꺼운 판의 용접에 사용되며, 잔류응력을 균일하게 하여 변형을 작게 할 수 있으나 능률이 좀 나쁘다. 후진의 단위길이는 구조물에 따라 자유롭게 선택한다.

③ **대칭법** : 이음의 전 길이를 분할하여 이음중앙에 대하여 대칭으로 용접을 실시하는 방법이다. 변형, 잔류응력을 대칭으로 유지할 경우에 많이 사용된다.

④ **스킵법** : 이음의 전 길이에 대하여 뛰어넘어서 용접하는 방법이다. 변형, 잔류응력을 균일하게 하지만, 능률이 좋지 않으며, 용접 시작 부분과 끝나는 부분에 결함이 생길 때가 많다.

⑤ **빌드업법** : 용접 전 길이에 대하여 각 층을 연속하여 용접하는 방법. 능률은 좋지 않지만 한랭 시나 구속이 클 때, 판 두께가 두꺼울 때에는 첫 층에 균열이 생길 우려가 있다.

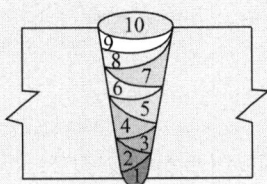

⑥ **캐스케이드법** : 한 부분에 대해 몇 층을 용접하다가 다음 부분의 층으로 연속시켜 용접하며, 후진법과 병용하여 사용되며, 결함은 잘 생기지 않으나 특수한 경우 외에는 사용하지 않는다.

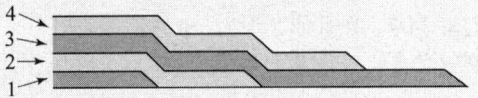

⑦ **블록법** : 짧은 용접 길이로 표면까지 용착하는 방법이며, 첫 층에 균열이 발생하기 쉬울 때 사용한다.

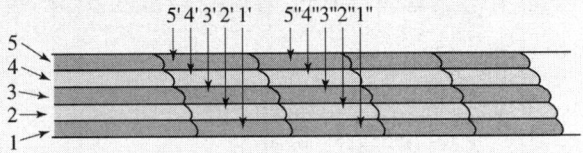

문제 50

용접 구조 설계상의 주의사항으로 틀린 것은?

① 용접이음의 집중, 접근 및 교차를 가급적 피할 것.

② 용접치수는 강도상 필요 이상으로 크게 하지 말 것.

③ 용접에 의한 변형 및 잔류응력을 경감시킬 수 있도록 할 것.

④ 후판 용접의 경우 용입이 얕은 용접법을 이용하여 용접 층 수(패스 수)를 많게 할 것.

해설 용접 패스 수를 적게 할 것.

해답

50. ④

문제 51 다음 용접 기호를 바르게 설명한 것은?

① 필릿 용접
② 플러그 용접
③ 목 길이가 5mm
④ 루트 간격은 5mm

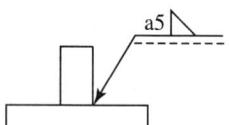

해설 플러그 용접 : ▢   필릿 용접 : ◺

문제 52 강재 용접부 표면에 발생한 기공의 탐상에 가장 적합한 비파괴 검사법은?

① 음향 방출검사
② 자분 탐상검사
③ 초음파 탐상검사
④ 방사선 투과검사

해설 내부 결함 검출 : 초음파 탐상법, 방사선 투과법
표면 결함 검출 : 자분 탐상검사, 침투 탐상검사

문제 53 용접 후 변형을 교정하는 방법을 나열한 것 중 틀린 것은?

① 롤러에 거는 방법
② 형재에 대한 직선 수축법
③ 냉각 후 해머질하는 방법
④ 절단에 의하여 성형하고 재용접하는 방법

해설 **용접 후 변형을 교정하는 방법**
① 박판에 대한 점 가열 수축법 : 가열온도 500~600℃, 가열시간 30초, 가열점의 지름은 20~30mm로 하여 가열 후에 즉시 수냉
② 형재에 대한 직선가열 수축법 : 가열하여 발생하는 열응력으로 소성변형을 일으켜 변형 교정
③ 가열 후 해머로 두드리는 방법
④ 후판에 대하여는 가열 후 압력을 걸고 수냉하는 방법
⑤ 롤러에 거는 방법
⑥ 소성변형시켜서 교정하는 방법
⑦ 외력을 이용한 소성변형법
⑧ 가열할 때 발생하는 열응력을 이용한 소성변형법

 **54** 용접 지그를 선택하는 기준으로 틀린 것은?

① 용접변형을 억제할 수 있는 구조이어야 한다.
② 청소하기 쉽고 작업능률이 향상되어야 한다.
③ 피용접물과의 고정과 분해가 어렵고 용접할 간극이 좁아야 한다.
④ 용접하고자 하는 물체를 튼튼하게 고정시켜 줄 수 있는 크기와 강성
  이 있어야 한다.

해설 피용접물과의 고정과 분해가 쉽고 용접할 간극이 넓어야 한다.

 **55** 작업 측정의 목적 중 틀린 것은?

① 작업 개선   ② 표준시간 설정
③ 과업 관리   ④ 요소작업 분할

해설 **작업 측정의 목적**
  ① 표준시간 설정 ② 과업 관리 ③ 작업 개선

 **56** 어떤 작업을 수행하는데 작업소요시간이 빠른 경우 5시간, 보통이면
8시간, 늦으면 12시간 걸린다고 예측되었다면 3점 견적법에 의한 기
대 시간치와 분산을 계산하면 약 얼마인가?

① $t_e = 8.0$, $\sigma^2 = 1.17$ ② $t_e = 8.2$, $\sigma^2 = 1.36$
③ $t_e = 8.3$, $\sigma^2 = 1.17$ ④ $t_e = 8.3$, $\sigma^2 = 1.36$

해설
① 기대시간(t_e) $= t_o + 4t_m + \dfrac{t_p}{6} = 5 + 4 \times 8 + \dfrac{12}{6} = 8.17$ 시간

여기서, t_o : 낙관시간치(예정대로 진행될 때 최소시간치)
        t_m : 정상시간치(정상일 때 최소시간치)
        t_p : 비관시간치(뜻대로 되지 않을 때의 최대시간치)

② 분산(σ^2) $= \left(\dfrac{t_p - t_o}{6} \right)^2 = 1.36$

해답   54. ③   55. ④   56. ②

문제 57

계량값 관리도에 해당되는 것은?

① c 관리도　　　　　　　② u 관리도
③ R 관리도　　　　　　　④ np 관리도

해설 **관리도의 종류**
① 계량값 관리도 : ㉠ $\bar{x}-R$ 관리도 ㉡ x 관리도 ㉢ $x-R$ 관리도
② 계수치 관리도 : ㉠ c 관리도 ㉡ p 관리도 ㉢ u 관리도 ㉣ Pn 관리도

문제 58

일반적으로 품질 코스트 가운데 가장 큰 비율을 차지하는 것은?

① 평가 코스트　　　　　　② 실패 코스트
③ 예방 코스트　　　　　　④ 검사 코스트

해설 **실패 코스트** : 일반적으로 품질 코스트 가운데 가장 큰 비율을 차지하는 것
평가 코스트 : 품질 확인 혹은 불량 발견을 위한 비용
① 원재료의 수입검사와 시험에 따른 비용
② 기타의 검사나 시험에 따른 비용
③ 점검검사의 비용
④ 품질관리의 비용
⑤ 검사시험기기의 보수나 교정을 위한 비용
예방 코스트 : 적정 품질 수준을 사전에 유지하기 위한 비용
① 품질관리 운영을 위한 코스트
② 공정관리, 치공구 등의 정도 유지를 위한 비용
③ 교육훈련 비용

문제 59

정규분포에 관한 설명 중 틀린 것은?

① 일반적으로 평균치가 중앙값보다 크다.
② 평균을 중심으로 좌우대칭의 분포이다.
③ 대체로 표준편차가 클수록 산포가 나쁘다고 본다.
④ 평균치가 0이고 표준편차가 1인 정규분포를 표준정규분포라 한다.

해답　　　　　　　　　　　　　　　　**57.** ③　**58.** ②　**59.** ①

 **정규분포**

① 평균치가 0이고 표준편차가 1인 정규분포를 표준정규분포라 한다.

② 대체로 표준편차가 클수록 산포가 나쁘다고 본다.

③ 평균을 중심으로 좌우대칭의 분포이다.

④ 일반적으로 평균치가 중앙값보다 적다.

문제 60

계수 규준형 샘플링 검사의 OC 곡선에서 좋은 로트를 합격시키는 확률을 뜻하는 것은? (단, α는 제1종 과오, β는 제2종 과오이다.)

① α　　　　　　　　② β

③ $1 - \alpha$　　　　　　　④ $1 - \beta$

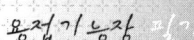

2016년도 제 60 회

문제 01

교류 아크 용접기에 관한 설명으로 옳은 것은?

① 교류 아크 용접기는 극성 변화가 가능하고 전격의 위험이 적다.
② 교류 아크 용접기의 부속장치에는 전격방지장치, 원격제어장치 등이 있다.
③ 교류 아크 용접기는 가동 철심형, 탭 전환형, 엔진 구동형, 가포화 리액터형 등으로 분류된다.
④ AW-300은 교류 아크 용접기의 정격 입력 전류가 300A 흐를 수 있는 전류 용량의 값을 표시하고 있다.

해설 ① 교류 아크 용접기는 극성 변화가 불가능하고 전격의 위험이 크다.
② 교류 아크 용접기는 가동 철심형, 가포화 리액터형, 탭 전환용 등으로 구분
③ AW-300은 교류 아크 용접기의 정격 입력 전류(정격 2차 전류)가 300A 흐를 수 있는 전류의 용량값을 표시하고 있다.

문제 02

강괴, 강편, 슬래그 기타 표면의 흠이나 주름, 주조 결함, 탈탄층 등을 제거하는 방법으로 가장 적합한 가공법은?

① 스카핑
② 분말 절단
③ 가스 가우징
④ 아크 에어 가우징

해설 **가스 가우징** : 용접부분의 뒷면을 따내든지 H형, U형의 용접 홈을 가공하기 위해서 깊은 홈을 파내는 방법
아크 에어 가우징 : 탄소아크절단장치에다 압축공기 5~7kg/cm² 를 병용하여서 아크열로 용융시킨 부분을 압축기로 불어 날려서 홈을 파내는 작업
분말 절단 : 스테인리스강, 비철금속, 주철 등은 가스 절단이 용이하지 않으므로 철분 또는 연속적으로 절단용 산소에 혼합공급함으로써 그 산화열 또는 용제의 화학작용을 이용하여 절단

03 피복 아크 용접봉으로 운봉할 때 운봉 폭은 심선 지름의 어느 정도가 가장 적합한가?

① 2~3배   ② 4~5배

③ 6~7배   ④ 8~9배

해설 피복 아크 용접봉 운봉 폭은 심선 지름의 2~3배이다.

 **04** 200메시(mesh) 정도의 철분에 알루미늄 분말을 배합하여 절단하는 것으로 주철, 스테인리스강, 구리, 청동 등의 절단에 효과적인 절단법은?

① 수중 절단   ② 철분 절단

③ 산소창 절단   ④ 탄소 아크 절단

해설 **수중 절단** : 물에 잠겨 있는 침몰선의 해체, 교량의 교각 개조, 댐 · 항만 · 방파제 등의 공사에 사용되며, 수중 작업 시 예열가스의 양은 공기 중에서 4~8배, 절단산소의 압력 1.5~2배이다.
산소창 절단 : 두꺼운 판, 주강의 슬래그 덩어리, 암석의 천공 등의 절단에 이용
산소 아크 절단 : 중공의 피복 용접봉과 모재 사이에 아크를 발생시키고 중심에서 산소를 분출시키며 절단
탄소 아크 절단 : 탄소 또는 흑연전극과 모재 사이에 아크를 일으켜 절단

 **05** 교량의 개조나 침몰선의 해체, 항만의 방파제 공사 등에 가장 많이 사용되는 절단은?

① 수중 절단   ② 분말 절단

③ 산소창 절단   ④ 플라스마 절단

 **06**

용해 아세틸렌을 충전하였을 때 용기 전체의 무게가 62.5kgf이었는데, B형 토치의 200번 팁으로 표준불꽃 상태에서 가스 용접을 하고 빈 용기를 달아보았더니 무게가 58.5kgf이었다면 가스 용접을 실시한 시간은 약 얼마인가?

① 약 12시간　　　　　　　　② 약 14시간
③ 약 16시간　　　　　　　　④ 약 18시간

해설 **용해 아세틸렌의 양** $= 905(62.5 - 58.5) = 3620 l \div 200 = 18.1$시간

 **07**

아세틸렌가스의 압력에 따른 가스 용접 토치의 분류에 해당하지 않는 것은?

① 저압식　　　　　　　　② 차압식
③ 중압식　　　　　　　　④ 고압식

해설 **아세틸렌가스의 압력**
① 저압식 토치 : 0.07kg/cm^2 미만(0.007MPa 미만)
② 중압식 토치 : $0.07 \sim 1.3$kg/cm^2 미만($0.007 \sim 0.13$MPa 미만)
③ 고압식 토치 : 1.3kg/cm^2 이상(0.13MPa 이상)

08

절단법에 대한 설명으로 틀린 것은?

① 레이저 절단은 다른 절단법에 비해 에너지 밀도가 높고 정밀절단이 가능하다.
② 산소창 절단법의 용도는 스테인리스강이나 구리, 알루미늄 및 그 합금을 절단하는 데 주로 사용한다.
③ 수중절단에 사용되는 연료 가스로는 수소, 아세틸렌, LPG 등이 쓰이는데 주로 수소가스가 사용된다.
④ 아크 에어 가우징은 탄소 아크 절단에 압축공기를 같이 사용하는 방법으로 용접부의 홈 파기, 결함부 제거 등의 사용된다.

해설 **산소창 절단** : 두꺼운 판, 주강의 슬래그 덩어리, 암석의 천공 등의 절단에 사용

 해답　　　　　　　　　　　　　　　　**06.** ④　**07.** ②　**08.** ②

문제 09 교류 아크 용접기 중 가변 저항의 변화로 용접 전류를 조정하는 용접기의 형식은?

① 탭 전환형　　　　　　　　② 가동 철심형
③ 가동 코일형　　　　　　　　④ 가포화 리액터형

[해설] 교류 아크 용접기
① 가동 철심형 : ㉠ 현재 가장 많이 사용
　　　　　　　　㉡ 미세한 전류 조정이 가능
　　　　　　　　㉢ 가동 철심으로 누설자속을 가감하여 전류 조정
　　　　　　　　㉣ 광범위한 전류 조정이 어렵다.
② 가동 코일형 : ㉠ 가격이 비싸다.
　　　　　　　　㉡ 누설 리액턴스 값을 변화시킴.
　　　　　　　　㉢ 1차, 2차 코일 중의 하나를 이동하여 누설자속을 변화
　　　　　　　　　하여 전류 조정
③ 가포화 리액터형 : ㉠ 조작이 간단
　　　　　　　　　　㉡ 원격제어가 되고 가변저항의 변화로 용접전류 조정
④ 탭 전환형 : ㉠ 주로 소형에 사용
　　　　　　　㉡ 미세전류 조정이 어렵다.
　　　　　　　㉢ 무부하전압이 높아 전격의 위험이 있다.
　　　　　　　㉣ 코일의 감긴 수에 따라 전류 조정

문제 10 고산화 티탄계의 연강용 피복 아크 용접봉을 나타낸 것은?

① E4301　　　　　　　　② E4313
③ E4311　　　　　　　　④ E4316

[해설] 연강용 피복아크 용접봉의 특징
① E4301(일미나이트계) : TiO_2, FeO를 약 30% 이상 함유. 광석, 사철 등을 주성분으로 기계적 성질이 우수하고 용접성 우수.
② E4303(라임티탄계) : 산화티탄을 약 30% 이상 함유한 용접봉 비드의 외관이 아름답고 언더컷이 발생되지 않는다.
③ E4311(고셀룰로오스계) : 셀룰로오스를 20~30% 정도 포함한 용접봉으로 좁은 홈의 용접. 보관 시 습기가 흡수되기 쉬우므로 건조 필요.
④ E4313(고산화티탄계) : 비드 표면이 고우며 작업성이 우수. 고온 크랙을 일으키기 쉬운 결점이 있다. 산화티탄이 35% 이상 함유.

⑤ E4316(저수소계) : 석회석, 형석을 주성분으로 한 것으로 기계적 성질, 내균열성이 우수. 용착금속 중에 수소 함유량이 다른 피복봉에 비해 1/10 정도로 매우 낮음.
⑥ E4324(철분산화티탄계)   ⑦ E4326(철분저수소계)
⑧ E4327(철분산화철계)   ⑨ E4340(특수계)

 **11**

피복 아크 용접봉의 피복제의 역할이 아닌 것은?

① 아크를 안정시킨다.   ② 용착금속을 보호한다.
③ 파형이 고운 비드를 만든다.   ④ 스패터의 발생을 많게 한다.

해설 **피복제의 역할**
① 전기절연작용   ② 공기 중 산화, 질화 방지
③ 아크 안정   ④ 슬래그 제거를 쉽게 한다.
⑤ 탈산정련작용   ⑥ 합금원소 첨가
⑦ 용착금속의 냉각속도를 느리게 한다.
⑧ 용착효율을 높인다.   ⑨ 스패터의 발생을 적게 한다.

 **12**

피복 아크 용접 시 아크 전압 30V, 아크 전류 600A, 용접 속도 30cm/min일 때 용접 입열은 몇 Joule/cm인가?

① 9000   ② 13500
③ 36000   ④ 43225

 해설 용접 입열 $= \dfrac{60EI}{V} = \dfrac{60 \times 600 \times 30}{30\text{cm/min}} = 36000\,\text{J/cm}$

 **13**

산소–아세틸렌 용접을 할 때 팁(tip) 끝이 순간적으로 막히면 가스의 분출이 나빠지고 토치의 가스 혼합실까지 불꽃이 그대로 도달되어 토치가 빨갛게 달구어지는 현상은?

① 인화(flash back)   ② 역화(back fire)
③ 적화(red flash)   ④ 역류(contra flow)

해설 **역류, 역화, 인화**

① **역류** : 토치 내부의 청소상태가 불량하면 토치 내부의 기관의 막힘 현상이 일어난다. 이때 고압의 산소가 밖으로 나가지 못하게 되므로 산소보다 압력이 낮은 아세틸렌을 밀어내면서 아세틸렌 호스 쪽으로 거꾸로 흐르는 현상을 말한다.

② **역화** : 용접 도중 모재에 팁 끝이 닿음으로 불꽃이 순간적으로 팁 끝에 흡입되어 '빵빵' 하면서 꺼졌다가 다시 나타나는 현상을 말한다. 이것은 팁 끝이 가열되었거나 가스 압력과 유량이 부적당할 때 생긴다.

[역류, 역화의 원인]
• 토치 성능이 불량할 때
• 토치의 체결나사가 풀렸을 때
• 팁에 석회가루, 먼지, 기타 잡물이 막혔을 때
• 토치 취급이 잘못되었거나 팁 과열 시
• 아세틸렌 공급 가스가 부족할 때

③ **인화** : 팁 끝이 순간적으로 막히게 되면 가스 분출이 나빠지고 혼합실까지 불꽃이 들어가는 경우가 있는데 이를 인화라고 한다.

[방법] • 아세틸렌가스를 먼저 차단시킨다.
　　　 • 산소 밸브를 차단시킨다.

문제 **14**

피복 아크 용접봉의 피복제에 포함되어 있는 주요 성분이 아닌 것은?

① 고착제　　　　　　　　② 탈산제
③ 탈수소제　　　　　　　④ 가스발생제

해설 **피복배합제의 종류**

① 탈산제 : ㉠ 페로망간(Fe-Mn) ㉡ 페로티탄(Fe-Ti) ㉢ 페로바나듐(Fe-V) ㉣ 페로크롬(Fe-Cr) ㉤ 페로실리콘(Fe-Si) ㉥ Al ㉦ Mg

② 아크 안정제 : ㉠ 석회석($CaCO_3$) ㉡ 규산칼륨(K_2SiO_3) ㉢ 규산나트륨(Na_2SiO_3) ㉣ 산화티탄(TiO_2) ㉤ 적철광 ㉥ 자철광 ㉦ 탄산소다

③ 합금첨가제 : ㉠ 페로망간 ㉡ 페로실리콘 ㉢ 페로크롬 ㉣ 산화니켈 ㉤ 페로바나듐 ㉥ 산화몰리브덴 ㉦ 구리

④ 가스발생제 : ㉠ 석회석 ㉡ 탄산바륨 ㉢ 톱밥 ㉣ 녹말 ㉤ 셀룰로오스

⑤ 슬래그 생성제 : ㉠ 이산화망간 ㉡ 산화철 ㉢ 산화티탄 ㉣ 형석 ㉤ 석회석 ㉥ 일미나이트 ㉦ 알루미나 ㉧ 규사 ㉨ 장석

⑥ 고착제 : ㉠ 해초 ㉡ 당밀 ㉢ 아교 ㉣ 카제인 ㉤ 규산칼륨 ㉥ 규산나트륨

해답

14. ③

문제 15

부하전류가 증가하면 단자 전압이 저하하는 특성으로서 피복 아크 용접에서 필요한 전원 특성은?

① 수하 특성　　　　　　　② 상승 특성
③ 부저항 특성　　　　　　④ 정전압 특성

해설 용접기 특성
① 수하 특성 : 부하전류가 증가하면 단자전압이 낮아지는 특성
② 정전압 특성 : 부하전류가 변하여도 단자전압은 거의 변화하지 않는 특성
③ 정전류 특성 : 부하전압이 변하여도 단자전류는 거의 변화하지 않는 특성
④ 상승 특성 : 전류의 증가에 따라서 전압이 약간 높아지는 특성

문제 16

TIG 용접에 사용되는 전극봉의 조건으로 틀린 것은?

① 저용융점의 금속　　　　② 열 전도성이 좋은 금속
③ 전기 저항률이 적은 금속　④ 전자 방출이 잘 되는 금속

해설 고용융점의 금속일 것.

문제 17

MIG 용접에서 극성에 따른 아크 상태 및 용접부의 형상에 관한 설명으로 틀린 것은?

① 직류 역극성에서는 스프레이 이행이 되고 용입이 깊다.
② 직류 정극성에서는 입상 이행이 되고 용입이 낮은 비드를 얻을 수 있다.
③ 직류 정극성에서는 큰 용적이 간헐적으로 낙하되어 볼록한 비드를 얻을 수 있다.
④ 직류 역극성에서는 안정된 아크를 얻고, 적은 스패터와 좁고 깊은 용입을 얻을 수 있다.

해설 MIG 용접에서 극성에 따른 아크 상태 및 용접부의 형상
① 직류 역극성에서는 스프레이 이행이 되고 용입이 깊다.
② 직류 정극성에서는 입상 이행이 되고 용입이 낮은 비드를 얻을 수 있다.
③ 직류 역극성에서는 안정된 아크를 얻고, 적은 스패터와 좁고 깊은 용입을 얻을 수 있다.

18 서브머지드 아크 용접과 같은 대전류를 사용하는 것에 알맞은 용융
금속의 이행 방법은?

① 직선형　　　　　　　　② 단락형
③ 폭발형　　　　　　　　④ 핀치 효과형

 19 테르밋 용접에서 테르밋제의 주성분은?

① 과산화바륨과 산화철 분말　　② 아연 분말과 알루미늄 분말
③ 과산화바륨과 마그네슘 분말　　④ 알루미늄 분말과 산화철 분말

해설 **테르밋제의 주성분**
① 산화철 분말　② 알루미늄 분말　③ 마그네슘 분말　④ 과산화바륨

원리	용접 열원을 외부로부터 가하는 것이 아니라 테르밋제 반응에 의해 생성되는 열을 이용한 금속을 용접하는 방법이다. 즉, 미세한 알루미늄 분말과 산화철 분말을 3~4 : 1의 중량비로 혼합한 테르밋제에 과산화바륨과 마그네슘 분말을 혼합한 점화촉진제를 넣어 연소시키면 화학반응에 의해 약 2,800℃ 이상의 고온에 달하며 매우 짧은 시간이다. 주로 철도 레일, 차축, 선박 프레임 등의 용접에 이용된다.
특징	① 용접 작업이 단순하고 용접 결과의 재현성이 높다. ② 전력이 불필요하다. ③ 용접용 기구가 간단하고 설비비가 싸다. 또한 작업장소의 이동이 용이하다. ④ 용접 작업 후의 변형이 적다. ⑤ 용접하는 시간이 비교적 짧다.

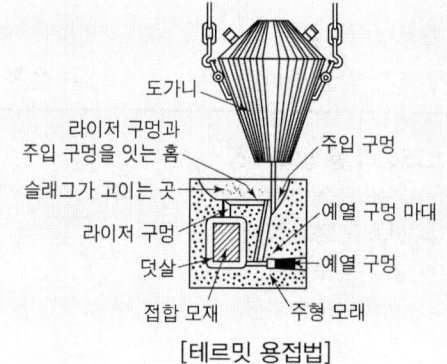

[테르밋 용접법]

 해답

문제 20

아세틸렌가스와 접촉 시 폭발의 위험성이 없는 것은?

① Cu
② Zn
③ Ag
④ Hg

해설 C_2H_2 가스는 Ag, Cu, Hg과 접촉 시 폭발성 물질인 아세틸라이드를 생성하기 때문에 사용 금지
① $C_2H_2 + 2Ag \rightarrow Ag_2C_2$ (은아세틸라이드) $+ H_2$
② $C_2H_2 + 2Cu \rightarrow Cu_2C_2$ (동아세틸라이드) $+ H_2$
③ $C_2H_2 + 2Hg \rightarrow Hg_2C_2$ (수은아세틸라이드) $+ H_2$

문제 21

용접법은 에너지원의 종류에 따라 분류할 수 있는데 용접 에너지원과 용접법을 연결한 것 중 틀린 것은?

① 전기 에너지 – 확산용접법
② 기계적 에너지 – 마찰용접법
③ 전자기적 에너지 – 폭발용접법
④ 화학적 에너지 – 테르밋 용접법

해설 **폭발용접법** : 화약의 폭발에 의해 생기는 순간적인 높은 에너지를 이용하여 두 재료를 충격 압접하는 방법

문제 22

오토콘 용접과 비교한 그래비티 용접의 특징을 설명한 것으로 옳은 것은?

① 사용법이 쉽다.
② 중량이 가볍다.
③ 구조가 간단하다.
④ 운봉 속도의 조절이 가능하다.

해설 **그래비티 용접의 특징**
① 운봉 속도의 조절이 가능하다.
② 구조가 복잡하다.
③ 중량이 무겁다.
④ 사용법이 어렵다.

문제 23

용제가 들어 있는 와이어 CO_2법은 복합 와이어의 구조에 따라 분류하는데, 다음 그림과 같은 와이어는?

① NCG 와이어
② S관상 와이어
③ Y관상 와이어
④ 아코스 와이어

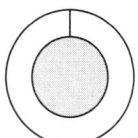

문제 24

저항 용접의 3대 요소에 해당되는 것은?

① 도전율
② 가압력
③ 용접전압
④ 용접저항

해설 저항 용접의 3대 요소
① 통전전류 ② 통전전압 ③ 가압력

문제 25

솔더링(soldering)용 용제와 용도가 서로 맞게 연결된 것은?

① 인산 – 염화아연 혼합용
② 염산(HCl) – 아연도금 강판용
③ 염화아연($ZnCl_2$) – 일반 전기제품용
④ 염화암모니아(NH_4Cl) – 구리와 동합금용

문제 26

후판 구조물 제작과 스테인리스강 용접이 가능하며, 잠호용접이라고도 하는 것은?

① 테르밋 용접
② 논 가스 아크 용접
③ 서브머지드 아크 용접
④ 일렉트로 슬래그 용접

해답   23. ①   24. ②   25. ②   26. ③

해설 **서브머지드 아크 용접**

원리	자동 금속아크 용접법으로 모재의 이음 표면에 미세한 입상의 용제를 공급하고, 용제 속에 연속적으로 전극 와이어를 송급하여 모재 및 전극 와이어를 용융시켜 용접부를 대기로부터 보호하면서 용접하는 방법으로 일명 잠호 용접이라고 한다. 상품명으로는 링컨 용접, 유니언 멜트 용접이라고 불린다.
장점	① 콘택크 팁에서 통전되므로 와이어 중에 저항열이 적게 발생되어 고전류 사용이 가능하다. ② 용융속도 및 용착속도가 빠르다. ③ 용입이 깊다. ④ 작업 능률이 수동에 비하여 판 두께 12mm에서 2~3배, 25mm에서 5~6배, 50mm에서 8~12배 정도가 높다. ⑤ 개선각을 적게 하여 용접 패스(pass)수를 줄일 수 있다. ⑥ 기계적 성질이 우수하다. ⑦ 유해광선이나 퓸(fume) 등이 적게 발생되어 작업환경이 깨끗하다. ⑧ 비드 외관이 매우 아름답다.
단점	① 장비의 가격이 고가이다. ② 용접 적용 자세에 제약을 받는다. ③ 용접 재료에 제약을 받는다. ④ 개선 홈의 정밀을 요한다.(패킹재 미 사용 시 루트 간격 0.8mm 이하) ⑤ 용접 진행 상태의 양·부를 육안식별이 불가능하다. ⑥ 용접선이 짧거나 복잡한 경우 수동에 비하여 비능률적이다.

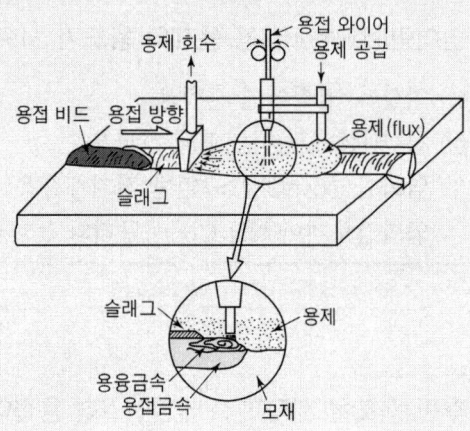

보충 **일렉트로 슬래그 용접**

① 원리

용융 슬래그와 용융금속이 용접부로부터 유출되지 않게 모재의 양측에 수랭식 동판을 대어주고 용융 슬래그 속에서 전극 와이어를 연속적으로 공급하여 주로 용융 슬래그의 저항열에 의하여 와이어와 모재를 용융시키면서 단층 수직 상진 용접을 하는 방법.

② 장점
  ㉠ 아크가 눈에 보이지 않고 아크불꽃이 없다.
  ㉡ 최소한의 변형과 최단시간의 용접법이다.
  ㉢ 한 번에 장비를 설치하여 후판을 단일층으로 한 번에 용접할 수 있다.
  ㉣ 압력용기, 조선 및 대형 주물의 후판 용접 등에 바람직한 용접이다.
  ㉤ 용접시간을 단축할 수 있어 용접능률과 용접품질이 우수하다.
  ㉥ 용접 홈의 기공준비가 간단하고 각(角) 변형이 적다.
  ㉦ 대형 물체의 용접에 있어서는 아래보기 자세 서브머지드 용접에 비하여 용접시간, 홈의 가공비, 용접봉비, 준비시간 등을 1/3~1/5 정도로 감소시킬 수 있다.
  ㉧ 전극 와이어의 지름은 보통 2.5~3.2mm를 주로 사용한다.
③ 단점
  ㉠ 박판 용접에는 적용할 수 없다.
  ㉡ 장비가 비싸다.
  ㉢ 장비 설치가 복잡하며, 냉각장치가 필요하다.
  ㉣ 용접시간에 비하여 용접 준비시간이 더 길다.
  ㉤ 용접 진행 시 용접부를 직접 관찰할 수 없다.
  ㉥ 높은 입열로 기계적 성질이 저하될 수 있다.

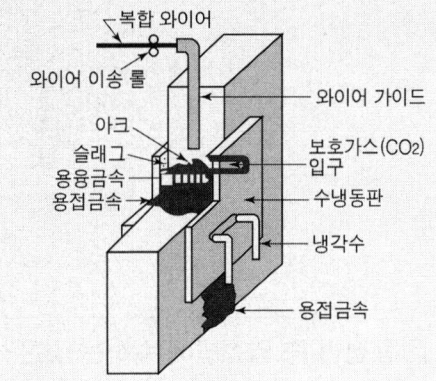

문제 27

플라스마 아크 용접의 장점으로 틀린 것은?

① 높은 에너지 밀도를 얻을 수 있다.
② 용접속도가 빠르고 품질이 우수하다.
③ 용접부의 기계적 성질이 좋으며 변형이 적다.
④ 맞대기 용접에서 용접 가능한 모재 두께의 제한이 없다.

 해답

27. ④

해설 플라스마 아크 용접

원리	아크열로 가스를 가열하여 플라스마 상으로 토치의 노즐에서 분출되는 고속의 플라스마젯을 이용한 용접법이다. ※ 플라스마 : 기체를 수천 도의 높은 온도로 가열하면 그 속의 가스 원자가 원자핵과 전자로 분리되며, 양(+), 음(−)의 이온상태를 말함. ※ 열적 피치 효과 : 아크 단면은 수축하고 전류 밀도는 증가하여 아크 전압이 높아지므로 대단히 높은 온도의 아크 플라스마가 얻어지는 성질.
장점	① 전류밀도가 크므로 용입이 깊고, 비드 폭이 좁으며 용접속도가 빠르다. ② 용접부의 기계적, 금속학적 성질이 좋으며 변형이 적다. ③ 각종 재료의 용접이 가능하다. ④ 1층으로 용접할 수 있으므로 능률적이다. ⑤ 수동용접도 쉽게 할 수 있다. ⑥ 토치 조작에 숙련을 요하지 않는다.
단점	① 무부하 전압이 높다. ② 설비비가 많이 든다. ③ 용접속도가 크므로 가스의 보호가 불충분하다.

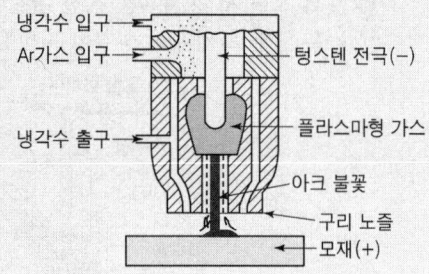

문제 28 다음 용접법 중 압접법에 속하는 것은?

① 초음파 용접　　　　　　② 피복 아크 용접
③ 산소 아세틸렌 용접　　　④ 불활성 가스 아크 용접

해설 압접법
① 유도 가열 용접　② 단접　　③ 초음파 용접　④ 가압 테르밋 용접
⑤ 마찰 용접　　　⑥ 냉간압접　⑦ 저항 용접

보충 저항 용접
① 겹치기 용접 : ㉠ 점 용접 ㉡ 심 용접 ㉢ 프로젝션 용접
② 맞대기 용접 : ㉠ 포일 심 용접 ㉡ 퍼커션 용접 ㉢ 플래시 용접 ㉣ 업셋 용접

해답

28. ①

문제 29 납땜의 용제가 갖추어야 할 조건으로 틀린 것은?

① 청정한 금속면의 산화를 방지할 것.
② 모재나 땜납에 대한 부식작용이 최소한일 것.
③ 용제의 유효온도 범위와 납땜온도가 일치할 것.
④ 땜납의 표면장력을 맞추어서 모재와의 친화력을 낮출 것.

해설 모재와의 친화력이 좋을 것.

문제 30 베어링용 합금이 갖추어야 할 조건으로 틀린 것은?

① 열전도율이 작아야 한다.
② 주조성, 절삭성이 좋아야 한다.
③ 충분한 경도와 내압력을 가져야 한다.
④ 내소착성이 크고 내식성이 좋아야 한다.

해설 열전도율이 커야 한다.

문제 31 담금질강의 취성을 줄이고 인성(toughness)을 부여하기 위한 열처리 법으로 가장 좋은 것은?

① 풀림(annealing)   ② 뜨임(tempering)
③ 담금질(quenching)   ④ 노멀라이징(normalizing)

해설 열처리
① 담금질＝퀜칭＝소입 : A₃ 및 Acm 변태에서 30~50℃ 가열 후 수냉시키는 방법. 경도 및 강도 증가
② 뜨임＝템퍼링＝소려 : 인성 증가
③ 풀림＝어닐링＝소둔 : 가공응력 및 내부응력 제거
④ 불림＝노멀라이징＝소준 : A₃ 및 Acm 변태에서 30~50℃ 가열 후 공냉시키는 방법. 가공조직의 균일화, 결정립의 미세화, 기계적 성질의 향상

해답   29. ④ 30. ① 31. ②

문제 32

용접 시 산화아연이 발생되는 용접재료는?

① 황동   ② 주철
③ 연강   ④ 스테인리스강

해설 **황동** = 구리 + 아연
        청동 = 구리 + 주석

문제 33

Fe-C 평형상태도에서 3상이 공존하는 곳의 자유도는? (단, 압력은 일정하다.)

① 0   ② 1
③ 2   ④ 3

해설 Fe-C 평형상태도에서 3상이 공존하는 곳의 자유도는 : 0

문제 34

일반 고장력강을 용접할 때의 주의사항으로 틀린 것은?

① 아크 길이는 가능한 한 짧게 한다.
② 위빙 폭은 크게 하지 않는다.
③ 용접 개시 전에 이음부 내부 또는 용접할 부분에 청소를 한다.
④ 용접봉은 용접 작업성이 좋은 고산화티탄계 용접봉을 사용한다.

해설 용접봉은 작업성이 좋은 저수소계 용접봉을 사용한다.

문제 35

침탄, 질화 등으로 내마모성과 인성이 요구되는 기계적 성질을 개선하는 열처리는?

① 수인법   ② 담금질
③ 표면경화   ④ 오스포밍

해답   32. ①   33. ①   34. ④   35. ③

해설 **표면경화법**

① 금속 침투법 : 내식, 내산, 내마멸을 목적으로 금속을 침투시키는 열처리
  ㉠ Al : 칼로라이징   ㉡ Cr : 크로마이징   ㉢ Zn : 세라다이징
  ㉣ Si : 실리코나이징   ㉤ B : 보로나이징
② 질화법 : 강 표면에 질소를 침투시켜 경화하는 방법으로 가스질화법, 연질화법, 액체질화법 등이 있다.
③ 침탄법
  ㉠ 가스 침탄법 : 메탄가스와 같은 탄화수소가스를 사용하여 침탄하는 방법
  ㉡ 액체 침탄법 : 시안화나트륨(NaCN), 시안화칼리(KCN)를 주성분으로 한 염을 사용하여 침탄온도 750~950℃에서 30~60분간 침탄시키는 방법
  ㉢ 고체 침탄법 : 고체 침탄제를 사용하여 강 표면에 침탄탄소를 확산 침투시켜 표면을 경화시키는 방법
④ 화염경화법 : 탄소강 표면에 산소-아세틸렌화염으로 표면만을 가열하여 오스테나이트로 만든 다음 급랭하여 표면층만 담금질

문제 36

고주파 담금질의 특징을 설명한 것으로 틀린 것은?

① 직접가열에 의하므로 열효율이 높다.
② 조작이 간단하며 열처리 가공시간이 단축될 수 있다.
③ 열처리 불량은 적으나, 변형 보정이 항상 필요하다.
④ 가열시간이 짧아 경화면의 탈탄이나 산화가 극히 적다.

해설 **고주파 담금질의 특징**

① 열처리 불량이 적고 변형 보정이 필요 없다.
② 가열시간이 짧아 경화면의 탈탄이나 산화가 극히 적다.
③ 조작이 간단하며 열처리 가공시간이 단축될 수 있다.
④ 직접가열에 의하므로 열효율이 높다.

문제 37

표면 열처리 방법인 금속 침투법의 침투원소 종류 중 칼로라이징은 어떤 금속을 침투시키는 방법인가?

① Zn   ② Cr
③ Al   ④ Cu

해설 문제 35번 참고.

문제 38

주철의 마우러(maurer) 조직도란?

① C와 Si 양에 따른 주철 조직도 ② Fe와 Si 양에 다른 주철 조직도
③ Fe와 C 양에 따른 주철 조직도 ④ Fe 및 C 와 Si 양에 따른 조직도

해설 **주철의 마우러 조직** : C 와 Si의 양에 따른 주철의 조직도

문제 39

강을 담금질한 후 0℃ 이하로 냉각하고 잔류 오스테나이트를 마텐자이트화하기 위한 방법은?

① 저온 풀림   ② 고온 뜨임
③ 오스템퍼링   ④ 서브제로 처리

해설 **서브제로 처리(심랭 처리)** : 담금질된 강의 경도를 증가시키고 시효변형을 방지하기 위한 목적으로 0℃ 이하의 온도에서 처리
질량 효과 : 재료의 내·외부에 열처리 효과의 차이가 나는 현상
항온 열처리의 종류 : ① 오스템퍼링 ② 마템퍼링 ③ 마퀜칭 ④ 타임퀜칭

문제 40

Fe−C 평형 상태도에서 공석반응이 일어나는 곳의 탄소 함량은 약 몇 %인가?

① 0.025%   ② 0.33%
③ 0.80%   ④ 2.0%

해설 **Fe−Fe₃C 평형상태도**

기호	설 명
A	순철의 용융(응고)점, 1,539℃
AB	δ고용체에 대한 액상선
AH	δ고용체에 대한 고상선
BC	γ고용체에 대한 고상선
J	포정점(peritectic point)
HJB	포정선(peritectic line), 1,492℃
N	순철의 A₄ 변태점(1,398℃)
C	공정점(eutectic point) 탄소(C) 4.3%, 1,130℃

해답   38. ① 39. ④ 40. ③

기호	설 명
ECF	공정선(eutectic line)
G	순철의 A₃ 변태점(동소변태), 910℃
M	순철의 자기 변태점(A₂점), 768℃
S	공석점(eutectoid point), A₁ 변태점, 탄소(C) 0.86%, 723℃
PSK	공석선(eutectoid line), A₁ 변태선

문제 41

Ni 36%를 함유하는 Fe-Ni 합금으로서 상온에서 열팽창계수가 매우 적고 내식성이 대단히 좋으므로 줄자, 계측기, 시계의 진자, 바이메탈 등으로 사용되는 강은?

① 인바 ② 라우탈
③ 퍼멀로이 ④ 두랄루민

해설 **불변강(고Ni강)** : 온도 변화에도 선팽창계수나 탄성계수가 변하지 않는 강을 말한다. Ni 26%에서 오스테나이트 조직으로 내식성이 강한 비자성강이다.

① 인바(invar)
  ㉠ Ni 36%, C 0.2%, Mn 0.4%의 합금으로 길이 불변이다.
  ㉡ 용도 : 미터기준봉 바이메탈, 시계의 진자, 줄자, 계측기의 부품
② 초인바(super invar)
  ㉠ Ni 32%, Co 4~6%의 합금
  ㉡ 팽창계수 : $0.1 \sim 10^{-6}$
③ 엘린바(elinvar)
  ㉠ Ni 36%, Cr 13%의 합금
  ㉡ 팽창계수 : 1.2×10^{-6}(상온에서 탄성율이 변하지 않는다.)
  ㉢ 용도 : 고급시계, 정밀저울의 스프링, 정밀기계의 재료
④ 코엘린바(koelinvar)
  ㉠ Ni 10~16%, Cr 10~11%, Co 2.6~5.8%의 합금
  ㉡ 용도 : 스프링, 태엽, 기상관측용 기구의 부품 등
⑤ 플래티나이트(platinite)
  ㉠ Ni 40~50%의 Ni-Fe계 합금
  ㉡ 팽창계수 : $5 \sim 9 \times 10^{-4}$
  ㉢ 종류 : 코버트(Ni 28%, Co 17%), 페르니코(Ni 28%, Co 17%, Cr 0~8%)
  ㉣ 용도 : 전구나 진공관의 도입선(열팽창계수가 유리나 백금과 같다.)
⑥ 퍼멀로이(permalloy) : Ni 75~80%, Co 0.5% 함유. 약한 자장으로 큰 투자율을 가지므로 해저 전선의 장하 코일용으로 사용된다.

해답 41. ①

문제 42 탄산가스 아크 용접에서 와이어에 적당한 탈산제를 첨가하여 용착금 속 내에 기공을 방지하는 데 사용되는 원소는?

① Mn, Si   ② Cr, Si

③ Ni, Mn   ④ Cr, Ni

문제 43 용접부에 생기는 용접 균열 결함의 종류에 속하지 않는 것은?

① 가로 균열   ② 세로 균열

③ 플랭크 균열   ④ 비드 밑 균열

해설  **용접 균열 결함**

① 저온 균열의 유형

㉠ 라멜라티어 균열 : T이음, 모서리 이음 등에서 강의 내부에 평행하게 층상으로 발생되는 균열

㉡ 마이크로피셔 균열 : 용착금속의 다수의 현미경적 균열이 저온에서 발생하며 용착금속의 굽힘 연성이 현저하게 감소

㉢ 루트 균열 : 맞대기 용접의 가접, 첫층 용접의 루트 근방의 열영향부에 발생하는 균열

㉣ 힐 균열 : 필릿 시 루트부분에 발생하는 저온균열이며 모재의 수축, 팽창에 의한 뒤틀림이 주요 원인

㉤ 토 균열 : 맞대기 이음, 필릿 이음 등의 경우에 비드 표면과 모재의 경계부에 발생

② 고온 균열의 유형

㉠ 유황 균열(설퍼 크랙) : 강 중의 황이 층상으로 존재하는 유황 밴드가 심한 모재를 서브머지드 아크 용접 시 나타나는 균열

㉡ 라미네이션 균열 : 모재의 결함에 기인되는 것으로 모재 내에 기포가 압연되어 발생하는 유황 밴드와 같이 층상으로 편재해 강재의 내부적 노취 형성

㉢ 크레이터 균열 : 용접 비드의 끝에서 발생하는 고온균열로서 냉각속도가 지나치게 빠른 경우 발생

㉣ 비드 밑 균열 : 용접 비드나 바로 밑에서 용접선에 아주 가까이 거의 평행하게 모재 열열향부에 생기는 균열

문제 44

비드를 쌓아 올리는 다층 용접법에 해당되지 않는 것은?

① 스킵법
② 덧살 올림법
③ 전진 블록법
④ 캐스케이드법

해설 **다층 용접법**

① **빌드업법** : 용접 전 길이에 대하여 각 층을 연속하는 방법. 능률은 좋지 않지만 한랭 시나 구속이 클 때, 판 두께가 두꺼울 때에는 첫 층에 균열이 생길 우려가 있다.

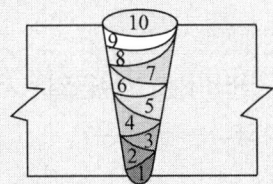

② **캐스케이드법** : 한 부분에 대해 몇 층을 용접하다가 다음 부분의 층으로 연속시켜 용접하며, 후진법과 병용하여 사용되며, 결함은 잘 생기지 않으나 특수한 경우 외에는 사용하지 않는다.

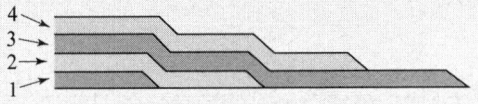

③ **블록법** : 짧은 용접 길이로 표면까지 용착하는 방법이며, 첫 층에 균열이 발생하기 쉬울 때 사용한다.

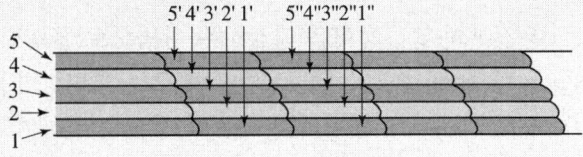

문제 45

용접구조 설계상의 주의사항으로 틀린 것은?

① 용접이음이 집중되게 한다.
② 단면형상의 급격한 변화 및 노치를 피한다.
③ 용접치수는 강도상 필요 이상 크게 하지 않는다.
④ 용접에 의한 변형 및 잔류응력을 경감시킬 수 있도록 한다.

해설 용접이음이 집중되지 않게 한다.

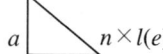

다음 용접 기호의 설명으로 틀린 것은?

① a : 목두께
② n : 목길이의 개수
③ (e) : 인접한 용접부 간격
④ l : 용접 길이(크레이터 제외)

a　$n \times l(e)$

 n : 용접부 개수

용접 비드 끝부분에서 흔히 나타나는 고온균열로서 고장력강이나 합금원소가 많은 강 중에서 나타나는 균열은?

① 토 균열(toe crack)
② 설퍼 균열(sulfur crack)
③ 크레이터 균열(crater crack)
④ 비드 밑 균열(under bead crack)

 문제 43번 참고.

용접 시 발생하는 변형 또는 잔류응력을 경감시키는 방법에 대한 설명으로 틀린 것은?

① 용접부의 잔류응력을 경감하는 방법으로 급랭법을 쓴다.
② 용접 전 변형방지책으로 억제법 또는 역변형법을 쓴다.
③ 용접 금속부의 변형과 잔류응력 경감을 위하여 피닝을 한다.
④ 용접시공에 의한 경감법으로는 대칭법, 후퇴법, 스킵 블록법, 스킵법 등을 쓴다.

 **잔류응력을 경감하는 방법**
① 박판에 대한 점 수축법
② 형재에 대한 직선가열 수축법
③ 가열 후 해머로 두드리는 방법
④ 후판에 대하여는 가열 후 압력을 걸고 수냉하는 방법
⑤ 소성변형시켜서 교정하는 방법
⑥ 외력을 이용한 소성변형법
⑦ 가열할 때 발생하는 열응력을 이용한 소성변형법

 **49** 용접이음의 안전율을 계산하는 식은?

① 안전율 = $\dfrac{\text{허용응력}}{\text{인장강도}}$ ② 안전율 = $\dfrac{\text{인장강도}}{\text{허용응력}}$

③ 안전율 = $\dfrac{\text{피로강도}}{\text{변형률}}$ ④ 안전율 = $\dfrac{\text{파괴강도}}{\text{연신율}}$

해설 안전율 = $\dfrac{\text{인장강도}}{\text{허용응력}}$ 허용응력 = $\dfrac{\text{인장강도}}{\text{안전율}}$

 **50** 강재 이음 제작 시 용접이음부 내에 라멜라 티어(lamella tear)가 발생할 수 있다. 다음 중 라멜라 티어 발생을 방지할 수 있는 대책은?

① 다층용접을 한다.
② 모서리 이음을 한다.
③ 킬드 강재나 세미킬드 강재의 모재를 사용한다.
④ 모재의 두께 방향으로 구속을 부과하는 구조를 사용한다.

 **51** 용접 작업에서 피닝을 실시하는 가장 큰 이유는?

① 급랭을 방지한다.   ② 잔류응력을 줄인다.
③ 모재의 연성을 높인다.   ④ 모재의 경도를 높인다.

해설 **용접 작업 시 피닝을 하는 이유** : 잔류응력을 줄인다.

 **52** 파이프 용접 시 용접 능률과 품질을 향상시킬 수 있는 아래보기 자세의 유지가 가능한 기구로, 파이프의 원주 속도와 용접 속도를 같게 조정하여 파이프의 맞대기 용접을 자동으로 시공할 수 있게 하는 기구는?

① 정반   ② 터닝 롤러
③ 회전 지그   ④ 용접용 포지셔너

해답   **49.** ②   **50.** ③   **51.** ②   **52.** ②

문제 53 용접 자동화의 장점으로 틀린 것은?

① 용접의 품질 향상 ② 용접의 원가 절감
③ 용접의 생산성 증대 ④ 용접의 설비투자 비용 감소

해설 용접 자동화의 장점
① 용접의 생산성 증대 ② 용접의 원가 절감
③ 용접의 품질 향상 ④ 용접 결과가 일정하다.

문제 54 용접 지그(jig)를 사용하여 용접 작업할 때 얻는 효과로 가장 거리가 먼 것은?

① 용접 변형을 억제한다. ② 작업 능률이 향상된다.
③ 용접작업을 용이하게 한다. ④ 용접 공정수를 늘리게 된다.

해설 용접 지그 사용 시 효과
① 아래보기 자세로 용접할 수 있다.
② 용접부의 신뢰성을 높인다.
③ 동일 제품을 다량 생산할 수 있다.
④ 제품의 정도가 균일하다.
⑤ 작업을 쉽게 할 수 있다.
⑥ 공정수를 절약하므로 능률이 좋다.
⑦ 용접 변형을 억제한다.

문제 55 다음 표는 어느 자동차 영업소의 월별 판매실적을 나타낸 것이다. 5 개월 단순이동 평균법으로 6월의 수요를 예측하면 몇 대인가?

월	1월	2월	3월	4월	5월
판매량	100대	110대	120대	130대	140대

① 120대 ② 130대
③ 140대 ④ 150대

해설 6월의 수요 예측 $= \dfrac{1}{5}(100+110+120+130+140) = 120$대

 **56**

표준시간 설정 시 미리 정해진 표를 활용하여 작업자의 동작에 대해 시간을 산정하는 시간연구법에 해당되는 것은?

① PTS법   ② 스톱워치법
③ 워크샘플링법   ④ 실적자료법

해설 **스톱워치법** : 실제로 현장에서 이루어지는 모든 작업공정에 대해 사전에 미리 구분하여 별도의 측정 표준을 통해 표준시간을 산정하는 방법
워크샘플링법 : 측정자는 무작위로 현장에서 작업자가 작업하는 내용에 대해 측정율 및 가동시간에 대한 측정결과를 조합하여 표준시간을 설정하는 방법
PTS법 : 기본적인 작업방법에 대해 미리 절차를 수립하여 생산 시 미리 설정해 놓은 시간을 가감해서 표준시간을 산정하는 방법

 **57**

다음 내용은 설비보전 조직에 대한 설명이다. 어떤 조직의 형태에 대한 설명인가?

[보기]
보전작업자는 조직상 각 제조부문의 감독자 밑에 둔다.
• 단점 : 생산우선에 의한 보전작업 경시, 보전기술 향상의 곤란성
• 장점 : 운전자와 일체감 및 현장감독의 용이성

① 집중보전   ② 지역보전
③ 부문보전   ④ 절충보전

해설 **설비보전의 조직**
① 부문보전 : 공장의 보전요원을 각 제조부분의 감독자 아래 배치
② 지역보전 : 지역별로 책임자를 두고 보전요원이 활동
③ 절충보전 : 지역보전 또는 부분보전과 집중보전을 결합하여 장점을 살리고 결점을 보완한다.
④ 집중보전 : 공장의 모든 보전요원을 한 사람의 관리자 밑에 두고 활동

해답   56. ①   57. ③

 **58** 다음은 관리도의 사용 절차를 나타낸 것이다. 관리도의 사용 절차를 순서대로 나열한 것은?

[다음] ㉠ 관리하여야 할 항목의 선정
  ㉡ 관리도의 선정
  ㉢ 관리하려는 제품이나 종류 선정
  ㉣ 시료를 채취하고 측정하여 관리도를 작성

① ㉠ → ㉡ → ㉢ → ㉣   ② ㉠ → ㉢ → ㉣ → ㉡
③ ㉢ → ㉠ → ㉡ → ㉣   ④ ㉢ → ㉣ → ㉠ → ㉡

 **59** 이항분포(binomial distribution)에서 매 회 A가 일어나는 확률이 일정한 값 P일 때, n회의 독립시행 중 사상 A가 x회 일어날 확률 $P(x)$를 구하는 식은? (단, N은 로트의 크기, n은 시료의 크기, P는 로트의 모부적합품률이다.)

① $P(x) = \dfrac{n!}{x!(n-x)!}$ ② $P(x) = e^{-x} \cdot \dfrac{(nP)^x}{x!}$

③ $P(x) = \dfrac{\binom{NP}{x}\binom{N-NP}{n-x}}{\binom{N}{n}}$ ④ $P(x) = \binom{n}{x}P^x(1-P)^{n-x}$

60 샘플링에 관한 설명으로 틀린 것은?

① 취락 샘플링에서는 취락 간의 차는 작게, 취락 내의 차는 크게 한다.
② 제조 공정의 품질 특성에 주기적인 변동이 있는 경우 계통 샘플링을 적용하는 것이 좋다.
③ 시간적 또는 공간적으로 일정 간격을 두고 샘플링하는 방법을 계통 샘플링이라고 한다.
④ 모집단을 몇 개의 층으로 나누어 각 층마다 랜덤하게 시료를 추출하는 것을 층별 샘플링이라고 한다.

해설 계통 샘플링 : 모집단으로부터 시간적 또는 공간적으로 일정한 간격을 두고 샘플링하는 방법

용접기능장

2017

최근 기출문제

용접기능장 필기

2017년도 제 61 회

문제 01

아세틸렌과 산소를 대기 중에서 연소시킬 때 공급되는 산소량에 따라 불꽃을 나눌 수 있다. 다음 중 불꽃의 종류에 포함되지 않는 것은?

① 탄화 불꽃　　　　　② 중성 불꽃

③ 인화 불꽃　　　　　④ 산화 불꽃

해설 **산소 − 아세틸렌 불꽃**
　① 탄화불꽃 : ㉠ 아세틸렌 과잉 불꽃
　　　　　　　 ㉡ 아세틸렌 페더가 있는 불꽃
　　　　　　　 ㉢ 매연을 내면서 적황색으로 탐
　　　　　　　 ㉣ 산화작용이 일어나지 않음
　　　　　　　 ㉤ 모네메탈, 스텐레스, 스텔라이트
　② 산화불꽃 : ㉠ 산소 과잉 불꽃
　　　　　　　 ㉡ 구리, 황동용접에 사용
　③ 중성불꽃 : ㉠ 표준불꽃이라 한다.
　　　　　　　 ㉡ 산소와 아세틸렌의 혼합비율이 1:1인 불꽃
　　　　　　　 ㉢ 일반연강제나 주철용접에 사용

문제 02

보통 가스 절단 시 판두께 12.7mm의 표준 드래그 길이는 약 몇 mm인가?

① 2.4　　　　　　② 5.2

③ 5.6　　　　　　④ 6.4

 표준 드래그 길이 $= 판두께 \times \dfrac{1}{5} = 12.7 \times \dfrac{1}{5} = 2.54$

해답　　　　　　　　　　　　　　　　　　　　　　　01. ③　02. ①

문제 03

용접이음에서 안전율 결정조건으로 가장 거리가 먼 것은?

① 재료의 용접성   ② 용접시공 조건
③ 하중과 응력 계산의 정확성   ④ 모재와 용착금속의 화학적 성질

해설 모재와 용착금속의 기계적 성질

문제 04

다음 중 용접기의 사용률을 계산하는 식은?

① 사용률(%) $= \dfrac{\text{아크시간}}{\text{휴식시간}}$

② 사용률(%) $= \dfrac{\text{아크시간}}{\text{아크시간} + \text{휴식시간}} \times 100$

③ 사용률(%) $= \dfrac{(\text{정격2차전류})^2}{(\text{실제의 용접전류})^2} \times 100$

④ 사용률(%) $= \dfrac{(\text{정격2차전류})^2}{(\text{실제의 용접전류})^2} \times \text{정격사용률}$

해설

용접기 사용률 $= \dfrac{\text{아크시간}}{\text{아크시간} + \text{휴식시간}} \times 100$

용접입열 $= \dfrac{60EI}{V}$

허용사용률 $= \dfrac{(\text{정격 2차전류})^2}{(\text{실제 용접전류})^2} \times \text{정격사용률}$

효율 $= \dfrac{\text{아크전력}}{\text{소비전력}} \times 100$

역률 $= \dfrac{\text{소비전력}}{\text{전원입력}} \times 100$

문제 05

피복 아크 용접에서 피복제의 역할로 틀린 것은?

① 아크를 안정시킨다.
② 스패터 발생을 적게 한다.
③ 용융 금속의 용적을 조대화하여 용착 효율을 높인다.
④ 모재 표면의 산화물을 제거하고 양호한 용접부를 만든다.

해설 **피복제의 역할**(전긍아슬탈합용스)
① 전기절연작용　　　　　　② 공기 중 산화, 질화방지
③ 아크 안정　　　　　　　　④ 슬래그 제거를 쉽게 한다.
⑤ 탈산 정련작용　　　　　　⑥ 합금원소첨가
⑦ 용착효율을 높인다.　　　 ⑧ 용착금속의 냉각속도를 느리게 한다.
⑨ 스패터 발생을 적게 한다.

문제 06

피복 아크 용접에서 용접봉의 용융속도(melting rate)를 가장 적합하게 설명한 것은?

① 전체 사용된 용접봉의 길이
② 전체 사용된 용접용의 중량
③ 단위 시간된 사용된 용접 재료
④ 단위 시간당 소비되는 용접봉의 길이

해설 **용접봉의 용융속도** : 단위 시간당 소비되는 용접봉의 길이

문제 07

용접 후 열처리에서 고려 대상이 아닌 것은?

① 냉각 속도(cooling rate)　　② 가열 속도(heating rate)
③ 연료의 종류(type of fuel)　 ④ 가열 온도(heating temperature)

해설 **용접 후 열처리에서 고려 대상**
① 가열 온도　② 가열 속도　③ 냉각 속도

문제 08

교류 용접기에서 2차 무부하전압 80V, 아크전압 30V, 아크전류 300A라고 하면 역률은 약 몇 %인가?(단, 용접기의 내부손실은 4kW 이다.)

① 26　　　　　　　　　　② 48
③ 54　　　　　　　　　　④ 69

 **해답**　　　　　　　　　　　　　　　　**06. ④　07. ③　08. ③**

해설

$$\text{역률} = \frac{\text{소비전력}}{\text{전원입력}} \times 100 = \frac{13\,\text{kW}}{24\,\text{kW}} \times 100 = 54.16\%$$

소비전력 = 아크전력 + 내부손실 = 9 + 4 = 13 kW

전원입력 = 무부하전압 × 정격2차전류 = 80 × 300 = 24000 = 24 kW

아크전력 = 아크전압 × 정격2차전류 = 30 × 300 = 9000 = 9 kW

문제 09

가스 용접 불꽃의 구성에 포함되지 않는 것은?

① 불꽃심　　　　　　　② 속불꽃

③ 겉불꽃　　　　　　　④ 제3불꽃

해설 **가스불꽃의 구성**
① 속불꽃(3200~3500℃) 가장 높다.
② 겉불꽃
③ 불꽃심

문제 10

플라스마 절단 시 절단품질에 영향을 미치는 요소가 아닌 것은?

① 작동가스　　　　　　② 절단전류

③ 토치높이　　　　　　④ 토치 도선의 길이

해설 **플라스마 절단 시 절단품질에 영향을 미치는 요소**
① 절단전류　　② 작동가스　　③ 토치높이

문제 11

주철, 비철금속, 스테인리스강 등을 절단하는데 용제 및 철분을 혼합 사용하는 절단방법은?

① 스카핑　　　　　　　② 분말절단

③ 산소창 절단　　　　　④ 플라스마 절단

해설 ① **스카핑** : 강괴, 강편, 슬래그, 주름, 탈탄층, 표면균열 등의 표면결함을 불꽃가공에 의해 제거하는 방법으로 얕은 홈 가공 시 사용
② **산소창 절단** : 두꺼운 판, 주강의 슬랙 덩어리 암석의 천공 등의 절단에 사용

해답　　　　　　　　　　　　　　　　　09. ④　10. ④　11. ②

③ **산소아크 절단** : 중공의 피복용접봉과 모재사이에 아크를 발생시키고 중심에서 산소를 분출시키며 절단

④ **플라스마 절단** : 아크 플라스마의 바깥 둘레를 강제로 냉각하여 발생하는 고온, 고속의 플라스마를 이용한 절단법을 플라스마 절단이라 한다. 이 플라스마는 기체를 가열하여 온도가 상승되면 기체 원자의 운동은 대단히 활발하게 되어 마침내는 기체 원자가 원자핵과 전자로 분리되어(+), (−)의 이온상태로 된 것을 플라스마(plasma)라 부르며, 이것은 고체, 액체, 기체 이외의 제4의 물리 상태로 알려지고 있다. 아크의 방전에 있어 양극 사이에서 강한 빛을 발하는 부분을 아크 플라스마라 하는데, 아크 플라스마는 종래의 아크보다 고온도(10,000~30,000℃)로 높은 열에너지를 가지는 열원이다.

텅스텐 전극과 모재 사이에서 아크 플라스마를 발생시키는 것을 이행형 아크 절단(transferred plasma arc cutting)이라 하며, 텅스텐 전극과 수냉 노즐과의 사이에서 아크를 발생시켜 절단하는 것을 비이행형 아크 절단(non-transferred arc cutting)이라 한다. 이 비이행형 절단을 플라스마 제트 절단이라 하며, 절단하려는 재료에 전기적 접촉을 하지 않는 것이므로 금속 재료는 물론 비금속의 절단에도 사용이 가능하다.

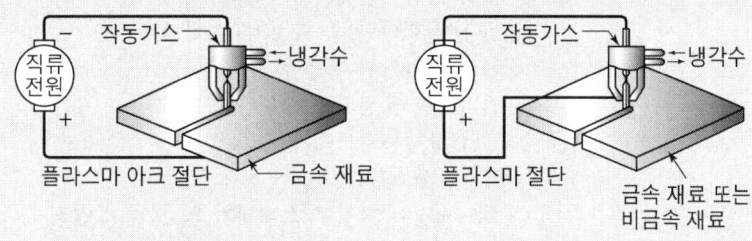

(a) 이행형 아크절단 (b) 비이행형 아크절단

⑤ **수중 절단** : 물에 잠겨 있는 침몰선의 교량의 교각개조, 댐, 항만, 방파제 등의 공사에 사용되며 수중 작업 시 예열가스의 양 공기 중에서 4~8배, 절단산소의 압력 1.5~2배이다.

⑥ **탄소아크 절단** : 탄소 또는 흑연전극봉과 금속사이에서 아크를 일으켜 금속의 일부를 용융제거하는 절단법

⑦ **금속아크 절단** : 탄소 전극봉 대신 절단 전용의 특수 피복을 입힌 피복봉을 사용하여 절단하는 방법

문제 12

강철을 산소−아세틸렌가스를 이용하여 절단할 경우 예열온도는 약 몇 ℃ 정도가 가장 적당한가?

① 100~200 ② 300~500
③ 800~1000 ④ 1100~1500

해답 12. ③

해설 강의 예열온도 : 800~900℃
동의 예열온도 : 200~400℃
알루미늄 예열온도 : 200~400℃

문제 13 연강용 피복 아크 용접봉의 종류 중 철분산화철계에 해당되는 것은?

① E4324
② E4340
③ E4326
④ E4327

해설 **연강용 피복아크 용접봉의 특징**
① E 4301(일미나이트계)
  ㉠ TiO_2, FeO를 약 30% 함유
  ㉡ 주성분은 광석 사철
  ㉢ 용접성과 기계적 성질이 우수
  ㉣ 가열온도와 가열시간 : 70~100℃, 30~60분
② E 4303(라임티탄계)
  ㉠ TiO_2(산화타탄)을 약 30% 이상 함유
  ㉡ 비드의 외관이 아름답다.
  ㉢ 언더컷이 발생되지 않는다.
③ E 4311(고셀룰로오스계)
  ㉠ 셀룰로오스를 20~30%정도 포함
  ㉡ 비드표면이 거칠고 스패터가 많은 것이 결점
  ㉢ 좁은 홈의 용접 시 사용
  ㉣ 습기가 흡수되기 쉬우므로 건조
④ E 4313(고산화티탄계)
  ㉠ 산화티탄을 약 35% 이상 함유
  ㉡ 일반 경구조물 용접에 사용
  ㉢ 비드 표면이 고우며 작업성이 우수
  ㉣ 고온크랙을 일으키기 쉬운 결점이 있다.
⑤ E 4316(저수소계)
  ㉠ 주성분으로는 석회석, 형석 등이 있다.
  ㉡ 내균열성, 기계적 성질 우수
  ㉢ 용착금속 중에서 수소 함유량이 다른 피복봉에 비해 $\frac{1}{10}$ 정도로 매우 낮음.
  ㉣ 가열온도와 가열시간 : 300~350℃, 1~2시간
⑥ E 4324 : 철분산화티탄계
⑦ E 4316 : 철분저수소계
⑧ E 4327 : 철분산화철계

 **14** 피복 아크 용접봉의 피복 배합제 중 탈산제가 아닌 것은?

① 페로티탄
② 알루미늄
③ 페로실리콘
④ 규산나트륨

해설 **피복배합제**

① 아크안정제 : (산) (석) (규) (자) (적) (탄)
　　　　　　　산화티탄　석회석　규산칼륨　자철광　적철광　탄산소다
　　　　　　　규산나트륨

② 슬랙생성제 : (이) (산) (형) (석) (일) (알) (장) (규)
　　　　　　　이산화망간 산화티탄 형석 석회석 일미나이트 알루미나 장석 규사

③ 탈산제 : (바) (실) (티) (크) (망) (알)
　　　　　Fe-V　　Fe-Si　　Fe-Ti　　Fe-Cr　　Fe-Mn　　Al
　　　　　바나듐철　규소철　티탄철　크롬철　망간철　알루미늄

④ 고착제 : (해) (당) (아) (카) (규)
　　　　　해초　　당밀　　아교　　카제인　규산칼륨
　　　　　　　　　　　　　　　　　　　　　규산나트륨

⑤ 가스발생제 : (석) (탄) (톱) (녹) (셀)
　　　　　　　석회석　탄산바륨　톱밥　녹말　셀룰로오스

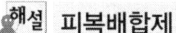 **15** 가스용접에서 사용하는 토치의 취급 시 주의사항으로 틀린 것은?

① 토치를 망치 등 다른 용도로 사용한다.
② 점화되어 있는 토치를 아무 곳에나 방치하지 않는다.
③ 팁 및 토치를 작업장 바닥이나 흙 속에 방치하지 않는다.
④ 팁을 바꿔 끼울 때는 반드시 양쪽 밸브를 모두 닫은 다음에 행한다.

해설 토치를 망치 등 다른 용도로 사용한다.

 **16** 다음 중 주철의 보수용접 방법이 아닌 것은?

① 로킹법
② 크라운법
③ 비녀장법
④ 버터링법

 **해답**

해설 주철의 보수용접 방법

① 버터링법 : 처음에는 모재와 잘 융합되는 용접봉으로 적당한 두께까지 용착시키고 난 후 다른 용접봉으로 용접하는 방법

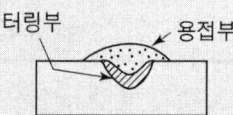

② 비녀장법 : 균열부 수리 및 가늘고 긴 용접을 할 때 용접선에 직각이 되게 지름 6~10mm정도의 ㄷ자형의 강봉을 박고 용접

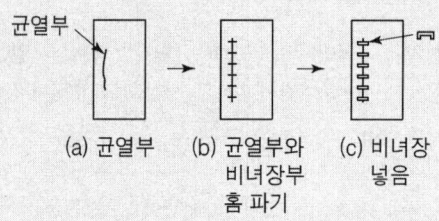

(a) 균열부   (b) 균열부와 비녀장부 홈 파기   (c) 비녀장 넣음

③ 로킹법 : 스터드 볼트 대신 용접부 바닥에 둥근 홈을 파고 이 부분에 걸쳐 힘을 받도록 하는 방법

④ 스터드법 : 용접경계부의 바로 밑부분의 모재가 갈라지는 약점을 보강키 위해 스터드 볼트를 용접 홈의 경사면에 심은 다음 함께 용접하는 방법

문제 17 다음 중 레이저 용접장치의 기본형에 속하지 않는 것은?

① 반도체형　　② 엔드밀형
③ 고체 금속형　　④ 가스 방전형

해설 레이저 용접장치의 기본형
① 반도체형　② 고체 금속형　③ 가스 방전형

문제 18 오스테나이트계 스테인리스강 용접 시 유의해야할 사항으로 틀린 것은?

① 예열을 실시해야 한다.
② 짧은 아크 길이를 유지한다.
③ 용접봉은 모재의 재질과 동일한 것을 사용한다.
④ 낮은 전류값으로 용접하여 용접 입열을 억제한다.

해답　　17. ②　18. ①

 **해설** **오스테나이트계 용접 시 주의사항**
① 예열을 하지 말아야 한다.
② 층간 온도가 320℃ 이상을 넘어서는 안 된다.
③ 짧은 아크 길이를 유지한다.
④ 용접봉은 모재와 동일한 재료를 쓰며 가는 용접봉을 사용
⑤ 낮은 전류값으로 용접하여 용접 입열을 억제한다.

문제 19

CO_2 가스 아크 용접법의 종류 중 용제가 들어있는 와이어 CO_2법이 아닌 것은?

① 퓨즈 아크법(fuse arc process)
② 필러 아크법(filler arc process)
③ 유니온 아크법(union arc process)
④ 아코스 아크법(arcos arc process)

해설 **CO_2 가스 아크 용접법의 종류 중 용제가 들어있는 와이어 CO_2법**
① 아코스 아크법 ② 퓨즈 아크법 ③ NCG법 ④ 유니온 아크법

문제 20

CO_2 가스 아크 용접의 용적이행 형태가 아닌 것은?

① 단락 이행   ② 입상 이행
③ 복합 이행   ④ 스프레이 이행

해설 **CO_2 가스 아크 용접의 용적이행 형태**
① 스프레이형 ② 입상 이행 ③ 단락 이행

문제 21

연납용으로 사용되는 용제가 아닌 것은?

① 염산   ② 붕산염
③ 염화아연   ④ 염화암모니아

해설 **연납용 용제** : ① 인산 ② 염산 ③ 염화아연 ④ 염화암모늄
경납용 용제 : ① 붕사 ② 붕산 ③ 염화나트륨 ④ 염화리튬
⑤ 산화제일구리 ⑥ 빙정석

해답   19. ② 20. ③ 21. ②

문제 22 일렉트로가스 아크 용접의 특징으로 틀린 것은?

① 판 두께가 두꺼울수록 경제적이다.

② 판 두께에 관계없이 단층으로 상진 용접한다.

③ 용접장치가 간단하며, 취급이 쉽고 고도의 숙련을 요하지 않는다.

④ 스패터 및 가스의 발생이 적고, 용접작업 시 바람의 영향을 받지 않는다.

해설 일렉트로 슬래그 용접

원리	용융 슬래그와 용융금속이 용접부로부터 유출되지 않게 모재의 양측에 수랭식 동판을 대어주고 용융 슬래그 속에서 전극 와이어를 연속적으로 공급하여 주로 용융 슬래그의 저항열에 의하여 와이어와 모재를 용융시키면서 단층 수직 상진 용접을 하는 방법.
장점	① 아크가 눈에 보이지 않고 아크불꽃이 없다. ② 최소한의 변형과 최단시간의 용접법이다. ③ 한 번에 장비를 설치하여 후판을 단일층으로 한 번에 용접할 수 있다. ④ 압력용기, 조선 및 대형 주물의 후판 용접 등에 바람직한 용접이다. ⑤ 용접시간을 단축할 수 있어 용접능률과 용접 품질이 우수하다. ⑥ 용접 홈의 기공준비가 간단하고 각(角) 변형이 적다. ⑦ 대형물체의 용접에 있어서는 아래보기 자세 서브머지드 용접에 비하여 용접시간, 홈의 가공비, 용접봉비, 준비시간 등을 1/3~1/5정도로 감소시킬 수 있다. ⑧ 전극와이어의 지름은 보통 2.5~3.2mm를 주로 사용한다. ⑨ 판두께가 두꺼울수록 경제적이다. ⑩ 용접장치가 간단하며 취급이 쉽고 고도의 숙련을 요하지 않는다.
단점	① 박판용접에는 적용할 수 없다. ② 장비가 비싸다. ③ 장비설치가 복잡하며, 냉각장치가 필요하다. ④ 용접시간에 비하여 용접 준비시간이 더 길다. ⑤ 용접 진행시 용접부를 직접 관찰할 수 없다. ⑥ 높은 입열로 기계적 성질이 저하될 수 있다.

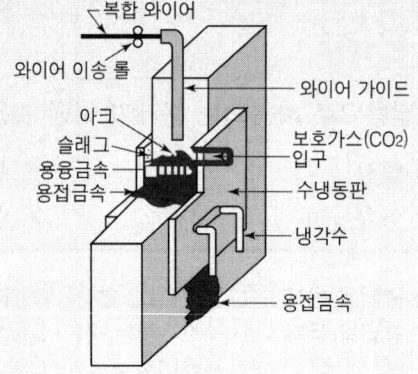

 **23**

플라스마 아크 용접에 관한 설명으로 틀린 것은?

① 핀치효과에 의해 열에너지의 집중이 좋으므로 용입이 깊다.
② 가스가 충분히 이온화 되어 전류가 통할 수 있는 상태를 플라스마라 한다.
③ 플라스마 아크 발생 방법은 플라스마 이행 형태에 따라 크게 2가지가 있다.
④ 아크의 형태가 원통형이며, 일반적으로 토치에서 모재까지의 거리 변화에 영향이 크지 않다.

해설 **플라스마 아크용접**

원리	아크열로 가스를 가열하여 플라스마 상으로 토치의 노즐에서 분출되는 고속의 플라스마젯을 이용한 용접법이다. ※ 플라스마 : 기체를 수천 도의 높은 온도로 가열하면 그 속의 가스 원자가 원자핵과 전자로 분리되며, 양(+), 음(−)의 이온상태를 말함 ※ 열적피치효과 : 아크 단면은 수축하고 전류 밀도는 증가하여 아크 전압이 높아지므로 대단히 높은 온도의 아크 플라스마가 얻어지는 성질
장점	① 전류밀도가 크므로 용입이 깊고, 비드 폭이 좁으며 용접속도가 빠르다. ② 용접부의 기계적, 금속학적 성질이 좋으며 변형이 적다. ③ 각종 재료의 용접이 가능하다. ④ 1층으로 용접할 수 있으므로 능률적이다. ⑤ 수동용접도 쉽게 할 수 있다. ⑥ 토치 조작에 숙련을 요하지 않는다.
단점	① 무부하 전압이 높다. ② 설비비가 많이 든다. ③ 용접속도가 크므로 가스의 보호가 불충분하다.

24

다음 중 전자 빔 용접의 특징으로 틀린 것은?

① 용접변경이 적어 정밀한 용접을 할 수 있다.
② 에너지의 집중이 가능하기 때문에 용융속도가 빠르고 고속 용접이 가능하다.
③ 전자빔은 전기적으로 정확한 제어가 어려워 얇은 판의 용접에 적용되며 후판의 용접은 곤란하다.
④ 전자빔은 자기 렌즈에 의해 에너지를 집중시킬 수 있으므로 용융점이 높은 재료의 용접이 가능하다.

 **해설** **전자 빔 용접의 특징**

원리	높은 진공($10^{-4} \sim 10^{-6}$mmHg) 속에서 적열된 필라멘트에서 전자 빔을 접합부에 조사하여 그 충격열을 이용하여 용융하는 방법. 텅스텐이나 몰리브덴과 같이 고융용점 금속을 용접 시 사용
장점	① 고진공 속에서 용접을 하므로 대기와 반응하기 쉬운 활성 재료도 용이하게 용접된다. ② 대기 중의 유해 원소로부터 용접부가 보호되어 기계적 성질과 야금적 성질이 양호한 용접부를 얻을 수 있다. ③ 고용융 재료의 용접이 가능하다. ④ 얇은 판에서 두꺼운 판까지 광범위한 용접이 가능하다. ⑤ 에너지의 집중이 가능하기 때문에 고속으로 용접이 된다. ⑥ 이음부의 열 영향부가 적어 용접부의 변형이 없어 완성치수가 정확하다. ⑦ 슬래그 섞임 등의 결함이 생기지 않는다.
단점	① 배기장치 필요하고 피용접물의 크기도 제한을 받는다. ② 용접기가 고가이다. ③ 용융부가 좁기 때문에 냉각속도가 빠르다.(용접 균열 발생이 생기기 쉽다.)

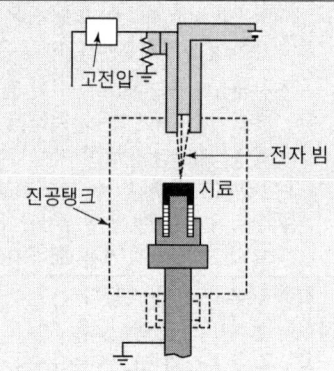

문제 25

겹치기 저항 용접에서 접합부에 나타나는 용융 응고된 금속 부분을 무엇이라고 하는가?

① 튐   ② 오손

③ 너깃   ④ 오목 자국

해설 **너깃** : 겹치기 저항 용접에서 접합부에 나타나는 바둑알 모양의 용융 응고된 금속

 **26**

가스용접 작업에 관한 안전사항 중 틀린 것은?

① 가스누설 점검은 수시로 비눗물로 점검한다.
② 아세틸렌 병은 저압이므로 눕혀서 사용하여도 좋다.
③ 산소병을 운반할 때는 캡(cap)을 씌워 이동한다.
④ 작업종료 후에는 메인밸브 및 콕을 완전히 잠근다.

해설 아세틸렌 병은 세워서 사용

 **27**

서브머지드 아크 용접에서 수소가스가 기포상태로 용착금속 내에 포함될 때 발생하며, 주로 비드 중앙에서 발생하기 쉬운 결함은?

① 용락　　　　　　　② 기공
③ 언더컷　　　　　　④ 용입부족

해설 **수소** : ① 기공　② 균열　③ 헤어크랙　④ 은점　⑤ 선상조직

 **28**

티타늄의 용접성에 관한 설명으로 틀린 것은?

① 열간 가공이나 용접이 어렵다.
② 해수 및 암모니아 등에 우수한 내식성을 가지고 있다.
③ 물리적 성질은 용융점이 낮고 탄소강에 비해 밀도가 낮다.
④ 티타늄의 용접에는 플라스마 아크용접, 전자빔 용접 등의 특수용접법이 사용되고 있다.

해설 용융점이 높다.

29

불활성 가스 텅스텐 아크 용접의 장점이 아닌 것은?

① 모든 용접자세가 가능하며 특히 박판용접에서 능률이 좋다.
② 후판 용접에서는 다른 아크용접에 비해 능률이 떨어진다.
③ 거의 모든 금속을 용접할 수 있으므로 응용범위가 넓다.
④ 용접부에 산화, 질화 등을 방지할 수 있어 우수한 이음을 얻을 수 있다.

해답　　　　　　　　　　　　　　26. ②　27. ②　28. ③　29. ②

해설 **불활성가스 텅스텐 아크용접의 장점**
① 거의 모든 금속을 용접할 수 있으므로 응용범위는 넓다.
② 다른 용접의 용착부에 비해 연성, 강도, 내식성, 기밀성이 우수하다.
③ 모든 용접자세가 가능하며 특히 박판용접에서 능률이 좋다.
④ 박판에는 용가제를 사용하지 않아도 양호한 용접부가 얻어진다.
⑤ 불활성가스 분위기 속에서는 저전압이라도 아크는 매우 안정되어 열의 집중효과가 양호하다.
⑥ 용제를 사용하지 않으므로 슬래그 제거가 불필요
⑦ 산화, 질화 등을 방지할 수 있어 깨끗하고 아름다운 비드를 얻을 수 있다.

문제 30

탄소강에서 탄소량이 증가할 경우 나타나는 현상은?

① 경도감소, 연성감소
② 경도감소, 연성증가
③ 경도증가, 연성증가
④ 경도증가, 연성감소

해설 **탄소강에서 탄소량 증가 시 나타나는 현상**
① 증가 : ㉠ 인장강도 ㉡ 경도 ㉢ 항복점 ㉣ 비열
        ㉤ 항자력 ㉥ 전기저항
② 감소 : ㉠ 연신율 ㉡ 단면수축률 ㉢ 인성 ㉣ 연성
        ㉤ 전성 ㉥ 충격치 ㉦ 열전도도

문제 31

일반적인 화염 경화법의 특징으로 틀린 것은?

① 국부 담금질이 가능하다.
② 가열장치의 이동이 가능하다.
③ 장치가 간단하며 설비비가 저렴하다.
④ 담금질 변형을 일으키는 경우가 많다.

해설 **화염 경화법의 특징**
① 장치가 간단하며 설비비가 저렴하다.
② 가열장치의 이동이 가능하다.
③ 국부 담금질이 가능하다.

 **32**

담금질하여 경화된 강을 변태가 일어나지 않는 A_1점(온도) 이하에서 가열한 후 서냉 또는 공냉하는 열처리 방법은?

① 뜨임   ② 담금질

③ 침탄법   ④ 질화법

해설 열처리

① 담금질 = 퀜칭 = 소입

  ㉠ 강을 A_3 및 A_1선 이상 30~50℃ 가열 후 물 또는 기름으로 급냉하는 방법

  ㉡ 경도 및 강도 증가

② 뜨임 = 템퍼링 = 소려

  담금질 된 강을 A_1변태점 이하의 일정한 온도로 가열하여 인성증가

③ 풀림 = 어닐링 = 소둔

  ㉠ 재질의 연화를 목적으로 일정시간 가열 후 노내에서 서냉

  ㉡ 내부응력 및 잔류응력제거

④ 불림 = 노멀라이징 = 소준

  ㉠ 강을 A_3 및 A_1선 이상 30~50℃ 가열 후 공냉 시키는 방법

  ㉡ 가공조직의 균일화, 결정립의 미세화, 기계적 향상을 목적으로 실시

⑤ 심랭처리(서브제로처리) : 담금질된 강의 경도를 증가시키고 시효변형을 방지하기 위한 목적으로 0℃ 이하의 온도에서 처리

⑥ 질량효과 : 재료의 내·외부에 열처리 효과의 차이가 나는 현상

 33

다음 중 베이나이트 조직을 얻기 위한 항온 열처리 방법은?

① 퀜칭   ② 심냉처리

③ 오스템퍼링   ④ 노멀라이징

해설 항온 담금질

① 오스템퍼링

  ㉠ 항온 변태 후 상온까지 냉각하여 강인한 하부 베이나이트 조직을 얻는 방법

  ㉡ 뜨임 할 필요가 없고 강인성이 크며 담금질 변형 및 균열 방지

② 마템퍼링 : 항온 변태 후 공냉하여 마텐자이트와 베이나이트의 혼합조직을 얻는 방법

③ 마퀜칭 : 항온 변태를 일으키기 전 공냉으로 변태가 진행되어 마텐자이트 조직을 얻는 방법

문제 34

7-3 황동에 Sn을 1% 첨가한 황동으로 전연성이 좋아 관 또는 판을 만들어 증발기, 열교환기 등에 사용하는 것은?

① 양은   ② 톰백
③ 네이벌 황동   ④ 애드미럴티 황동

해설 **합금**

① 일렉트론 : Al+Zn+Mg (알아마), 항공기, 자동차부품
② 도우메탈 : Al+Mg (알마)
③ 실루민 : Al+Si (알소), 개량처리 효과 크다(Na, F, NaOH)
④ 두랄루민 : Al+Cu+Mg+Mn (알구마망)
⑤ 알드레이 : Al+Mg+Si (알마소)
⑥ Y합금 : Al+Cu+Mg+Ni (알구마니), 실린더헤드, 피스톤에 사용
⑦ 하이드로날륨 : Al+Mg (알마), 선박용 부품, 조리용기구, 화학용 부품
⑧ 로엑스 : Al+Cu+Mg+Ni+Si (알구마니소)
⑨ 켈밋 : Cu+Pb(30~40%) 켈구납, 베어링에 사용
⑩ 양은 : 7:3 황동+Ni(10~20%)
⑪ 델타메탈 : 6:4 황동+Fe(1~2%) : 모조금, 판 및 선, 선박용 기계, 광산용 기계, 화학용 기계
⑫ 에드미럴티 : 7:3 황동+Sn(1~2%) : 증발기, 열교환기, 탈아연 부식억제, 내수성 및 내해수성 증대
⑬ 네이벌 : 6:4 황동+Sn(1~2%) : 파이프, 선박용 기계
⑭ 문쯔메탈 : Cu(60%)+Zn(20%) : 열교환기, 열간단조품, 탄피
⑮ 톰백 : Cu(80%)+Zn(20%) : 화폐, 메달에 사용
⑯ 레드브레스 : Cu(85%)+Zn(15%), 장식품에 사용
⑰ 모네메탈 : Ni(65~70%)+Fe(1~3%) : 터빈 날개, 펌프, 임펠러 등에 사용
⑱ 인코넬 : Ni(70~80%)+Cr(12~14%) : 진공관, 필라멘트, 열전쌍보호관
⑲ 콘스탄탄 : 구리(55%)+니켈(45%) : 전열선, 통신기자재, 저항선
⑳ 플래티나이트 : Ni(40~50%)+Fe, 진공관이나 전구의 도입선
㉑ 쾌삭황동 : 황동+납(1.5~3%), 시계톱니, 절삭성 향상 스크루
㉒ 코로손 합금 : 구리+니켈+철(1~2%), 전화선, 통신선에 사용
㉓ 퍼멀로이 : Ni(70~80%)+Fe(10~30%), 해저전선의 장하코일용
㉔ 화이트메탈 : 구리+안티몬+주석(구안주)
㉕ 고속도강(SKH) : 텅스텐+크롬+바나듐(텅크바)
㉖ 하드필드강 : 주강+망간(하주망)
㉗ 어드벤스 : Cu(54%)+Ni(44%)+Mn(1%)+Fe(0.5%)
㉘ 듀라나메탈 : 7:3 황동+Fe(2%)
㉙ 인바 : Ni(36%), Mn(0.4%) C(0.2%), 시계의 진자, 줄자, 계측기의 부품, 미터기준봉 바이메탈

㉚ 초인바 : Ni(32%)＋Co(4~6%)

㉛ 엘린바 : Ni(36%)＋Cr(13%) 고급시계, 정밀지울의 스프링

㉜ 코엘린바 : Ni(10~16%)＋Cr(10~11%)＋Co(2.6~5.8%), 태엽, 기상 관측용 기구의 부품, 스프링

㉝ 미하나이트 주철 : 퍼얼라이트 바탕에 흑연이 미세하고 고르게 분포되어 있으며 내마멸성이 요구되는 피스톤링 등 자동차부품에 많이 사용

㉞ 라우탈 : Al＋Cu＋Si, 피스톤, 기계 부속품

㉟ 포금 : Sn(8~12%)＋Zn(1%), 기어, 밸브의 콕, 피스톤, 플랜지

㊱ 니칼로이 : Ni(50%)＋Fe(50%), 해저전선, 소형변압기

㊲ 하스텔로이 : Ni＋Mo＋Fe

㊳ 배빗메탈 : Cu＋Sb＋Sn

 **35**

Al의 표면을 적당한 전해액 중에 양극 산화 처리하여 표면에 방식성이 우수하고 치밀한 산화 피막을 만드는 방법이 아닌 것은?

① 수산법   ② 크롤법

③ 황산법   ④ 크롬산법

해설 Al의 산화 피막을 만드는 방법
① 황산법   ② 수산법   ③ 크롬산법

 **36**

다음 중 트루스타이트보다 냉각속도를 느리게 하면 얻어지는 조직으로 트루스타이트보다는 연하지만 펄라이트보다는 강인하고 단단한 조직은?

① 페라이트   ② 마텐자이트

③ 소르바이트   ④ 오스테나이트

해설 **소르바이트** : 트루스타이트보다 냉각속도를 느리게 하면 얻어지는 조직으로 트루스타이트보다는 연하지만 펄라이트보다는 강인하고 단단하고 연한조직

문제 37

면심입방격자(FCC)에 속하지 않는 금속은?

① Ag ② Cu
③ Ni ④ Zn

[해설] 결정격자
① 체심입방격자 : V, Mo, W, Cr, K, Na, Ba, Ta, α-Fe, δ-Fe
  (BCC) 바 몰 텅 크 칼 나 바 탈
② 면심입방격자 : Ag, Cu, Au, Al, Pb, Ni, Pt, Ce, γ-Fe
  (FCC) 은 구 금 알 납 니 백 세
③ 조밀입방격자 : Ti, Mg, Zn, Co, Zr, Be
  (HCP) 티 마 아 코 지 베

문제 38

다음 중 표면 경화 열처리 방법이 아닌 것은?

① 방전 경화법 ② 세라다이징
③ 서브제로처리 ④ 고주파경화법

[해설] 표면 경화 열처리
① 고주파경화법 ② 침탄법
③ 금속침투법 ④ 질화법

문제 39

특정의 결정면을 경계로 처음의 결정과 경면적 대칭의 관계에 있는 원자배열을 갖는 결정 부분을 무엇이고 하는가?

① 슬립 ② 쌍정
③ 전위 ④ 결정구조

[해설] **슬립** : 응력을 받는 물질의 많은 영구변형 즉, 소성변형은 그 물질을 구성하고 있는 개개 결정들 안에서 일어나는 것
전위 : 단위양전하를 임의의 기준점으로부터 전기장내의 특정한 점까지 가져오는데 필요한 일의 양
결정구조 : 구성원자들이 일정하게 배열되어 있는 내부적 규칙성이 외부적으로 나타나 있는 고체의 원자 배열구조

 **40**

Y합금은 고온강도가 크므로 내연기관의 실린더, 피스톤 등에 사용된다. Y합금의 조성으로 옳은 것은?

① Cu – Zn
② Cu – Sn – P
③ Fe – Ni – C – Mn
④ Al – Cu – Ni – Mg

해설 문제 34번 참고

 **41**

용강 중에 Fe–Si 또는 Al 분말 등의 강한 탈산제를 첨가하여 완전히 탈산시킨 강은?

① 림드강
② 킬드강
③ 캡드강
④ 세미킬드강

해설 **강괴**
① 킬드강 : 용강 중에 Fe–Si 또는 Al분말 등의 강한 탈산제를 첨가하여 완전히 탈산시킨 강
② 림드강 : 전로에서 용해한 강을 망간철(Fe–Mn)로 가볍게 탈산시킨 상태에서 주형에 주입한 것으로 불완전 탈산 강이라고도 한다.
③ 세미킬드강 : 탈산의 정도를 킬드강과 중간정도로 한 약탈산강을 말한다. 용도로는 일반구조용 강, 두꺼운 판의 소재로 쓰임

 **42**

다음 중 용융점이 가장 높은 금속은?

① Au
② W
③ Cr
④ Ni

해설 **용융점**
① 텅스텐 : 3410℃ ② 철 : 1539℃ ③ 백금 : 1769℃
④ 코발트 : 1495℃ ⑤ 니켈 : 1453℃ ⑥ 몰리브덴 : 2025℃
⑦ 바나듐 : 1725℃ ⑧ 납 : 327℃ ⑨ 비스무트 : 271℃
⑩ 주석 : 232℃ ⑪ 구리 : 1083℃ ⑫ 알루미늄 : 660℃
⑬ 망간 : 245℃ ⑭ 마그네슘 : 650℃ ⑮ 금 : 1063℃

해답 **40.** ④ **41.** ② **42.** ②

문제 43 용접의 기본기호 중 심(seam)용접 기호로 맞는 것은?

① ◯

② ⌢

③ ⊖

④ ⊋

해설 용접기호

넓은 루트 면이 있는 한 면 개선형 맞대기 용접	⎰	시임용접	⊖
일면 개선형 맞대기 용접	⎰	경사 용접부	⫽
표준육성	⌢	평형(I형) 맞대기용접	‖
가장자리용접	‖‖	필릿용접	◺
표면 접합부	⹀	이면용접	⌣
겹침 접합부	⊋	개선각이 급격한 V형 맞대기용접	⩔
플러그용접(슬롯용접)	⊓	영구적인 덮개판사용	M
점용접(스폿용접)	◯	제거 가능한 이면판재사용	MR

문제 44 용접부의 단면을 연삭기나 샌드페이퍼 등으로 연마하고 적당한 부식을 해서 육안이나 저배율의 확대경으로 관찰하여 용입의 상태, 열영향부의 범위, 결함의 유무 등을 알아보는 시험은?

① 파면 시험

② 현미경 시험

③ 응력부식 시험

④ 매크로 조직시험

문제 45 주철의 보수용접 종류 중 스터드 볼트 대신 용접부 바닥면에 둥근 홈을 파고 이 부분에 걸쳐 힘을 받도록 하여 용접하는 방법은?

① 로킹법

② 스터드법

③ 비녀장법

④ 버터링법

43. ③　44. ④　45. ①

해설 **주철의 보수용접작업**

① 버터링법 : 처음에는 모재와 잘 융합되는 용접봉으로 적당한 두께까지 용
착 시키고 난 후 다른 용접봉으로 용접하는 방법

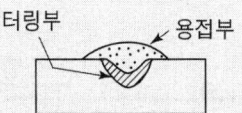

버터링부   용접부

② 비녀장법 : 균열부 수리 및 가늘고 긴 용접을 할 때 용접선에 직각이 되게
지름 6~10mm정도의 ㄷ자형의 강봉을 박고 용접

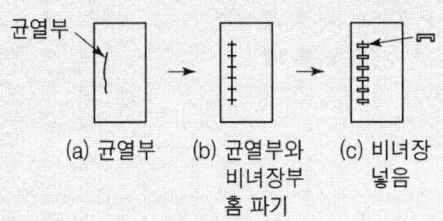

균열부

(a) 균열부   (b) 균열부와   (c) 비녀장
               비녀장부   넣음
               홈 파기

③ 로킹법 : 스터드 볼트 대신 용접부 바닥에 둥근 홈을 파고 이 부분에 걸쳐
힘을 받도록 하는 방법

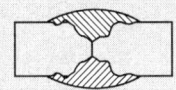

④ 스터드법 : 용접경계부의 바로 밑부분의 모재가 갈라지는 약점을 보강키
위해 스터드 볼트를 용접 홈의 경사면에 심은 다음 함께 용접하는 방법

문제 46

다음 중 용접부의 시험법 중에서 비파괴 검사방법이 아닌 것은?

① 피로시험   ② 자분검사

③ 초음파검사   ④ 침투탐상검사

해설 **비파괴검사방법**

① RT(방사선 투과법) : 방사선원(이리듐, 세슘, 코발트)
② UT(초음파탐상법) : 종류(투과법, 공진법, 펄스반사법)
③ MT(자분탐상법) : 종류(극간법, 코일법, 관통법)
④ PT(침투탐상법) : 형광물질이용 표면결함검사
⑤ VT(육안검사법) : 가장 많이 사용
⑥ LT(누설검사법)
⑦ ET(와류검사법) : 맴돌이 전류를 이용

 **해답**

 **47**

용접 비드 끝단에 생기는 작은 홈의 결합으로 전류가 높고 아크 길이가 길 때 생기기 쉬운 결함은?

① 피트   ② 언더컷

③ 오버랩   ④ 용입 불량

해설 **언더컷의 원인**
① 전류가 너무 높을 때
② 부적당한 용접봉 사용 시
③ 용접속도가 너무 빠를 때
④ 아크길이가 길 때

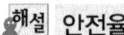 **48**

용입 이음에서 정하중에 대한 안전율은 얼마인가?

① 1   ② 3

③ 5   ④ 8

해설 **안전율**
① 정하중 : 3
② 동하중 : ㉠ 단진응력 : 5
             ㉡ 교번응력 : 8
③ 충격하중 : 12

 **49**

용접재료 검사 중 경도시험에서 사용되지 않는 시험방법은?

① 쇼어 경도   ② 브리넬 경도

③ 비커스 경도   ④ 샤르피 경도

해설 **경도시험**
① 쇼어 경도   ② 브리넬 경도
③ 비커스 경도   ④ 로크웰 경도

50

용접시공 방법 중 잔류응력을 경감시키는데 필요한 방법이 아닌 것은?

① 예열을 이용한다.
② 용접 후 후열처리를 한다.
③ 적당한 용착법과 용접순서를 선정한다.
④ 용착금속의 양을 될 수 있는 대로 많게 한다.

 용착금속의 양을 될 수 있는 대로 적게 한다.

 51

다음 용접이음에서 냉각속도가 가장 빠른 것은?

① 모서리 이음　　　　　② T형 필릿 이음
③ I형 맞대기 이음　　　④ V형 맞대기 이음

 52

다음 중 잔류응력 완화법에 해당되지 않는 것은?

① 피닝법　　　　　　　② 역변형법
③ 응력 제거 풀림　　　④ 저온 응력 완화법

 **잔류응력 완화법**
① 저온응력완화법 : 용접선 양측을 가스불꽃에 의하여 나비 약 150mm를 150~200℃ 정도의 비교적 낮은 온도로 가열한 다음 곧 수냉하는 방법
② 기계적 응력 완화법 : 잔류응력이 있는 제품에 하중을 주어 용접부에 약간의 소성변형을 일으킨 다음 하중을 제거하는 방법
③ 피닝법 : 해머로써 용접부를 연속적으로 때려 용접 표면에 소성변형을 주는 방법
④ 노내풀림법 : 제품 전체를 가열로 안에 넣고 적당한 온도에서 일정시간 유지한 다음 노내에서 서냉
⑤ 국부풀림법 : 제품이 커서 노내에 넣을 수 없을 때 또는 설비, 용량 등으로 노내풀림을 바라지 못할 경우에 용접부 근처만 풀림

 53

다음 그림과 같이 강판의 두께 25mm, 인장하중 10000kgf를 작용시켜 겹치기 용접이음을 한다. 용접부 허용응력을 7kgf/mm²이라 할 때 필요한 용접 길이는?(단, 두 장의 판 두께는 동일하다.)

① 40.4mm

② 42.3mm

③ 45.6mm

④ 50.5mm

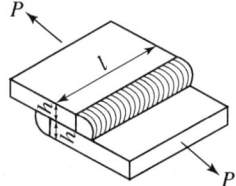

해설

$$\sigma = \frac{0.707P}{t \cdot l}$$

$$l = \frac{0.707P}{\sigma \cdot t} = \frac{0.707 \times 10000}{7 \times 25} = 40.4mm$$

 **54**

한 부분의 몇 층을 용접하다가 이것을 다음 부분의 층으로 연속시켜 전체가 계단 형태의 단계를 이루도록 용착시켜 나가는 용착방법은?

① 블록법

② 스킵법

③ 덧붙이법

④ 캐스케이드법

해설 **용착방법**

① 캐스케이드법 : 한 부분에 대해 몇 층을 용접하다가 다음 부분의 층으로 연속시켜 용접하며, 후진법과 병용하여 사용되며, 결함은 잘 생기지 않으나 특수한 경우 외에는 사용하지 않는다.

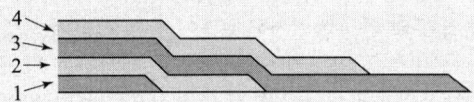

② 블록법 : 한 개의 용접봉을 살을 붙일 만한 길이로 구분해서 홈을 한 부분씩 여러 층으로 쌓아올린 다음 다른 부분으로 진행하는 방법으로 짧은 용접 길이로 표면까지 용착하는 방법이며, 첫 층에 균열이 발생하기 쉬울 때 사용

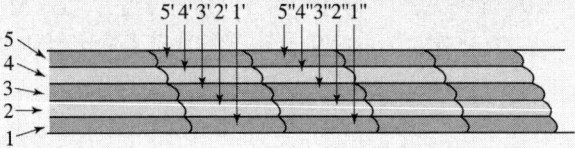

③ 스킵법 : 이음의 전 길이에 대하여 뛰어 넘어서 용접하는 방법이다. 변형, 잔류 응력을 균일하게 하지만, 능률이 좋지 않으며, 용접 시작 부분과 끝나는 부분에 결함이 생길 때가 많다.

④ 빌드업법 : 용접 전 길이에 대하여 각 층을 연속하는 방법. 능률은 좋지 않지만 한랭시나 구속이 클 때, 판 두께가 두꺼울 때에는 첫 층에 균열이 생길 우려가 있다.

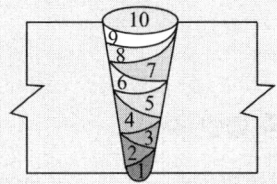

문제 55

검사의 종류 중 검사공정에 의한 분류에 해당되지 않는 것은?

① 수입검사　　　　　　　② 출하검사
③ 출장검사　　　　　　　④ 공정검사

 **검사공정에 의한 분류**
　　① 수입검사　　　　　　② 공정검사
　　③ 출하검사　　　　　　④ 최종검사

문제 56

설비보전조직 중 지역보전(area maintenance)의 장·단점에 해당하지 않는 것은?

① 현장 왕복 시간이 증가한다.
② 조업요원과 지역보전요원과의 관계가 밀접해진다.
③ 보전요원이 현장에 있으므로 생산 본위가 되며 생산의욕을 가진다.
④ 같은 사람이 같은 설비를 담당하므로 설비를 잘 알며 충분한 서비스를 할 수 있다.

 현장 왕복시간이 감소한다.

문제 57 설비배치 및 개선의 목적을 설명한 내용으로 가장 관계가 먼 것은?

① 재공품의 증가 ② 설비투자 최소화

③ 이동거리의 감소 ④ 작업자 부하 평준화

[해설] 재공품의 감소

문제 58 워크 샘플링에 관한 설명 중 틀린 것은?

① 워크 샘플링은 일명 스냅리딩(Snap Reading)이라 불린다.
② 워크 샘플링은 스톱워치를 사용하여 관측대상을 순간적으로 관측하는 것이다.
③ 워크 샘플링은 영국의 통계학자 L.H.C.Tippet가 가동률 조사를 위해 창안한 것이다.
④ 워크 샘플링은 사람의 상태나 기계의 가동상태 및 작업의 종류 등을 순간적으로 관측하는 것이다.

[해설] **워크 샘플링** : 측정자는 무작위로 현장에서 작업자가 작업하는 내용에 대해 측정률 및 가동시간에 대한 측정결과를 조합하여 표준시간을 설정하는 방법

문제 59 부적합품률이 20%인 공정에서 생산되는 제품을 매시간 10개씩 샘플링 검사하여 공정을 관리하려고 한다. 이때 측정되는 시료의 부적합품 수에 대한 기대값과 분산은 약 얼마인가?

① 기대값 : 1.6, 분산 : 1.3 ② 기대값 : 1.6, 분산 : 1.6

③ 기대값 : 2.0, 분산 : 1.3 ④ 기대값 : 2.0, 분산 : 1.6

문제 60 3σ법의 $\overline{X}$관리도에서 공정이 관리상태에 있는데도 불구하고 관리상태가 아니라고 판정하는 제1종 과오는 약 몇 %인가?

① 0.27 ② 0.54

③ 1.0 ④ 1.2

2017년도 제 62 회

문제 01

피복 아크 용접봉에 사용되는 피복 배합제에서 아크안정제로 사용되는 것은?

① 니켈　　　　　　　② 산화티탄
③ 페로망간　　　　　④ 마그네슘

해설 피복배합제

① 아크안정제 : ㉠ ㉡ ㉢ ㉣ ㉤ ㉥
　　산화티탄　석회석　규산칼륨　자철광　적철광　탄산소다
　　　　　　　규산나트륨

② 슬랙생성제 : ㉠ ㉡ ㉢ ㉣ ㉤ ㉥ ㉦ ㉧
　이산화망간 산화티탄 형석 석회석 일미나이트 알루미나 장석 규사

③ 탈산제 : ㉠ ㉡ ㉢ ㉣ ㉤ ㉥
　Fe-V　Fe-Si　Fe-Ti　Fe-Cr　Fe-Mn　Al
　바나듐철　규소철　티탄철　크롬철　망간철　알루미늄

④ 고착제 : ㉠ ㉡ ㉢ ㉣ ㉤
　해초　당밀　아교　카제인　규산칼륨
　　　　　　　　　　　　　規산나트륨

⑤ 가스발생제 : ㉠ ㉡ ㉢ ㉣ ㉤
　석회석　탄산바륨　톱밥　녹말　셀룰로오스

문제 02

다음 중 아세틸렌가스의 폭발성과 관련이 가장 적은 것은?

① 외력　　　　　　　② 압력
③ 온도　　　　　　　④ 증류수

해설 아세틸렌가스의 폭발성
① 온도　② 압력　③ 외력

 **03**

다음 중 융접에 속하지 않는 것은?

① 마찰 용접

② 스터드 용접

③ 피복 아크 용접

④ 탄산가스 아크 용접

 융접

① 아크용접 : ㉠ 서브머지드 이크 용접   ㉡ 스터드 용접

㉢ 탄산가스 아크 용접   ㉣ 미그 용접

㉤ 티크 용접

② 가스용접 : ㉠ 산소-아세틸렌 용접   ㉡ 산소-수소 용접

㉢ 산소-프로판 용접

③ 특수용접 : ㉠ 일렉트로 슬래그 용접   ㉡ 테르밋 용접

㉢ 전자빔 용접

 **04**

용접전류 200A, 아크전압을 20V, 용접속도 15cm/min이라 하면 용접의 단위 길이 1cm당 발생하는 용접 입열은 몇 Joule/cm인가?

① 2000

② 5000

③ 10000

④ 16000

해설 용접입열$=\dfrac{60EI}{V}=\dfrac{60\times20\times200}{15}=16000\text{J/cm}$

05

아세틸렌가스와 프로판가스를 이용한 절단시의 비교 내용으로 틀린 것은?

① 프로판은 슬래그의 제거가 쉽다.

② 아세틸렌은 절단 개시까지의 시간이 빠르다.

③ 프로판이 점화하기 쉽고 중성불꽃을 만들기도 쉽다.

④ 프로판이 포갬절단 속도는 아세틸렌보다 빠르다.

해설 아세틸렌이 점화하기 쉽고 중성불꽃을 만들기도 쉽다.

 **06**

피복 아크 용접봉 중 내균열성이 가장 우수한 것은?

① E4303   ② E4311

③ E4316   ④ E4327

해설 **연강용 피복아크 용접봉의 특징**

① E 4301(일미나이트계)

  ㉠ TiO_2, FeO를 약 30% 함유

  ㉡ 주성분은 광석 사철

  ㉢ 용접성과 기계적 성질이 우수

  ㉣ 가열온도와 가열시간 : 70~100℃, 30~60분

② E 4303(라임티탄계)

  ㉠ TiO_2(산화타탄)을 약 30% 이상 함유

  ㉡ 비드의 외관이 아름답다.

  ㉢ 언더컷이 발생되지 않는다.

③ E 4311(고셀룰로오스계)

  ㉠ 셀룰로오스를 20~30%정도 포함

  ㉡ 비드표면이 거칠고 스패터가 많은 것이 결점

  ㉢ 좁은 홈의 용접 시 사용

  ㉣ 습기가 흡수되기 쉬우므로 건조

④ E 4313(고산화티탄계)

  ㉠ 산화티탄을 약 35% 이상 함유

  ㉡ 일반 경구조물 용접에 사용

  ㉢ 비드 표면이 고우며 작업성이 우수

  ㉣ 고온크랙을 일으키기 쉬운 결점이 있다.

⑤ E 4316(저수소계)

  ㉠ 주성분으로는 석회석, 형석 등이 있다.

  ㉡ 내균열성, 기계적 성질 우수

  ㉢ 용착금속 중에서 수소 함유량이 다른 피복봉에 비해 $\frac{1}{10}$ 정도로 매우 낮음.

  ㉣ 가열온도와 가열시간 : 300~350℃, 1~2시간

⑥ E 4324 : 철분산화티탄계

⑦ E 4316 : 철분저수소계

⑧ E 4327 : 철분산화철계

해답   06. ③

07

아세틸렌 용기 속에 아세틸렌가스가 3200리터 보관되어 있다면, 프랑스식 200번 팁을 이용하여 표준불꽃으로 연강 판을 용접할 경우 약 몇 시간동안 용접할 수 있는가?

① 4시간   ② 8시간

③ 16시간   ④ 32시간

해설 용접시간 $= \dfrac{3200}{200} = 16$시간

 **08**

가스 용접에서 공급압력이 낮거나 팁이 과열되었을 때 산소가 아세틸렌 쪽으로 흡입되는 것을 무엇이라고 하는가?

① 역류   ② 역화

③ 인화   ④ 폭발

해설 **역화** : 팁 끝이 모재에 닿는 순간 순간적으로 팁 끝이 막혀 팁 속에서 폭발음이 나면서 불꽃이 꺼졌다가 다시 나타나는 현상
인화 : 팁 끝이 순간적으로 막히게 되면 가스분출이 나빠지고 혼합실까지 불꽃이 들어가는 현상

 **09**

다음 중 아크 절단법의 종류에 해당되지 않는 것은?

① TIG 절단   ② 분말 절단

③ MIG 절단   ④ 플라스마 절단

해설 **아크 절단법**
① 탄소아크절단 : 탄소 또는 흑연전극과 모재사이에 아크를 일으켜 절단
② 금속아크절단 : 탄소 전극봉 대신에 절단전용의 특수 피복제를 씌운 전극봉(피복봉)을 써서 절단
③ 아크에어 가우징 : 탄소아크 절단장치에다 압축공기를 병용하여서 아크열로 용융시킨 부분을 압축공기로 불어 날려서 홈을 파내는 작업
[장점] ㉠ 조작 방법이 간단
㉡ 용접 결함부의 발견이 쉽다.

ⓒ 모재에 악영향을 주지 않는다.
ⓔ 작업능률이 2~3배 높다.
ⓜ 응용범위가 넓다.
④ 산소아크절단 : 중공의 피복 용접봉과 모재사이에 아크를 발생시켜 이 아크열을 이용한 가스 절단법
⑤ 미그절단 : ⓐ TIG절단 ⓑ 플라스마 아크절단

문제 10

탄소 아크 절단에 압축공기를 병용하여 전극홀더의 구멍에서 탄소 전극봉에 나란히 분출하는 고속의 공기를 분출시켜 용융금속을 불어 내어 홈을 파는 방법을 무엇이라고 하는가?

① 철분 절단   ② 불꽃 절단
③ 가스 가우징   ④ 아크 에어 가우징

해설 문제 9번 침고

문제 11

가스절단에서 표준 드래그의 길이는 판 두께의 얼마 정도인가?

① 5%   ② 10%
③ 15%   ④ 20%

해설 **표준 드래그 길이**$= 판두께 \times \dfrac{1}{5}(20\%)$

문제 12

피복 아크 용접에서 양호한 용접을 하려면 짧은 아크를 사용하여야 하는데 아크 길이가 적당할 때 나타나는 현상이 아닌 것은?

① 아크가 안정된다.   ② 산화 및 질화되기 쉽다.
③ 정상적인 입자가 형성된다.   ④ 양호한 용접부를 얻을 수 있다.

해설 **아크길이가 적당할 때 나타나는 현상**
① 아크가 안정된다.
② 정상적인 입자가 형성된다.
③ 양호한 용접부를 얻을 수 있다.

해답   10. ④ 11. ④ 12. ②

문제 13

강재 표면에 흠이나, 개재물, 탈탄층 등을 제거하기 위하여 얇고 넓게 표면을 깎아내는 가공법은?

① 스카핑 ② 가스 가우징
③ 탄소 가우징 ④ 아크에어 가우징

해설 **가스 가우징** : 용접부분의 뒷면을 따내든지 H형, U형의 용접 홈을 가공하기 위해서 깊은 홈을 파내는 방법

문제 14

피복 아크 용접봉의 심선으로 주로 사용되는 재료는?

① 저탄소 림드강 ② 저탄소 킬드강
③ 고탄소 킬드강 ④ 고탄소 세미킬드강

해설 **피복 아크 용접봉의 심선 재료** : 저탄소 림드강

문제 15

다음 중 아크쏠림 방지 대책으로 옳은 것은?

① 긴 아크를 사용한다.
② 교류 용접기를 사용한다.
③ 접지점을 용접부로부터 가깝게 한다.
④ 용접봉 끝을 아크 쏠림 방향으로 기울인다.

해설 **아크쏠림 방지 대책**
① 후진법을 사용할 것
② 직류용접 대신 교류용접을 할 것
③ 용접봉을 아크쏠림 반대방향으로 기울인다.
④ 짧은 아크를 유지한다.
⑤ 접지점을 용접부로부터 멀리한다.
⑥ 접지점을 2개 이상 설치한다.

문제 16

일반적인 레이저 빔 용접의 특징으로 옳은 것은?

① 용접속도가 느리고 비드 폭이 매우 넓다.
② 깊은 용입을 얻을 수 있고 이종금속의 용접도 가능하다.
③ 가공물의 열변형이 크고 정밀 용접이 불가능하다.
④ 여러 작업을 한 레이저로 동시에 작업할 수 없으며 생산성이 낮다.

해설 레이저 빔 용접의 특징
① 깊은 용입을 얻을 수 있고 이종금속의 용접도 가능
② 용접속도가 빠르고 비드 폭이 좁다.
③ 가공물의 열 변형이 적고 정밀 용접이 가능
④ 생산성이 좋다.

문제 17

일반적인 CO_2 가스 아크 용접 작업에서 전진법의 특징으로 틀린 것은?

① 스패터가 많으며 진행방향 쪽으로 흩어진다.
② 비드 높이가 높고 폭이 좁은 비드가 형성된다.
③ 용착 금속이 아크보다 앞서기 쉬워 용입이 얕아진다.
④ 용접시 용접선이 잘 보여서 운봉을 정확하게 할 수 있다.

해설 CO_2 가스 아크 용접에서 전진법의 특징
① 비드 높이가 낮고 폭이 넓은 비드가 형성된다.
② 용접시 용접선이 잘 보여서 운봉을 정확하게 할 수 있다.
③ 용착 금속이 아크보다 앞서기 쉬워 용입이 얕아진다.
④ 스패터가 많으며 진행방향 쪽으로 흩어진다.

문제 18

일반적인 저탄소강의 용접에 대한 설명으로 틀린 것은?

① 용접법의 적용에 제한이 없다.
② 용접 균열의 발생 위험이 적다.
③ 피복 아크 용접의 경우 노치 인성이 요구될 때에는 저수소계 계통의 용접봉을 사용한다.
④ 서브머지드 아크 용접의 경우 일반적으로 판 두께 25mm 이하에서도 예열이 필요하다.

해답

문제 19 가스 금속 아크 용접에서 제어장치의 기능 중 크레이터 처리 기능에 의해 낮아진 전류가 서서히 줄어들면서 아크가 끊어져 이면 용접부가 녹아내리는 것을 방지하는 것은?

① 버언 백 시간
② 스타트 업 시간
③ 크레이터 지연 시간
④ 이면 용접 보호 시간

해설
- **번백시간** : 크레이터 처리기능에 의해 낮아진 전류가 서서히 줄어들면서 아크가 끊어지는 기능
- **스타트시간** : 아크가 발생되는 순간 용접전류와 전압을 크게 하여 아크발생과 모재의 융합을 돕는 제어
- **아크길이 자기제어특성** : 아크전류가 일정 시 아크전압이 높아지면 용접봉의 용융속도가 늦어지고 아크전압이 낮아지면 용융속도는 빨라지는 현상
- **예비가스 유출시간** : 미그용접제어장치의 기능으로 아크가 처음 발생되기 전 보호가스를 흐르게 하여 아크를 안정되게 하고 결함발생방지

문제 20 플라스마 아크 용접의 장점으로 틀린 것은?

① 용접속도가 빠르다.
② 용입이 낮고 비드 폭이 넓다.
③ 1층으로 용접할 수 있으므로 능률적이다.
④ 용접부의 기계적 성질이 좋으며 변형이 적다.

해설 **플리스마 아크 용접의 특징**

원리	아크열로 가스를 가열하여 플라스마 상으로 토치의 노즐에서 분출되는 고속의 플라스마젯을 이용한 용접법이다. ※ 플라스마 : 기체를 수천 도의 높은 온도로 가열하면 그 속의 가스 원자가 원자핵과 전자로 분리되며, 양(+), 음(−)의 이온상태를 말함 ※ 열적피치효과 : 아크 단면은 수축하고 전류 밀도는 증가하여 아크 전압이 높아지므로 대단히 높은 온도의 아크 플라스마가 얻어지는 성질
장점	① 전류밀도가 크므로 용입이 깊고, 비드 폭이 좁으며 용접속도가 빠르다. ② 용접부의 기계적, 금속학적 성질이 좋으며 변형이 적다. ③ 각종 재료의 용접이 가능하다. ④ 1층으로 용접할 수 있으므로 능률적이다. ⑤ 수동용접도 쉽게 할 수 있다. ⑥ 토치 조작에 숙련을 요하지 않는다.
단점	① 무부하 전압이 높다. ② 설비비가 많이 든다. ③ 용접속도가 크므로 가스의 보호가 불충분하다.

해답 19. ① 20. ②

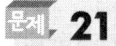 **21** 점용접의 종류에 속하지 않는 것은?

① 직렬식 점용접   ② 맥동 점용접

③ 인터랙 점용접   ④ 플래시 점용접

해설 점용접의 종류
① 인터랙 점용접   ② 맥동 점용접   ③ 직렬식 점용접

 **22** 박판(3mm 이하) 용접에 적용하기 곤란한 용접법은?

① TIG 용접   ② CO_2 용접

③ 심(seam) 용접   ④ 일렉트로 슬래그 용접

해설 일렉트로 슬래그 용접 : 가장 두꺼운 판 용접시 사용

 **23** 구리 및 구리 합금의 용접성에 대한 설명으로 틀린 것은?

① 용접 후 응고 수축시 변형이 생기지 않는다.
② 열전도도, 열팽창 계수는 용접성에 영향을 준다.
③ 구리합금의 경우 아연 증발로 용접사가 중독될 수 있다.
④ 가스 용접시 수소 분위기에서 가열을 하면 산화물이 환원되어 수분
을 생성시킨다.

해설 구리 및 구리 합금의 용접성
① 용접 후 응고 수축시 변형이 생긴다.
② 구리합금의 경우 아연 증발로 용접사가 중독될 수 있다.
③ 가스 용접시 수소 분위기에서 가열을 하면 산화물이 환원되어 수분을 생성
시킨다.
④ 열전도도, 열팽창 계수는 용접성에 영향을 준다.

문제 24

서브머지드 아크 용접에서 사용하는 플럭스 중 분말 원료에 결합제를 혼합하여 500 600℃에서 건조하여 제조한 것은?

① 용융형 용제　　　　　　　　② 혼합형 용제
③ 지온소결 용제　　　　　　　　④ 고온소결 용제˚

해설　서브머지드 아크 용접의 용제

① 용융형 용제 : 원재료를 아크 전기로에서 1300℃ 이상으로 용융하여 응고 분쇄한 것. 유리알갱이처럼 보임. 조성이 균일하고 흡습성이 작은 장점이 있으므로 가장 많이 사용

② 소결형 용제 : 원료의 분말, 합금분말을 정결제와 더불어 원료가 용해되지 않을 정도의 300~1000℃ 정도의 낮은 온도에서 소정의 입도로 소결한 것

③ 혼성형 용제 : 분말상 원료에 고착제(물, 유리)를 가하여 비교적 저온 300~400℃에서 건조하여 제조함

문제 25

논 가스 아크 용접에서 개봉된 와이어를 재사용하면 흡습으로 인하여 여러 가지 결함이 발생하기 쉽다. 이를 방지하기 위하여 사용하기 전 재 건조를 실시하는데, 이때 가장 적당한 온도와 시간은?

① 50~100℃에서 1~2시간 건조
② 100~150℃에서 3시간 이상 건조
③ 200~300℃에서 1~2시간 건조
④ 400~500℃에서 3시간 이상 건조

해설　논 가스 아크 용접에서 개봉된 와이어를 재사용시 가열시간과 온도는 200~300℃에서 1~2시간

문제 26

고진공 상태에서 충격열을 이용하여 용접하며 원자력 및 전자제품의 정밀 용접에 적용되고 일반적으로 용접봉을 사용하지 않아 슬래그 섞임 등의 결함이 생기지 않는 용접은?

① 오토콘 용접　　　　　　　　② 전자빔 용접
③ 원자 수소 아크 용접　　　　　④ 일렉트로 가스 아크 용접

해설 전자 빔 용접

원리	높은 진공($10^{-4} \sim 10^{-6}$mmHg) 속에서 적열된 필라멘트에서 전자 빔을 접합부에 조사하여 그 충격열을 이용하여 용융하는 방법. 텅스텐이나 몰리브덴과 같이 고용융점 금속을 용접 시 사용
장점	① 고진공 속에서 용접을 하므로 대기와 반응하기 쉬운 활성 재료도 용이하게 용접된다. ② 대기 중의 유해 원소로부터 용접부가 보호되어 기계적 성질과 야금적 성질이 양호한 용접부를 얻을 수 있다. ③ 고용융 재료의 용접이 가능하다. ④ 얇은 판에서 두꺼운 판까지 광범위한 용접이 가능하다. ⑤ 에너지의 집중이 가능하기 때문에 고속으로 용접이 된다. ⑥ 이음부의 열 영향부가 적어 용접부의 변형이 없어 완성치수가 정확하다. ⑦ 슬래그 섞임 등의 결함이 생기지 않는다.
단점	① 배기장치 필요하고 피용접물의 크기도 제한을 받는다. ② 용접기가 고가이다. ③ 용융부가 좁기 때문에 냉각속도가 빠르다.(용접 균열 발생이 생기기 쉽다.)

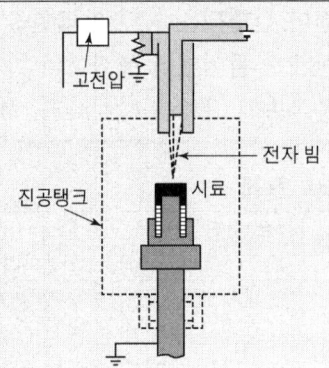

문제 27 불활성 가스 텅스텐 아크 용접을 이용하여 알루미늄 주물을 용접할 때 사용하는 전류로 가장 적합한 것은?

① AC   ② DCRP

③ DCSP   ④ ACHF

해설 불활성 가스 텅스텐 아크 용접을 이용하여 알루미늄 주물을 용접할 때 사용하는 전류 : ACHF

해답 27. ④

 **28**

피복 아크 용접 작업에서 전기적 충격을 방지하기 위한 대책으로 틀린 것은?

① 용접기의 내부에 함부로 손을 대지 않는다.
② 홀더나 용접봉을 맨손으로 취급하지 않는다.
③ 땀, 물 등에 의해 습기 찬 작업복이나 장갑, 구두 등을 착용한다.
④ 가죽장갑, 앞치마, 발 덮개 등 규정된 보호구를 반드시 착용한다.

해설 땀, 물 등에 의해 습기 찬 작업복이나 장갑, 구두 등을 착용하지 아니한다.

29

스터드 용접에서 페롤의 역할이 아닌 것은?

① 용착부의 오염을 방지한다.
② 용접이 진행되는 동안 아크열을 집중시켜 준다.
③ 탈산제가 들어있어 용접부의 기계적 성질을 개선해 준다.
④ 용융금속의 산화를 방지하고, 용융금속의 유출을 막아준다.

해설 **스터드 용접**

원리	볼트나 환봉 핀을 피스톤형의 홀더에 끼우고 모재와 볼트 사이에 순간적으로 아크(플래시)를 발생시켜 용접하는 방법
특징	① 대체로 급열, 급랭을 받기 때문에 저탄소강에 좋음 ② 용제를 채워 탈산 및 아크를 안정화 함 ③ 스터드 주변에 페롤(ferrule, 가이드)을 사용함 ④ 페롤은 아크를 보호하고 아크집중력을 높인다.

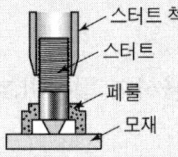  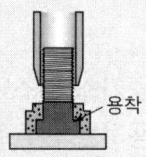 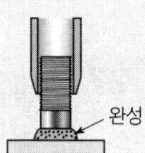

(a) 스터트의 고정　(b) 아크발생　(c) 스터트의 용착　(d) 용접완료

페롤의 역할 : ① 용착금속의 오염방지
　　　　　　　　② 용착금속의 유출방지
　　　　　　　　③ 용착금속의 산화방지

 **30**

오스테나이트계 스테인리스강에 대한 설명으로 틀린 것은?

① 가공경화성이 높다.
② 실온에서 조직이 마텐자이트이다.
③ 냉간가공에 의한 내력과 강도가 크게 상승한다.
④ 용접 등의 열 가공을 할 경우 변형이나 잔류응력에 대한 문제가 발생한다.

 **31**

탄소강에 포함된 원소 인(P)의 영향이 아닌 것은?

① 연신율을 증가시킨다.
② 상온취성의 원인이 된다.
③ 결정립을 조대화시킨다.
④ Fe$_3$P는 MnS 등과 집합하여 고스트라인을 형성하여 강의 파괴 원인이 된다.

해설 **인의 영향**
① 상온취성의 원인이 된다.
② 청열취성(200~300℃) 원인이 된다.
③ 결정립을 조대화 시킨다.
④ 편석을 일으키기 쉽다.
⑤ Fe$_3$P는 MnS 등과 집합하여 고스트라인을 형성하여 강의 파괴 원인이 된다.

 **32**

다음 중 스테인리스강의 종류에 포함되지 않는 것은?

① 펄라이트계 스테인리스강　　② 페라이트계 스테인리스강
③ 마텐자이트계 스테인리스강　④ 오스테나이트계 스테인리스강

해설 **스테인리스강의 종류**
① 오스테나이트계(18-8) 스텐레스강
② 마텐자이드계 스텐레스강
③ 페라이트계 스텐레스강
④ 석출 경화용(PH형) 스텐레스강

해답

문제 33

재료의 선팽창계수나 탄성률 등의 특성이 변하지 않는 불변강에 해당되지 않는 것은?

① 인바(invar)

② 코엘린바(coelinvar)

③ 슈퍼인바(super invar)

④ 슈퍼엘린바(super elinvar)

해설 **불변강**(고Ni강) : 온도 변화에도 선팽창계수나 탄성계수가 변하지 않는 강을 말한다. Ni 26%에서 오스테나이트 조직으로 내식성이 강한 비자성강이다.

① 인바(invar)

　㉠ Ni 36%, C 0.2%, Mn 0.4%의 합금으로 길이 불변이다.

　㉡ 용도 : 미터기준봉 바이메탈, 시계의 진자, 줄자, 계측기의 부품

② 초인바(super invar)

　㉠ Ni 32%, Co 4~6%의 합금

　㉡ 팽창계수 : $0.1 \sim 10^{-6}$

③ 엘린바(elinvar)

　㉠ Ni 36%, Cr 13%의 합금

　㉡ 팽창계수 : 1.2×10^{-6}(상온에서 탄성율이 변하지 않는다.)

　㉢ 용도 : 고급시계, 정밀저울의 스프링, 정밀기계의 재료

④ 코엘린바(koelinvar)

　㉠ Ni 10~16%, Cr 10~11%, Co 2.6~5.8%의 합금

　㉡ 용도 : 스프링, 태엽, 기상관측용 기구의 부품 등

⑤ 플래티나이트(Platinite)

　㉠ Ni 40~50%의 Ni-Fe계 합금

　㉡ 팽창계수 : $5 \sim 9 \times 10^{-4}$

　㉢ 종류 : 코버트(Ni 28%, Co 17%), 페르니코(Ni 28%, Co 17%, Cr 0~8%)

　㉣ 용도 : 전구나 진공관의 도입선(열팽창계수가 유리나 백금과 같다.)

⑥ 퍼멀로이(permalloy) : Ni 75~80%, Co 0.5% 함유, 약한 자장으로 큰 투자율을 가지므로 해저전선의 장하코일용으로 사용된다.

⑦ 슈퍼인바

문제 34

Ti합금의 결정구조의 종류가 아닌 것은?

① α형합금

② β형 합금

③ δ형 합금

④ $(\alpha + \beta)$형 합금

해설 **티탄합금의 결정구조의 종류**

　① α형합금　② β형 합금　③ $(\alpha + \beta)$형 합금

 **35**

시안화법이라고도 하며 시안화나트륨(NaCN), 시안화칼륨(KCN)을 주성분으로 하는 용융염을 사용하여 침탄하는 방법은?

① 고체 침탄법　　　　　　　② 액체 침탄법
③ 가스 침탄법　　　　　　　④ 고주파 침탄법

해설 **표면경화법**
① 금속침투법 : 내식, 내산, 내마멸을 목적으로 금속을 침투시기는 열처리
　　㉠ Al : 칼로라이징　　　㉡ Cr : 크로마이징　　　㉢ Zn : 세라다이징
　　㉣ Si : 실리코나이징　　　㉤ B : 브로나이징
② 질화법 : 강표면에 질소를 침투시켜 경화하는 방법으로 가스질화법, 연질
　　화법, 액체질화법 등이 있다.
③ 침탄법
　　㉠ 가스침탄법 : 메탄가스와 같은 탄화수소가스를 사용하여 침탄하는 방법
　　㉡ 액체침탄법 : 시안화나트륨(NaCN), 시안화칼리(KCN)를 주성분으
　　　로 한 염을 사용하여 침탄온도 750~950℃에서 30~60분 침탄하는
　　　방법
　　㉢ 고체침탄법 : 고체침탄제를 사용하여 강표면에 침탄탄소를 확산 침투
　　　시켜 표면을 경화시키는 방법
④ 화염경화법 : 탄소강 표면에 산소-아세틸렌화염으로 표면만을 가열하여
　　오스테나이트로 만든 다음 급냉하여 표면층만 담금질

 **36**

다음 주철 중 조직은 주로 편상 흑연과 페라이트로 되어 있으나, 약간의 펄라이트를 함유하고 있으며 기계 가공성이 좋고 값이 저렴한 주철은?

① 보통주철　　　　　　　② 가단주철
③ 구상흑연주철　　　　　　④ 미하나이트주철

해설 ① **가단주철** : 보통 주철의 결점이 여리고 약한 인성을 개선하기 위하여 백주
　　철을 장시간 열처리하여 탄소의 상태를 분해 또는 소실시켜 인성 또는 연
　　성을 증가시킨 주철
　　[용도] 자동차의 부속품, 관이음쇠
② **구상흑연주철** : 용융상태에서 Mg, Ce, Mg-Cu, Ca등을 첨가하거나 그
　　밖의 특수한 용선처리를 하여 편상흑연을 구상화한 것으로 노듈러 주철이
　　라고도 한다.

해답　　　　　　　　　　　　　　　　　　　　　　35. ②　36. ①

③ **칠드주철**(냉경주철) : 주조시 규소가 적은 용선에 망간을 첨가하고 용융 상태에서 철 주형에 주입하여 접촉된 면이 급랭되어 아주 가벼운 백주철로 만든 주철을 말한다.
[용도] 기차바퀴, 각종분쇄, 롤러
④ **미하나이트주철** : 펄라이트 바탕에 흑연이 미세하고 고르게 분포되어 있으며 내마멸성이 요구되는 피스톤링 등 자동차 부품에 많이 사용

문제 37

다음 중 항온 열처리 방법에 해당되지 않는 것은?

① 마퀜칭　　② 마템퍼링
③ 오스템퍼링　　④ 노멀라이징

해설 항온열처리 방법
① 오스템퍼링 : 염욕 중에서 항온 변태 후 상온까지 냉각하여 강인한 하부 베이나이트 조직을 얻는 방법
② 마템퍼링 : 염욕 중에서 항온 변태 후 공냉하여 마텐자이트와 베이나이트의 혼합조직을 얻는 방법
③ 마퀜칭 : 염욕 중에서 담금질하여 항온을 유지한 후 급냉 오스테나이트가 항온 변태를 일으키기 전 공냉으로 변태가 진행되어 마텐자이트 조직을 얻는 방법
④ MS퀜칭 : 오스테나이트화 온도에서 MS점 바로 아래 온탕에 담금질하여 등온유지 후 수냉 또는 유냉하는 방법. 담금질 균열이나 찌그러짐을 적게 일으키고 마텐자이트 생성구역을 급냉하여 잔류 오스테나이트를 적게 해 주는 방법

문제 38

황동의 종류 중 톰백에 대한 설명으로 옳은 것은?

① 0.3~0.8% Zn의 황동　　② 1.2~3.7% Zn의 황동
③ 5~20% Zn의 황동　　④ 30~40% Zn의 황동

해설 합금
① 일렉트론 : Al+Zn+Mg (알아마), 항공기, 자동차부품
② 도우메탈 : Al+Mg (알마)
③ 실루민 : Al+Si (알소), 개량처리 효과 크다(Na, F, NaOH)
④ 두랄루민 : Al+Cu+Mg+Mn (알구마망)
⑤ 알드레이 : Al+Mg+Si (알마소)

⑥ Y합금 : Al＋Cu＋Mg＋Ni (알구마니), 실린더헤드, 피스톤에 사용
⑦ 하이드로날륨 : Al＋Mg (알마), 선박용 부품, 조리용기구, 화학용 부품
⑧ 로엑스 : Al＋Cu＋Mg＋Ni＋Si (알구마니소)
⑨ 켈밋 : Cu＋Pb(30~40%) 켈구납, 베어링에 사용
⑩ 양은 : 7:3 황동＋Ni(10~20%)
⑪ 텔타메탈 : 6:4 황동＋Fe(1~2%) : 모조금, 판 및 선, 선박용 기계, 광산용 기계, 화학용 기계
⑫ 에드미럴티 : 7:3 황동＋Sn(1~2%) : 증발기, 열교환기, 탈아연 부식억제, 내수성 및 내해수성 증대
⑬ 네이벌 : 6:4 황동＋Sn(1~2%) : 파이프, 선박용 기계
⑭ 문쯔메탈 : Cu(60%)＋Zn(20%) : 열교환기, 열간단조품, 탄피
⑮ 톰백 : Cu(80%)＋Zn(20%) : 화폐, 메달에 사용
⑯ 레드브레스 : Cu(85%)＋Zn(15%), 장식품에 사용
⑰ 모네메탈 : Ni(65~70%)＋Fe(1~3%) : 터빈 날개, 펌프, 임펠러 등에 사용
⑱ 인코넬 : Ni(70~80%)＋Cr(12~14%) : 진공관, 필라멘트, 열전쌍보호관
⑲ 콘스탄탄 : 구리(55%)＋니켈(45%) : 전열선, 통신기자재, 저항선
⑳ 플래티나이트 : Ni(40~50%)＋Fe, 진공관이나 전구의 도입선
㉑ 쾌삭황동 : 황동＋납(1.5~3%), 시계톱니, 절삭성 향상 스크류
㉒ 코로손 합금 : 구리＋니켈＋철(1~2%), 전화선, 통신선에 사용
㉓ 퍼벌로이 : Ni(70~80%)＋Fe(10~30%), 해저전선의 장하코일용
㉔ 화이트메탈 : 구리＋안티몬＋주석(구안주)
㉕ 고속도강(SKH) : 텅스텐＋크롬＋바나듐(텅크바)
㉖ 하드필드강 : 주강＋망간(하주망)

 **39**

금속 조직학 상으로 강이라 함은 Fe-C합금 중 탄소의 함유량이 약 몇 % 정도 포함된 것인가?

① 0.008~2.1   ② 2.1~4.3
③ 4.3~6.6   ④ 6.6 이상

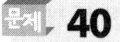 **40**

다음 금속침투법 중 철강 표면에 알루미늄을 확산 침투시키는 것은?

① 칼로라이징   ② 크로마이징
③ 세라다이징   ④ 보로나이징

해설 문제 35번 참고

 **해답**

문제 41

다음 중 순철에 대한 설명으로 틀린 것은?

① 비중이 약 7.8정도이다.

② 융점이 약 1539℃정도이다.

③ 순철의 A_3 변태점은 약 910℃이다.

④ 순철의 조직인 페라이트는 공석강조직보다 경도가 강하다.

해설 순철의 조직인 페라이트는 공석강조직보다 경도가 강하다.

문제 42

다음 중 Al-Si계 합금인 것은?

① 청동   ② 실루민

③ 퍼민바   ④ 미시메탈

해설 문제 38번 참고

문제 43

용접구조물 설계 시 주의할 사항 중 틀린 것은?

① 용접이음은 집중, 접근 및 교차를 피한다.

② 용접성, 노치인성이 우수한 재료를 선택하여 시공하기 쉽게 설계한다.

③ 용접금속은 가능한 다듬질부분에 포함되지 않게 주의한다.

④ 후판을 용접할 경우는 용입을 깊게 하기 위하여 용접층수를 가능한 많게 설계한다.

해설 후판을 용접할 경우는 용입을 깊게 하기 위하여 용접층수를 적게 설계한다.

문제 44

맞대기 이음에서 1500kgf의 인장력을 작동시키려고 한다. 판 두께가 6mm일 때 필요한 용접길이는 약 몇 mm인가?(단, 허용인장응력은 7kgf/mm^{2}이다.)

① 25.7   ② 35.7

③ 38.5   ④ 47.5

$$\sigma = \frac{P}{t \cdot l} \qquad \therefore \quad l = \frac{P}{\sigma \times t} = \frac{1500}{7 \times 6} = 35.7mm$$

 **45**

재료의 인성과 취성을 측정하려고 할 때 사용하는 가장 적합한 파괴 시험법은?

① 인장시험   ② 압축시험
③ 충격시험   ④ 피로시험

해설 **충격시험**(샤르피식, 아이조드식) : 재료의 인성과 취성을 측정하려고 할 때 사용하는 가장 적합한 파괴 시험법

 **46**

용접부에 생기는 잔류 응력 제거법이 아닌 것은?

① 국부 풀림법   ② 노내 풀림법
③ 노말라이징법   ④ 기계적 응력 완화법

해설 **잔류응력완화법**
① 저온응력완화법 : 용접선 양측을 가스불꽃에 의하여 나비 약 150mm를 150~200℃ 정도의 비교적 낮은 온도로 가열한 다음 곧 수냉하는 방법
② 기계적 응력 완화법 : 잔류응력이 있는 제품에 하중을 주어 용접부에 약간의 소성변형을 일으킨 다음 하중을 제거하는 방법
③ 피닝법 : 해머로써 용접부를 연속적으로 때려 용접 표면에 소성변형을 주는 방법
④ 노내풀림법 : 제품 전체를 가열로 안에 넣고 적당한 온도에서 일정시간 유지한 다음 노내에서 서냉
⑤ 국부풀림법 : 제품이 커서 노내에 넣을 수 없을 때 또는 설비, 용량 등으로 노내풀림을 바라지 못할 경우에 용접부 근처만 풀림

 **47**

용접 변형방법 중 용접부의 부근을 냉각시켜서 열영향부의 넓이를 축소시킴으로서 변형을 감소시키는 방법은?

① 피닝법   ② 도열법
③ 구속법   ④ 역변형법

해답   **45.** ③   **46.** ③   **47.** ②

문제 48

용접으로 인한 변형교정 방법 중에서 가열에 의한 교정방법이 아닌 것은?

① 롤러에 의한 법
② 형재에 대한 직선 수축법
③ 얇은 판에 대한 점 수축법
④ 후판에 대한 가열 후 압력을 주어 수냉하는 법

해설 **용접부의 변형교정 방법**
① 박판에 대한 점 수축법
② 형재에 대한 직선 가열 수축법
③ 가열 후 햄머로 두드리는 방법
④ 후판에 대한 가열 후 압력을 주어 수냉하는 법
⑤ 소성 변형시켜서 교정하는 방법
⑥ 외력을 이용한 소성법
⑦ 가열할 때 발생하는 열응력 이용한 소성 변형법

문제 49

용접 설계 시 주의사항으로 틀린 것은?

① 구조상의 노치부를 만들 것
② 용접하기 쉽도록 설계할 것
③ 용접에 적합한 구조의 설계를 할 것
④ 용접 이음의 특성을 고려하여 선택할 것

해설 구조상의 노치부를 만들지 말 것

문제 50

용접부의 비파괴 검사 중 비자성체 재료에 적용할 수 없는 검사방법은?

① 침투 탐상 검사
② 자분 탐상 검사
③ 초음파 탐상 검사
④ 방사선 투과 검사

해설 **비파괴검사**
① RT(방사선 투과검사) : x-Ray검사
[방사선원] ㉠ 이리듐 ㉡ 세슘 ㉢ 코발트

② UT(초음파 탐상법)
  [종류] 투과법, 공진법, 펄스반사법
③ MT(자분탐상법＝자기검사법) : 비자성체재료 적용 불가
  [종류] 극간법, 코일법, 통전법
④ PT(침투탐상법) : 형광물질 이용
⑤ VT(육안검사법) : 가장 많이 사용
⑥ LT((누설검사법)
⑦ ET(와류검사법) : 맴돌이 전류 이용

 **내부검사** : RT, UT, ET
표면검사 : MT, VT, PT, LT

문제 51

용접 아크 길이가 길어지면 발생하는 현상으로 틀린 것은?

① 열 집중도가 좋다.　　② 아크가 불안정하게 된다.
③ 용융금속이 산화되기 쉽다.　④ 용접금속에 개재물이 많게 된다.

해설 열 집중도가 나쁘다.

문제 52

보통 판 두께가 4~19mm 이하의 경우 한쪽에서 용접으로 완전 용입을 얻고자 할 때 사용하며 홈 가공이 비교적 쉬우나 판의 두께가 두꺼워지면 용착 금속의 양이 증가하는 맞대기 이음 형상은?

① V형 홈　　② H형 홈
③ J형 홈　　④ X형 홈

해설 **맞대기 이음 형상**
① I형(6mm 이하) : 맞대기 용접에서 가장 얇은 박판에 사용
② X형(10mm 초과 40mm 이하) : 이음 홈 형상 중에서 동일한 판 두께에 대하여 가장 변형이 적게 설계된 것
③ H형(50mm 초과) : X형 홈과 같이 양면용접이 가능한 경우에 용착금속의 양과 패스 수를 줄일 목적으로 사용되며 모재가 두꺼울수록 유리한 홈의 형상
④ U형(16mm 초과 50mm 이하) : V형에 비해 홈의 폭이 좁아도 되고 또한 루트간격을 0으로 해도 작업성과 용입이 좋으며 한 쪽에서 용접하여 충분한 용입을 얻을 필요가 있을 때 사용

 해답

문제 53 용접 후 용착 금속부의 인장 응력을 연화시키는데 효과적인 방법으로 구면 모양의 특수해머로 용접부를 가볍게 때리는 것은?

① 어닐링(annealing) ② 피닝(peening)
③ 크리프(creep)가공 ④ 저온응력 완화법

해설 문제 46번 참고

문제 54 로봇의 동작기능을 나타내는 좌표계의 종류에 포함되지 않는 것은?

① 극좌표로봇 ② 다관절로봇
③ 원통좌표로봇 ④ 삼각좌표로봇

해설 **로봇의 동작기능**
  ① 다관절로봇 ② 원통좌표로봇 ③ 극좌표로봇

문제 55 다음 그림의 AOA(Activity-on-Arc) 네트워크에서 E작업을 시작하려면 어떤 작업들이 완료되어야 하는가?

① B
② A, B
③ B, C
④ A, B, C

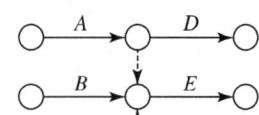

문제 56 품질특성에서 X관리도로 관리하기에 가장 거리가 먼 것은?

① 볼펜의 길이 ② 알코올 농도
③ 1일 전력소비량 ④ 나사길이의 부적합품 수

해설 **품질특성에서 X관리도로 관리 가능한 것**
  ① 1일 전력소비량 ② 알코올 농도 ③ 볼펜의 길이

57 검사특성곡선(OC Curve)에 관한 설명으로 틀린 것은?(단, N : 로트의 크기, n : 시료의 크기, c : 합격판정개수이다.)

① N, n이 일정할 때 c가 커지면 나쁜 로트의 합격률은 높아진다.

② N, n이 일정할 때 c가 커지면 좋은 로트의 합격률은 낮아진다.

③ $N/n/c$의 비율이 일정하게 증가하거나 감소하는 퍼센트 샘플링 검사 시 좋은 로트의 합격률은 영향이 없다.

④ 일반적으로 로트의 크기 N이 시료 n에 비해 10배 이상 크다면, 로트의 크기를 증가시켜도 나쁜 로트의 합격률은 크게 변화하지 않는다.

 **58** 브레인스토밍(Brainstorming)과 가장 관계가 깊은 것은?

① 특성요인도   ② 파레토도

③ 히스토그램   ④ 회귀분석

해설 브레인스토밍과 관련 있는 것은 특성요인도이다.

 **59** 표준시간을 내경법으로 구하는 수식으로 맞는 것은?

① 표준시간 = 정미시간 + 여유시간

② 표준시간 = 정미시간 × (1 + 여유율)

③ 표준시간 = 정미시간 × $\left(\dfrac{1}{1 - 여유율} \right)$

④ 표준시간 = 정미시간 × $\left(\dfrac{1}{1 + 여유율} \right)$

해설 표준시간을 내경법으로 구하는 수식

$$표준시간 = 정미시간 × \left(\dfrac{1}{1 - 여유율} \right)$$

해답   **57.** ③   **58.** ①   **59.** ③

문제 60

다음 데이터로부터 통계량을 계산한 것 중 틀린 것은?

[다음] 21.5, 23.7, 24.3, 27.2, 29.1

① 범위$(R) = 7.6$

② 제곱합$(S) = 7.59$

③ 중앙값$(Me) = 24.3$

④ 시료분산$(s^2) = 8.988$

용접기능장

2018

최근 기출문제

용접기능장 필기

문제 01

다음 중 피복아크용접기 설치 시 가장 적합한 장소는?

① 먼지가 많은 장소
② 진동이나 충격이 심한 장소
③ 주위 온도 4℃ 정도의 장소
④ 휘발성 기름이나 부식성 가스가 있는 장소

해설 **피복아크 용접기 설치 시 적합한 장소**
① 주위온도 40℃ 이하의 장소
② 부식성 가스가 체류하지 않는 장소
③ 먼지가 없는 장소
④ 진동이나 충격이 없는 장소

문제 02

속이 빈 피복 용접봉과 모재 사이에 아크를 발생시켜 이때 발생하는 아크열을 이용하여 절단하는 방법으로 고크롬강, 스테인리스강 등을 절단할 때 사용되는 절단은?

① 탄소 아크 절단   ② 금속 아크 절단
③ 플라스마 절단   ④ 산소 아크 절단

해설 ① **탄소아크절단** : 탄소 또는 흑연전극과 모재 사이에 아크를 일으켜 절단
② **산소창절단** : 주강의 슬랭덩이, 강괴, 암석의 천공 등의 절단
③ **산소아크절단** : 속이 빈 피복용접봉과 모재 사이에 아크를 발생시켜 아크열을 이용 절단

해답

문제 03

다음 용접자세 중 모재가 눈 위로 들려 있는 수평면의 아래쪽에서 용접봉을 위로 향하게 하여 용접하는 것은?

① F ② O
③ V ④ H

해설 용접자세
① F(Flat position) 아래보기자세
② H(Horizontal position) 수평자세
③ V(Vertical position) 수직자세
④ O(Overhead position) 위보기자세

문제 04

접합하려고 하는 금속을 용융시키지 않고 모재보다 용융점이 낮은 용가재를 금속 사이에 용융 첨가하여 접합하는 방법은?

① 납땜 ② 단접
③ 심 용접 ④ 스폿 용접

해설 연납땜 : 450℃ 이하(용제 : 인산, 염산, 염화아연, 염화암모늄)
경납땜 : ① 450℃ 초과(용제 : 붕사, 붕산, 염화나트륨, 염화리튬, 산화제일
구리, 빙정석)
② 은납 : 은+구리+아연이 주성분
③ 황동납 : 구리+아연

문제 05

다음 중 압력조정기의 취급상 주의사항으로 틀린 것은?

① 압력용기의 설치구 방향에는 장애물이 없어야 한다.
② 조정기를 취급할 때에는 기름이 묻은 장갑 등을 사용해서는 안 된다.
③ 압력지시계가 잘 보이도록 설치하며 유리가 파손되지 않도록 주의한다.
④ 조정기를 설치한 다음 조정나사를 풀고 밸브는 급격히 빨리 열어야 하며, 가스 누설 여부는 가스 불꽃으로 점검한다.

해설 밸브는 천천히 열어야 하며, 가스의 누설 여부는 비눗물로 검사한다.

해답 03. ② 04. ① 05. ④

06 산소-아세틸렌가스 용접 시 연강판 용접에 가장 적당한 불꽃은?

① 중성 불꽃
② 산화 불꽃
③ 탄화 불꽃
④ 환원 불꽃

해설 **산소-아세틸렌불꽃**

① 탄화불꽃
  ㉠ 아세틸렌과잉불꽃
  ㉡ 아세틸렌 페더가 있는 불꽃
  ㉢ 적황색으로 매연을 내면서 탐
  ㉣ 모네메탈, 스테인리스, 스텔라이트
② 산화불꽃
  ㉠ 산소과잉불꽃
  ㉡ 구리, 황동 용접에 사용
③ 중성불꽃
  ㉠ 산소와 아세틸렌의 비가 1 : 1이다.
  ㉡ 표준불꽃이라고도 한다.
  ㉢ 연강, 주철 용접 시 사용

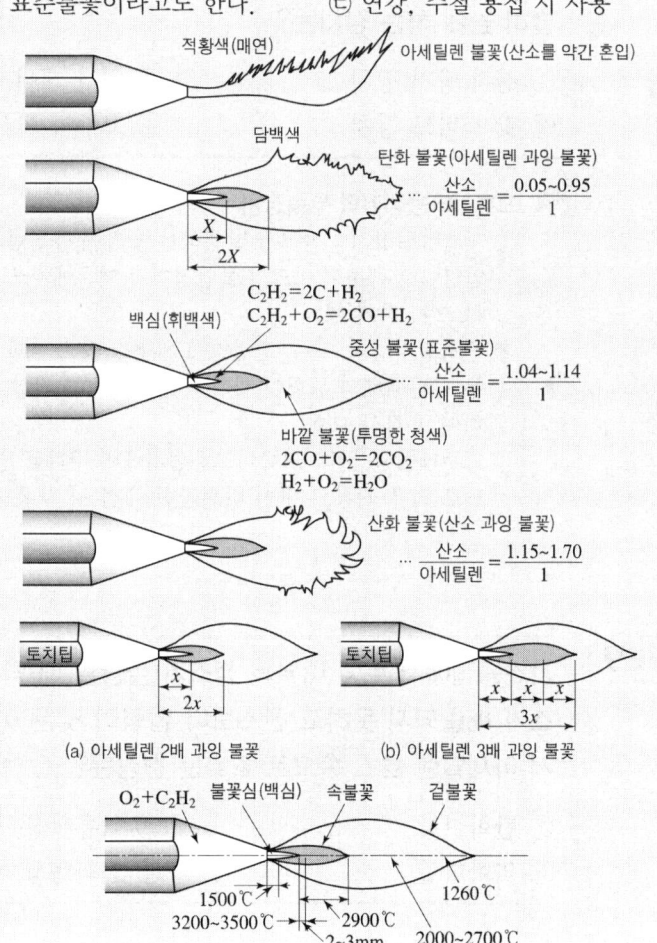

(a) 아세틸렌 2배 과잉 불꽃
(b) 아세틸렌 3배 과잉 불꽃

문제 07

다음 중 용착효율(deposition efficiency)이 가장 낮은 용접은?

① MIG 용접

② 피복아크용접

③ 서브머지드 아크용접

④ 플럭스코어드 아크용접

해설 **용착 효율이 가장 좋은 것** : MIG 용접
용착 효율이 가장 낮은 것 : 피복아크용접

문제 08

아크가 발생하는 초기에 용접봉과 모재가 냉각되어 있어 용접 입열이 부족하여 아크가 불안정하기 때문에 아크 초기만 용접전류를 특별히 높게 하는 장치는?

① 전격 방지 장치

② 원격 제어 장치

③ 핫 스타트 장치

④ 고주파 발생장치

해설 **교류아크용접기의 부속장치**
① 핫스타트장치 : 아크가 발생하는 초기에 용접봉과 모재가 냉각되어 있어 입열이 부족하여 아크가 불안정하기 때문에 아크 초기만 용접전류를 특별히 크게 하기 위해
② 전격방지장치 : 무부하전압이 85~95V로 비교적 높은 교류아크용접기는 감전재해의 위험이 있기 때문에 무부하전압을 20~30V 이하로 유지하여 용접사 보호
③ 고주파발생장치 : 교류아크용접기에 고주파를 병용시키면 아크가 안정되므로 작은 전류로 판이 비철금속 용접 시 사용

문제 09

가스용접에서 토치 내부의 청소가 불량할 때 막힘이 생겨 고압의 산소가 배출되지 못하고 산소보다 압력이 낮은 아세틸렌 통로로 밀면서 아세틸렌 호스 쪽으로 흐르는 현상은?

① 탄화현상

② 역류현상

③ 역화현상

④ 인화현상

해설 **역화**(back fire) : 용접 도중 모재에 팁끝이 닿으므로 불꽃이 순간적으로 팁끝에 흡입되어 "빵빵" 하면서 꺼졌다가 다시 나타나는 현상
인화 : 팁끝이 순간적으로 막히게 되면 가스분출이 나빠지고 혼합실까지 불꽃이 들어가는 경우

보충 **역화, 역류의 원인**
① 아세틸렌 공급가스가 부족 시
② 팁 과열 시
③ 토치 성능이 불량 시
④ 토치 체결나사가 풀렸을 때
⑤ 팁에 먼지, 석회가루 등이 막혔을 때

문제 10

가스절단에서 예열불꽃 세기의 영향을 설명한 것으로 틀린 것은?

① 예열불꽃이 약할 때 절단면이 거칠어진다.
② 예열불꽃이 약할 때 드래그가 증가한다.
③ 예열불꽃이 약할 때 절단속도가 늦어진다.
④ 예열불꽃이 강할 때 모서리가 용융되어 둥글게 된다.

해설 **예열불꽃이 강할 때** : ㉠ 모서리가 용융되어 둥글게 된다.
　　　　　　　　　　㉡ 슬래그 중의 철성분의 박리가 어려워진다.
　　　　　　　　　　㉢ 절단면이 거칠어진다.
　　　예열불꽃이 약할 때 : ㉠ 드래그가 증가한다.
　　　　　　　　　　㉡ 역화가 일어나기 쉽다.
　　　　　　　　　　㉢ 절단속도가 늦어지고 절단이 중단되기 쉽다.

문제 11

용접기의 자동전격방지장치에서 아크를 발생하지 않을 때는 보조변압기에 의해 용접기의 2차 무부하 전압을 몇 V 이하로 유지하는 것이 가장 적합한가?

① 25　　　　　　　　　　② 45
③ 65　　　　　　　　　　④ 80

문제 12

피복아크용접기의 구비조건으로 틀린 것은?

① 일정한 전류가 흘러야 한다.
② 구조 및 취급이 간단해야 한다.
③ 아크 발생 및 유지가 용이해야 한다.
④ 사용 중에 온도 상승이 높아야 한다.

해설 사용 중 온도 상승이 낮아야 한다.

문제 13

다음 연료가스 중 발열량($kcal/m^3$)이 가장 큰 것은?

① 메탄
② 수소
③ 부탄
④ 아세틸렌

해설 가스의 발열량과 온도

가스의 종류	발열량($kcal/m^3$)	최고 불꽃온도
부탄	26,691	2,926℃
프로판	20,780	2,820℃
아세틸렌	12,690	3,430℃
메탄	8,080	2,700℃
일산화탄소	2,865	2,820℃
수소	2,420	2,900℃

∴ 발열량이 가장 큰 것 : 부탄
불꽃온도가 가장 높은 것 : 아세틸렌

문제 14

용해 아세틸렌병의 전체무게가 33kg, 빈병의 무게가 30kg일 때 이 병 안에 있는 아세틸렌가스의 양은 몇 리터(L)인가?

① 2,115
② 2,315
③ 2,715
④ 2,915

해설 용해 아세틸렌의 양 $= 905(A-B) = 905(33-30) = 2,715L$

문제 15

스카핑 작업에 대한 설명으로 틀린 것은?

① 스카핑 작업은 강재 표면의 흠을 제거한다.
② 스카핑 토치는 가우징 토치에 비하여 능력이 작고 팁은 직선형을 사용한다.
③ 예열은 표면의 불순물이 떨어져 깨끗한 금속면이 나타날 때까지 가열한다.
④ 작업방법은 스카핑 토치를 공작물의 표면과 75° 정도로 경사지게 하고 예열 불꽃의 끝이 표면에 접촉되도록 한다.

해설 스카핑 토치는 가우징 토치에 비해 능력이 작다. 팁은 경사진 것 사용한다.

문제 16

서브머지드 아크용접 시 적용 재료로 적당하지 않은 것은?

① 티탄
② 탄소강
③ 저합금강
④ 스테인리스강

해설 서브머지드 아크 용접 시 적용 재료
① 탄소강   ② 저합금강   ③ 스테인리스강

문제 17

일반적인 이산화탄소 가스아크용접의 특징으로 틀린 것은?

① 용접속도를 빠르게 할 수 있다.
② 전류밀도가 높으므로 용입이 깊다.
③ 적용 재질이 철계통으로 한정되어 있다.
④ 바람의 영향을 크게 받지 않아 방풍장치가 필요없다.

해설 이산화탄소 가스아크용접의 특징
① 아크시간을 길게 할 수 있다.   ② 가시아크이므로 시공이 용이
③ 용입이 깊다. 용접속도가 빠르다.   ④ 기계적 성질이 좋다.
⑤ 전류밀도가 크다.   ⑥ 박판용접에 부적당
⑦ 방풍장치 필요

해답

⭐️보충 YGA-50W-1.2-20
① Y : 용접용 와이어
② G : 가스실드아크용접
③ A : 내후성 강용(녹 발생이 적은 강)
④ 50 : 용착금속의 최저인장강도
⑤ W : 와이어의 화학성분
⑥ 1.2 : 와이어의 지름
⑦ 20 : 와이어의 무게

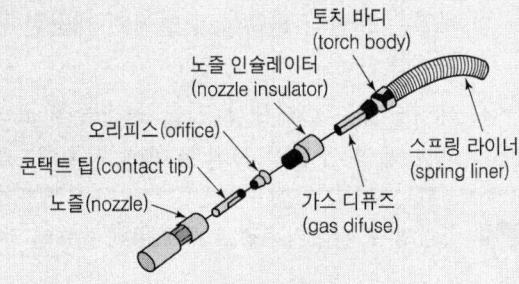

토치 바디
(torch body)

노즐 인슐레이터
(nozzle insulator)

오리피스(orifice)

콘택트 팁(contact tip)

노즐(nozzle)

스프링 라이너
(spring liner)

가스 디퓨즈
(gas difuse)

[CO_2 용접토치의 구조]

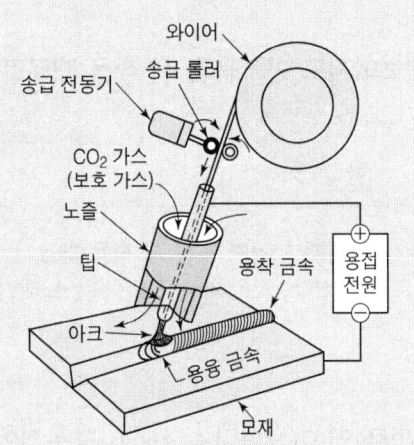

와이어

송급 롤러

송급 전동기

CO_2 가스
(보호 가스)

노즐

팁

아크

용착 금속

용접
전원

용융 금속

모재

솔리드 와이어 혼합가스법
① CO_2-O_2법 ② CO_2-Ar법 ③ CO_2-Ar-O_2법

 **18**

전극와이어보다 앞에 미세한 입상의 용제를 살포하면서 전극와이어를 연속적으로 송급하여 용제 속에 전극 선단과 모재 사이에 아크가 발생되면서 용접이 진행되는 자동용접 방법은?

① 플라스마 아크용접
② 불활성가스 아크용접
③ 서브머지드 아크용접
④ 이산화탄소 아크용접

😀 해답

용접기능장

해설 **서브머지드 아크 용접** : 전극와이어보다 앞에 미세한 입상의 용제를 살포하면서 전극와이어를 연속적으로 송급하여 용제 속에 전극선단과 모재 사이에 아크가 발생되면서 용접하는 자동용접 방법

① 전자 빔 용접 : 텅스텐, 몰리브덴 같은 대기에서 반응하기 쉬운 금속도 용이하게 용접할 수 있으며 고진공에서 음극으로부터 방출되는 전자를 고속으로 가속시켜 충돌에너지를 이용하는 용접법

② 일렉트로 슬래그 용접 : 용융슬래그와 용융금속이 용접부로부터 유출되지 않게 모재의 양측에 수냉식 동판을 대어주고 용융슬래그 속에서 전극와이어를 연속적으로 공급하여 주로 용융슬래그의 저항열에 의하여 와이어와 모재를 용융시키면서 단층수직상진 용접하는 방법

③ 테르밋 용접 : 미세한 알루미늄 분말과 산화철분말을 (3 : 1)의 중량비로 테르밋제 반응에 의해 생성되는 열을 이용한 금속을 용접하는 방법

④ 레이저 용접(유도방출에 의한 빛의 증폭이라는 뜻) : 광학렌즈를 이용하여 이 빛을 원하는 지점에 쏘면 순간적인 에너지의 상승으로 모재가 용융, 특징으로는 모재의 열변형이 거의 없으며, 이중금속의 용접이 가능하고, 미세하고 정밀한 용접을 할 수 있으며 비접촉식 용접방식으로 모재에 손상을 주지 않는다.

⑤ 스터드 용접 : 볼트나 환봉 등을 피스톤형 홀더에 끼우고 모재와 환봉 사이에서 순간적으로 아크를 발생시켜 용재

문제 19 다음 중 테르밋 용접의 특징으로 틀린 것은?

① 전기가 필요 없다.
② 작업장소의 이동이 쉽다.
③ 용접시간이 짧고 용접 후 변형이 적다.
④ 용접용 기구가 복잡하고 설비비가 비싸다.

해설 **테르밋 용접** : 산화철 분말과 알루미늄분말 (1 : 3)의 중량비로 혼합한 테르밋제에 과산화바륨과 마그네슘분말을 혼합한 점화촉진제를 넣어 화학반응에 의해 용접. 온도는 2800℃ 이상

① 용도 : ㉠ 자축   ㉡ 선박 프레임
         ㉢ 철도 레일

② 특징
   ㉠ 전력이 불필요하다.
   ㉡ 작업 후의 변형이 적다.
   ㉢ 작업장소의 이동이 가능
   ㉣ 용접시간이 비교적 짧다.
   ㉤ 용접작업이 단순하다.

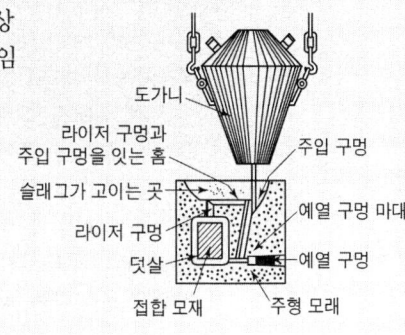

도가니
라이저 구멍과 주입 구멍을 잇는 홈
주입 구멍
슬래그가 고이는 곳
예열 구멍 마대
라이저 구멍
덧살
예열 구멍
접합 모재
주형 모래

문제 20 아크 용접작업 중 전격의 위험이 발생할 수 있는 요인으로 가장 적당한 것은?

① 용접열량이 클 때
② 전류세기가 클 때
③ 어스의 접지가 불량할 때
④ 절연된 보호구를 사용할 때

문제 21 플라즈마 아크용접에 사용되는 보호가스로 적당하지 않은 것은?

① 헬륨
② 아르곤
③ 아세틸렌
④ 아르곤과 수소의 혼합가스

해설 플라즈마 아크 용접 보호가스
① 헬륨   ② 아르곤   ③ 아르곤＋수소

보충 열적 핀치 효과 : 아크 단면은 수축하고 전류밀도는 증가하여 아크 전압이 높아지므로 대단히 높은 온도의 아크 플라즈마가 얻어지는 성질

문제 22 일반적인 일렉트로 슬래그 용접의 특징으로 틀린 것은?

① 박판 용접에 적용할 수 없다.
② 비교적 최소한의 변형과 최단 시간의 용접법이다.
③ 용접시간에 비하여 용접 준비기간이 길다.
④ 용접 진행 중 용접부를 직접 관찰할 수 있다.

해설 일렉트로 슬래그 용접
① 원리
  용융슬래그와 용융금속이 용접부로부터 유출되지 않게 모재의 양측에 수냉식 동판을 대어주고 용융슬래그 속에서 전극와이어를 연속적으로 공급하여 용융슬래그의 저항열에 의하여 와이어와 모재를 용융시키면서 단층 수직상진 용접하는 방법

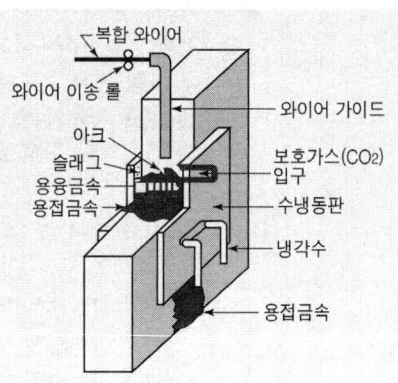

② 장점 : ㉠ 최소한의 변형과 최단시간 용접법

　　　　 ㉡ 한 번에 장비를 설치하여 후판을 단일층으로 용접

　　　　 ㉢ 용접 홈의 가공준비가 간단하고 각변형이 없다.

　　　　 ㉣ 용접시간을 단축할 수 있어 용접품질, 능률 향상

　　　　 ㉤ 압력용기, 조선 및 대형주물의 후판용접 등에 적합

　　　　 ㉥ 전극와이어의 지름은 2.5~3.2mm를 주로 사용

③ 단점 : ㉠ 박판용접에는 적용 불가

　　　　 ㉡ 장비 설치가 복잡하며, 냉각장치가 필요

　　　　 ㉢ 용접시간에 비해 용접준비시간이 더 길다.

　　　　 ㉣ 용접 진행 시 용접부를 직접 관찰할 수 없다.

 **23**

다음 중 화재의 분류가 잘못된 것은?

① A급 화재 – 일반 화재　　　② B급 화재 – 유류 화재

③ C급 화재 – 전기 화재　　　④ D급 화재 – 가스 화재

해설 화재의 분류

① A급화재(일반화재)　　　② B급화재(유류화재)

③ C급화재(전기화재)　　　④ D급화재(금속화재)

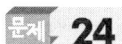 **24**

다음 중 전자빔 용접의 단점이 아닌 것은?

① 용접기의 값이 고가이다.

② 피용접물 크기의 제한을 받는다.

③ 에너지를 집중시킬 수 있어 고용융 재료의 용접이 가능하다.

④ 용융부가 좁기 때문에 냉각속도가 빨라 경화현상이 일어나기 쉽다.

해설 전자빔 용접

• 텅스텐이나 몰리브덴 등과 같이 고용융점 금속용접

• 10^{-4}mmHg~10^{-6}mmHg 이상의 높은 진공실 속에서 음극으로부터 방출되는 전자를 고전압으로 방출시켜 피용접물과 충돌에 의한 에너지로 용접

① 장점

　㉠ 고용융재료의 용접이 가능

　㉡ 고진공 속에 용접을 하므로 대기와 반응되기 쉬운 활성재료도 용이하게 용접

ⓒ 에너지 집중이 가능하기 때문에 고속으로 용접 가능
ⓔ 슬래그 섞임 등의 결함이 생기지 않는다.
ⓜ 두꺼운 판에서 얇은 판까지 광범위한 용접이 가능
ⓗ 이음부의 열영향이 적어 용접부에 변형이 없다.
② 단점
ⓖ 배기장치가 필요하다.
ⓛ 피용접물의 크기도 제한을 받는다.
ⓒ 용융부가 적기 때문에 냉각속도가 빨라 경화되기 쉽다.

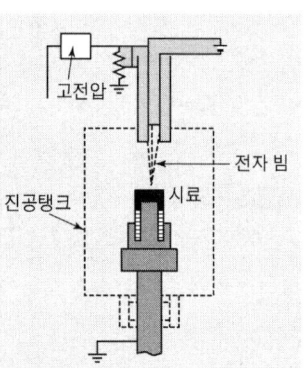

문제 25 저항용접에 대한 설명으로 틀린 것은?

① 저항용접의 기본적인 3대 요소는 가압력, 전류의 세기, 통전 시간이다.
② 저항용접은 작업속도가 빠르고 대량생산적인 성격이 강한 특징이 있다.
③ 기밀, 수밀, 유밀성을 필요로 하는 탱크의 용접 등에 가장 적합한 것은 심용접법이다.
④ 퍼커션 용접은 제품 한쪽에 돌기를 만들어 용접 전류를 집중시켜 압접하는 방법이다.

해설 **프로젝션 용접** : 제품 한 쪽에 돌기를 만들어 용접전류를 집중시켜 압접하는 방법

문제 26 다음 중 텅스텐 전극봉을 사용하는 비용극식 용접법은?

① MIG 용접   ② TIG 용접
③ 피복아크용접   ④ 탄산아크용접

해설 **비용극식** : TIG 용접
용극식 : CO_2 용접, MIG 용접, 피복아크용접, 전자빔용접, 일렉트로슬래그 용접 등

 **27**

플럭스 코어드 아크용접엣 기공의 발생 원인으로 가장 거리가 먼 것은?

① 아크 길이가 길 때　　　　　② 탄산가스가 공급되지 않을 때
③ 보호가스의 순도가 불량할 때　④ 용접 와이어의 공급이 적정할 때

해설 **플럭스코드 아크용접에 기공 발생 원인**
　① 보호가스의 순도가 불량 시
　② 아크길이가 길 때
　③ 탄산가스가 공급되지 않을 때

 **28**

불활성 가스 텅스텐 아크용접 시 가스이온이 모재 표면에 흐를 때 모재의 표면과 충돌하면서 화학작용에 의해 모재 표면의 산화물을 파괴한다. 이러한 현상으로 얻어지는 효과는?

① 핀치효과　　　　　　② 청정효과
③ 자기불림효과　　　　④ 중력가속효과

해설 **청정효과** : 산화피막 제거

29

주철의 용접이 곤란한 이유가 아닌 것은?

① 용접부 또는 다른 부분에서 균열이 생기기 쉽다.
② 탄소가 많기 때문에 용접부에 기공이 생기기 쉽다.
③ 용접 열에 의해 급열·급랭되기 때문에 용접부가 연화된다.
④ 용접 시 용접부에 백주철이나 담금질 조직이 생겨 절삭가공이 어렵다.

해설 **주철용접이 어렵고 곤란한 이유**
　① 수축이 많아 균열이 생기기 쉽다.
　② 주철의 급랭에 의한 백선화로 기계가공이 곤란
　③ CO가 발생하여 용착금속에 기공이 생기기 쉽다.
　④ 장시간 가열로 조직이 조대화된 경우, 기름, 흙, 모래 등이 있는 경우 용착이 불량하거나 모재와의 친화력이 나쁘다.
　⑤ 모재 전체를 500~600℃의 고온에서 예열, 후열을 할 수 있는 설비 필요
　⑥ 연강에 비해 여리다.

해답　　　　　　　　　　　　　　　　27. ④　28. ②　29. ③

문제 30

용융금속이 응고하면서 생기는 중심을 향한 가늘고 긴 기둥모양의 조직은?

① 쌍정 조직　　　　　　　② 편석 조직
③ 주상 조직　　　　　　　④ 등축정 조직

[해설] **선상조직**(주상조직) : 용융금속이 응고하면서 생기는 중심을 향한 가늘고 긴 기둥 모양의 조직

문제 31

Al–Si계 실용 합금으로 10~13% 정도의 Si가 함유된 것으로 용융점이 낮고 유동성이 좋으므로 넓고 복잡한 모래형 주물에 이용되는 것은?

① 실루민　　　　　　　　② 엘린바
③ 두랄루민　　　　　　　④ 콜슨(corson) 합금

[해설] **합금**
① 일렉트론 : Al+Zn+Mg*(알아마)* – 항공기, 자동차부품
② 도우메탈 : Al+Mg*(알마)*
③ 실루민 : Al+Si*(알소)* – 개량처리 효과 크다.(Na, F, NaOH)
④ 두랄루민 : Al+Cu+Mg+Mn*(알구마망)*
⑤ 알드레이 : Al+Mg+Si*(알마소)*
⑥ Y합금 : Al+Cu+Mg+Ni*(알구마니)* – 실린더헤드, 피스톤에 사용
⑦ 하이드로날륨 : Al+Mg*(알마)* – 선박용 부품, 조리용 기구, 화학용 부품
⑧ 로엑스 : Al+Cu+Mg+Ni+Si*(알구마니소)*
⑨ 켈밋 : Cu+Pb(30~40%)*(켈구납)* – 베어링에 사용
⑩ 양은 : 7 : 3 황동+Ni(10~20%)
⑪ 델타메탈 : 6 : 4 황동+Fe(1~2%) – 모조금, 판 및 선, 선박용 기계, 광산용 기계, 화학용 기계
⑫ 에드미럴티 : 7 : 3 황동+Sn(1~2%) – 증발기, 열교환기, 탈아연 부식억제, 내수성 및 내해수성 증대
⑬ 네이벌 : 6 : 4 황동+Sn(1~2%) – 파이프, 선박용 기계
⑭ 문쯔메탈 : Cu(60%)+Zn(20%) – 열교환기, 열간단조품, 탄피
⑮ 톰백 : Cu(80%)+Zn(20%) – 화폐, 메달에 사용
⑯ 레드브레스 : Cu(85%)+Zn(15%) – 장식품에 사용
⑰ 모네메탈 : Ni(65~70%)+Fe(1~3%) – 터빈 날개, 펌프, 임펠러 등에

사용
⑱ 인코넬 : Ni(78~80%)＋Cr(12~14%) – 진공관, 필라멘트, 열전쌍보호관
⑲ 콘스탄탄 : 구리(55%)＋니켈(45%) – 전열선, 통신기자재, 저항선
⑳ 플래티나이트 : Ni(40~50%)＋Fe – 진공관이나 전구의 도입선
㉑ 쾌삭황동 : 황동＋납(1.5~3%) – 시계톱니바퀴, 절삭성 향상 스크류
㉒ 코로손 합금 : 구리＋니켈＋철(1~2%) – 전화선, 통신선에 사용
㉓ 퍼벌로이 : Ni(70~80%)＋Fe(10~30%) – 해저전선의 장하코일용
㉔ 화이트메탈 : 구리＋안티몬＋주석(구안주)
㉕ 고속도강(SKH) : 텅스텐＋크롬＋바나듐(텅크바)
㉖ 하드필드강 : 주강＋망간(하주망)
㉗ 어드밴스 : Cu(54%)＋Ni(44%)＋Mn(1%)＋Fe(0.5%)
㉘ 듀라나메탈 : 7 : 3 황동＋Fe(2%)
㉙ 인바 : Ni(36%)＋Mn(0.4%)＋C(0.2%) – 시계의 진자, 줄자, 계측기의 부품, 미터기준봉 바이메탈
㉚ 초인바 : Ni(32%)＋Co(4~6%)
㉛ 엘린바 : Ni(36%)＋Cr(13%) – 고급시계, 정밀저울의 스프링
㉜ 코엘린바 : Ni(10~16%)＋Cr(10~11%)＋Co(2.6~5.8%) – 태엽, 기상관측용 기구의 부품, 스프링
㉝ 미하나이트 주철 : 퍼얼라이트 바탕에 흑연이 미세하고 고르게 분포되어 있으며 내마멸성이 요구되는 피스톤링 등 자동차부품에 많이 사용
㉞ 라우탈 : Al＋Cu＋Si – 피스톤, 기계 부속품
㉟ 포금 : 주석(8~12%)＋아연(1%) – 기어, 피스톤, 플랜지, 밸브콕
㊱ 니칼로이 : 니켈(50%)＋철(50%) – 해저전선, 소형변압기
㊲ 하스텔로이 : 니켈＋몰리브덴＋철
㊳ 베빗메탈 : 구리＋주석＋스타뮴(Sb)

 **문제 32** 금속재료의 표면에 강이나 주철의 작은 입자를 고속으로 분사시켜 표면층을 가공 경화하여 경도를 높이는 방법은?

① 침탄법　　　　　　　　② 숏 피닝
③ 금속 용사법　　　　　　④ 연속냉각 변태 처리

해설 **숏피닝** : 금속재료의 표면에 강이나 주철의 작은 입자를 고속으로 분사시켜 표면층을 가공경화하여 경도를 높이는 방법

해답

 **33**

알루미늄이나 그 합금은 용접성이 대체로 불량하다. 그 이유에 해당되지 않는 것은?

① 비열과 열전도도가 대단히 커서 단시간 내에 용융온도까지 이르기가 힘들기 때문이다.
② 용접 후의 변형이 크며 균열이 생기기 쉽기 때문이다.
③ 용융점이 660℃로서 낮은 편이고, 색채에 따라 가열온도의 판정이 곤란하여 지나치게 용융되기 쉽기 때문이다.
④ 용융 응고 시에 수소가스를 배출하여 기공이 발생되기 어렵기 때문이다.

34

용융점이 650℃, 비중은 1.74 정도로 실용 금속 중 가장 가벼운 재료이며 열전도율과 전기전도율은 Cu, Al보다 낮고 강도는 작으나 절삭성이 좋은 비철금속 재료는?

① Ni   ② Pb
③ Mg   ④ Ti

해설 비중과 용융점

금속	비중	용융점	금속	비중	용융점
마그네슘	1.74	650℃	철	7.87	1539℃
알루미늄	2.7	660℃	몰리브덴	10.2	2025℃
주석	7.28	232℃	텅스텐	19.1	3410℃
납	11.36	327℃	니켈	8.9	1453℃
구리	8.96	1083℃			

 **35**

강재를 가열하여 그 표면에 Zn을 고온엣 확산 침투시켜 내식성 및 대기 중의 부식방지 등을 향상시키는 목적으로 표면을 경화시키는 열처리는?

① 크로마이징   ② 세라다이징
③ 칼로라이징   ④ 실리코나이징

해설 **금속침투법** : 내식, 내산, 내마멸성을 얻기 위한 열처리
① Al : 칼로라이징 ② Cr : 크로마이징
③ Zn : 세라다이징 ④ Si : 실리카나이징
⑤ B : 브로나이징

문제 36 담금질한 강을 실온 이하로 열처리하여 잔류 오스테나이트를 마텐자이트로 변환시키는 열처리는?

① 심랭 처리 ② 오스템퍼링
③ 하드 페이싱 ④ 고주파 경화법

해설 **하드페이싱**
금속 표면에 스텔라이트나 경합금 등을 융접 또는 압접으로 용착

문제 37 입방정계 결정격자 종류가 아닌 것은?

① 체심정방격자 ② 면심입방격자
③ 단순입방격자 ④ 조밀입방격자

해설 **결정격자의 종류**
① 체심입방격자(BCC) : V, Mo, W, Cr, K, Na, Ba, Ta, γ-Fe, δ-철
② 면심입방격자(FCC) : Ag, Cu, Au, Al, Pb, Ni, Pt, Ce, γ-Fe
③ 조밀입방격자(HCP) : Ti, Mg, Zn, Co, Zr, Be
※ 결정격자 : 규칙적으로 배열된 결정의 원자 배열상태를 보여주는 입체모양

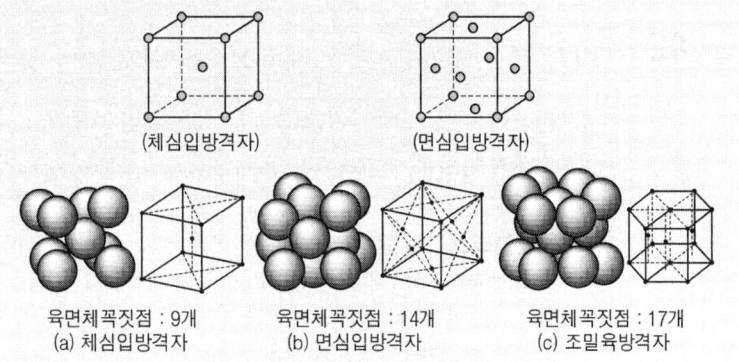

(체심입방격자)　　(면심입방격자)

육면체꼭짓점 : 9개　　육면체꼭짓점 : 14개　　육면체꼭짓점 : 17개
(a) 체심입방격자　　(b) 면심입방격자　　(c) 조밀육방격자

[결정격자의 기본형]

해답　　　　　　　　　　　　　　　　　　　　36. ①　37. ③

문제 38 베어링에 사용되는 Cu계 합금의 종류가 아닌 것은?

① 포금   ② 켈밋
③ A1 청동   ④ 화이트 메탈

해설 **포금** : 주석(8~12%)+아연(1%)

문제 39 다음 중 풀림의 목적으로 가장 거리가 먼 것은?

① 내부응력 제거
② 강의 경도 및 강도 증가
③ 금속 조직의 표준화, 균일화
④ 강을 연하게 하여 기계 가공성을 향상

해설 **열처리**
① 담금질＝퀜칭
  ㉠ 경도 및 강도 증가
  ㉡ A₃ 및 A₁변태에서 30~50℃ 이상 가열 후 수냉시키는 방법
② 뜨임＝템퍼링 : ㉠ 인성 증가
③ 풀림＝어닐링 : ㉠ 가공응력 및 내부응력 제거
④ 불림＝노멀라이징
  ㉠ 가공조직의 균일화, 결정립의 미세화, 기계적 성질의 향상, 잔류응력 제거
  ㉡ A₃ 및 A₁변태에서 30~50℃ 이상 가열 후 공냉시키는 방법

문제 40 다음 중 스테인리스강의 종류에 해당되지 않는 것은?

① 페라이트계 스테인리스강   ② 펄라이트계 스테인리스강
③ 마텐자이트계 스테인리스강   ④ 오스테나이트계 스테인리스강

해설 **스테인리스강의 종류**
① 오스테나이트계 스테인리스강(18-8스테인리스강)
② 마텐자이트계 스테인리스강
③ 페라이트계 스테인리스강
④ 석출경화용 스테인리스강(PH형 스테인리스강)

 **41**

강재의 KS 기호와 종류의 연결이 틀린 것은?

① STS 11 : 합금공구강 강재   ② SKH 2 : 고속도 공구강 강재

③ STC 140 : 탄소공구강 강재   ④ SCM 415 : 용접구조용 압연강재

해설 강재의 KS기호

① SHP1~SHP3 : 열간 압연 연강판 및 강대

② SS330, SS400, SS490, SS540 : 일반구조용 압연강판

③ SCP1~SCP3 : 냉간 압연강판 및 강대

④ SWS400A~SWS570 : 용접구조용 압연강재

⑤ PW1~PW3 : 피아노선

⑥ SPS1~SPS9 : 스프링 강재

⑦ SCr415~SCr420 : 크롬강재

⑧ SNC415, SNC815 : 니켈 크롬 강재

⑨ SF340A~SF640B : 탄소강 단강품

⑩ STC1~STC7 : 탄소공구강재

⑪ SM10C~SM58C, SM9CK, SM15CK, SM20CK : 기계구조용 탄소강재

⑫ SC360~SC480 : 탄소 주강품

⑬ GC100~GC350 : 회주철품

⑭ GCD370~DCD800 : 구상흑연 주철품

⑮ BMC2707~BMC360 : 흑심 가단 주철품

⑯ WMC330~WMC540 : 백심 가단 주철품

⑰ STX11 : 합금공구강 강재

⑱ SWS : 용접구조용 압연강재

 **42**

흑연봉을 양극으로 하고 WC, TiC 등의 초경합금을 음극으로 하여 공구 표면에 불꽃을 일으켜 그 열로 주위를 경화시키는 방법은?

① 화염경화법   ② 금속침투법

③ 방전경화법   ④ 고주파 담금질

해설 방전경화법 : 흑연봉을 양극으로 하고 WC, TiC 등의 초경합금을 음극으로 하여 공구 표면에 불꽃을 일으켜 그 열로 주위를 경화

초경합금 : 텅스텐분말과 탄소분말을 혼합시켜 WC를 만든다.

화염경화법 : 탄소강 표면에 산소-아세틸렌화염으로 표면만을 가열하여 오스테나이트로 만든 다음 급랭하여 표면층만 담금질

해답   41. ④   42. ③

문제 43 용입 불량을 방지하기 위한 일반적 방법으로 틀린 것은?

① 홈 각도에 알맞은 적당한 용접봉을 선택한다.
② 루트 간격을 좁게 하고 아크길이를 길게 한다.
③ 용접속도가 너무 빠르지 않게 적정 속도를 유지한다.
④ 용접전류가 너무 낮지 않게 하여 홈의 밑부분까지 충분히 용융되도록 한다.

해설 루트간격을 적당하게 하고 아크길이는 짧게 한다.

문제 44 자동제어의 장점으로 가장 거리가 먼 것은?

① 제품의 품질이 균일화되어 불량률이 감소된다.
② 인간능력 이상의 정밀 고속작업이 가능하다.
③ 인간에게는 부적당한 위험환경에서 작업이 가능하다.
④ 설비나 장치가 간단하며 이동이 용이하다.

해설 **자동제어의 장점**
① 인간에게는 부적당한 위험환경에서 작업이 가능
② 인간능력 이상의 정밀고속작업이 가능
③ 제품의 품질이 균일화되어 불량률이 감소

문제 45 용착금속의 인장강도가 450N/mm², 모재의 인장강도가 500N/mm²일 때 용접의 이음효율은 몇 %인가?

① 80   ② 85
③ 90   ④ 95

해설 이음효율 $= \dfrac{\text{용착금속의 인장강도}}{\text{모재의 인장강도}} \times 100 = \dfrac{450}{500} \times 100 = 90\%$

 해답   43. ②   44. ④   45. ③

문제 46

용접 시공 전의 일반적 준비사항이 아닌 것은?

① 예열, 후열의 필요성 여부를 검토한다.
② 용접 전류, 용접 순서, 용접 조건을 미리 정해둔다.
③ 제작 도면을 잘 이해하고 작업 내용을 충분히 검토한다.
④ 용접부 검사 결과를 확인하고 보수용접 실시 여부를 검토한다.

해설 ④는 용접시공후 작업

문제 47

방사선 투과검사의 특징으로 틀린 것은?

① 모든 재료에 적용할 수 있다.
② 내부 결함 검출에 용이하다.
③ 라미네이션 검출에 용이하다.
④ 검사결과를 필름에 영구적으로 기록할 수 있다.

해설 **방사선투과법**
대상물에 X선이나 선을 투과하여 필름에 나타나는 현상으로 결합판별
① 장점 : ㉠ 결과의 기록이 가능하다.
　　　　 ㉡ 필름에 의해 내부의 결함, 모양, 크기 등을 관찰할 수 있다.
② 단점 : ㉠ 장치가 크므로 가격이 비싸다.
　　　　 ㉡ 두께가 두꺼운 개소는 검출이 곤란
　　　　 ㉢ 선에 평행한 크랙은 찾기 힘들다.
　　　　 ㉣ 취급상 신체의 방호가 필요

초음파 검사법
0.5~15의 초음파를 피검사물의 내부에 침투시켜 반사파를 이용하여 내부
의 결함과 불균일층의 존재여부를 검사
① 장점 : ㉠ 고압장치의 판두께 측정
　　　　 ㉡ 검사비용이 싸고 결과가 신속
　　　　 ㉢ 균열을 검출하기 쉽다.
② 단점 : ㉠ 결함의 형태가 부적당하다.
　　　　 ㉡ 결과의 보존성이 없다.

문제 48

고온균열시험에 적합한 방법으로 재현성이 좋고 시험재를 절약할 수 있으며, 지그에 맞대기 용접 시험편을 볼트로 단단히 붙인 다음 비드를 놓아 균일 여부를 조사하는 시험은?

① 피스코(Fisco) 균열시험
② 킨젤(KinZel) 시험
③ 슈나트(Schnadt) 시험
④ 리하이 구속(Lehigh restaint) 균열시험

문제 49

다음 용접보조기호 중 영구적인 이면 판재(backing strip) 사용을 의미하는 것은?

① M   ② S
③ MR   ④ SR

해설 용접보조기호

① 끝단부를 매끄럽게 함 : 〰

② 영구적인 덮개판 사용 : M

③ 제거가능한 덮개판 사용 : MR

문제 50

용접 변형에 영향을 미치는 인자 중 용접열에 관계되는 인자가 아닌 것은?

① 용접속도   ② 용접 층수
③ 용접전류   ④ 부재 치수

해설 용접변형에 영향을 미치는 인자
① 용접전류   ② 용접속도   ③ 용접층수

 **51**

다음 그림에서 맞대기 이음을 나타낸 곳은?

① (1)
② (2)
③ (3)
④ (4)

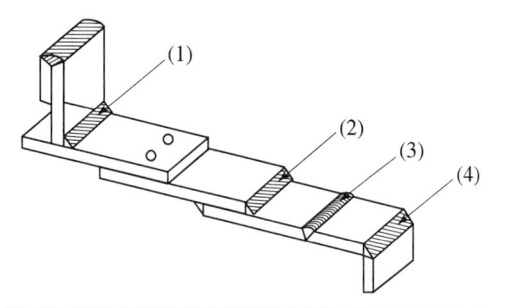

해설 ① : 필릿 용접   ② : 겹치기 용접
③ : 맞대기 용접   ④ : 모서리 용접

52

용접 변형과 잔류응력을 경감시키는 방법에 관한 내용으로 틀린 것은?

① 용접 전 변형을 방지하기 위하여 억제법과 역변형법을 이용한다.
② 모재의 열전도를 억제하여 변형을 방지하는 방법으로 전진법을 이용한다.
③ 용접부의 변형과 응력을 완화시키기 위하여 피닝법을 이용한다.
④ 용접 시공에서 변형을 경감시키기 위하여 대칭법, 후진법 등을 이용한다.

 **53**

용접 설계상 주의하여야 할 사항으로 틀린 것은?

① 필릿 용접은 가능한 피할 것
② 반복하중을 받는 이음에서는 이음표면을 볼록하게 할 것
③ 용접 이음이 한 군데 집중되거나 너무 접근하지 않도록 할 것
④ 용접길이는 가능한 짧게 하고, 용착금속도 필요한 최소한으로 할 것

해설 반복하중을 받는 이음에서는 이음표면을 평탄하게 할 것

해답   **51.** ③ **52.** ② **53.** ②

 **54** 용접용 로봇의 구성 중 작업 기능에 해당되지 않는 것은?

① 동작기능   ② 구속기능
③ 계측기능   ④ 이동기능

해설 **용접용 로봇의 작업기능**
① 이동기능   ② 동작기능   ③ 구속기능

55 전수검사와 샘플링검사에 관한 설명으로 맞는 것은?

① 파괴검사의 경우에는 전수검사를 적용한다.
② 검사항목이 많을 경우 전수검사보다 샘플링검사가 유리하다.
③ 샘플링검사는 부적합품이 섞여 들어가서는 안 되는 경우에 적용한다.
④ 생산자에게 품질향상의 자극을 주고 싶을 경우 전수검사가 샘플링
   검사보다 더 효과적이다.

56 어떤 회사의 매출액이 80,000원, 고정비가 15,000원, 변동비가
40,000원일 때 손익분기점 매출액은 얼마인가?

① 25,000원   ② 30,000원
③ 40,000원   ④ 55,000원

해설 **손익분기점 매출액** $= \dfrac{\text{고정비}}{1 - \left(\dfrac{\text{변동비}}{\text{매출액}}\right)} = \dfrac{15000}{1 - \left(\dfrac{40000}{80000}\right)} = 30000$원

 **57** 다음 데이터의 제곱합(sum of squares)은 약 얼마인가?

[데이터] : 18.8, 19.1, 18.8, 18.2, 18.4, 18.3, 19.0, 18.6, 19.2

① 0.129   ② 0.338
③ 0.359   ④ 1.029

해설

$$평균값 = \frac{(18.8+19.1+18.8+18.2+18.4+18.3+19.0+18.6+19.2)}{9} = 18.71$$

$$\begin{aligned}제곱합 &= (18.8-18.71)^2+(19.1-18.71)^2+(18.8-18.71)^2+(18.2-18.71)^2\\&\quad+(18.4-18.71)^2+(18.3-18.71)^2+(19.0-18.71)^2\\&\quad+(18.6-18.71)^2+(19.2-18.71)^2\\&= 1.029\end{aligned}$$

문제 58

국제 표준화의 의의를 지적한 설명 중 직접적인 효과로 보기 어려운 것은?

① 국제 간 규격통일로 상호 이익 도모
② KS 표시품 수출 시 상대국에서 품질인증
③ 개발도상국에 대한 기술개발의 촉진을 유도
④ 국가 간의 규격상이로 인한 무역장벽의 제거

해설 **동작경제의 원칙**

① 신체사용에 관한 원칙
  ㉠ 손의 동작은 작업을 수행할 수 있는 최소동작 이상을 하여서는 안 된다.
  ㉡ 양 팔은 각기 반대방향에서 대칭적으로 동시에 움직여야 한다.
  ㉢ 휴식시간 이외에 양손이 동시에 노는 시간이 있어서는 안 된다.
  ㉣ 양손은 동시에 동작을 시작하고 또 끝마쳐야 한다.
  ㉤ 작업동작은 율동이 맞아야 한다.
  ㉥ 직선동작보다는 연속적인 곡선동작을 취하는 것이 좋다.
② 작업장 배치에 관한 원칙
  ㉠ 공구 및 재료는 동작에 가장 편리한 순서로 배치
  ㉡ 가능하면 낙하시키는 방법을 이용하여야 한다.
  ㉢ 공구와 재료는 작업이 용이하도록 작업자의 주위에 있어야 한다.
  ㉣ 모든 공구와 재료는 일정한 위치에 정돈되어야 한다.
  ㉤ 채광 및 조명장치를 하여야 한다.
③ 공구 및 성비의 설계에 관한 원칙
  ㉠ 공구류는 될 수 있는 대로 두 가지 이상의 기능을 조합한 것 사용
  ㉡ 공구류 및 재료는 될 수 있는 대로 다음에 사용하기 쉽도록 놓아두어야 한다.
  ㉢ 각종 손잡이는 손에 가장 알맞게 고안함으로써 피로를 감소시킬 수 있다.
  ㉣ 각 손가락이 사용되는 작업에서는 각 손가락의 힘이 같지 않음을 고려하여 한다.

해답 58. ②

 **59**

Ralph M. Barnes 교수가 제시한 동작경제의 원칙 중 작업장 배치에 관한 원칙(Arrangement of the workplace)에 해당되지 않는 것은?

① 가급적이면 낙하식 운반방법을 이용한다.
② 모든 공구나 재료는 지정된 위치에 있도록 한다.
③ 적절한 조명을 하여 작업자가 잘 보면서 작업할 수 있도록 한다.
④ 가급적 용이하고 자연스런 리듬을 타고 일할 수 있도록 작업을 구성하여야 한다.

 **60**

직물, 금속, 유리 등의 일정 단위 중 나타나는 흠의 수, 핀홀 수 등 부적합 수에 관한 관리도를 작성하려면 가장 적합한 관리도는?

① c 관리도
② np 관리도
③ p 관리도
④ $\overline{X} - R$ 관리도

용접기능장 필기   2018년도   제 64 회

본 문제는 복원 기출문제입니다. 실제 문제와 다를 수 있으니 양해바랍니다.

 **01**

다음 중 압접(pressure welding)이 아닌 것은?

① 플라스마 용접   ② 고주파 용접
③ 초음파 용접   ④ 마찰 용접

해설 압접

① 저항용접 ─┬─ 겹치기용접 : ㉠ 점용접   ㉡ 시임용접
            │   ㉢ 프로젝션용접
            └─ 맞대기용접 : ㉠ 업셋 맞대기용접   ㉡ 방전충격용접
                              ㉢ 플래쉬 맞대기용접
② 냉간압접   ③ 가압테르밋 용접   ④ 마찰 용접
⑤ 단접   ⑥ 초음파용접   ⑦ 유도가열용접

 **02**

용접이음의 장점이 아닌 것은?

① 리벳에 비하여 구멍뚫기 작업 등의 공정이 절약된다.
② 이음 효율이 리벳보다 높다.
③ 용접부의 품질검사가 쉽다.
④ 기밀성이 보존된다.

해설 용접이음의 장점
① 기밀성이 보존된다.
② 이음효율이 리벳보다 좋다.
③ 리벳에 비하여 구멍 뚫기 작업 등의 공정이 절약된다.
④ 중량이 가벼워진다.
⑤ 재료의 두께에 제한이 없다.
⑥ 이종재료도 접합가능
⑦ 제품의 성능과 수명이 향상 된다.

해답   01. ① 02. ③

 **03**

용접기의 1차전압 200V, 1차전류 200A, 2차 무부하 전압 90V, 용접전류 400A일 때의 1차 피상 입력은 몇 kVA가 되는가?

① 36   ② 18

③ 80   ④ 40

해설 피상입력 = 1차측전압 × 1차측전류 = 200 × 200 = 40,000VA = 40KVA

 **04**

교류용접기 중에서 원격 조정을 하는 데 가장 좋은 용접기는?

① 코일형   ② 가동 철심형

③ 탭 전환형   ④ 가포화 리액터형

해설 **교류 아크용접기의 종류**
① 가포화리액터형 : 원격제어가 되고 가변저항의 변화로 용접전류 조정
② 가동코일형 : 1차, 2차코일 중 하나를 이동하여 누설자속을 변화하여 전류 조정
③ 가동철심형 : ㉠ 현재가장 많이 사용   ㉡ 미세한 전류 조정 가능
                    ㉢ 가동철심으로 누설자속을 가감하여 전류 조정

 **05**

용접기의 설치장소로 적합하지 않은 곳은?

① 휘발성 기름이나 가스가 없는 장소
② 폭발성 가스가 존재하지 않는 장소
③ 습도가 높은 장소
④ 먼지가 적은 장소

해설 **용접기의 설치 장소**
① 습도가 낮은 장소
② 먼지가 적은 장소
③ 폭발성가스가 존재하지 않는 장소
④ 진동이나 충격이 없는 장소
⑤ 부식성가스가 체류하지 않는 장소
⑥ 휘발유, 기름이나 가스가 없는 장소

 **06**

산소가 아세틸렌가스 호스 쪽으로 흘러서 발생기가 폭발을 일으키는 사고를 무엇이라 하는가?

① 폭발사고　　　　　　　② 인화사고
③ 호스사고　　　　　　　④ 역류사고

해설 **역류사고** : 산소가 아세틸렌가스 호스 쪽으로 흘러서 발생기가 폭발을 일으키는 사고

 **07**

산소 용기에 철인으로 표시된 것 중 틀린 것은?

① 최고충전압력　　　　　② 제조번호
③ 용기 중량　　　　　　　④ 가스 충전일자

해설 **산소용기의 각인**
　① 용기 내 용적　　② 용기 중량　　③ 내압시험압력(TP)
　④ 최고 충전 압력　⑤ 제조번호

 **08**

아세틸렌 과잉불꽃이라고도 하며, 불꽃의 길이가 아세틸렌의 양에 따라 길어지거나 짧아지는 것은?

① 순화불꽃　　　　　　　② 탄화불꽃
③ 중성불꽃　　　　　　　④ 산화불꽃

해설 **산소-아세틸렌불꽃**
　① 탄화불꽃 : ㉠ 아세틸렌 과잉 불꽃
　　　　　　　㉡ 스텐레스, 모넬메탈, 스텔라이트
　② 산화불꽃 : ㉠ 산소 과잉 불꽃
　　　　　　　㉡ 구리, 황동 용접에 사용
　③ 중성불꽃 : ㉠ 표준불꽃이라고 한다.

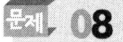

문제 09

용접차광렌즈(welding lens)의 차광능력의 등급을 차광도 번호라 한다. 100A 이상 300A 미만의 아크 용접 및 절단 등에 쓰이는 차광도 번호는 얼마인가?

① 4~5
② 7~8
③ 10~12
④ 14~15

해설 **차광도 번호(피복 아크 용접 NO.10~12번 사용)**

NO.10	용접전류 100~200A	용접봉 지름 2.6~3.2
NO.11	용접전류 150~200A	용접봉 지름 3.2~4.0
NO.10~NO.11	용접전류 100A 이상 300A 미만의 아크 용접 및 절단용	

문제 10

스카핑 작업에 대한 설명이다. 옳지 않은 것은?

① 스카핑 작업에서는 강재 표면의 탈탄층은 제거하지 못한다.
② 스카핑 작업은 강재 표면의 흠을 제거한다.
③ 가우징 작업보다 얇게 표면을 깎는다.
④ 가우징보다 넓게 표면을 깎는다.

해설 **스카핑 작업**
① 강재의 표면의 탈탄층을 제거한다. ② 강재 표면의 흠 제거
③ 가우징보다 넓게 표면을 깎는다. ④ 가우징 작업보다 얇게 표면을 깎는다.

문제 11

가스절단 결과의 판정은 다음 사항을 중요시하는데 그 중 틀린 사항은?

① 드래그가 일정할 것.
② 절단면의 윗모서리가 예리할 것.
③ 슬래그의 이탈성이 나쁠 것.
④ 절단면이 깨끗하며 드래그 흠이 없을 것.

해설 **가스절단 결과의 판정**
① 드래그가 일정할 것.
② 슬래그의 이탈성이 좋을 것.
③ 절단면의 윗모서리가 예리할 것.
④ 절단면이 깨끗하여 드래그 흠이 없을 것.

문제 12

강판을 가스절단할 때, 절단 변형의 방지대책이 아닌 것은?

① 가열법　　　　　　　　　② 구속법
③ 수냉각법　　　　　　　　④ 역변형법

해설 **절단변형의 방지법** : ① 구속법　② 가열법　③ 수냉각법

문제 13

서브머지드 용접에서 다른 조건이 일정하고 용접봉 직경이 증가하면 용접부에 어떤 영향을 가장 많이 미치는가?

① 용입증가　　　　　　　　② 비드폭 증가
③ 용입감소　　　　　　　　④ 비드높이 증가

문제 14

서브머지드(submerged) 아크용접법의 단점에 해당되지 않는 것은?

① 용접선이 짧고 복잡한 형상의 경우에는 용접기의 조작이 번거롭다.
② 설비비가 고가(高價)이다.
③ 용제는 흡습이 쉽기 때문에 건조나 취급을 잘 해야 한다.
④ 용제의 단열 작용으로 용입을 크게 할 수 없다.

문제 15

일반적으로 곧고 긴 용접선의 용접에 적합하며 이음면 위에 뿌려놓은 분말 플락스 속에 용가재(전극)를 찔러 넣은 상태에서 용접하는 용극식의 자동용접법은?

① 불활성 가스아크용접　　② 전자빔용접
③ 플라즈마용접　　　　　　④ 서브머지드아크용접

해설 **서브머지드 아크용접의 단점**
　　① 용제는 흡습이 쉽기 때문에 건조나 취급을 잘 해야 한다.
　　② 설비비가 고가이다.

해답　　　　　　　　　　　　　　12. ④　13. ③　14. ④　15. ④

③ 용접 재료에 제약을 받는다.
④ 용접선이 짧고 복잡한 형상의 경우에는 용접기의 조작이 번거롭다.
⑤ 개선 홈의 정밀을 요한다. (패킹제 미사용시 루트간격 0.8mm 이하)
⑥ 용접 진행상태의 양부를 육안식별이 불가능하다.

문제 16

불활성 가스 아크용접할 때 가속된 이온이 모재에 충돌하여 모재표면의 산화물을 파괴한다. 이러한 현상을 무엇이라 하는가?

① 핀치효과
② 자기불림효과
③ 중력가속효과
④ 청정효과

해설 **청정효과** : 불활성가스 아크용접시 가속된 이온의 모재에 충돌하여 모재표면의 산화물을 파괴하는 것

문제 17

교류를 사용해서 TIG용접 할 때의 특성으로 틀린 것은?

① 전극의 직경은 비교적 작다.
② 텅스텐 전극의 정류작용에 의한 교류의 직류 변환으로 아크가 안정하게 되며, 전류밀도가 MIG용접보다 높다.
③ 아크가 끊어지기 쉽다.
④ 비이드의 폭이 넓고, 적당한 깊이의 용입이 얻어진다.

해설 **TIG 용접의 특징**
① 아크가 끊어지기 쉽다.
② 비드의 폭이 넓고 적당한 깊이의 용입이 얻어진다.
③ 전극의 직경은 비교적 작다.
④ 거의 모든 금속을 용접할 수 있으므로 응용범위가 넓다.
⑤ 모든 용접자세가 가능하며 특히 박판용접에서 능률이 좋다.
⑥ 용제를 사용하지 않으므로 슬래그 제거가 불필요
⑦ 산화, 질화 등을 방지할 수 있어 우수한 이음, 깨끗하고 아름다운 비드를 얻을 수 있다.
⑧ 바람의 영향을 많이 받으므로 방풍대책 필요
⑨ 후판 용접에서는 능률이 떨어짐.

문제. 18

TIG용접시 용입이 깊고 비드폭을 좁게 하려면 전류전원의 극성은 어느 것을 선택해야 하는가?

① 직류 정극성　　　　② 교류
③ 직류 역극성　　　　④ 고주파수 극성

해설 TIG 용접시 용입이 깊고 비드 폭을 좁게 하려면 전류전원은 직류정극성 사용

문제. 19

이산화탄산가스(CO_2 gas) 아크용접에서 복합 와이어(combined wire) 중 와이어가 노즐(nozzle)을 나온 부분에, 자성 플럭스(magnetic flux)가 부착하는 형태의 용접법은?

① 유니온 아크법(union arc process)
② 아코스 아크법(arcos arc process)
③ 휴스 아크 CO_2법(fus arc CO_2 process)
④ NCG법

해설 **유니온아크법** : CO_2 아크용접에서 복합와이어중 와이어가 노즐을 나온 부분에 자성 플럭스가 부착하는 형태의 용접법

문제. 20

탄산가스 아크용접(CO_2 Gas Arc Welding)에서 전극와이어[Wire]의 송급은 다음 중 어느 방식에 따르는가?

① 자기제어 특성을 이용하여 정속 송급한다.
② 전류[A]의 크기에 따라 달라진다.
③ 아크길이 제어 특성과 관계없다.
④ 용접속도에 따라 달라진다.

해설 **탄산가스 아크용접에서 전극와이어 송급방법** : 자기제어 특성을 이용하여 정속 송급한다.

문제 21

아세틸렌가스와 접촉하여도 폭발의 위험성이 없는 재료는?

① 수은(Hg) ② 은(Ag)

③ 동(Cu) ④ 크롬(Cr)

해설 아세틸렌가스는 Ag, Hg, Cu 등과 혼합시 폭발성 화합물질이 아세틸라이드생성
① $C_2H_2 + 2Cu \rightarrow Cu_2C_2$(동아세틸라이드)$+ H_2$
② $C_2H_2 + 2Ag \rightarrow Ag_2C_2$(은아세틸라이드)$+ H_2$
③ $C_2H_2 + 2Hg \rightarrow Hg_2C_2$(수은아세틸라이드)$+ H_2$

문제 22

용접 중에 전격의 위험을 방지하기 위하여 사용되는 전격 방지기에 관한 설명이 틀리는 것은?

① 작업을 쉬는중에 용접기의 1차 무부하 전압을 25V로 유지한다.
② 용접봉을 접촉하는 순간 전자개폐기가 닫힌다.
③ 용접봉을 접촉하는 순간 2차 무부하전압이 70~80V로 되어 교류아크가 발생된다.
④ 용접기에 전격방지기를 설치한다.

해설 **전격방지기**
① 용접기의 2차무부하 전압을 20~30V 이하로 유지
② 용접봉을 접촉하는 순간 2차무부하 전압이 70~80V로 되어 교류아크가 발생
③ 용접기에 전격방지기 설치
④ 용접봉을 접촉하는 순간 전자개폐기가 닫힌다.

문제 23

티그 용접에 사용되는 텅스텐 용접봉들중에서 박판,정밀 항공기 부품 같은 것들의 용접에 적합한 용접봉은?

① 순텅스텐(EWP) ② 4% 토륨 텅스텐(EWTh-4)

③ 2% 토륨 텅스텐(EWTh-2) ④ 지르코늄 텅스텐(EWZr)

해설 TIG텅스텐 용접봉 중 2% 토륨텅스텐 용접봉은 박판, 정밀항공기 부품 같은 용접에 사용

 **24**

인장강도와 내식성이 좋고, 고온에서 크리이프 (Creep) 한계가 높아, 항공기 부품 및 화학용기분야에 사용되는 합금은?

① 망간합금   ② 텅그스텐합금
③ 구리합금   ④ 티타늄합금

해설 **티타늄합금** : 인장강도와 내식성이 좋고 고온에서 크리프 한계가 높아 항공기 부품 및 화학용기분야에 사용

 **25**

유황은 철과 화합하여 황화철(FeS)을 만들어 열간가공성을 해치며 적열취성을 일으킨다. 이와 같은 단점을 제거하기 위해서는 철보다 더욱 쉽게 화합하는 원소를 적당량 이상 첨가시켜 불용성의 황화물로 만들어 제거하면 된다. 이때 일반적으로 많이 사용되는 원소는 어떤 것인가?

① Mn(망간)   ② Cu(구리)
③ Ni(니켈)   ④ Si(규소)

 **26**

다음 금속 중에서 용융점이 가장 높은 것은?

① Ir   ② W
③ Hg   ④ Ne

해설 **용융점**
① 텅스텐 : 3,410℃   ② 백금 : 1,769℃   ③ 철 : 1,539℃
④ 코발트 : 1,495℃   ⑤ 니켈 : 1,453℃   ⑥ 납 : 327.4℃
⑦ 비스무트 : 271.3℃ ⑧ 주석 : 231.9℃

 **27**

담금조직에 있어서 마텐자이트(martensite)의 조직은?

① 그물 모양으로 펼친 조직   ② 삼(麻)잎 모양으로 한 조직
③ 침상 모양을 한 조직   ④ 만곡상의 흑연조직

해설 **마아텐자이트의 조직** : 침상모양을 한 조직

 해답   24. ④   25. ①   26. ②   27. ③

문제. 28 용접 설계상의 유의점이다. 틀린 것은?

① 작업 자세는 아래보기 자세가 좋으므로 중요한 이음에서는 아래보기 자세로 한다.

② 잔류응력과 열응력이 한곳에 집중하도록 하고 모멘트가 작용하지 않게 한다.

③ 두께가 다른 2장의 강판을 용접할 때 중간판을 쓰든지 혹은 두꺼운 강판을 테이퍼지게 하여 붙인다.

④ 모재의 용접부를 용접하기 쉬운 모양으로 한다.

해설 **용접 설계상의 유의점**

① 잔류응력과 열응력이 한곳으로 집중하지 않도록 하고 모멘트가 작용하게 한다.

② 작업 자세는 아래보기 자세가 좋으므로 중요한 이음에서는 아래보기 자세로 한다.

③ 모재의 용접부를 용접하기 쉬운 모양으로 한다.

④ 두께가 다른 2장의 강판을 용접할 때 중간판을 쓰든지 혹은 두꺼운 강판을 테이퍼지게 하여 붙인다.

문제. 29 그림과 같이 양쪽 필릿 용접을 하였다. 용접부에 생기는 응력을 나타낸 식은 어느 것인가?

① $\sigma = W/(h+l)$

② $\sigma = W/hl$

③ $\sigma = W/l$

④ $\sigma = W/h$

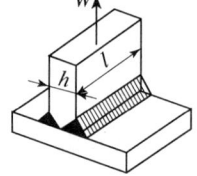

해설 $\sigma = \dfrac{W}{hl}$

30 다음 그림과 같이 맞대기 용접하였을 경우 인장하중 $P=4800[kgf]$
에 대하여 용접부에 발생하는 인장응력은 몇 $[kgf/mm^2]$인가?

① 1.08
② 10.81
③ 100.81
④ 1000.81

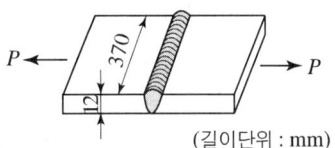

(길이단위 : mm)

해설 $\sigma = \dfrac{W}{hl} = \dfrac{4,800}{12 \times 370} = 1.08\,\mathrm{kgf/mm^2}$

31 맞대기 용접의 강도 계산은 어느 부분을 기준으로 정하여 행하는가?

① 다리길이　　　　　　② 목두께
③ 루트간격　　　　　　④ 홈깊이

해설 **맞대기 용접의 강도 계산** : 목두께 기준

32 전단 하중을 받을 때 용접 이음효율($\eta[\%]$) 공식으로 맞는 것은?

① 이음효율$(\eta) = \dfrac{\text{용접시험편의 전단응력}}{\text{모재의 전단응력}} \times 100$

② 이음효율$(\eta) = \dfrac{\text{모재의 전단응력}}{\text{용접시험편의 전단응력}} \times 100$

③ 이음효율$(\eta) = \dfrac{\text{용접시험편의 인장강도}}{\text{모재의 인장강도}} \times 100$

④ 이음효율$(\eta) = \dfrac{\text{모재의 인장강도}}{\text{용접시험편의 인장강도}} \times 100$

해설 **용접 이음효율** $= \dfrac{\text{용접시험편의 전단응력}}{\text{모재의 전단응력}}$

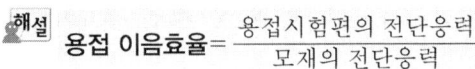

문제 33 지그(JIG)의 사용목적에 부합되지 않는 것은?

① 제품의 정밀도가 향상되고 대량생산에서 호환성 있는 제품이 만들어진다.
② 가공 불량이 감소되고 미숙련공의 작업을 용이하게 한다.
③ 제작상의 공정수가 감소하고 생산능률을 향상시킨다.
④ 비교적 본 기계장비에 비해 소형 경량이며, 큰 출력을 발생시키는데 사용된다.

해설 **지그의 사용목적**
① 제작상의 공정수가 감소하고 생산능률을 향상시킨다.
② 가공불량이 감소되고 미숙련공의 작업을 용이하게 한다.
③ 제품의 정밀도가 향상되고 대량생산에서 호환성 있는 제품이 만들어짐.
④ 용접부의 신뢰성을 높인다.

문제 34 다음은 용접 순서에 대한 설명이다. 잘못된 것은 어느 것인가?

① 같은 평면안에 많은 이음이 있을 때에는 수축은 가능한 한 자유단으로 보낸다.
② 물품의 중심에 대하여 항상 대칭으로 용접을 진행시킨다.
③ 수축이 작은 이음을 가능한한 먼저 용접하고 수축이 큰 이음을 뒤에 용접한다.
④ 용접물의 중립축에 대하여 용접으로 인한 수축력 모우먼트의 합이 "0"이 되도록 한다.

해설 **용접순서**
① 용접물의 중립축에 대하여 용접으로 인한 수축력 모멘트의 합이 0이 되도록 한다.
② 수축이 큰 이음을 먼저 용접하고 수축이 작은 이음을 나중에 용접한다.
③ 물품의 중심에 대하여 항상 대칭으로 용접을 진행시킨다.
④ 같은 평면안에 많은 이음이 있을 때에는 수축은 가능한 자유단으로 보낸다.
⑤ 응력이 집중될 우려가 있는 곳은 피한다.
⑥ 가용접시는 본 용접때 보다 지름이 약간 가는 용접봉 사용

 **35**

용접의 기공(氣孔) 방지 대책에 대해 옳게 서술한 것은?

① 적정 아크길이를 유지하지 않으면 안 된다.
② 개선면에 다소의 녹이 붙어 있어도 용접전류를 크게 해서 가스를 부상시킨다.
③ 아크길이를 길게 해서 용접하면 가스는 부상이 쉽게 되어 좋다.
④ 용재에 있는 다소의 습기는 용접입열을 크게 해서 용접하면 된다.

해설 기공 방지책
① 적정 아크길이를 유지한다.
② 용접봉이나 용접부에 습기가 많을 경우
③ 이음부에 기름, 페인트, 녹 등이 부착하지 않도록 한다.
④ 적정전류를 사용한다.

 **36**

용접부 부근의 모재가 용접할 때의 열에 의하여 급열, 급랭되어 변질된 부분을 무엇이라 하는가?

① 용착금속부   ② 열영향부
③ 원질부   ④ 백비드부

해설 열영향부 : 용접부 부근의 모재가 용접할 때의 열에 의하여 급열, 급랭되어 변질된 부분

 **37**

용접 시 잔류응력을 경감시키는 시공법이 아닌 것은?

① 예열을 한다.   ② 용착금속을 적게 한다.
③ 비석법의 용착을 한다.   ④ 용접부의 수축을 억제한다.

해설 용접 시 잔류응력을 경감시키는 방법
① 예열을 한다.   ② 용착금속을 적게 한다.
③ 비석법의 용착을 한다.   ④ 용접부의 수축을 억제하지 않는다.

문제. 38 다음 금속 중 냉각속도가 가장 빠른 금속은 어느 것인가?

① 연강   ② 스테인레스강

③ 알루미늄   ④ 구리

해설 열전도율이 빠르면 냉각속도도 빠르다.

Ag > Cu > Au > Al > Mg > Ni > Fe > Pb
은   구   금   알   마   니   철   납
    리   루   그   켈
        미   네
        늄   슘

문제. 39 경화되는 강을 용접할 때, 용접열에 의한 경화를 방지하는데 가장 중요한 것은?

① 예열온도   ② 경화속도

③ 최고온도   ④ 최저온도

해설 **예열온도** : 용접열에 의한 경화 방지하는데 가장 중요

문제. 40 아크 절단에 관하여 틀린 설명은?

① 아크 열로 금속을 국부적으로 용해하여 절단한다.

② 주철, 스텐레스강은 절단이 가능하다.

③ 절단면은 가스절단면보다 곱다.

④ 금속아크에서는 피복봉을 사용하고 직류정극성 또는 교류를 사용한다.

해설 **아크절단**

① 절단면은 가스 절단면보다 거칠다.

② 아크열도 금속을 국부적으로 용해하여 절단한다.

③ 금속아크에서는 피복봉을 사용하고 직류정극성 또는 교류를 사용

④ 주철, 스텐레스강은 절단이 가능하다.

 **41**

전 용접선을 RT(방사선 투과시험)를 실시하여 이상이 발견되지 않은 용접이음의 효율은?

① 80% ② 90%

③ 100% ④ 60%

해설 전용접선을 RT를 실시하여 이상이 발견되지 않은 용접이음의 효율은 100% 이다.

 **42**

피복아크 용접에서 사용률을 바르게 나타낸 것은?

① 사용률 = $\dfrac{휴식시간}{아크시간 + 휴식시간} \times 100$

② 사용률 = $\dfrac{아크시간}{아크시간 + 휴식시간} \times 100$

③ 사용률 = $\dfrac{휴식시간}{아크시간} \times 100$

④ 사용률 = $\dfrac{아크시간}{휴식시간} \times 100$

해설 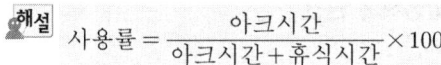 사용률 = $\dfrac{아크시간}{아크시간 + 휴식시간} \times 100$

43

테르밋 용접(thermit welding)에서 테르밋제(thermit mixture)의 주성분은?

① 과산화바륨과 마그네슘 ② 알루미늄 분말과 산화철 분말

③ 아연과 철의 분말 ④ 과산화바륨과 산화철 분말

해설 **테르밋의 주성분** : 알루미늄분말 + 산화철분말

해답

문제 44

납땜의 용제에서 구비조건이 아닌 것은?

① 전기저항 납땜에 사용되는 것은 부도체이어야 한다.
② 모재나 납땜에 대한 부식작용이 최소한이어야 한다.
③ 땜납의 표면장력을 맞추어서 모재와 친화도를 높여야 한다.
④ 인체에 해가 없어야 한다.

해설 납땜용제에서 구비조건
① 인체에 해가 없어야 한다.
② 땜납의 표면 장력을 맞추어서 모재의 친화도를 높여야 한다.
③ 전기저항 납땜에 사용되는 것은 전도체이어야 한다.
④ 모재나 납땜에 대한 부식작용이 최소한이어야 한다.

문제 45

구상 흑연 주철은 조직에 의한 분류중에 시멘타이트형이 있다. 시멘타이트 조직이 발생하는 원인 중 옳지 않는 것은?

① 마그네슘의 첨가량이 많을 때   ② 냉각 속도가 빠를 때
③ 가열한후 노중 냉각을 시킬 때   ④ 탄소 및 특히 규소가 적을 때

해설 시멘타이트 조직이 발생하는 원인
① 탄소 및 특히 규소가 적을 때
② 냉각속도가 빠를 때
③ 마그네슘의 첨가량이 많을 때

문제 46

알미늄에 규소가 10~14%함유된 것으로 알미늄 합금에서 개량처리를 하여 기계적 성질을 개선하는 합금은?

① 실루민   ② 듀랄루민
③ 하이드로날리움   ④ Y-합금

해설 합금
① 실루민 : Al+Si(10~14%)   ② 하이드로날륨 : Al+Mg
③ 두랄루민 : Al+Cu+Mg+Mn   ④ Y합금 : Al+Cu+Mg+Ni

 **47**

78~80% Ni, 12~14% Cr의 합금으로 내식성과 내열성이 뛰어나서 전열기의 부품, 열전쌍의 보호관, 진공관의 필라멘트 등에 사용되는 니켈합금은?

① 알루멜(alumel)　　　　　② 코넬(conel)

③ 인코넬(inconel)　　　　　④ 니크롬(nichrome)

해설 **인코넬** : Ni(78~80%)＋Cr(12~14%)의 합금으로 내식성과 내열성이 뛰어나서 전열기의 부품, 열전쌍의 보호관, 진공관의 필라멘트 등에 사용

 **48**

값이 저렴한 구조용 특수강으로서 조선, 건축, 교량 등에 사용하기 위하여 0.8~1.7%의 망간을 첨가한 저탄소 저망간강은?

① 소프트필드강(softfield steel)　② 인바(invar)

③ 코엘린바(coelinvar)　　　　　④ 듀콜강(ducol steel)

해설 **듀콜강** : 값이 저렴한 구조용 특수강으로서 조선, 건축, 교량 등에 사용하기 위하여 0.8~1.7%의 망간을 첨가한 강

 49

용접용 로봇을 동작형태로 분류할 때 속하지 않는 것은?

① 원통좌표로봇　　　　　② 극좌표로봇

③ 다관절로봇　　　　　　④ 삼각좌표로봇

해설 **용접용 로봇의 동작형태**
　　① 다관절로봇　② 극좌표로봇　③ 원통좌표로봇

50

비자성체에 적용할 수 없는 비파괴 검사법은?

① 침투 탐상　　　　　② 자분 탐상

③ 초음파 탐상　　　　④ 와류 탐상

해설 **비자성체 적용 불가** : 자분탐상시험

해답　　　　　　　　　　　　　　　**47.** ③　**48.** ④　**49.** ④　**50.** ②

문제 51

다음 중 파괴 시험법이 아닌 것은?

① 굽힘시험　　　　　② 음향시험
③ 충격시험　　　　　④ 피로시험

해설 **파괴시험법**
　　① 인장시험　　② 굽힘시험　　③ 경도시험　　④ 충격시험
　　⑤ 피로시험　　⑥ 화학적시험　　⑦ 야금학적시험

문제 52

용접을 진행하면서 용접부 부근을 냉각시켜 모재의 열영향부의 범위를 축소시킴으로써 변형을 방지하는 방법으로 냉각법을 사용하는데, 냉각 방법이 아닌 것은?

① 수냉동판 사용법　　　　② 살수법
③ 피닝법　　　　　　　　④ 석면포 사용법

해설 **용접부 부근을 냉각시켜 변형을 방지하는 냉각방법**
　　① 살수법　　② 석면포 사용법　　③ 수냉동판 사용법

문제 53

심(seam) 용접의 통전방법에서 가장 많이 사용되며 통전과 중지를 규칙적으로 반복하는 것은?

① 단속통전법　　　　　② 연속통전법
③ 맥동통전법　　　　　④ 롤러통전법

해설 **단속 통전법** : 시임 용접의 통전방법 중 가장 많이 사용되며 통전과 중지를 규칙적으로 반복하는 것

 **54**

필릿 용접의 루트부분에 생기는 저온균열이며 모재의 열팽창수축에 의한 비틀림이 주요 원인인 용접 결함은?

① 크레이터 균열(crater crack)

② 힐 크랙(heel crack)

③ 비드 밑 균열(under bead crack)

④ 설퍼 크랙(sulfur crack)

해설 저온균열의 유형
① 힐 크랙(균열) : 필릿 시 루트부분에 발생하는 저온균열이며 모재의 수축, 팽창에 의한 뒤틀림이 주요 원인
② 루트 균열 : 맞대기용접의 가접, 첫층용접의 루트 근방의 열영향부에서 발생하는 균열
③ 라멜라티어 균열 : T이음, 모서리 이음 등에서 강의 내부에 평행하게 층상으로 발생되는 균열

 **55**

미리 정해진 일정 단위 중에 포함된 부적합(결점)수에 의거, 공정을 관리할 때 사용하는 관리도는?

① p관리도   ② nP관리도
③ c관리도   ④ u관리도

해설 ① c관리도 : 미리 정해진 일정 단위 중에 포함된 부적합수에 의거, 공정을 관리할 때 사용
② u관리도 : 검사하는 시료의 면적이나 길이 등이 일정하지 않은 경우에 사용
③ p관리도 : 공정을 불량률 P에 의거 관리할 경우 사용
④ nP관리도 : 공정을 불량개수 nP에 의해 관리할 경우 사용

 **56**

도수분포표에서 도수가 최대인 곳의 대표치를 말하는 것은?

① 중위수   ② 비 대칭도
③ 모드(mode)   ④ 첨도

해설 모드(mode) : 도수분포표에서 도수가 최대인 곳의 대표치

 **57**

로트수가 10 이고 준비작업시간이 20분이며 로트별 정미작업시간이 60분이라면 1로트당 작업시간은?

① 90분   ② 62분

③ 26분   ④ 13분

해설 1로트당 작업시간 $= \left(60 + \dfrac{20}{10}\right) = 62$분

 **58**

더미활동(dummy activity)에 대한 설명중 가장 적합한 것은?

① 가장 긴 작업시간이 예상되는 공정을 말한다.

② 공정의 시작에서 그 단계에 이르는 공정별 소요시간들 중 가장 큰 값이다.

③ 실제활동은 아니며, 활동의 선행조건을 네트워크에 명확히 표현하기 위한 활동이다.

④ 각 활동별 소요시간이 베타분포를 따른다고 가정할 때의 활동이다.

해설 **더미활동** : 실제 활동은 아니며 활동의 선행조건을 네트워크에 명확히 표현하기 위한 활동

59

단순지수평활법을 이용하여 금월의 수요를 예측할려고 한다면 이때 필요한 자료는 무엇인가?

① 일정기간의 평균값, 가중값, 지수평활계수

② 추세선, 최소자승법, 매개변수

③ 전월의 예측치와 실제치, 지수평활계수

④ 추세변동, 순환변동, 우연변동

해설 **필요한 자료** : ① 전월의 예측치와 실제치   ② 지수평활계수

 **60**

다음 중 검사항목에 의한 분류가 아닌 것은?

① 자주검사   ② 수량검사
③ 중량검사   ④ 성능검사

해설 **검사항목에 의한 분류**
① 외관검사   ② 치수검사   ③ 수량검사
④ 중량검사   ⑤ 성능검사

해답   60. ①

용접기능장

2019

최근 기출문제

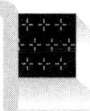

용접기능장 *필기*   **2019년도 제 65 회**

본 문제는 복원 기출문제입니다. 실제 문제와 다를 수 있으니 양해바랍니다.

문제 01

아크용접시 용접봉의 용접금속 이행 형식이 될 수 없는 것은?

① 단락형　　　　　　　　② 스프레이형
③ 핀치 효과형　　　　　　④ 중력 효과형

 **용접금속이행형식**
　　① 스프레이형　② 단락형　③ 글로뷸러형　④ 핀치효과형

문제 02

용접기의 핫스타트(hot start)장치의 이점이 아닌 것은?

① 아크발생을 쉽게 한다.
② 크레이터 처리를 잘 해준다.
③ 비드(bead)의 이음자리를 개선한다.
④ 아크 발생 초기의 비드 용입을 양호하게 한다.

 **핫스타트장치의 이점**
　　① 아크발생초기의 비드 용입을 양호하게 한다.
　　② 비드의 이음자리를 개선한다.
　　③ 아크발생을 쉽게 한다.

문제 03

정격 2차 전류 300A, 정격사용률 40%의 아크 용접기로써 실제로 200A의 전류로 용접한다면 허용 사용률은?

① 20%　　　　　　　　　② 60%
③ 90%　　　　　　　　　④ 120%

 **해답**　　　　　　　　　　　　　　**01. ④　02. ②　03. ③**

해설 허용사용율 $= \dfrac{(\text{정격 2차 전류})^2}{(\text{실제 용접전류})^2} \times \text{정격사용율} = \dfrac{300^2}{200^2} \times 40 = 90\%$

문제 04

고산화 티탄계의 연강용 피복아크 용접봉을 나타낸 것은?

① E4301   ② E4313

③ E4311   ④ E4316

해설 연강용 피복아크 용접봉
① E4301(일미나이트계)   ② E4303(라임티탄계)
③ E4311(고셀룰로오스계)   ④ E4313(고산화티탄계)
⑤ E4316(저수소계)   ⑥ E4324(철분산화티탄계)
⑦ E4326(철분저수소계)   ⑧ E4327(철분산화철계)
⑨ E4340(특수계)

문제 05

용접작업시 위보기 자세에 사용되지 않는 운봉방법은?

① 백 스텝   ② 직선형
③ 부채꼴 모양   ④ 삼각형

문제 06

일반적으로 아크 드라이브(Arc drive)의 전압(V)은 몇 V로 고정되어 있는가?

① 10V   ② 16V
③ 20V   ④ 30V

해설 아크드라이버의 전압 : 16V

2019년도 제 65 회

 **07**

용접차광렌즈(Welding lens)의 차광능력의 등급을 차광도 번호라 한다. 100A 이상 300A 미만의 아크 용접 및 절단 등에 쓰이는 차광도 번호는 얼마인가?

① 4–5
② 7–8
③ 10–12
④ 14–15

해설 차광도 번호
① NO.10 : 용접전류 100~200A, 용접봉지름 2.6~3.2mm
② NO.11 : 용접전류 150~200A, 용접봉지름 3.2~4.0mm
③ NO.10~NO.11 : 100A 이상 300A 미만의 아크용접 및 절단용

 **08**

가스절단 결과의 판정은 다음 사항을 중요시 하는 데, 그 중 틀린 사항은?

① 드래그가 일정할 것
② 절단면의 윗 모서리가 예리할 것
③ 슬래그의 이탈성이 나쁠 것
④ 절단면이 깨끗하며 드래그 흠이 없을 것

해설 가스절단결과의 관점
① 절단면이 깨끗하며 드래그의 흠이 없을 것
② 슬래그의 이탈성일 좋을 것
③ 절단면의 윗 모서리가 예리할 것
④ 드래그가 일정할 것

 **09**

잠호용접(SAW)용 용제(Flux)의 역할을 열거한 것이다. 틀린 것은?

① 용착금속의 탈산작용
② 전류이행 능력의 향상
③ 용접후 슬래그의 이탈성 향상
④ 합금원소의 첨가

해답

해설 **용제의 역할(피복제의 역할)**
① 합금원소첨가   ② 탈산정련작용
③ 스패터의 발생을 적게 한다.   ④ 아크안정
⑤ 용착효율을 높인다.   ⑥ 공기로 인한 산화, 질화방지
⑦ 용착금속의 냉각속도를 느리게 하여 급랭방지
⑧ 전기절연작용

문제 10 MIG용접에서 용융금속의 이행 형태는 여러가지 요인에 의해 결정된다. 해당되지 않는 것은?

① 전류의 형태와 크기   ② 전류밀도
③ 용접봉의 성분   ④ 용접자세

해설 **MIG 용접에서 용융금속의 이행형태**
① 전류밀도   ② 용접봉의 성분   ③ 전류의 형태와 크기

문제 11 MIG용접에서 아크의 자기제어를 위해 주로 많이 사용되는 전원특성은?

① 정전압특성   ② 정저항특성
③ 수하특성   ④ 역극성

해설 **MIG 용접에서 아크의 자기제어를 위해 주로 많이 사용되는 전원 특성** : 정전압특성

문제 12 이산화탄산가스(CO_2 gas) 아크용접에서 복합 와이어(combined wire) 중 와이어가 노즐(nozzle)을 나온 부분에, 자성 플럭스(magnetic powder flux)가 부착하는 형태의 용접법은?

① 유니온 아크법(union arc process)
② 아코스 아크법(arcos arc process)
③ 휴스 아크 CO_2법(fus arc CO_2 process)
④ NCG법

> **해설** **유니온아크법** : CO_2 아크용접에서 복합와이어중 와이어가 노즐을 나온 부분에 자성 플럭스가 부착하는 형태의 용접법

문제 13

플럭스 코어 아크용접에 대한 설명 중 틀린 것은?

① 전류가 적정 범위 내에서 증가함에 따라 비드 높이는 높아지고 비드 폭은 넓어진다.
② 아크전압이 증가함에 따라 용접비드 높이는 납작하고 폭은 넓어지게 된다.
③ 용접속도가 증가함에 따라 비드 높이는 낮아지고 비드 폭은 증가한다.
④ 노즐 각도를 변화시키는 것은 또한 비드의 높이와 폭을 변화시킬 수 있다.

> **해설** **플럭스코어 아크용접**
> ① 노즐각도를 변화시키는 것은 또한 비드의 높이와 폭을 변화시킬 수 있다.
> ② 아크전압이 증가함에 따라 용접비드높이는 납작하고 폭은 넓어지게 된다.
> ③ 전류가 적정범위 내에서 증가함에 따라 비드높이는 높아지고 비드 폭은 넓어진다.

문제 14

플라스마(plasma)를 구성하는 물질이 아닌 것은?

① 양이온 (positive ions)　　② 중성자 (neutral atoms)
③ 음전자 (negative electrons)　④ 양전자 (positive electrons)

> **해설** **플라즈마를 구성하는 물질**
> ① 양이온　② 중성자　③ 음전자

문제 15

다음 용접과정 중 고진공 용기(Vacuum Chamber) 속에서 수행되는 용접은?

① 플라즈마 아크용접　　② 엘렉트로 슬랙용접
③ 전자비임 용접　　　　④ 마찰용접

해답

해설 용접과정 중 고진공 용기 속에서 수행되는 용접 : 전자빔용접

문제 16

일렉트로 슬래그(ELECTRO SLAG) 용접에서 용접 조건이 모재의 용입 깊이에 미치는 영향 중 맞게 설명한 것은?

① 용접속도가 빠르면 용입이 깊어진다.
② 플럭스(FLUX)의 전기전도성이 크면 용입이 깊어진다.
③ 용접 전압이 높으면 용입이 깊어진다.
④ 용접 전압이 낮으면 용입이 깊어진다.

해설 일렉트로 슬래그용접의 모재의 용입깊이 : 용접전압이 높으면 용입이 깊어진다.

문제 17

테르밋 용접(thermit welding)에서 테르밋은 무엇의 혼합물인가?

① 붕사와 붕산의 분말   ② 알루미늄과 산화철의 분말
③ 알루미늄과 마그네슘의 분말   ④ 규소와 납의 분말

해설 테르밋용접에서 테르밋은 알루미늄과 산화철의 분말이다.

문제 18

다음 중 원자수소 용접에 이용되는 용접열은 얼마나 되는가?

① 2000~3000℃   ② 3000~4000℃
③ 4000~5000℃   ④ 5000~6000℃

해설 원자수소용접에서 이용되는 용접열 : 3,000~4,000℃

해답   16. ③ 17. ② 18. ②

문제 19

다음의 용접작업 중 귀마개(耳栓)를 착용해야 하는 경우는?

① 일렉트로 가스 용접(electro gas welding)
② 플래시 버트 용접(flash butt welding)
③ 전자빔 용접(electron beam welding)
④ 플럭스 코어드 용접(flux cored welding)

해설 **플래시 버트 용접** : 귀마개 착용

문제 20

용접 중에 전격의 위험을 방지하기 위하여 사용되는 전격방지기에 관한 설명이 틀리는 것은?

① 작업을 쉬는 중에 용접기의 1차 무부하전압을 25V로 유지한다.
② 용접봉을 접촉하는 순간 전자개폐기가 닫힌다.
③ 용접봉을 접촉하는 순간 2차 무부하전압이 80~90V로 되어 교류 아크가 발생된다.
④ 용접기에 전격방지기를 설치한다.

해설 용접기의 1차 무부하전압을 20~30V 이하로 유지한다.

문제 21

철강재료의 용접에서 균열을 일으키는 데 가장 예민한 원소는?

① C   ② Si
③ S   ④ Mg

해설 **탄소강에 생기는 취성**
　① 적열취성 : 원인은 황이며 고온 900℃ 이상에서 물체가 빨갛게 되어 메지는 것
　② 상온취성 : 원인은 인이며 충격, 피로 등에 대해 깨지는 성질
　③ 청열취성 : 원인은 인(P)이며 강이 200~300℃로 가열하면 강도가 최대로 되고 연신율, 단면수축률 등은 줄어들게 되어 메지는 것

해답

 **22** 알루미늄을 용접하고자 할 때, 예열을 하는 경우가 있다. 그 이유는?

① Al_2O_3 산화막을 제거하기 위해

② 열 전도성이 높기 때문에

③ 청정작용(Cleaning action) 때문에

④ 순도가 낮은 불활성가스의 사용이 가능하기 때문에

해설 **알루미늄을 용접시 예열을 하는 이유** : 열전도성이 높기 때문에

 **23** 금속의 용접성(weldability)에 영향을 미치지 않는 것은?

① 탄소 함유량(carbon content)   ② 열전도(thermal conductivity)

③ 인장강도(tensile strength)   ④ 용융점(melting point)

해설 **금속의 용접성에 영향을 미치는 것**
① 용융점   ② 인장강도   ③ 탄소함유량

24 승용차의 차체(Chassis, 샤시)에 고장력 강을 사용해야 한다는 주장이 있다. 고장력강의 필요성은 무엇이 주요한 이유인가?

① 연강과 동일한 강도를 유지하면서 경량화가 가능하기 때문에

② 부식에 견디는 능력이 우수하기 때문에

③ 소성가공이 용이하기 때문에

④ 외관이 미려하기 때문에

25 용접부에 생기는 잔류응력을 없애려면 어떻게 하면 되는가?

① 담금질을 한다.   ② 뜨임을 한다.

③ 불림을 한다.   ④ 풀림을 한다.

해설 | 열처리

① 담금질 : 강을 A₃ 변태 및 A₁ 선 이상 30~50℃로 가열한 후 물 또는 기름으로 급랭하는 방법으로 강도 및 경도 증가

② 뜨임 : 담금질된 강을 A₁ 변태점 이하의 일정온도로 가열하여 인성 증가

③ 풀림 : 재질의 연화를 목적으로 일정시간 가열 후 노내에서 서냉, 내부응력 및 잔류응력 제거

④ 불림 : 강을 표준상태로 하기 위하여 가공조직의 균일화, 결정립의 미세화, 기계적 성질의 향상을 목적으로 실시

 **문제 26**

가열로 안에서 강선재를 900−1000℃로 급속히 가열하고 연욕노(鉛浴爐, lead bath)를 통과시켜 380−550℃에서 항온변태를 일으키게 하여 소르바이트(Sorbite)나 미세펄라이트(fine pearlite)조직으로 하는, 일반 연강재료에 대하여 처리하는 방법은?

① 템퍼링　　　　　　　② 노멀라이징

③ 패턴팅　　　　　　　④ 어닐링

문제 27

풀림(annealing)의 목적이 아닌 것은?

① 단조, 주조, 기계가공에서 생긴 내부 응력 제거

② 가공 또는 공작에서 경화된 재료의 연화

③ 금속 결정입자의 조대화

④ 열처리로 인하여 경화된 재료의 연화

 문제 28

두께가 각기 다른 여러가지 용접물을 노(爐)내에서 응력 제거 열처리를 하고자 한다. 열처리 방법 중 알맞은 것은?

① 가장 두꺼운 용접물을 기준으로 열처리 시간을 정한다.

② 용접물의 평균 두께를 측정하여 열처리 시간을 정한다.

③ 두께별로 분류하여 2단계(2 step method)로 열처리 한다.

④ 두께가 1inch 이상 차이나는 것은 분류하여 따로 열처리 하도록 한다.

해답　　　　　　　　　　　　　　　　　　　　26. ③　27. ③　28. ①

해설 가장 두꺼운 용접물을 기준으로 열처리시간을 정한다.

문제 29

다음 그림과 같이 맞대기 용접하였을 경우 인장하중 $P = 4800[kgf]$ 에 대하여 용접부에 발생하는 인장응력은 몇 $[kgf/mm^2]$인가?

① 1.08
② 10.81
③ 100.81
④ 1000.81

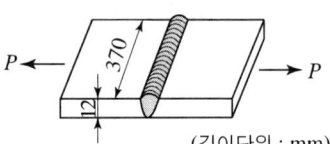

(길이단위 : mm)

해설

$$G = \frac{P}{tl} = \frac{4,800}{12 \times 370} = 1.08 \text{kgf/mm}^2$$

문제 30

맞대기 용접의 강도계산은 어느 부분을 기준으로 정하여 행하는가?

① 다리길이
② 목두께
③ 루트간격
④ 홈깊이

해설 **맞대기 용접의 강도계산은 어느 부분을 기준** : 목두께

문제 31

그림에서 필릿 용접 이음이 아닌 것은?

① (1)
② (2)
③ (3)
④ (4)

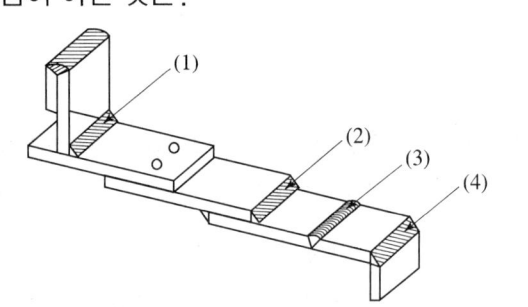

 **32**

용접 순서의 일반적인 설명으로 틀린 것은?

① 구조물의 중앙에서 부터 용접을 시작한다.
② 대칭으로 용접을 진행한다.
③ 수축이 적은 이음부를 먼저 용접한다.
④ 수축은 가능한 한 자유단으로 보낸다.

해설 **용접순서**
① 수축이 큰 맞대기 이음을 먼저 용접하고 다음에 필렛 용접한다.
② 큰 구조물에서는 구조물의 중앙에서 끝으로 향하여 용접실시
③ 대칭으로 용접실시
④ 수축은 가능한 자유단으로 보낸다.
⑤ 가용접시는 본 용접때 보다 지름이 약간 가는 용접봉 사용
⑥ 응력이 집중될 우려가 있는 곳은 피한다.

 **33**

지그와 고정구(Fixture)의 역할이 되지 못하는 것은?

① 구조물이나 부재의 위치를 결정하며, 고정과 분리가 단순해야 한다.
② 구조물이나 부재의지지, 고정 또는 안내를 정확히 해야 한다.
③ 주어진 한계 내에서 정밀도를 유지한 제품이 제작될 수 있어야 한다.
④ 기존 기계장비의 사용을 최초로 억제하기 위해 사용된다.

해설 **지그와 고정구의 역할**
① 주어진 한계 내에서 정밀도를 유지한 제품이 제작될 수 있어야 한다.
② 구조물이나 부재의 지지 고정 또는 안내를 정확히 해야 한다.
③ 구조물이나 부재의 위치를 결정하며 고정과 분리가 단순해야 한다.

 **34**

용접전에 용접부의 예열을 시키는 이유로 틀린 것은?

① 급냉되면 용접부와 그 열영향부가 취약해지고 경도가 약해지므로 경도를 높여주기 위해서이다.
② 용접부와 열영향부의 수축응력을 감소시켜 주기 위해서이다.
③ 용접부와 열영향부의 연성을 높여주기 위해서이다.
④ 용착금속중의 수소성분이 달아날 시간을 주어 비드밑의 균열을 방지하기 위해서이다.

해설 **용접 전에 용접부의 예열을 시키는 이유**
① 용착금속중의 수소성분이 달아날 시간을 주며 비드 밑 균열방지하기 위함.
② 용접부와 열영향부의 연성을 높여 주기 위해서다.
③ 용접부와 열영향부의 수축응력을 감소시켜 주기 위해서다.

문제 35
용접할 경우 일어나는 균열 결함 현상에서 저온 균열에서는 볼 수 없는 것은?

① Crater Crack
② Bead Crack
③ Root Crack
④ Hot tear Crack

해설 **저온균열에서 볼 수 있는 것**
① 비드균열   ② 크레이터균열   ③ 루트균열

문제 36
용접의 기공(氣孔)방지 대책에 대해 옳게 서술한 것은?

① 적정 아크 길이를 유지하지 않으면 안 된다.
② 개선면에 다소의 녹이 붙어 있어도 용접전류를 크게 해서 가스를 부상시킨다.
③ 아크 길이를 길게 해서 용접하면 가스는 부상이 쉽게 되어 좋다.
④ 용재에 있는 다소의 습기는 용접입열을 크게 해서 용접하면 된다.

해설 **기공방지책**
① 적정한 아크길이의 유지   ② 용접봉, 용접부 건조   ③ 적정전류 사용

문제 37
다음 중 선박건조시 자주 사용되지 않은 용접법은?

① 플러그 용접
② 맞대기 용접
③ 겹치기 용접
④ T 이음 용접

해설 **선박 건조시 자주 사용되는 용접법**
① 겹치기 용접   ② T이음 용접   ③ 맞대기 용접

 해답

35. ④   36. ①   37. ①

 **38**

각종 금속의 용접에서 서브머지드 아크 용접에 보통 사용 되지 않는 재료는?

① 고니켈합금　　　　　　② 저탄소강

③ 순철　　　　　　　　　④ 가단주철

해설 **서브머지드 아크용접에 사용하는 재료**
　　① 저탄소강　② 순철　③ 고니켈합금

 **39**

다음 사항 중 옳은 것은?

① 용접입열이 일정한 경우에는 열전도율이 낮은 것일수록 냉각속도가 크다.

② 수축이 작은 이음과 수축이 큰 이음을 용접할 때는 수축이 작은 이음부터 용접한다.

③ 모재의 두께 및 탄소 당량이 같은 재료에서는 E4301을 사용하면 E4316을 사용할 때보다 예열온도가 낮아도 좋다.

④ 합금원소가 많아져서 탄소당량이 커지든지 판이 두꺼워지면 용접성이 나빠지기 때문에 예열온도를 높여야 한다.

 **40**

열영향부(HAZ)의 재질을 향상시키기 위해서 흔히 사용되는 방법은?

① 용접부의 예열과 후열　　② 특수용가재 사용

③ 용접부 피닝　　　　　　④ 특수플럭스(용제) 사용

해설 **열영향부의 재질을 향상시키기 위해서 흔히 사용되는 방법** : 용접부의 예열과 후열

문제 41

다음은 아크 에어가우징(Arc air gouging)과 가스가우징을 비교한 작업 능률이다. 아크 에어가우징은?

① 작업 능률이 가스가우징과 대략 동일하다.
② 작업 능률이 가스가우징 보다 1.5배이다.
③ 작업 능률이 가스가우징 보다 2−3배이다.
④ 작업 능률이 가스가우징 보다 4−6배이다.

해설 아크에어가우징
① 원리 : 탄소 아크절단 장치에다 압축공기($5{\sim}7kg/cm^2$)를 병용하여서 아크열로 용융시킨 부분을 압축공기로 불어 날려서 홈을 파내는 작업
② 장점
  ㉠ 작업능률이 2~3배 높다.   ㉡ 용접결함의 발견이 쉽다.
  ㉢ 응용범위가 넓고 경비가 저렴
  ㉣ 용융금속을 순간적으로 불어내어 모재에 악영향을 주지 않음.

문제 42

용접부의 기계적 시험법을 동적 시험법 및 정적 시험법으로 분류할 때, 동적 시험법에 해당되는 것은?

① 인장시험   ② 굽힘시험
③ 피로시험   ④ 경도시험

해설 기계적 시험
① 피로시험 : 동적 시험법으로 작은 힘을 수없이 반복하여 작용하면 파괴를 일으키는 방법
② 굽힘시험 : 용접부의 연성결함을 조사하기 위하여 사용하는 시험법
③ 충격시험(샤르피식, 아이조드식) : V형, U형의 노치를 만들어 충격적인 하중을 주어서 시험편을 파괴시키는 시험

문제 43

겹치기 이음의 비이드 밑 균열시험에 주로 사용하는 시험법으로 열적 구속도 균열 시험법이라고도 한다. 이 시험법은?

① 피스코 균열시험   ② 리하이형 구속 균열시험
③ CTS 균열시험   ④ 킨젤시험

해답   41. ③ 42. ③ 43. ③

 **CTS 균열시험** : 겹치기 이음의 비드 및 균열시험에 주로 사용하는 시험법으로 열적구속도 균열시험법이라고도 함.

문제 44

비자성인 금속재료로 철구조물을 제작하였다. 여기에 사용할 수 없는 검사방법은?

① 침투검사   ② 맴돌이 전류검사

③ 자분검사   ④ 방사선 투과검사

 **비자성체 금속재료의 검사법**
    ① 침투검사   ② 방사선검사
    ③ 초음파검사   ④ 맴돌이전류검사

문제 45

용접 변형 교정법으로 맞지 않는 것은?

① 얇은 판에 대한 점 수축법   ② 형재에 대한 직선 수축법

③ 국부 템퍼링법   ④ 가열한 후 해머링하는 방법

 **용접변형 교정법**
    ① 박판(얇은판)에 대한 점 수축법
    ② 형재에 대한 직선 수축법
    ③ 가열 후 해머로 두드리는 방법
    ④ 후판에 대하여는 가열 후 압력을 걸고 수냉하는 방법
    ⑤ 소성 변형시켜서 교정하는 방법
    ⑥ 외력을 이용한 소성법

문제 46

강재의 표면에 균열, 주름등의 결함이나, 탈탄층 등을 불꽃 가공에 의해 비교적 얇고 넓게 제거하는 방식의 가공법은?

① 수중절단   ② 스카핑

③ 아크에어가우징   ④ 산소창절단

해답   44. ③   45. ③   46. ②

 **스카핑** : 강재의 표면에 균열, 주름 등의 결함이나 탈탄층 등을 불꽃 가공에 의해 비교적 얇고 넓게 제거

가스가우징

① 용접부분의 뒷면을 따내든지 H형, U형의 용접 홈을 가공하기 위해서 깊은 홈을 파내는 가공법

② 사용가스 압력 : 산소 3~7kg/cm^2, 아세틸렌 0.2~0.3kg/cm^2

③ 팁 작업의 각도 : 30~45°

문제 47

직류 정극성(DCSP)에 대한 특징의 설명 중 틀린 것은?

① 모재의 용입이 깊다.

② 비드 폭이 넓다.

③ 모재에 비해 용접봉이 느리게 녹는다.

④ 두꺼운 재료의 용접에 이용된다.

 직류정극성의 특징

① 모재의 용입이 깊다.

② 비드 폭이 좁다.

③ 모재에 비해 용접봉이 느리게 녹는다.

④ 두꺼운 재료(후판)의 용접에 이용

문제 48

정격 2차 전류 200A, 정격 사용률 40%의 아크 용접기로 120A의 용접전류를 사용시 허용 사용률은 몇%인가?

① 71   ② 91

③ 101   ④ 111

해설
$$허용사용률 = \frac{(정격\ 2차\ 전류)^2}{(실제\ 용접전류)^2} \times 정격사용율 = \frac{200^2 \times 40}{120^2} = 111.11\%$$

 **49**

이산화탄소 아크용접법은 어느 금속에 가장 적합한 것인가?

① 알루미늄 　　　　　　　② 주철
③ 연강 　　　　　　　　　④ 스테인리스강

해설 **이산화탄소 아크용접 법은 어느 금속에 가장 적합 : 연강**

 50

용해 아세틸렌 용기의 총 중량이 50kgf이고 충전 전의 용기 중량이 45kgf이었다면 아세틸렌가스의 충전량은 몇 리터인가? (단, 용해 아세틸렌 1kg이 기화하였을 때 15℃, 1기압하에서 아세틸렌의 용적이 905 리터이다.)

① 905 　　　　　　　　　② 4550
③ 4000 　　　　　　　　　④ 4525

해설 충전량 $= 905(A - B) = 905(50 - 45) = 4,525 l$

 **51**

경납땜에 사용되는 용가재가 갖추어야 할 조건으로 잘못된 것은?

① 모재와 친화력이 있어야 한다.
② 용융온도가 모재보다 낮고 유동성이 있어야 한다.
③ 용융점에서 휘발성분이 함유되어 있어 빨리 응고해야 한다.
④ 모재와 야금적 반응이 만족스러워야 한다.

해설 **경납땜에 사용되는 용가재가 갖추어야 할 조건**
　① 모재보다 용융점이 낮아야 한다.
　② 표면장력이 적어 모재표면에 잘 퍼져야 한다.
　③ 유동성이 좋아서 틈이 잘 메워질 수 있어야 한다.
　④ 모재와 친화력이 있고 접합이 튼튼해야 한다.

문제 52

납땜은 연납땜(soldering)과 경납땜(brazing)으로 구분하고 있는데 연납땜과 경납땜으로 구분하는 납땜재 융점의 온도는 몇 ℃ 인가?

① 350

② 450

③ 550

④ 650

해설 **연납땜** : 450℃ 이하 　　　**경납땜** : 450℃ 이상

문제 53

구상 흑연 주철은 조직에 의한 분류중에 시멘타이트형이 있다. 시멘타이트 조직이 발생하는 원인 중 옳지 않는 것은?

① 마그네슘의 첨가량이 많을 때

② 냉각 속도가 빠를 때

③ 가열한 후 노중 냉각을 시킬 때

④ 탄소및 특히 규소가 적을 때

해설 **시멘타이트조직이 발생하는 원인**
　　① 탄소 및 특히 규소가 적을 때
　　② 냉각속도가 빠를 때
　　③ 마그네슘의 첨가량이 많을 때

문제 54

로봇의 구성에서 구동부와 제어부를 가동시키기 위한 에너지를 동력원이라 하고 에너지를 기계적인 움직임으로 변환하는 기기의 명칭은?

① 액추에이터

② 머니퓰레이터

③ 교시박스

④ 시퀀스 제어

문제 55

도수분포표에서 도수가 최대인 곳의 대표치를 말하는 것은?

① 중위수

② 비 대칭도

③ 모우드(mode)

④ 첨도

해설 ① **도수분포표** : 몸무게, 키, 임금, 점수 등 통계에서 조사된 요소의 수량
② **첨도** : 뾰족한 정도, 정규분포의 경우를 표준으로 한다.
③ **모드** : 도수분포에서 최대의 도수를 가지는 변량의 값으로 1개 있는 것을
단봉성분포, 2개 이상 있는 것을 복봉성분포라 한다.
④ **비대칭도** : 비대칭의 정도 및 방향

문제 56

일정 통제를 할 때 1일당 그 작업을 단축하는 데 소요되는 비용의 증
가를 의미하는 것은?

① 비용구배(cost slope)
② 정상소요시간(normal duration)
③ 비용견적(cost estimation)
④ 총비용(total cost)

해설 **비용구배** : 일정 통제 시 1일당 그 작업을 단축하는 데 소요되는 비용의 증가

문제 57

서블릭(therblig) 기호는 어떤 분석에 주로 이용되는가?

① 연합작업분석
② 공정분석
③ 동작분석
④ 작업분석

해설 **서블릭 기호** : 동작분석에 주로 사용

문제 58

관리도에서 점이 관리한계 내에 있고 중심선 한쪽에 연속해서 나타
나는 점을 무엇이라 하는가?

① 경향
② 주기
③ 런
④ 산포

 해답

 **경향** : 연속 7점 이상의 점이 점점 올라가거나 내려가는 상태
주기 : 점이 주기적으로 상, 하로 변동하여 파형을 나타내는 경우
런 : 관리도내에서 점이 관리 한계 내에 있고 중심선 한 쪽에 연속해서 나타나는 점

문제 59 모집단의 참값과 측정 데이터의 차를 무엇이라 하는가?

① 오차   ② 신뢰성
③ 정밀도   ④ 정확도

 **오차** : 모집단의 참값과 측정 데이터의 차
신뢰성 : 데이터를 신뢰할 수 있는가 없는가의 문제
정확성 : 어떤 측정방법으로 동일 시료를 무한 횟수 측정하였을 때 분포의 평균치와 참값과의 차
정밀도(산포도) : 어떤 측정방법으로 동일 시료를 무한 횟수 측정하였을 때 얻어진 데이터는 반드시 흩어지는데 그 데이터 분포의 폭

문제 60 준비작업시간이 5분, 정미작업시간이 20분, lot수 5, 주작업에 대한 여유율이 0.2라면 가공시간은?

① 150분   ② 145분
③ 125분   ④ 105분

가공시간＝준비작업시간＋로트수×정미작업시간(1＋여유율)
＝5＋5×20(1＋0.2)＝125분

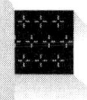

용접기능장 필기

2019년도 제 66 회

본 문제는 복원 기출문제입니다. 실제 문제와 다를 수 있으니 양해바랍니다.

문제 01

용접이음의 장점이 아닌 것은?

① 리벳에 비하여 구멍뚫기 작업 등의 공정이 절약된다.

② 이음 효율이 리벳보다 높다.

③ 용접부의 품질검사가 쉽다.

④ 기밀성이 보존된다.

 **용접이음의 장점**

① 기밀성이 보존된다.　　　　② 이음효율이 높다.

③ 중량이 가벼워진다.　　　　④ 재료의 두께에 제한이 없다.

⑤ 이종재료도 접합가능　　　⑥ 보수와 수리가 용이

⑦ 작업공정이 단축되며 경제적이다.

⑧ 제품의 성능과 수명이 향상 된다.

문제 02

교류 아크 용접기의 역률을 나타낸 식은?

① (아크 출력 ÷ 소비전력) × 100(%)

② (소비전력 ÷ 아크 출력) × 100(%)

③ (소비전력 ÷ 전원입력) × 100(%)

④ (아크 전압 ÷ 소비전력) × 100(%)

 $$역률 = \frac{소비전력}{전원입력} \times 100 \qquad 효율 = \frac{아크전력}{소비전력} \times 100$$

문제 03

교류용접기중에서 원격 조정을 하는 데 가장 좋은 용접기는?

① 코일형　　　　　　　　② 가동 철심형

③ 탭 전환형　　　　　　　④ 가포화 리액터형

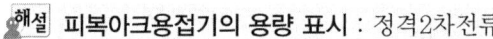
해설 교류 용접기중 원격조정을 하는데 가장 좋은 용접기 : 가포화 리액터형

 **04** 아크 용접기의 필요한 조건이 아닌 것은?

① 아크 발생을 용이하게 하기 위하여 무부하 전압이 낮아야 한다.
② 아크를 안정시키는 데 필요한 외부 특성 곡선을 가지고 있어야 한다.
③ 전류조정이 용이하고 일정하게 전류가 흘러야 한다.
④ 역률과 효율이 좋아야 한다.

해설 **아크용접기의 필요조건**
① 역률과 효율이 좋아야 한다.
② 전류조정이 용이하고 일정하게 전류가 흘러야 한다.
③ 아크를 안정시키는데 필요한 외부 특성곡선을 가지고 있어야 한다.
④ 아크발생을 용이하게 하기 위하여 무부하 전압이 높아야 한다.

 **05** K.S 규격에 의하면 피복 아크 용접기의 용량은 무엇으로 표시하는가?

① 전원입력　　　　　　② 피상입력
③ 정격사용률　　　　　④ 정격 2차 전류

해설 **피복아크용접기의 용량 표시** : 정격2차전류

06 피복 아크 용접봉의 피복 배합제 중 아크 안정제는?

① 탄산마그네슘　　　　② 젤라틴
③ 규산소다(Na_2SiO_2)　④ 망간

해설 **아크안정제**
① 규산소다(나트륨)　② 규산칼륨　③ 석회석
④ 산화티탄　　　　　⑤ 적철광　　⑥ 자철광

 **07** 내 균열성이 가장 좋은 용접봉은?

① 고산화 티탄계 　　　　 ② 저 수소계
③ 고 셀룰로우스계 　　　　 ④ 철분 산화티탄계

해설 **내균열성이 가장 좋은 용접봉** : 저수소계

 **08** 파이프 용접에서 루트부에 E6010 용접봉을 사용하는 경우가 있다. E7018을 사용하지 않고 E6010을 사용하는 이유는?

① E6010은 강도상으로 문제가 안되기 때문임. 즉, 루트부를 제거하기 때문임
② E6010계의 피복제가 결함을 예방함
③ E6010계통의 피복제가 질소 실딩가스와 상호 작용하기 때문임
④ 루트부에서 기공을 예방하거나 용입상태를 개선하기 위함

해설 루트부분에서 기공을 예방하거나 용입상태를 개선하기 위함.

 **09** 같은 두께의 모재에서 다음 용접이음 중 용착금속의 양이 가장 작게 되는 용접홈의 모양은? (단, 루우트 간격은 없고, 루우트면(root face)은 3.2mm이다.)

① U형 　　　　 ② H형
③ J형 　　　　 ④ X형

해설 **같은 두께의 모재에서 용착금속의 양이 가장 작게 되는 용접 홈의 모양** : X형

 **10** 산소-아세틸렌가스 불꽃에서 백심과 바깥쪽 불꽃 사이에 밝은 백색의 제 3의 불꽃, 즉 아세틸렌페더(excess acetylene feather)를 의미하는 것은?

① 백색불꽃 　　　　 ② 산화불꽃
③ 표준불꽃 　　　　 ④ 탄화불꽃

해답 　　　　　　　　　　　 07. ② 08. ④ 09. ④ 10. ④

해설 **산소–아세틸렌불꽃**
① 탄화불꽃 : ㉠ 아세틸렌 페더를 의미　　㉡ 아세틸렌 과잉 불꽃
　　　　　　 ㉢ 스텐레스, 스텔라이트, 모넬메탈
② 산화불꽃 : ㉠ 산소 과잉 불꽃　　　　㉡ 구리, 황동 용접에 사용
③ 중성불꽃 : ㉠ 표준불꽃이라고 한다.

문제 11

산소가스 절단의 원리를 가장 바르게 설명한 것은?

① 산소와 철의 연소 반응열을 이용하여 절단한다.
② 산소와 철의 산화열을 이용하여 절단한다.
③ 산소와 철의 예열 응고열을 이용하여 절단한다.
④ 산소와 철의 환원열을 이용하여 절단한다.

해설 **산소가스절단의 원리** : 산소와 철의 연소반응열을 이용하여 절단

문제 12

수중 절단 작업에서 점화시키는 방법이 아닌 것은?

① 전기 아크식　　　　　　　　② 금속 나트륨 점화식
③ 인산 칼륨 점화식　　　　　　④ 황산 칼륨 점화식

해설 **수중절단작업에서 점화시키는 방법**
① 금속나트륨 점화식　② 인산칼륨 점화식　③ 전기아크식

문제 13

강철을 (산소–아세틸렌) 가스절단할 경우 예열온도는 약 몇(℃)인가?

① 100-200℃　　　　　　　　② 300-500℃
③ 800-1000℃　　　　　　　　④ 1100-1500℃

해설 **강철을 산소–아세틸렌가스 절단할 경우 예열온도** : 800~1,000℃

 **14**

불활성 가스 아크용접할 때 가속된 이온이 모재에 충돌하여 모재표면의 산화물을 파괴한다. 이러한 현상을 무엇이라 하는가?

① 핀치효과
② 자기불림효과
③ 중력가속효과
④ 청정효과

해설 **청정효과** : 불활성가스 아크용접시 가속된 이온이 모재에 충돌하여 모재표면의 산화물을 파괴하는 현상

 **15**

서브 머어지드 아크용접의 장,단점에 대한 각각의 설명에서 틀린 것은?

① 장점:용접속도가 피복 아크 용접에 비해 빠르므로 능률이 높다.
② 장점:용접공의 기량에 의한 차가 적고,용접이음의 신뢰도가 높다.
③ 단점:아크가 보이지 않으므로 용접부의 적부를 확인해서 용접할 수 없다.
④ 단점:와이어에 많은 전류를 흘려 줄 수 없고, 용입이 얕다.

해설 **서브머지드 아크용접**
① 장점
  ㉠ 용입이 깊다.
  ㉡ 용융 속도 및 용착속도가 빠르다.
  ㉢ 고전류 사용이 가능하다.
  ㉣ 개선각을 적게 하여 용접 패스 수를 줄일 수 있다.
  ㉤ 기계적 성질이 우수하다.
  ㉥ 작업 능률이 수동에 비하여 판두께 12mm에서 2~3배, 25mm에서 5~6배, 50mm에서 8~12배 정도가 높다.
  ㉦ 비드 외관이 매우 아름답다.
② 단점
  ㉠ 아크가 보이지 않으므로 용접부의 적부를 확인해서 용접할 수 없다.
  ㉡ 개선 홈의 정밀을 요한다.
  ㉢ 용접 재료에 제약을 받는다.
  ㉣ 용접선이 짧거나 복잡한 경우 수동에 비하여 비능률적이다.
  ㉤ 장비의 가격이 고가이다.

문제 16

모재표면 위에 미리 미세한 입상(粒狀)의 용제를 산포(散布)하여 두고, 이 용제속으로 용접봉을 꽂아 넣어 용접하는 자동아크 용접은?

① 심용접 　　　　　　　　　② 버트용접
③ 서브머지드 아크용접 　　　④ 불활성가스 아크용접

해설 **서브머지드 아크용접** : 모재의 이음표면에 미세한 입상의 용제를 공급하고, 용제속에 연속으로 전극와이어를 송급하여 모재 및 전극와이어를 용융시켜 용접부를 대기로부터 보호하면서 용접하는 방법으로 일명 잠호용접이라고 한다. 상품명으로는 링컨용접, 유니언멜트용접

문제 17

TIG용접에 관한 설명 중 맞지 않는 것은?

① 직류 정극성은 용입이 깊고 비드폭이 좁아진다.
② 스테인리스강, 주철, 탄소강 등의 강은 주로 고주파 교류 전원으로 용접한다.
③ 직류 역극성으로 용접할 때 전극봉의 직경은 같은 전류에서 정극성 보다 4배 정도 큰 것을 사용한다.
④ 교류전원은 거의 대부분 고주파 장치를 첨가하여 사용한다.

해설 **TIG용접(불활성가스 텅스텐 아크용접)**
① 장점
　㉠ 거의 모든 금속을 용접할 수 있으므로 응용범위가 넓다.
　㉡ 직류정극성은 용입이 깊고 비드 폭이 좁아진다.
　㉢ 교류전원은 거의 대부분 고주파 장치를 첨가하여 사용
　㉣ 직류역극성으로 용접할 때 전극봉의 직경은 같은 전류에서 정극성보다 4배정도 큰 것 사용
　㉤ 모든 용접자세가 가능하며 특히 박판용접에서 능률이 좋다.
　㉥ 용제를 사용하지 않으므로 슬래그 제거가 불필요하다.
　㉦ 산화, 질화 등을 방지할 수 있어 우수한 이음, 깨끗하고 아름다운 비드를 얻을 수 있다.
② 단점
　㉠ 후판용접에서는 능률이 떨어진다.
　㉡ 바람의 영향을 크게 받으므로 방풍대책 필요
　㉢ 불활성 가스와 용접기의 가격이 비싸다.

 **18** 교류를 사용해서 TIG용접할 때의 특성으로 틀린 것은?

① 전극의 직경은 비교적 작다.

② 텅스텐 전극의 정류작용에 의한 교류의 직류 변환으로 아크가 안정하게 되며, 전류밀도가 MIG용접보다 높다.

③ 아크가 끊어지기 쉽다.

④ 비이드의 폭이 넓고, 적당한 깊이의 용입이 얻어진다.

해설 **교류를 사용해서 TIG용접할 때의 특성**

① 아크가 끊어지기 쉽다.

② 전극의 직경은 비교적 작다.

③ 비드의 폭이 넓고 적당한 깊이의 용입이 얻어진다.

 **19** 이산화탄소 아크 용접에 사용되는 이산화탄소 가스의 수분은 몇 % 이하의 것이 좋은가?

① 0.05%   ② 0.5%

③ 1%   ④ 3%

해설 이산화탄소 아크용접에 사용되는 이산화탄소가스의 수분은 0.05% 이하

 **20** 다음 중 유도방사 현상을 이용한 시종 일관된 전자파(電磁波)의 증폭 발진을 일으키는 용접 장치는?

① 레이저 용접장치

② 메이저(MASER) 용접장치

③ 플라즈마(Plasma) 용접장치

④ 전자빔 용접장치(electron beam welding machine)

해설 **메이저 용접장치** : 유도방사 현상을 이용한 시종일관된 전자파의 증폭발진을 일으키는 용접장치

문제 21

전격의 위험과 관계없는 것은?

① 무부하 전압이 높은 용접기를 사용하는 경우
② 완전 절연된 홀더를 사용하는 경우
③ 용접케이블의 노출부분이 있을 때
④ 용접기 케이블의 접지가 완전치 못할 때

해설 전격의 위험
① 완전 절연되지 않은 홀더를 사용시
② 용접케이블의 노출이 있을 때
③ 무부하전압이 높은 용접기를 사용하는 경우
④ 용접케이블의 접지가 완전하지 못할 때

문제 22

점용접의 특징이 아닌 것은?

① 모재의 가열이 극히 짧기 때문에 열 영향부가 좁다.
② 주울열에 의한 용접이므로 아크용접에 비해 적은 전류를 필요로 한다.
③ 전극의 가압에 의한 단압(鍛壓)작용 때문에 용접부가 치밀하게 된다.
④ 용접 장치의 기구가 약간 복잡하며 시설도 비교적 비싸다.

해설 점용접의 특징
① 용접장치의 기구가 약간 복잡하며 시설도 비교적 비싸다.
② 전극의 가압에 의한 단압작용 때문에 용접부가 치밀하게 된다.
③ 모재의 가열이 극히 짧기 때문에 열영향부가 좁다.

문제 23

탄산가스를 취급할 때 유의해야 할 사항이 아닌 것은?

① 온도 상승은 위험을 초래함으로 용기의 보존은 45℃ 이하가 바람직하다.
② 충격은 절대로 피한다.
③ 밸브가 부러지면 가스가 급격히 분출하여 용기가 날아갈 위험이 있다.
④ 탄산가스 농도가 3-4%이면 두통을 일으킨다.

해설 용기의 보존의 40℃ 이하로 유지

 **24**

아세틸렌가스에 대한 설명으로 틀린 것은?

① 약간의 산소가 혼합되어 있으면 압력이 저하되어 폭발 위험성이 적다.
② 아세틸렌가스는 구리 또는 구리합금과 접촉하면 이들과 폭발성 화합물을 생성한다.
③ 406~408℃이면 자연발화된다.
④ 아세틸렌가스는 수소와 탄소가 화합된 매우 불안정한 기체이다.

해설 **아세틸렌가스**
① 아세틸렌가스는 구리 또는 구리합금과 접촉하면 이들과 폭발성 화합물 생성
② 406~408℃이면 자연발화 한다.
③ 아세틸렌가스는 수소와 탄소가 화합된 매우 불안정한 기체이다.
④ 여러 가지 액체에 잘 용해된다. (석유 2배, 벤젠 4배, 알콜 6배, 아세톤 25배)
⑤ 비중은 0.906이며 15℃ 1kg/cm²에서의 아세틸렌 1ℓ의 무게는 1.176g이다.
⑥ 액체 아세틸렌보다 고체 아세틸렌이 안전하다.
⑦ 융점이 -81℃, 비점이 -84℃ 비슷하고 고체아세틸렌은 융해하지 않고 승화
⑧ 흡열화합물이므로 압축하면 분해 폭발한다.
⑨ 무색의 기체로 약간 에테르향 있고 불순물로 인하여 특이한 냄새가 난다.

 **25**

전격방지기의 역할은?

① 작업을 안 하는 휴지시간 동안 2차 무부하 전압을 25V 이하로 유지하여 감전을 방지할 수 있다.
② 아크 전류를 낮게 하여 전격사고를 방지한다.
③ 아크 길이를 짧게 하여 용접이 잘되게 한다.
④ 용접중 아크 전압을 높게 하여 감전사고를 예방한다.

해설 **전격방지기의 역할**
작업을 안 하는 휴지기간 동안 2차 무부하 전압을 25V 이하로 유지하여 감전을 방지

해답 24. ① 25. ①

245

문제. 26

탄소강은 탄소의 함량에 따라 기계적 성질이 변화한다. 탄소강에서 탄소의 함량이 증가하면 기계적 성질은 어떻게 되는가?

① 경도, 인장강도 및 연신율이 증가한다.

② 경도와 인장강도는 증가하나 연신율은 감소한다.

③ 연신율 및 경도는 증가하나 인장강도가 감소한다.

④ 연신율 및 인장강도는 증가하나 경도가 감소한다.

해설 탄소강에서 탄소의 함량이 증가시
① 인장강도, 경도, 항복점 증가
② 연신율, 인성, 비중, 열전도도, 충격값 감소

문제. 27

2mm 두께의 알루미늄 판을 용접하고자 한다. 용접방법 및 극성으로 가장 적합한 방법은?

① MIG-직류 역극성　　　② TIG-직류 역극성

③ MIG-직류 정극성　　　④ TIG-직류 정극성

문제. 28

주철의 용접이 어려운 이유는?

① 유동성이 좋고 용융점이 낮으므로

② 규소 및 망간의 함량이 많아서

③ 압축강도가 크므로

④ 수축시 급랭으로 인하여 균열이 발생되므로

해설 주철의 용접이 어려운 이유 : 수축시 급랭으로 인하여 균열이 발생되므로

문제. 29

저수소계 용접봉에서 다시 철분을 가하여, 보다 고능률화를 도모한 것으로 용착금속의 기계적 성질도 저수소계와 같은 것은?

① E4324　　　　　　② E4326

③ E4327　　　　　　④ E4340

해설 **철분저수소계(E4326)** : 저수소계 용접봉에서 다시 철분을 가하여 보다 고능률화를 도모한 것으로 용착금속의 기계적 성질도 저수소계와 같음.

저수소계(E4316) : 석회석, 형석을 주성분으로 한 것으로 기계적 성질 내균열성이 우수

문제 **30**

유황은 철과 화합하여 황화철(FeS)을 만들어 열간가공성을 해치며 적열취성을 일으킨다. 이와 같은 단점을 제거하기 위해서는 철보다 더욱 쉽게 화합하는 원소를 적당량 이상 첨가시켜 불용성의 황화물로 만들어 제거하면 된다. 이때 일반적으로 많이 사용되는 원소는 어떤 것인가?

① Mn(망간)　　　　　　② Cu(구리)

③ Ni(니켈)　　　　　　④ Si(규소)

해설 **합금원소의 영향**
① 망간 : ㉠ 황의 해를 제거　　　㉡ 결정립의 성장 방해
　　　　　㉢ 연성감소　　　　　㉣ 탈산제
② 수소 : 헤어크랙 및 은점의 원인
③ 인 : 상온취성, 청열취성의 원인
④ 황 : 적열취성의 원인

문제 **31**

강을 표준 조직으로 하는 열처리 방법은?

① 담금질(quenching)　　　② 어닐링(annealing)

③ 템퍼링(tempering)　　　④ 노멀라이징(normalizing)

해설 **강을 표준조직으로 하는 열처리 방법** : 노멀라이징

문제 **32**

열처리에 사용하는 반사로에서 연료로 사용할 수 없는 것은?

① 무연탄　　　　　　② 석탄

③ 휘발유　　　　　　④ 가스

 해답

> 해설 **열처리에 사용하는 반사로에서의 사용연료**
> ① 가스 ② 석탄 ③ 무연탄

문제 33

다음 중 국부 표면경화 처리법인 것은?

① 고주파 유도경화법 ② 구상화 처리법
③ 강인화 처리법 ④ 결정입자 처리법

> 해설 **국부 표면경화 처리법** : 고주파 유도경화법

문제 34

용접 설계에서 주의해야 할 주요 항목이 아닌 것은?

① 구조물의 용접위치를 결정한다.
② 용접이음을 선정한다.
③ 용접방법을 선정한다.
④ 위보기 용접을 권장한다.

> 해설 **용접 설계에서 주의해야 할 주요 항목**
> ① 아래보기 용접을 권장한다.
> ② 용접방법을 선정한다.
> ③ 용접이음을 선정한다.
> ④ 구조물의 용접위치를 결정한다.

문제 35

그림과 같은 용접 이음강도 계산 시 어느 것을 기준으로 하여 계산하는가?

① ①번
② ②번
③ ③번
④ ④번

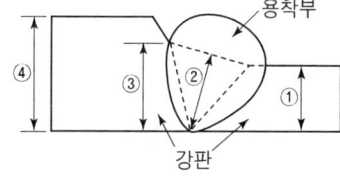

 **36**

가접에 대한 설명 중 올바른 것은?

① 가접은 가능한 크게 한다.
② 가접은 중요치 않으므로 본용접공보다 기능이 떨어지는 용접공이 해도 된다.
③ 전류를 다소 높게하여 가접부의 결함이 생기지 않게 한다.
④ 가접은 본용접에는 영향이 없다.

해설 **가접에 대한 설명**
① 본 용접사와 동등한 기량을 갖는 용접사가 가접 시행
② 가용접시는 본 용접 때보다 지름이 약간 가는 용접봉 사용
③ 응력이 집중될 우려가 있는 곳은 피한다.
④ 대칭으로 용접을 실시
⑤ 큰 구조물에서는 구조물의 중앙에서 끝으로 향하여 용접실시

 **37**

용접에서 수축 및 변형 종류의 용어가 아닌 것은?

① 세로수축   ② 홈 변형
③ 세로굽힘변형   ④ 각 변형

해설 **용접에서 수축 및 변형의 종류**
① 각변형   ② 세로수축   ③ 세로굽힘변형

38

다음 그림이 지시하는 것은?

① A쪽을 용접한다.
② 용접이 끝난후 비드를 연마하지 않는다.
③ 목두께를 6mm로 한다.
④ 비드를 연마하여 평비드로 한다.

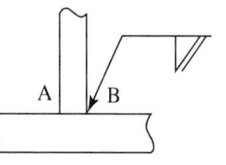

 **해답**

 **39** 지그(JIG)의 사용목적에 부합되지 않는 것은?

① 제품의 정밀도가 향상되고 대량생산에서 호환성 있는 제품이 만들 어진다.

② 가공 불량이 감소되고 미숙련공의 작업을 용이하게 한다.

③ 제작상의 공정수가 감소하고 생산능률을 향상시킨다.

④ 비교적 본 기계장비에 비해 소형 경량이며, 큰 출력을 발생시키는데 사용된다.

해설 **지그의 사용 목적**
① 용접부의 신뢰성을 높인다.   ② 동일 제품을 대량 생산할 수 있다.
③ 제품의 정도가 균일하다.   ④ 공정수를 절약하므로 능률이 좋다.
⑤ 아래보기 자세로 용접가능   ⑥ 작업을 쉽게 할 수 있다.

40 예열 실시상의 주의해야 할 주된 사항이 아닌 것은?

① 고장력강은 예열온도가 너무 높지 않도록 해서 강도와 인성을 유지 하도록 해야 한다.

② 예열은 40℃미만에서 실시해야 하며 스테인리스강은 예열해서는 안 된다.

③ 예열은 용접선만이 아니고 근방을 포함해서 될 수 있으면 균일한 온 도가 되도록 예열해야 한다.

④ 예열은 가열범위를 될수 있으면 서서히 가열 하고, 또 아크는, 예열 온도를 측정 후 일정시간 내에 발생시켜야 한다.

해설 **예열에 관한 내용**
① 고장력강, 저합금강은 50~350℃로 예열한다.
② 연강으로 두께 25mm 이상인 경우 50~350℃로 예열한다.
③ 연강으로 기온이 0℃ 이하에서 용접할 경우 이음의 양쪽 폭 100mm 정도 를 40~75℃로 가열한다.
④ 용착금속의 수소성분이 나갈 수 있는 여유를 주어 비드 및 균열방지
⑤ 냉각속도를 느리게 하여 모재의 취성 방지

 **41**

압연 강판에서 용접후 실온에서의 지연균열(Delayed Crack)의 주원인이 되는 것은 다음의 어느 것인가?

① 황(S) ② 수소(H_2)

③ 산소(O_2) ④ 규소(Si)

해설 **수소**
① 지연균열 원인 ② 은점의 원인 ③ 헤어크랙의 원인

 **42**

용접 시 열효율과 가장 관계가 없는 항목은?

① 용접봉의 길이 ② 아크 길이

③ 모재두께 ④ 용접속도

해설 **용접 시 열효율과 관계 있는 것**
① 모재두께 ② 용접속도 ③ 아크길이

 **43**

기체를 고온(10000-30000℃)으로 가열하고, 그속의 가스 원자가 원자핵과 전자로 유리(遊離)하여 음, 양의 이온상태로 된 것을 이용하며, 금속재료는 물론 금속이외의 내화물 절단에도 사용하는 것은?

① 이산화탄소 아아크절단 ② 불활성가스 아아크절단

③ 금속 아아크절단 ④ 플라즈마 제트절단

해설 **플라즈마 제트절단** : 기체를 고온 10,000~30,000℃로 가열하고, 그 속의 가스원자가 원자핵과 전자로 유리하여 음, 양의 이온상태로 된 것을 이용하며 금속재료는 물론 금속이외의 내화물 절단에도 사용

44

용접 시 잔류응력을 경감시키는 시공법이 아닌 것은?

① 예열을 한다. ② 용착금속을 적게 한다.

③ 비석법의 용착을 한다. ④ 용접부의 수축을 억제한다.

해답 41. ② 42. ① 43. ④ 44. ④

해설 **용접시 잔류응력을 경감시키는 시공법**
① 비석법의 융착을 한다.
② 용착금속을 적게 한다.
③ 예열을 한다.

문제 45
용접부위 중에는 HAZ(Heat Affected Zone)라고 부르는 열 영향부가 있다. 다음중에서 HAZ의 폭이 가장 적은 용접법은?

① 산소아세틸렌 용접　　　　② 전기아크용접
③ 전기저항 점용접　　　　　④ 전기저항 시임용접

해설 **HAZ(Heat Affected Zone)의 폭이 가장 적은 용접법** : 전기저항 점용접

문제 46
경화되는 강을 용접할 때, 용접열에 의한 경화를 방지하는데 가장 중요한 것은?

① 예열온도　　　　　　　　② 경화속도
③ 최고온도　　　　　　　　④ 최저온도

해설 경화되는 강을 용접시 용접열에 의한 경화를 방지하는데 가장 중요한 것은 예열온도이다.

문제 47
아크 절단법의 분류에 해당되지 않는 것은?

① TIG 절단　　　　　　　　② 분말 절단
③ MIG 절단　　　　　　　　④ 플라즈마 아크 절단

해설 **아크절단법** : ① 플라즈마 아크절단　　② TIG 절단　　③ MIG 절단
특수절단법 : ① 수중절단　　　　　　② 분말절단

 **48**

극히 작은 면적내에서 응력측정을 할수 있고 지점마찰이 극히 적은 기계적 변형도계를 사용함으로 감도가 좋고 안정도가 좋아 국제 용접학회(IIW)에서 권하는 잔류 응력 측정법은?

① 구너어트(Gunnert)법
② 스리트(SLIT)법
③ 트레판(Trepan)법
④ 스트레인 게이지(Strain Gauge)법

 **49**

용접부의 초음파 검사에 대한 설명 중 틀린 것은?

① 표면균열의 검출이 양호하다.
② 결함의 판두께 방향의 위치 추정이 용이하다.
③ 필렛 용접의 검사는 방사선 보다 쉽다.
④ 검사물의 편면에서만 접촉이 가능하면 검사가 가능하다.

해설 초음파 검사
① 내부결함의 검출가능
② 필렛 용접의 검사는 방사선보다 쉽다.
③ 검사물의 편면에서만 접촉이 가능하면 검사가 가능
④ 결함의 판두께 방향의 위치 추정이 용이하다.

 **50**

금속재료를 저온에서 사용할 때 충격값이 급격히 떨어지는 온도는 무엇이라고 하는가?

① 천이온도(Transition Temperature)
② 용융온도(Melting Temperature)
③ 변태온도(Transformation Temperature)
④ 냉간온도(Cooling Temperature)

 **51**

용접 후 잔류응력 제거하는 방법이며, 구면 모양의 특수 해머로 용접부를 가볍게 때리는 것은?

① 응력제거 어니일링(annealing)

② 응력제거 피이닝(peening)

③ 크리프(creep)가공

④ 저온응력 완화법

해설 용접 후 잔류응력 제거하는 방법

① 피닝법 : 해머로써 용접부를 연속적으로 때려 용접표면에 소성변형을 주는 방법

② 저온응력완화법 : 용접선 양측을 가스불꽃에 의하여 나비 약 150mm를 150~200℃정도의 비교적 낮은 온도로 가열한 다음 곧 수냉하는 방법

③ 노내풀림법 : 제품 전체를 가열로 안에 넣고 적당한 온도에서 일정시간 유지한 다음 노내에서 서냉

④ 국부풀림법 : 제품이 커서 노내에 넣을 수 없을 때 또는 설비, 용량 등으로 노내 풀림을 바라지 못할 경우에 용접부근처만을 풀림

⑤ 기계적 응력완화법 : 잔류응력이 있는 제품에 하중을 주어 용접부에 약간의 소성변형을 일으킨 다음, 하중을 제거

 52

피복아크 용접에 있어서 아크전압이 30V, 아크전류가 150A, 용접속도가 20cm/min라 할 때, 용접입열은 얼마인가?

① 13500Joule/cm ② 15000Joule/cm

③ 12000Joule/cm ④ 11000Joule/cm

해설 용접입열 $(H) = \dfrac{60EI}{V} = \dfrac{60 \times 150 \times 30}{20} = 13,500\,\mathrm{J/cm}$

 **53**

저항 용접시 용접재료로 가장 많이 사용되는 것은?

① 철강 ② 구리

③ 알루미늄 ④ 두랄루민

해설 저항 용접시 용접재료로 가장 많이 사용 : 철강

 **54**

Ni 36%, Cr 12%, 나머지는 Fe와 소량의 C, Mn, Si, W 를 갖는 니켈－철 합금으로서, 열팽창 계수가 적어 고급시계의 부품에 쓰이는 것은?

① 엘린바(elinvar) ② 니콜라이(nicalloy)
③ 파멀로이(permalloy) ④ 퍼린바(perinvar)

해설 **엘린바** : Ni 36%, Cr 12%, 나머지는 Fe과 소량의 C, Mn, S, W의 니켈－철 합금으로서 열팽창계수가 적어 고급시계의 부품에 사용

 **55**

공급자에 대한 보호와 구입자에 대한 보증의 정도를 규정해 두고 공급자의 요구와 구입자의 요구 양쪽을 만족하도록 하는 샘플링 검사 방식은?

① 규준형 샘플링 검사 ② 조정형 샘플링 검사
③ 선별형 샘플링 검사 ④ 연속생산형 샘플링 검사

해설 **규준형 샘플링검사** : 공급자에 대한 보호와 구입자에 대한 보증의 정도를 규정해 두고 공급자의 요구와 구입자의 요구 양쪽을 만족하도록 하는 샘플링검사

 **56**

표는 어느 회사의 월별 판매실적을 나타낸 것이다. 5개월 이동평균법으로 6월의 수요를 예측하면?

월	1	2	3	4	5
판매량	100	110	120	130	140

① 150 ② 140
③ 130 ④ 120

해설 **이동평균법** : 평균을 취하는 N개의 함수의 각 데이터에 대해 가중치를 부여하는 방법
$$\frac{(100+110+120+130+140)}{5}=120$$

 57 u 관리도의 공식으로 가장 올바른 것은?

① $\bar{u} \pm 3\sqrt{u}$　　　　　　② $\bar{u} \pm \sqrt{u}$

③ $\bar{u} \pm 3\sqrt{\dfrac{u}{n}}$　　　　　④ $\bar{u} \pm 3\sqrt{n} \pm \bar{u}$

해설 관리도 공식 $= \bar{u} \pm 3\sqrt{\dfrac{u}{n}}$

58 도수분포표를 만드는 목적이 아닌 것은?

① 데이터의 흩어진 모양을 알고 싶을 때
② 많은 데이터로부터 평균치와 표준편차를 구할 때
③ 원 데이터를 규격과 대조하고 싶을 때
④ 결과나 문제점에 대한 계통적 특성치를 구할 때

해설 **도수분포표를 만드는 목적**
① 원 데이터를 규격과 대조하고 싶을 때
② 많은 데이터로부터 평균치와 표준편차를 구할 것
③ 데이터의 흩어진 모양을 알고 싶을 때

59 설비의 구식화에 의한 열화는?

① 상대적 열화　　　　　② 경제적 열화
③ 기술적 열화　　　　　④ 절대적 열화

해설 **상대적 열화** : 설비의 구식화에 열화

문제 60

모든 작업을 기본동작으로 분해하고 각 기본동작에 대하여 성질과 조건에 따라 정해놓은 시간치를 적용하여 정미시 간을 산정하는 방법은?

① PTS법   ② WS법
③ 스톱워치법   ④ 실적기록법

 해설

① **PTS법(Predetermuned time standards)** : 모든 작업을 기본동작으로 하고 각 기본동작에 대하여 성질과 조건에 따라 정해 놓은 시간치를 적용하여 정미시간을 산정하는 방법

② **스톱워치법(Stop watch)** : 실제로 현장에서 이루어지는 모든 작업 공정에 대해 사전에 미리 구분하여 별도의 측정표를 통해 표준시간 산정

③ **WS법(Work sampling method)** : 측정자는 무작위로 현장에서 작업자가 작업하는 내용에 대해 측정율 및 가동시간에 대한 측정결과를 조합하여 표준시간 설정

해답   **60.** ①

용접기능장

2020

최근 기출문제

용접기능장 필기

2020년도 제 67 회

본 문제는 복원 기출문제입니다. 실제 문제와 다를 수 있으니 양해바랍니다.

 **01**

용접 분류 중 융접법에 속하는 것은?

① 테르밋 용접　　　　　② 심 용접
③ 초음파 용접　　　　　④ 퍼커션 용접

해설 융접
　① 아크 용접 : 보호아크 ┬ 서브머지드 아크 용접(TIG, MIG)
　　　　　　　　　　　├ 스터드 용접
　　　　　　　　　　　└ 탄산가스 아크 용접
　② 가스 용접 ┬ 산소-아세틸렌
　　　　　　　├ 공기-아세틸렌
　　　　　　　└ 산소-수소
　③ 특수 용접 ┬ 일렉트로 슬래그 용접
　　　　　　　├ 테르밋 용접
　　　　　　　└ 전자빔 용접

 **02**

아크 용접기의 부속장치에 해당되지 않는 것은?

① 자동전격방지장치　　　② 원격제어장치
③ 핫 스타트(hot start) 장치　　④ 용접봉 건조로 장치

해설 아크 용접기의 부속장치
　① 자동전격방지장치 : 무부하 전압이 85~95V로 비교적 높은 교류 아크 용
　　접기는 감전 재해의 위험이 있기 때문에 무부하 전압을 20~30V 이하로
　　유지하여 용접사 보호
　② 고주파 발생장치 : 전류가 순간적으로 변할 때마다 아크가 불안정하기 때
　　문에 교류아크 용접에 고주파를 병용시키면 아크가 안정되므로 작은 전류
　　로 얇은 판이나 비철금속을 용접 시 사용
　③ 핫 스타트 장치 : 아크 발생을 쉽게 하고 비드 모양을 개선하고 아크가 발
　　생하는 초기에 용접봉과 모재가 냉각되어 있어 입열이 부족하여 아크가
　　불안정하기 때문에 아크 초기만 용접전류를 특별히 크게 하기 위해

해답

문제 03

용접기의 핫스타트(hot start) 장치의 이점이 아닌 것은?

① 아크 발생을 쉽게 한다.
② 크레이터 처리를 잘 해준다.
③ 비드(bead)의 이음자리를 개선한다.
④ 아크 발생 초기의 비드 용입을 양호하게 한다.

해설 용접기의 핫스타트 장치의 이점
① 아크 발생 초기의 비드 용입을 양호하게 한다.
② 아크 발생을 쉽게 한다.
③ 비드의 이음자리를 개선한다.

문제 04

용접기의 1차선에 비하여 2차선에 굵은 도선을 사용하는 이유는?

① 2차전압이 1차전압보다 높기 때문에
② 2차전류가 1차전류보다 많기 때문에
③ 2차선의 방열효과를 높이기 위하여
④ 전선의 강도상 굵은 쪽이 더욱 튼튼하기 때문에

해설 용접기의 1차선에 비하여 2차선에 굵은 도선을 사용하는 이유
2차전류가 1차전류보다 많기 때문에

문제 05

교류 용접기에서 무부하전압 80V, 아크전압 30V, 아크전류 200A를 사용할 때 용접기의 효율은? (단, 내부손실 4kW)

① 70% ② 40%
③ 50% ④ 60%

해설
$$효율 = \frac{아크전력}{소비전력} \times 100 = \frac{6}{10} \times 100 = 60\%$$
아크전력 = 아크전압 × 정격2차전류 = 30 × 200 = 6,000VA = 6kW
소비전력 = 아크전력 + 내부손실 = 6 + 4 = 10kW

 **문제 06**

피복 용접봉의 피복제(flux)의 역할이 아닌 것은?

① 용착금속의 산화와 질화를 방지한다.
② 용착금속의 기계적 성질을 향상한다.
③ 용착금속의 탈산을 방지한다.
④ 용착금속의 급랭을 방지한다.

해설 피복제의 역할

① 아크 안정 ② 용착효율을 높인다.
③ 공기로 인한 산화, 질화 방지 ④ 합금원소 첨가
⑤ 탈산정련작용 ⑥ 슬래그 제거가 쉽다.
⑦ 용착금속의 냉각속도를 느리게 하여 급랭 방지 ⑧ 전기절연작용

 **문제 07**

피복 아크 용접봉의 피복제에서 형석(CaF_2)이 용접 모재에 미치는 성질에 해당되지 않는 것은?

① 아크 안정 ② 슬래그화 생성
③ 유동성 증가 ④ 환원가스 발생

해설 용접봉의 피복제에서 형석이 모재에 미치는 성질

① 아크 안정 ② 슬래그화 생성 ③ 유동성 증가

 **문제 08**

전기 용접봉을 KS규정에 의하여 E5316으로 표시할 때, "53"이 의미하는 것은?

① 용착금속의 최저 인장강도 ② 최소 충격치
③ 용착금속의 최대 인장강도 ④ 2차 정격전류

해설 연강용 피복아크 용접봉의 기호

E 43 △ □   ① E : 전기 용접봉
② 43 : 용착금속의 최저 인장강도
③ △ : 용접자세
④ □ : 피복제의 종류

문제 09 용접봉의 용융속도에 대한 설명 중 틀린 것은?

① 아크 전류에 반비례 한다.

② 아크 전압은 관계가 없다.

③ 같은 종류이면 봉의 지름에도 관계가 없다.

④ 단위시간당 소비되는 용접봉의 중량으로 표시한다.

해설 용접봉의 용융속도
① 단위 시간당 소비되는 용접봉의 중량으로 표시한다.
② 같은 종류이면 봉의 지름에도 관계가 없다.
③ 아크전압은 관계가 없다.

문제 10 아크용접에서 아크길이가 너무 길 때, 용접부에 미치는 현상으로 틀린 것은?

① 스패터가 많다.　　　　　② 아크 실드 효과가 떨어진다.

③ 슬래그가 혼입 된다.　　　④ 기포가 생긴다.

해설 아크길이가 너무 길 때
① 기포가 생긴다.　　② 스패터가 많다.　　③ 아크실드 효과가 떨어진다.

문제 11 아세틸렌가스에 관한 설명이다. 틀린 것은?

① 공기보다 가볍다.

② 고압산소가 없으면 연소하지 않는다.

③ 탄소와 수소의 화합물이다.

④ 카바이드와 물의 화학작용으로 발생한다.

해설 아세틸렌가스
① 카바이트와 물의 화학작용으로 발생($CaC_2 + 2H_2O \rightarrow Ca(OH)_2 + C_2H_2$)
② 공기보다 가볍다($\frac{26}{29} = 0.896$)
③ 탄소와 수소의 화합물이다.
④ 온도가 406~408에서 자연발화 505℃~515℃에서 폭발

 **12** 피복아크 용접기 설치상 주의하지 않아도 되는 장소는?

① 먼지가 많은 장소

② 진동이나 충격이 심한 장소

③ 주위 온도가 4[℃] 이상 상온의 장소

④ 휘발성기름이나 부식성가스가 있는 장소

해설 **피복아크 용접기 설치시 주의 사항**
① 주의 온도가 높은 곳   ② 부식성의 가스가 체류하는 곳
③ 먼지가 많은 장소   ④ 진동이나 충격이 심한 장소

 **13** 피복아크용접봉의 피복제 종류에서 가스발생식에 해당되는 것은?

① 일미나이트계   ② 고셀룰로스계

③ 철분산화철계   ④ 티탄계

해설 **피복제의 종류에서 가스 발생식** : 고셀룰로스계

 **14** 각종 연료가스의 성질 중 실제발열량이 가장 높은 것은?

① 메탄   ② 수소

③ 부탄   ④ 아세틸렌

해설 **가스의 발열량**
① 부탄 : 26,691kcal/m³   ② 프로판 : 20,780kcal/m³
③ 아세틸렌 : 12,690kcal/m³   ④ 메탄 : 8,080kcal/m³
⑤ 일산화탄소 : 2,865kcal/m³   ⑥ 수소 : 2,420kcal/m³

15 티그(TIG)용접에 사용되는 고주파(H.F)의 전압은 몇 [V]나 되는가?

① 2000~3000   ② 100~1000

③ 500~1000   ④ 80~110

해설 **TIG 용접에 사용되는 고주파의 전압은** : 2,000~3,000℃

 해답   12. ③   13. ②   14. ③   15. ①

문제 16 비활성 가스(불활성가스)아크 용접법중 용가재를 전극으로 하여 용접하는 방법은?

① CO₂용접   ② MIG용접

③ 서브머지드용접   ④ 테르밋용접

해설 비활성가스 아크용접법 중 용가재를 전극으로 하여 용접 : MIG용접

문제 17 이산화탄소 아크 용접에 사용되는 이산화탄소 가스의 수분은 몇 % 이하의 것이 좋은가?

① 0.05%   ② 0.5%

③ 1%   ④ 3%

해설 이산화탄소 아크용접에 사용되는 이산화탄가스의 수분은 0.05% 이하

문제 18 이산화탄소 아크 용접법이 아닌 것은?

① 아코스 아크법   ② 퓨즈 아크법

③ 유니온 아크법   ④ 플라즈마 아크법

해설 이산화탄소 아크용접법
   ① 퓨즈아크법   ② 아코스아크법   ③ 유니온아크법

문제 19 플라스마(plasma)용접의 장점 중 틀린 것은?

① 아크 형태가 원통형이고 직진도가 좋다.

② 맞대기 용접에서 용접가능한 모재 두께의 제한이 없다.

③ 용접봉이 토오치내의 노즐안쪽으로 들어가 있으므로 모재에 부닥칠 염려가 없다.

④ 빠른 플라즈마 가스 흐름에 의해, 맞대기 용접에서는 키홀(key hole) 현상이 나타난다.

해설 **플라즈마 용접의 장점**
① 빠른 플라즈마가스 흐름에 의해 맞대기 용접에서는 키홀현상이 나타난다.
② 용접봉이 토오치내의 노즐 안쪽으로 들어가 있으므로 모재에 부닥칠 염려가 없다.
③ 아크형태가 원통형이고 직진도가 좋다.
④ 각종재료의 용접이 가능
⑤ 수동용접도 쉽게 할 수 있다.
⑥ 토치조작에 숙련을 요하지 않는다.
⑦ 용입이 깊고, 비드 폭이 좁으며, 용접속도가 빠르다.
⑧ 용접부의 기계적 금속학적 성질이 좋으며 변형도 적다.

문제 20 테르밋 용접에서 산화철과 알루미늄이 반응할때 생성되는 화학반응이 일어날 때의 온도는 약 몇도(℃)나 되는가?

① 2000   ② 2800
③ 4000   ④ 5800

해설 테르밋용접에서 산화철과 알루미늄이 반응할 때 생성되는 화학반응이 일어날 때의 온도는 약 2,800℃이다.

문제 21 장갑을 끼고 할 수 있는 작업은?

① 드릴작업   ② 용접작업
③ 해머작업   ④ 선반작업

해설 **장갑착용**
① 용접작업   ② 톱작업   ③ 그라인더작업

문제 22 아세틸렌 발생기에서 발생된 아세틸렌 불순물중 폭발의 위험성이 있는 가스는?

① 암모니아   ② 인화수소
③ 유화수소   ④ 질소

해설 **아세틸렌 불순물 중 폭발의 위험성이 있는 가스**
PH_3(인화수소=포스핀가스) 독성 및 가연성

문제 23

가스 용접의 안전작업 중 적합하지 않은 것은?

① 가스를 들여 마시지 않도록 한다.
② 토치 끝으로 용접물의 위치를 바꾸거나 재를 제거하면 안 된다.
③ 토치에 불꽃을 점화시킬 때에는 산소밸브를 먼저 열고 다음에 아세틸렌 밸브를 연다.
④ 산소누설 시험에는 비눗물을 사용한다.

해설 아세틸렌 밸브를 먼저 열고 다음에 산소밸브를 연다.

문제 24

아크 용접중 아크 빛으로 인해 혈안이 되고 눈이 붓는 수가 있으며, 눈병이 생긴다. 이 경우 우선 취해야 할 일은?

① 안약을 넣고 계속 작업을 해도 좋다.
② 냉습포를 눈 위에 얹어놓고 안정을 취한다.
③ 신선한 공기와 맑은 하늘을 보면 된다.
④ 소금을 물에 타서 눈을 닦고 작업한다.

해설 냉습포를 눈 위에 얹어놓고 안정을 취한다.

문제 25

백선철에 대한 설명이 아닌 것은?

① 파면이 회색이다.
② 경도가 크고 절삭이 곤란하다.
③ 제강용으로 사용한다.
④ 탄소는 철과 화합상태로 되어 있다.

해설 **백선철에 대한 설명**
① 제강용으로 사용한다.   ② 경도가 크고 절삭이 곤란하다.
③ 탄소는 철과 화합상태로 되어 있다.   ④ 파면이 백색이다.

해답   23. ③ 24. ② 25. ①

 **문제 26**

주철(cast iron)의 설명에 해당하는 것은?

① 용선로(cupola)에서 제조한다. ② C 〈 0.01%이다.
③ 연하고 용접성이 우수하다.   ④ 연성이 크다.

해설 주철은 용선로에서 제조한다.

 **문제 27**

스테인레스강의 분류에 속하지 않는 것은?

① 마르텐사이트 스테인레스강   ② 오스테나이트 스테인레스강
③ 페라이트 스테인레스강   ④ 펄라이트 스테인레스강

해설 **스텐레스강의 분류**
① 오스테나이트계 스텐레스강
② 마아텐사이트계 스텐레스강
③ 페라이드계 스텐레스강

 **문제 28**

오스테나이트 스테인레스강의 입계부식을 없게 하기 위하여는 탄소의 함량이 어느정도 이어야 하는가?

① 0.1% 이하   ② 0.08% 이하
③ 0.05% 이하   ④ 0.03% 이하

해설 오스테나이트계 스텐레스강의 입계부식을 없애기 위하여
탄소의 함유량 : 0.03% 이하

 **문제 29**

아래 조직 중 용접금속의 특징으로 볼 수 있는 것은?

① Chill정   ② 등축정
③ 주상결정   ④ 수지상정

문제 30

탄소강에서 탄소의 양이 증가하면 기계적 성질은 어떻게 변화 하는가?

① 인장강도, 경도, 연신율이 모두 증가한다.

② 인장강도, 경도, 연신율이 모두 감소한다.

③ 인장강도와 경도는 증가하나 연신율은 감소한다.

④ 인장강도와 경도는 감소하나 연신율은 증가한다.

해설 **탄소량 증가시**
① 인장강도, 경도, 항복점 증가 ② 연신율, 열전도도, 충격값은 감소

문제 31

페라이트와 탄화철이 서로 파상으로 배치된 조직으로 현미경 조직은 흑백으로된 파상선을 형성하고 있다. 이 결정조직은 강하고 또한 질긴 성질이 있다. 브리넬경도 약 300, 인장강도 600kgf/mm^2 정도인 이 서냉조직은 무엇인가?

① 지철   ② 오스테나이트

③ 펄라이트   ④ 시멘타이트

해설 **퍼얼라이트** : 페라이트와 탄화철이 서로 파상으로 배치된 조직으로 이 결정 조직은 강하고 또한 질긴성질이 있으며 브리넬 경도 약 300, 인장강도 600kgf/mm^2 정도이다.

문제 32

용접이음을 설계할 때의 주의사항으로서 틀린 것은?

① 아래보기 용접을 많이 하도록 할 것

② 용접작업에 지장을 주지 않도록 간격을 남길 것

③ 가능한 한 용접이음부의 접근 및 교차를 피할 것

④ 용접이음부를 한곳에 집중되도록 설계할 것

해설 **용접이음의 설계시 주의사항**
① 용접 이음부를 한 곳에 집중되지 않도록 할 것
② 가능한 용접 이음부의 접근 및 교차를 피할 것
③ 용접작업에 지장을 주지 않도록 간격을 남길 것
④ 아래보기 용접을 많이 하도록 할 것

 **33** 강판의 두께 14mm, 강판의 폭 300mm를 맞대기 용접이음하였다. 인장하중 4000kgf이 용접선에 직각방향으로 작용하면 용접부의 인장응력은 몇 kgf/mm² 인가?

① 0.095
② 0.952
③ 9.52
④ 95.2

해설 인장응력 $= \dfrac{P}{tl} = \dfrac{4,000}{14 \times 300} = 0.952\,kg/mm^2$

 **34** 그림의 필렛 용접이음에서 용접부의 목두께 t는 얼마인가? (단, 용접부의 한변(용접다리)은 10mm이다.)

① 0.0707mm
② 0.707mm
③ 7.07mm
④ 70.77mm

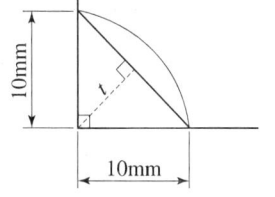

해설 $t = \sqrt{(10^2 + 10^2)} = 14.142 \div 2 = 7.07\,mm$

 35 아래 그림에서 용접부의 설계가 가장 잘된 것은?

①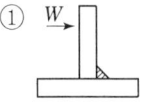
②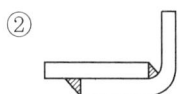
③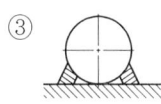
④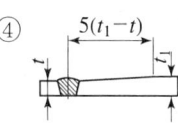

문제 36

라멜라 테어링(LAMELLAR TEARING)을 감소하기 위한 가장 좋은 용접 설계는?

① ② ③ ④

문제 37

그림에 나타낸 용접이음과 지시사항을 용접기호로 나타낸 것 중 옳은 것은?

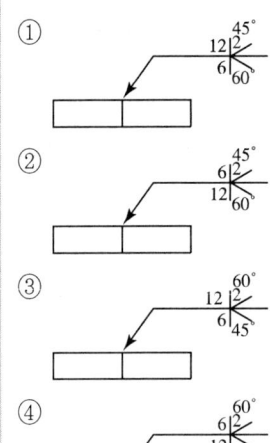

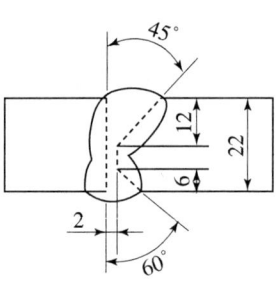

문제 38

용접지그(jig)의 사용목적이 아닌 것은?

① 소량 생산을 위해 사용된다.　② 용접작업을 쉽게 한다.
③ 제품의 수치를 정확하게 한다.　④ 용접부의 신뢰성을 높인다.

해설 **용접지그의 사용목적**

① 용접부의 신뢰성을 높인다.　② 용접작업을 쉽게 한다.
③ 제품의 정밀도가 균일하다.　④ 공정수를 절약하므로 능률이 좋다.
⑤ 동일제품을 다량 생산할 수 있다.

문제 39

용접의 층간에 소요되는 시간, 예컨대 루트부 용접을 완료한 후, 다음 비드 용접을 하기 전의 소요시간을 규제하도록 요구하는 규격은?

① 한국 표준 규격(KS CODE)
② 미국 기계학회 코드(ASME CODE)
③ 미국 용접학회 코드(AWS CODE)
④ 미국 석유협회 코드(API CODE)

해설 미국 석유협회 코드(API CODE) : 용접의 층간에 소요되는 시간, 루트부 용접을 완료 후 다음 비드 용접을 하기 전의 소요시간을 규제하도록 요구하는 규격

문제 40

열응력의 풀림 처리 중에서 고온풀림에 해당하는 것은?

① 확산 풀림(diffusion annealing)
② 응력제거 풀림(stress relief annealing)
③ 구상화 풀림(spheroidizing annealing)
④ 프로세스 풀림(process annealing)

해설 열응력의 풀림 처리 중 고온풀림 : 확산풀림(diffusion annealing)

문제 41

오버랩(overlap)의 결함이 있을 경우, 어떻게 보수하는 것이 가장 좋은가?

① 가는 용접봉으로 재용접한다.
② 비드 위에 재용접한다.
③ 결함부분을 깎아내고 재용접한다.
④ 드릴로 구멍을 뚫고 재용접한다.

해설 오버랩의 결함이 있을 경우 결함부분을 깎아내고 재용접한다.

 **42** 언더컷(Undercut)의 결함이 생기기 쉬운 용접조건은?

① 용접속도가 느리고 아크전압이 높을 때
② 용접속도가 느리고 전류가 적을 때
③ 용접속도가 빠르고 아크전압이 낮을 때
④ 용접속도가 빠르고 전류가 많을 때

해설 **언더컷의 결함**
① 아크의 길이가 길 때
② 전류가 너무 높을 때
③ 용접속도가 너무 빠를 때
④ 부적당한 용접봉 사용시

 **43** 용접부에 발생한 잔류응력을 제거하기 위해서 열거한 방법 중 옳은 것은?

① 풀림처리를 한다.　　　② 담금질 처리를 한다.
③ 서브제로 처리를 한다.　　④ 뜨임 처리를 한다.

해설 **열처리**
① 담금질(캔칭=소입) : 강을 A_3 변태 및 A_1 선 이상 30~50℃로 가열한 후 물 또는 기름으로 급랭하는 방법으로 강도 및 경도 증가
② 뜨임(템퍼링=소려) : 담금질된 강을 A_1 변태점 이하의 일정온도로 가열하여 인성 증가
③ 풀림(어닐링=소둔) : 재질의 연화를 목적으로 일정시간 가열 후 노내에서 서냉, 내부응력 및 잔류응력 제거
④ 불림(노멀라이징=소준) : 가공조직의 균일화, 결정립의 미세화, 기계적 성질의 향상을 목적으로 실시
⑤ 심랭처리(서브제로처리) : 담금질된 강의 경도를 증가시키고 시효변형을 방지하기 위한 목적으로 0℃ 이하의 온도에서 처리

 **44**

용접부 부근의 냉각속도에 대한 설명이다. 옳지 못한 것은?

① 용접부 부근의 어떤점의 냉각속도란 그점의 식어가는 속도를 말한다.
② 맞대기이음 경우의 냉각속도는 T형이음 용접경우의 냉각속도보다 크다.
③ 맞대기이음 경우와 모서리이음 경우의 냉각속도는 거의 같다.
④ 후판의 냉각속도는 박판 경우 보다 크다.

해설 **용접부 부근의 냉각속도**
① 맞대기 이음의 경우 냉각속도는 T형 이음 용접경우의 냉각속도보다 작다.
② 후판의 경우는 박판의 경우보다 크다.
③ 용접부 부근의 어떤 점의 냉각속도란 그 점의 식어가는 속도를 말한다.
④ 맞대기 이음 경우와 모서리 이음 경우의 냉각속도는 거의 같다.

 **45**

아크 에어가우징에서 사용되는 압축공기의 압력은 다음 중 얼마가 적당한가?

① $0.5 \sim 1.5 \mathrm{kgf/cm}^2$ ② $2 \sim 3 \mathrm{kgf/cm}^2$
③ $6 \sim 7 \mathrm{kgf/cm}^2$ ④ $10 \sim 12 \mathrm{kgf/cm}^2$

해설 **아크에어가우징** : 탄소 아크절단 장치에다 압축공기($6 \sim 7 \mathrm{kg/cm}^2$)를 병용하여서 아크열로 용융시킨 부분을 압축공기로 불어 날려서 홈을 파내는 작업
장점 : ㉠ 작업능률이 $2 \sim 3$배 높다.
　　　㉡ 용접결함의 발견이 쉽다.
　　　㉢ 응용범위가 넓고 경비가 저렴
　　　㉣ 용융금속을 순간적으로 불어내어 모재에 악영향을 주지 않음.

 **46**

용접부의 비파괴 검사중 비자성체 재료에 이용할 수 없는 것은?

① 방사선 투과 검사   ② 초음파 검사
③ 천공검사   ④ 자기적 검사

해설 용접부의 비파괴 검사 중 비자성체 재료에 이용할 수 없는 것은 자기적검사 (자분검사법)이다.

해답

 **47**

용접부의 시험방법 중 파괴 시험의 기계적 시험법에 속하는 것은?

① 파면시험   ② 용접균열시험

③ 압력시험   ④ 피로시험

해설 **용접부시험의 종류**
   ① 파괴시험
      ㉠ 인장시험   ㉡ 굽힘시험   ㉢ 경도시험   ㉣ 충격시험
      ㉤ 피로시험   ㉥ 화학적시험   ㉦ 야금학적시험   ㉧ 낙하시험
   ② 비파괴시험
      ㉠ 방사선투과시험   ㉡ 초음파탐상시험   ㉢ 음향시험   ㉣ 침투시험
      ㉤ 누설시험   ㉥ 외관검사

 **48**

모재에 라미네이션(LAMINATION)이 발생하였다. 이 결함을 찾는 데 가장 좋은 비파괴 검사 방법은?

① 침투액 탐상시험   ② 자분탐상시험

③ 방사선 투과시험   ④ 초음파 탐상시험

해설 **모재에 라미네이션 발생시 이 결함을 찾는데 가장 좋은 비파괴검사법** : 초음파 탐상시험

 **49**

아크에어 가우징의 작업시 용접기의 전원으로 적합한 극성은?

① 직류 정극성   ② 직류 역극성

③ 교류   ④ 고주파 교류

해설 **아크에어가우징 작업시 용접기의 극성** : 직류역극성

 50

합금강에서 Cr 원소 첨가효과 중 틀린 것은?

① 내열성   ② 내마모성

③ 내식성   ④ 인성

해답   47. ④   48. ④   49. ②   50. ④

 **Cr 원소 첨가효과**
① 내식성   ② 내열성   ③ 내마모성

문제 51

가스절단이 원활하게 이루어지기 위한 모재의 일반적인 조건 중 틀린 것은?

① 금속 화합물중에는 불연성 물질이 적을 것
② 모재의 연소온도가 그 용융온도보다 높을 것
③ 산화물 또는 슬래그의 용융온도가 모재의 용융온도 보다 낮을 것
④ 산화물 또는 슬랙의 유동성이 좋고, 모재에서 쉽게 이탈할 것

 **가스절단이 원활하게 이루어지기 위한 모재의 일반적인 조건**
① 산화물 또는 슬래그의 유동성이 좋을 것
② 모재에서 쉽게 이탈할 것
③ 금속화합물 중에는 불연성물질이 적을 것
④ 산화물 또는 슬래그의 용융온도가 모재의 용융온도보다 낮을 것

문제 52

알루미늄합금에서 과포화 고용체를 상온 또는 고온에 유지함으로써 시간의 경과에 따라 합금의 성질이 변화하는 현상은?

① 시효   ② 연성
③ 노치   ④ 취성

 시효 : 알루미늄합금에서 과포화고용체를 상온 또는 고온에 유지함으로서 시간의 경과에 따라 합금의 성질이 변하는 현상

문제 53

구리의 용접에 관한 설명이다. 관계가 가장 먼 것은?

① 불활성 가스 텅스텐 아크 용접법은 판 두께 6mm 이하에 대하여 많이 사용된다.
② 구리의 용접은 불활성 가스 텅스텐 아크 용접법이 많이 사용된다.
③ 용접용 구리재료로는 전해구리를 사용한다.
④ 구리는 용융될 때 심한 산화를 일으킨다.

해답   51. ② 52. ① 53. ③

해설 **구리의 성질**
① 비중은 8.96, 용융점은 1,083℃이다.
② 황산, 염산에 용해되며 습기, 탄소가스, 해수에 녹이 생긴다.
③ 전기전도율은 은 다음으로 우수하다.
④ 비자성체이다.
⑤ 건조한 공기 중에는 산화하지 않는다.
⑥ 전연성이 좋아 가공이 용이하다.
∴ 용접용 구리재료는 산화구리 사용

문제 54

로봇의 구성에서 구동부와 제어부를 가동시키기 위한 에너지를 동력원
이라 하고 에너지를 기계적인 움직임으로 변환하는 기기의 명칭은?

① 액추에이터   ② 머니퓰레이터
③ 교시박스   ④ 시퀀스 제어

해설 **엑추에이터** : 로봇의 구성에서 구동부와 제어부를 가동시키기 위한 에너지를
동력원이라 하고 에너지를 기계적인 움직임으로 변환하는 것

문제 55

그림의 OC곡선을 보고 가장 올바른 내용을 나타낸 것은?

① α : 소비자 위험
② $L_{(p)}$: 로트의 합격확률
③ β : 생산자 위험
④ 불량률 : 0.03

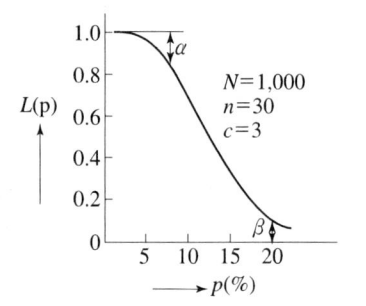

문제 56

품질관리 활동의 초기 단계에서 가장 큰 비율로 들어가는 코스트는?

① 평가 코스트   ② 실패 코스트
③ 예방 코스트   ④ 검사 코스트

해설 **실패 코스트** : 품질관리 활동의 초기 단계에서 가장 큰 비율로 들어가는 코스트

해답   54. ①   55. ②   56. ②

 **57**

PERT/CPM에서 Network 작도 시 ⤳ 은 무엇을 나타내는가?

① 단계(event)
② 명목상의 활동(dummy activity)
③ 병행활동(paralleled activity)
④ 최초단계(initial event)

해설 PERT(Program Evaluation and Review Technique or Program Evaluation Research Task) **기법** : 경영관리자가 사업목적 달성을 위해 수행하는 기본계획, 세부계획 및 통제 기능에 도움을 줄 수 있는 수적인 기법
CPM(Critical Path Method) : 각 활동의 소요일수 대 비용의 관계를 조사하여 최소의 비용으로 공사기간의 단축을 기하기 위하여 선행계획을 사용하여 공사를 일정 기간 내에 완성하고 그 공사계획이 최소비용에 의해서 수행될 수 있도록 최적공기를 구하는 데 있다.

58

신제품에 가장 적합한 수요예측 방법은?

① 시계열분석　　　　　② 의견분석
③ 최소자승법　　　　　④ 지수평활법

해설 **의견분석법** : 신제품에 가장 적합한 수요예측 방법

 **59**

관리도에 대한 설명 내용으로 가장 관계가 먼 것은?

① 관리도는 공정의 관리만이 아니라 공정의 해석에도 이용된다.
② 관리도는 과거의 데이터의 해석에도 이용된다.
③ 관리도는 표준화가 불가능한 공정에는 사용할 수 없다.
④ 계량치인 경우에는 $\bar{x} - R$ 관리도가 일반적으로 이용된다.

해설 **관리도**
① 계량치인 경우에는 $\bar{x} - R$ 관리도가 일반적으로 이용된다.
② 관리도는 과거의 데이터 해석에도 이용된다.
③ 관리도는 공정의 관리만이 아니라 공정의 해석에도 이용

해답　　　　　　　　　　　　　　　　　57. ② 58. ② 59. ③

문제 60

다음은 워크 샘플링에 대한 설명이다. 틀린 것은?

① 관측대상의 작업을 모집단으로 하고 임의의 시점에서 작업내용을 샘플로 한다.

② 업무나 활동의 비율을 알 수 있다.

③ 기초이론은 확률이다.

④ 한 사람의 관측자가 1인 또는 1대의 기계만을 측정한다.

해설 **워크샘플링**

① 업무나 활동비율을 알 수 있다.

② 기초이론은 확률이다.

③ 관측대상의 작업을 모집단으로 하고 임의의 시점에서 작업내용을 샘플로 한다.

본 문제는 복원 기출문제입니다. 실제 문제와 다를 수 있으니 양해바랍니다.

문제. 01

피복 아크용접에서 용접 전류가 200A, 아크전압이 25V, 용접속도가 15cm/min일 때의 용접입열(Joule/cm)은 얼마인가?

① 333.3
② 7200
③ 20000
④ 333300

 해설

$$H = \frac{60EI}{V} = \frac{60 \times 25 \times 200}{15} = 20,000\,\text{J/cm}$$

문제. 02

리벳 이음과 비교한 아크 용접의 장점을 설명한 것은?

① 응력집중에 대하여 극히 둔감하다.
② 재질변형 및 잔류응력이 존재하지 않는다.
③ 품질검사를 쉽게할 수 있다.
④ 수밀 및 기밀성이 좋다.

 해설 **아크용접의 장점**

① 수밀 및 기밀성이 좋다.　　② 이종재료도 접합가능
③ 이음효율이 높다.　　④ 중량이 가벼워진다.
⑤ 제품의 성능과 수명이 향상된다.　⑥ 작업공정이 단축되며 수명이 연장

문제. 03

아크 용접기의 용량은 다음 중 어느 것으로 표시하는가?

① 용접기의 1차 전류
② 용접기의 정격 2차 전류
③ 용접기의 무부하 전압
④ 정격 사용률에서 2차 전류의 50%

 해설 **아크용접기의 용량표시** : 용접기의 정격2차전류

 해답

문제 04 직류용접기의 설명에 해당 되는 것은?

① 아크(arc)가 매우 안정된다.
② 자기쏠림(magnetic blow)이 비교적 적다.
③ 구조와 취급이 비교적 간단하다.
④ 전격의 위험성이 크다.

해설 직류용접기
① 전격의 위험이 적다.　　　　② 아크가 매우 안정된다.
③ 자기쏠림이 비교적 크다.　　④ 구조와 취급이 복잡하다.

문제 05 직류용접기에서 정극성이란?

① 모재쪽에 양극(+)을, 용접봉쪽에 음극(−)을 연결함
② 모재쪽에 음극(−)을, 용접봉쪽에 양극(+)을 연결함
③ 모재, 용접봉쪽에 모두 양극(+)을 연결함
④ 모재, 용접봉쪽에 모두 음극(−)을 연결함

문제 06 KS규격 중 철분 저수소계 용접봉은?

① E4316　　　　　　　　② E4324
③ E4326　　　　　　　　④ E4327

해설 KS 용접봉
① E4301 : 일미나이트계　　　② E4303 : 라임티탄계
③ E4311 : 고셀룰로오스계　　④ E4313 : 고산화티탄계
⑤ E4316 : 저수소계　　　　　⑥ E4324 : 철분산화티탄계
⑦ E4326 : 철분저수소계　　　⑧ E4327 : 철분산화철계
⑨ E4340 : 특수계

 **07**

KS규격에 규정되어 있는 연강 아크 용접봉의 심선 성분이 아닌 것은?

① C ② Si
③ Mg ④ P

해설 **연강아크 용접봉의 심선 성분** : ① C ② Mn ③ S ④ P ⑤ Si

 **08**

일반적으로 아크 드라이브(Arc drive)의 전압은 몇 V로 고정되어 있는가?

① 10V ② 16V
③ 20V ④ 30V

해설 **아크드라이버의 전압** : 16V

 **09**

용해 아세틸렌을 취급할 때 주의할 사항으로 틀린 것은?

① 저장 장소는 통풍이 잘되어야 한다.
② 용기가 넘어지는 것을 예방하기 위하여 용기는 뉘어서 사용한다.
③ 화기에 가깝거나 온도가 높은 장소에는 두지 않는다.
④ 용기 주변에 소화기를 설치해야 한다.

해설 **용해 아세틸렌 취급시 주의사항**
① 용기는 세워서 사용하고 넘어짐 방지 조치를 할 것
② 용기 주변에 소화기를 설치해야 한다.
③ 화기에 가깝거나 온도가 높은 장소에는 두지 않는다.
④ 저장장소는 통풍이 잘되어야 한다.

 **10**

수중 8m 이상에서 절단작업을 할때 사용되는 가스는?

① 용해 아세틸렌가스 ② 수소가스
③ 탄산가스 ④ 헬륨가스

해설 **수중에서 절단 작업시 사용하는 가스** : 수소

 **해답**

문제 11 양호한 가스절단 상태에 해당되는 것은?

① 드래그가 고르지 않다.　　② 절단면에 노치(notch)가 있다.

③ 슬래그의 이탈성이 나쁘다.　　④ 절단면의 윗 모서리가 예리하다.

해설 **양호한 가스 절단 상태** : 절단면의 윗 모서리가 예리하다.

문제 12 산소절단의 원리를 설명한 것중 옳지 못한 사항은?

① 산소 절단은 아세틸렌과 철의 화학 작용에 의한 것이다.

② 산소 절단은 산소와 철의 화학반응열을 이용한 것이다.

③ 산소 절단시 화학반응열은 예열에 이용된다.

④ 철에 포함된 많은 탄소는 절단을 방해한다.

해설 **산소절단의 원리**
　① 산소절단은 산소와 철의 화학반응열을 이용한 것이다.
　② 산소절단시 화학반응열은 예열에 이용된다.
　③ 철에 포함된 많은 탄소는 절단을 방해한다.

문제 13 산소-아세틸렌가스로 직선절단 작업시 드래그(drag)의 길이는 강판 두께의 몇 % 정도를 표준으로 하는가?

① 0　　　　　　　　② 20

③ 35　　　　　　　④ 50

해설 산소-아세틸렌가스로 절단 작업시 드래그의 길이는 강판두께의 $\frac{1}{5}$(20%)로 한다.

문제 14 서브머지드 아크 용접의 장점은?

① 자유곡선 용접이 가능하다.　　② 용착금속의 품질이 양호하다.

③ 용접홈 가공이 정밀해야 한다.　　④ 용접자세의 제한을 받는다.

해설 서브머지드 아크용접의 장점
① 용융속도 및 용착속도가 빠르다.
② 용착금속의 품질이 양호하다.
③ 개선각을 크게 하여 용접패스수를 줄일 수 있다.
④ 기계적 성질이 우수하다.
⑤ 비드외관이 매우 아름답다.
⑥ 작업능률이 수동에 비하여 판두께 12mm에서 2~3배, 25mm에서 5~6 배, 50mm에서 8~12배 정도가 높다.
⑦ 유해광선이 적게 발생되어 작업환경이 깨끗하다.

문제 15 미그(MIG)용접의 장점이 아닌 것은?

① 전자세의 용접이 가능하다.
② 대체로 모든 금속의 용접이 가능하다.
③ 용제를 사용하므로 비드 표면이 매우 아름답다.
④ 용접이 가능한 판두께의 범위가 넓다.

해설 미그용접의 장점
① 대체로 모든 금속의 용접이 가능하다.
② 전자세 용접이 가능하다.
③ 용접이 가능한 판두께의 범위가 넓다.
④ 후판용접에 적합하다.
⑤ CO_2 용접에 비해 스패터 발생이 적다.
⑥ 응용범위가 넓다.
⑦ 용착효율이 높아 고능률적이다.

문제 16 TIG용접에 사용되는 전극의 조건으로 틀린 것은?

① 저 용융점의 금속　　② 전자 방출이 잘 되는 금속
③ 전기 저항률이 적은 금속　　④ 열 전도성이 좋은 금속

해설 TIG용접에 사용되는 전극의 조건
① 열전도성이 좋은 금속　　② 전기 저항율이 좋은 금속
③ 전자방출이 잘되는 금속　　④ 고용융점의 금속

문제 17

플럭스 코어드 아크용접(flux cored arc welding)의 특징이 아닌 것은?

① 용접속도를 빨리할 수 있다.
② 용착률(deposition rate)이 상당히 크다.
③ 용입(penetration)은 미그(MIG)용접보다 작다.
④ 아래보기 이외의 자세용접도 용이하게 할 수 있다.

문제 18

플라스마(plasma)아크용접 장치가 아닌 것은?

① 용접 토치   ② 제어 장치
③ 와이어 릴   ④ 가스 송급장치

해설 플라즈마 아크 용접장치
① 가스송급장치   ② 제어장치   ③ 용접토치

문제 19

일렉트로 슬래그(electro slag) 용접에서 용접 조건이 모재의 용입 깊이에 미치는 영향 중 맞게 설명한 것은?

① 용접속도가 빠르면 용입이 깊어진다.
② 플럭스(FLUX)의 전기전도성이 크면 용입이 깊어진다.
③ 용접 전압이 높으면 용입이 깊어진다.
④ 용접 전압이 낮으면 용입이 깊어진다.

해설 용접 전압이 높으면 용입이 깊어진다.

문제 20

탄산가스 아크 용접시 발생하기 쉬운 탄산가스에 의한 중 독에서 치사량이 되려면 몇 % 이상이어야 하는가?

① 10% 이상   ② 20% 이상
③ 30% 이상   ④ 5% 이상

해설 이산화탄소에 의한 중독에서 치사량은 30% 이상

문제 21 아세틸렌가스에 관한 설명이다. 틀린 것은?

① 폭발의 위험이 없다.
② 탄소와 수소의 화합물이다.
③ 공기보다 가볍다.
④ 카바이드와 물의 화학작용으로 발생한다.

 **아세틸렌가스**

① 폭발의 위험이 있다.
② 탄소와 수소의 화합물 이다.
③ 공기보다 가볍다.
④ 카바이트와 물의 화학작용으로 발생한다.
⑤ 여러 가지 액체에 잘 용해된다. (석유 2배, 벤젠 4배, 알콜 6배, 아세톤 25배)
⑥ 비중은 0.906이며 15℃ 1kg/cm^{2}에서의 아세틸렌 1l의 무게 1.176g이다.
⑦ 무색의 에테르향 있고 불순물로 인하여 특이한 냄새가 난다.
⑧ 15℃에서 2기압 이상시 압축하면 분해폭발위험 1.5기압 이상으로 압축하면 충격이나 가열에 의해 분해 폭발위험
⑨ 온도가 406~408℃에서 자연발화 505~515℃에서 폭발
⑩ Cu, Ag, Hg 등의 금속과 화합시 폭발성 물질인 아세틸라이드 생성

문제 22 탄소강에서 공석강의 조직은?

① 펄라이트　　　　　② 솔바이트
③ 페라이트　　　　　④ 마르텐사이트

 **강의 조직**

① 공석강 : 펄라이트　　　　　② 아공석강 : 펄라이트＋페라이트
③ 과공석강 : 펄라이트＋시멘타이트　④ 공정주철 : 레데뷰라이트
⑤ 과공정주철 : 레데뷰라이트＋시멘타이트

문제 23 알루미늄 합금 용접에서 사용되지 않는 것은 다음 중 어느 것인가?
(단, 알루미늄 합금은 비열처리성이다.)

① 점용접　　　　　　② 서브머지드 용접
③ 불활성 가스아크용접　④ 산소아세틸렌용접

해설 **알루미늄 합금 용접에서 사용되는 것**
① 점용접　　② 불활성가스 아크용접　　③ 산소-아세틸렌용접

문제 24 금속의 용접성(weldability)에 영향을 미치지 않는 것은?

① 탄소 함유량(carbon content)　② 열전도(thermal conductivity)
③ 인장강도(tensile strength)　　④ 용융점(melting point)

해설 **금속의 용접성에 영향을 미치는 것**
① 인장강도　　② 용융점　　③ 탄소함유량

문제 25 일반적으로 주철의 가스용접에는 다음 용제(flux) 중 어느 것이 사용되는가?

① 규산나트륨(NaSiO₃)　　　　② 플루오르나트륨(NaF)
③ 탄산수소나트륨(NaHCO₃)　　④ 염화칼슘(KCL)

해설 **용제**
① 연강 : 사용하지 않는다.
② 반연강 : 탄산수소나트륨(중탄산나트륨)＋탄산나트륨(탄산소다)
③ 주철 : 탄산수소나트륨(70%)＋탄산나트륨(15%)＋붕사(15%)
④ 구리합금 : 붕사(75%)＋염화리듐 25%

문제 26 담금질 조직 중에서 가장 경도가 높은 것은?

① 펄라이트　　　　　　② 솔바이트
③ 마르텐사이트　　　　④ 트루스타이트

해설 **경도순서**
마르텐자이트＞트루스타이트＞솔바이트＞펄라이트＞오스테나이트＞페라이트

 **27**

금속의 표면을 보호하고 녹을 방지하며, 기계 표면을 매끈히 하고 상품가치를 높이기 위한 표면처리 방법에 해당되지 않는 것은?

① 도장(painting)

② 전기도금(electroplating)

③ 금속 용사(metal spraying)

④ 시안화법(cyaniding)

해설 상품가치를 높이기 위한 표면처리 방법

① 금속용사　② 전기도금　③ 도장

 **28**

용접 이음을 설계할 때의 주의사항 중 틀린 것은?

① 맞대기 용접에서는 뒷면 용접을 할 수 있도록 해서 용입부족이 없도록 한다.

② 용접 이음부가 한곳에 집중하지 않도록 설계 한다.

③ 맞대기 용접은 가급적 피하고 필릿 용접을 하도록 한다.

④ 아래보기 용접을 많이 하도록 설계 한다.

해설 용접이음의 설계

① 맞대기 용접을 한 후 필렛용접을 한다.

② 아래보기 용접을 많이 하도록 설계한다.

③ 용접 이음부가 한 곳에 집중하지 않도록 설계한다.

④ 맞대기 용접에서는 뒷면 용접을 할 수 있도록 해서 용입 부족이 없도록 한다.

⑤ 대칭으로 용접을 실시한다.

⑥ 큰 구조물에서는 구조물의 중앙에서 끝으로 향하여 용접실시

 **29**

모재의 배치에 의한 용접 이음의 종류가 아닌 것은?

① 맞대기 이음

② 연속 이음

③ T 이음

④ 겹치기 이음

해설 용접이음의 종류

① 맞대기 이음　② 겹치기 이음　③ 모서리 이음

④ 플레어 이음　⑤ T형 이음　⑥ 한면 덧대기판 이음

⑦ 양면 덧대기판 이음

해답 　27. ④　28. ③　29. ②

문제 30

용접기호 중 ✳은 무슨 용접법인가?

① 프로젝션 용접

② 홈용접의 V형 용접

③ 필렛용접

④ 비드살돋음

문제 31

KS규격에서, 현장용접을 나타내는 기호는?

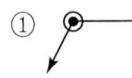

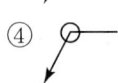

해설 현장용접 :   전둘레용접 : ◯

문제 32

지그(Jig)설계의 목적이 아닌 것은?

① 공정수가 늘어나고 생산능률이 향상된다.

② 제품의 정밀도가 증가한다.

③ 경제적 생산이 가능하다.

④ 불량이 적고 미숙련공도 작업이 용이하다.

해설 **지그설계의 목적**
① 제품의 정밀도가 증가한다.   ② 공정수를 절약하므로 능률이 좋다.
③ 경제적 생산이 가능하다.   ④ 불량이 적고 미숙련공도 작업이 용이하다.
⑤ 아래보기 자세로 용접가능   ⑥ 동일제품을 다량 생산할 수 있다.

문제 33

용접 시 예열에 대한 설명 중 틀린 것은?

① 연강도 후판(25mm 이상)이 되면 예열을 함이 좋다.

② 예열은 용접부의 냉각속도를 느리게 한다.

③ 예열온도는 모재의 재질에 따라 각각 다르다.

④ 연강은 0℃ 이하의 저온에서는 예열이 불필요하다.

해설 예열에 관한 내용
① 연강으로 기온이 0℃ 이하에서 용접 시 이음의 양쪽 폭 100mm 정도를 40~75℃로 가열
② 예열온도는 모재와 재질에 따라 다르다.
③ 예열은 용접부의 냉각속도를 느리게 한다.
④ 연강도 후판(25mm 이상)이 되면 예열을 함이 좋다.
⑤ 고장력강 저합금강은 50~350℃로 예열한다.
⑥ 용착금속의 수소성분이 나갈 수 있는 여유를 주어 비드 및 균열 방지

문제 34

압력용기를 회전하면서 아래보기 자세로 용접하기에 적합치 않은 용접설비는?

① 스트롱 백(strong back)
② 포지셔너(positioner)
③ 머니퓰레이터(manipulator)
④ 터닝 롤러(turning roller)

해설 압력용기를 회전하면서 아래보기 자세로 용접하기 적합한 설비
① 터닝 롤러 ② 머니퓰레이터 ③ 포지셔너

보충 스트롱백 : 용접제품의 치수를 정확하게 하기 위하여 변형을 억제하는 용접 고정구

문제 35

용접작업 시 피닝(peening)을 하는 가장 큰 이유는?

① 모재의 연성을 높인다.
② 급냉을 방지한다.
③ 모재의 경도를 높인다.
④ 잔류응력을 줄인다.

해설 용접작업 시 피닝을 하는 가장 큰 이유 : 잔류응력 제거

문제 36

각종 금속의 용접에서 서브머지드 아크 용접에 보통 사용되지 않는 재료는?

① 고니켈합금
② 저탄소강
③ 순철
④ 가단주철

해설 서브머지드 아크용접에 사용하는 재료 : ① 저탄소강 ② 순철 ③ 고니켈합금

 **해답**

 **37**

열영향부(H.A.Z) 가장자리 가까운 곳에 나타나는 형이고 계단형태로, 구속을 많이 받는 용접부 또는 다층 용접부에서 용접 중 또는 용접직 후 발생하는 용접결함은?

① 라멜라 균열(lamella tearing crack)

② 힐 크랙(heel crack)

③ 토 균열(toe crack)

④ 비드 밑 균열(under bead crack)

해설 **저온 균열의 유형**
① 라멜라티어균열 : T이음, 모서리 이음 등에서 강의 내부에 평행하게 층상으로 발생되는 균열
② 힐균열 : 필릿시 루트부분에 발생하는 저온균열이며 모재의 수축, 팽창에 의한 뒤틀림이 주요 원인
③ 토우균열 : 맞대기이음, 필릿이음 등의 경우에 비드표면과 모재의 경계부에서 발생
④ 루트균열 : 맞대기용접의 가접, 첫층용접의 루트 근방의 열영향부에 발생하는 균열

38

구면 모양이 특수 해머로 용접부를 연속적으로 가볍게 때려 용접 표면상에 소성변형을 주는 방법은?

① 태핑법   ② 국부풀림법

③ 피닝법   ④ 노내풀림법

해설 **용접후 처리**
① 피닝법 : 구면 모양의 특수해머로 용접부를 연속적으로 때려 용접표면에 소성변형을 주는 방법
② 저온응력완화법 : 용접선 양측을 가스불꽃에 의하여 나비 약 150mm를 150~200℃정도의 비교적 낮은 온도로 가열한 다음 곧 수냉하는 방법
③ 국부풀림법 : 제품이 커서 노내에 넣을 수 없을 때 또는 설비, 용량 등으로 노내 풀림을 바라지 못할 경우에 용접부근처만 풀림
④ 노내풀림법 : 제품 전체를 가열로 안에 넣고 적당한 온도에서 일정시간 유지한 다음 노내에서 서냉

 **39**

탄소봉과 공기를 사용하여 이면 홈가공이나 용접결함부를 제거할 때 많이 사용되는 가우징 방법은?

① 분말 가우징 　　　　　② 기계적 가우징
③ 불꽃 가우징 　　　　　④ 아크 에어 가우징

해설 **아크에어가우징** : 탄소용과 압축공기(6~7kg/cm^2)를 사용하여 이면홈가공이나 용접결합부를 제거시 사용

 **40**

다음 중에서 용접성 시험의 분류에 들지 않는 것은?

① 노치취성시험 　　　　　② 용접부의 연성시험
③ 모재와 용접금속의 균열시험　④ 이음부의 기계적 성질시험

해설 **용접성 시험의 분류**
　　　① 노치취성시험　② 용접부의 연성시험　③ 모재와 용접금속의 균열시험

 **41**

초음파 탐상 시험(UT)에 사용되는 주파수(진동수)의 범위는 어느 것이 가장 적당한가?

① 0.5~15MHz 　　　　　② 15~100MHz
③ 100~150MHz 　　　　　④ 0.05~0.5MHz

해설 **초음파 탐상시험에 사용되는 주파수의 범위** : 0.5~15MHz

 **42**

다음 중에서 엔드탭(end tap)을 붙여서 시공해야 하는 용접법은?

① 심용접 　　　　　② TIG 용접
③ 서브머지드용접 　　　　　④ 아크 점용접

해설 **서브머지드용접** : 엔트탭을 붙여서 용접

해답 　　　　　39. ④　40. ④　41. ①　42. ③

문제 43 TIG 용접이음부의 불순물 제거방법으로 사용하지 않는 것은?

① 와이어 브러시　　　　　② 이염화탄소

③ 삼염화에틸렌　　　　　④ 염화암모늄

해설 TIG 용접이음부의 불순물 제거 방법
① 이염화탄소　② 삼염화메틸렌　③ 와이어브러쉬

문제 44 니켈 합금이 아닌 것은?

① 콘스탄탄(Constantan)　　　② 인코넬(Inconel)

③ 모넬메탈(Monel Metal)　　　④ 다우메탈(Dow Metal)

해설 니켈합금
① Ni-Cu계 : ㉠ 콘스탄탄(Ni 40~45%)　㉡ 어드밴스　㉢ 모넬메탈
② Ni-Fe계 : ㉠ 인바　㉡ 슈퍼인바　㉢ 엘린바　㉣ 플라티나이트
③ Ni-Cr계 : ㉠ 하스텔로이　㉡ 인코　㉢ 인코넬　㉣ 니모딕

문제 45 톰백(Tombac) 이란 무엇을 말하는가?

① 0.3~0.8% Zn의 황동　　　② 1.2~3.7% Zn의 황동

③ 5~20% Zn의 황동　　　　④ 30~40% Zn의 황동

해설 톰백 : Cu(80%)+Zn(20%)
문쯔메탈 : Cu(60%)+Zn(40%)
델타메탈 : 6 : 4 황동+Fe(1~2%)
에드미럴티 : 7 : 3 황동+Sn(1~2%)

문제 46 벌즈 아이 조직(Bull's eye structure)이란 어느 주철에 나타나는 조직인가?

① 구상흑연주철　　　　　② 가단주철

③ 고급주철　　　　　　　④ 칠드주철

해설 벌즈아이조직은 구상흑연주철에서 나타나는 조직

 **47**

용접비드 끝에서 오목하게 패인 곳으로, 불순물과 편석이 발생하기 쉽고 냉각중에는 균열을 일으킬 가능성이 큰 것은?

① 스패터(spatter)
② 크레이터(crater)
③ 자기쏠림
④ 은점

해설 **크레이터** : 용접 비드 끝에서 오목하게 패인 곳으로 불순물과 편석이 발생하기 쉽고, 냉각 중에도 균열을 일으킬 가능성이 큼.

 **48**

주철, 비철금속, 고합금강의 절단에 가장 적합한 절단법은?

① 산소창 절단(oxygen lance cutting)
② 분말절단(powder cutting)
③ TIG절단
④ MIG 절단

해설 **분말절단** : 주철, 비철금속, 고합금강의 절단에 사용

 **49**

전기 아크용접시 감전의 방지대책 중 틀린 것은?

① 좁은 장소의 작업에서는 신체를 노출시키지 않도록 한다.
② 절연이 완전한 홀더를 사용한다.
③ 무부하 전압이 높은 것을 사용한다.
④ 의복, 신체 등이 땀이나 습기에 젖지 않도록 하고 안전 보호구를 착용한다.

해설 **전기아크 용접시 감전의 대책**
① 무부하 전압이 낮은 것을 사용
② 절연이 완전한 홀더를 사용
③ 좁은 장소의 작업에서는 신체를 노출시키지 않도록 한다.
④ 의복, 신체 등이 땀이나 습기에 젖지 않도록 하고 안전보호구 착용

문제 50

정격2차전류 300A, 정격사용률 40%인 용접기로 200A의 용접전류 사용시, 허용사용률은?

① 60% ② 90%
③ 120% ④ 150%

 허용사용률= $\dfrac{(정격\ 2차\ 전류)^2}{(실제\ 용접전류)^2}$ ×정격사용률= $\dfrac{300^2 \times 40}{200^2}$ =90%

문제 51

용접으로 인한 변형교정 방법 중에서 가열에 의한 교정방법이 아닌 것은?

① 얇은 판에 대한 점 수축법
② 형재에 대한 직선 수축법
③ 후판에 대한 가열 후 압력을 주어 수냉하는 법
④ 로울러에 의한법

해설 **가열에 의한 교정 방법**
① 박판에 대한 점수축법   ② 형재에 대한 직선수축법
③ 가열 후 해머로 두드리는 방법 ④ 외력을 이용한 소성변형법
⑤ 소성변형시켜 교정하는 방법
⑥ 후판에 대해 가열 후 압력을 걸고 수냉하는 방법

문제 52

용접에 자동제어 장치를 설치하여 생산공정에 투입시의 특징 설명으로 틀린 것은?

① 생산속도와 노동조건이 향상된다.
② 노동력이 줄어들어 인건비가 감소한다.
③ 제품의 품질이 균일하고 불량품이 감소된다.
④ 생산설비의 수명이 짧아진다.

해설 **용접에 자동제어 장치 설치시 생산 공정에 투입시 특징**
① 생산설비의 수명이 길어진다.
② 제품의 품질이 균일하고 불량품이 감소된다.
③ 노동력이 줄어들어 인건비가 감소한다.
④ 생산속도와 노동조건이 향상된다.

 **53**

방사선 투과시험에서 필름(사진)의 상을 식별하는 척도로 사용되는 것은?

① 투과도계(penetrameter) ② 가스(gas)
③ 심(shim) ④ 증감지

해설 **투과도계** : 방사선투과시험에서 필름의 상을 식별하는 척도

 **54**

내식성 알루미늄 합금이 아닌 것은?

① 하이드로 날리움(Hydronalium)
② 알민(Almin)
③ 알드리(Aldrey)
④ 초듀랄루민(Super duralumin)

해설 **내식성 알루미늄합금**
① 하이드로날리움 ② 알민 ③ 알드리

 **55**

어떤 측정법으로 동일 시료를 무한 횟수 측정하였을 때 데이터의 분포의 평균치와 참값과의 차를 무엇이라 하는가?

① 신뢰성 ② 정확성
③ 정밀도 ④ 오차

해설 ① **정확성(치우침)** : 어떤 측정방법으로 동일 시료를 무한횟수 측정시 데이터 분포의 평균치와 참값과의 차
② **정밀도(산포도)** : 어떤 측정방법으로 동일 시료를 무한횟수 측정시 얻어진 데이터는 반드시 흩어지는데 그 데이터 분포의 폭의 크기
③ **오차** : 모집단의 참값과 측정 데이터의 차이

해답 53. ① 54. ④ 55. ②

문제 56

예방보전의 기능에 해당하지 않는 것은?

① 취급되어야 할 대상설비의 결정
② 정비작업에서 점검시기의 결정
③ 대상설비 점검개소의 결정
④ 대상설비의 외주이용도 결정

해설 **예방 보존의 기능**
① 대상설비 점검개소의 결정
② 정비작업에서 점검시기의 결정
③ 취급되어야 할 대상설비의 결정

문제 57

관리한계선을 구하는데 이항분포를 이용하여 관리선을 구하는 관리도는?

① P_n 관리도
② U 관리도
③ $\overline{X}-R$ 관리도
④ X 관리도

해설 ① P_n **관리도** : 불량품 개수 관리도, 이항분포를 이용 관리선 구함.
② U**관리도** : 평균결점수 관리도
③ $\overline{X}-R$**관리도** : 평균값과 범위 관리도
④ X **관리도** : 결점수 관리도

문제 58

로트(lot)수를 가장 올바르게 정의한 것은?

① 1회 생산수량을 의미한다.
② 일정한 제조횟수를 표시하는 개념이다.
③ 생산목표량을 기계대수로 나눈 것이다.
④ 생산목표량을 공정수로 나눈 것이다.

해설 **로트수** : 일정한 제조횟수를 표시하는 개념

보충 **로트의 크기** $= \dfrac{\text{예정생산 목표량}}{\text{로트수}}$

 **59**

다음의 데이터를 보고 편차 제곱합(S)을 구하면? (단, 소수점 3자리
까지 구하시오.)

[Data]: 18.8, 19.1, 18.8, 18.2, 18.4, 18.3, 19.0, 18.6, 19.2

① 0.338   ② 1.029

③ 0.114   ④ 1.014

해설 **평균** : $\bar{x} = (18.8+19.1+18.8+18.2+18.4+18.3+19.0+18.6+19.2) \div 9$
$= 18.71$
편차 제곱합$(S) = (18.8-18.71)^2 + (19.1-18.71)^2 + (18.8-18.71)^2 +$
$(18.2-18.71)^2 + (18.4-18.71)^2 + (18.3-18.71)^2 +$
$(19.0-18.71)^2 + (18.6-18.71)^2 + (19.2-18.71)^2$
$= 1.029$

60

공정 도시기호 중 공정계열의 일부를 생략할 경우에 사용되는 보조
도시기호는?

①

②

③

④

해설 ① **소관 구분** :   ② **공정계열 일부 생략** :

③ **폐기** :

용접기능장

2021

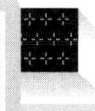

용접기능장 필기

2021년도 제 69 회

본 문제는 복원 기출문제입니다. 실제 문제와 다를 수 있으니 양해바랍니다.

 **01**

정격 2차 전류가 200A인 용접기로 용접전류 160A로 용접을 할 경우 이 용접기의 허용사용률은? (단, 용접기의 정격사용률은 40%임.)

① 62.5% ② 6.25%

③ 0.625% ④ 50%

 $$허용사용률 = \frac{(정격\ 2차\ 전류)^2}{(실제\ 용접전류)^2} \times 정격사용률 = \frac{200^2 \times 40\%}{160^2} = 62.5\%$$

 **02**

연강용 피복 금속 아크 용접봉의 종류 중 철분산화철계에 해당되는 것은?

① E4324 ② E4340

③ E4326 ④ E4327

해설 연강용 피복 아크 용접봉

① E4301 : 일미나이트계   ② E4303 : 라임티탄계
③ E4311 : 고셀룰로오스계   ④ E4313 : 고산화티탄계
⑤ E4316 : 저수소계   ⑥ E4324 : 철분산화티탄계
⑦ E4326 : 철분저수소계   ⑧ E4327 : 철분산화철계
⑨ E4340 : 특수계

 **03**

강괴, 강편, 슬래그 기타 표면의 홈이나 주름, 주조결함, 탈탄층 등을 제거하는 방법으로 가장 적합한 가공법은?

① 가스 가우징(gas gouging)   ② 스카핑(scarfing)

③ 분말 절단(powder cutting)   ④ 아크 에어 가우징(arc air gouging)

해답

 **해설** **스카핑** : 강괴, 강편, 슬래그, 기타 표면의 홈이나 주름, 주조결함, 탈탄층 등을 제거하는 방법

가스가우징 : 용접부분의 뒷면을 따내든지 H형, U형의 용접홈을 가공하기 위해서 깊은 홈을 파내는 가공법

아크에어가우징 : 탄소 아크절단 장치에다 압축공기(6~7kg/cm^2)를 병용하여서 아크열로 용융시킨 부분을 압축공기로 불어 날려서 홈을 파내는 작업

문제 04 가스의 흐름에 대한 용어의 설명 중 틀린 것은?

① 역류는 아세틸렌가스가 산소쪽으로 흘러들어 가는 현상

② 역화는 팁 끝이 모재에 닿아 팁의 과열 등으로 팁속에서 폭발음이 나며 불꽃이 꺼졌다가 다시 생기는 현상

③ 역류는 산소가 아세틸렌가스 발생기 안으로 흘러들어가는 현상

④ 인화는 팁 끝이 순간적으로 막히게 되면 가스의 분출이 나빠지고 혼합실까지 불꽃이 들어가는 현상

해설 **가스흐름에 대한 용어**

① 역류는 산소가 아세틸렌가스 발생기 안으로 흘러 들어가는 현상

② 인화는 팁 끝이 순간적으로 막히게 되면 가스의 분출이 나빠지고 혼합실까지 불꽃이 들어가는 현상

③ 역화는 팁 끝이 모재에 닿아 팁의 과열 등으로 팁속에서 폭발음이 나며 불꽃이 꺼졌다가 다시 생기는 현상

문제 05 산소-아세틸렌을 사용한 수동절단시 팁 끝과 연강판 사이의 거리는 백심에서 약 몇 mm 정도가 가장 적당한가?

① 0.5-1.0   ② 2.5-3.5

③ 1.5-2.0   ④ 3.4-4.5

 **해설** **산소-아세틸렌을 사용한 수동절단시 팁끝과 연강판 사이의 거리**

1.5~ 2.0mm

06 아크 절단법의 종류에 해당되지 않는 것은?

① TIG 절단   ② 분말절단

③ MIG 절단   ④ 플라스마 절단

해설 **특수 절단**
① 분말절단 : 스테인리스강, 비철금속, 주철 등은 가스절단이 용이하지 않으므로 철분 또는 연속적으로 절단용 산소에 혼합 공급함으로써 그 산화열 또는 용제의 화학작용을 이용 절단
② 수중절단 : 물에 잠겨 있는 침몰선의 해체나 교량의 교각, 개조, 댐, 항만 방파제 등의 공사에 사용되며 수중작 업시 예열가스의 양은 공기중에서 4~8배, 절단산소의 압력은 1.5~2배이다.

 07 용접의 단점(短點) 설명으로 가장 관계가 먼 것은?

① 용접부는 응력 집중에 극히 민감하다.
② 용접부에는 재질의 변형이 생긴다.
③ 재료의 두께에 제한을 받으며 이음 효율이 낮다.
④ 용접부에는 잔류응력이 존재한다.

해설 **용접의 단점**
① 용접부에는 잔류응력이 생긴다.
② 용접부에는 재질의 변형이 생긴다.
③ 용접부는 응력 집중에 극히 민감하다.
④ 취성이 생길 우려가 있다.
⑤ 품질검사가 곤란
⑥ 용접사의 기량에 따라 품질 좌우

 **08** 프로판 가스가 연소할 때 몇 배의 산소를 필요로 하는가?

① 2   ② 2.5

③ 3   ④ 4.5

해설 $C_3H_8 + 5O_2 \rightarrow 3CO_2 + 4H_2O$

해답   06. ②   07. ③   08. ④

문제 09

산소 · 아세틸렌 용기의 취급시 주의사항으로 가장 거리가 먼 것은?

① 운반시 충격을 금지한다.

② 직사광선을 피하고 50℃ 이하 온도에서 보관한다.

③ 가스 누설 검사는 비눗물을 사용한다.

④ 저장실의 전기스위치, 전등 등은 방폭 구조여야 한다.

해설 **산소-아세틸렌 용기의 취급시 주의사항**

① 직사광선을 피하고 40℃ 이하의 온도에서 보관

② 운반시 충격을 금지한다.

③ 저장실의 전기 스위치, 전등 등은 방폭구조이어야 한다.

④ 가스누설 검사는 비눗물로 사용한다.

문제 10

연강용 피복금속아크 용접봉의 피복제 작용이 아닌 것은?

① 아크를 안정하게 하고, 스패터의 발생을 적게한다.

② 중성 또는 환원성 분위기로 대기 중으로부터 융착 금속을 보호한다.

③ 용융금속의 용적을 미세화하여 융착 효율을 높인다.

④ 용융점이 높은 적당한 점성의 무거운 슬래그를 만든다.

해설 **피복제의 작용(역할)**

① 용융금속의 용적을 미세화하여 용착효율을 높인다.

② 중성 또는 환원성 분위기로 대기중으로부터 용착금속을 보호한다.

③ 아크를 안정　　　　　④ 스패터발생을 적게한다.

⑤ 탈산정련작용　　　　⑥ 합금원소첨가

⑦ 전기절연작용　　　　⑧ 슬래그제거가 쉽다.

⑨ 용착금속의 냉각속도를 느리게하여 급랭방지

문제 11

교류 용접기에서 2차 무부하 전압 80V, 아크전압 30V, 아크전류 300A라고 하면 역률은 약 몇 % 인가? (단, 용접기의 2차측 내부손실 (동손, 철손, 그 밖의 손)은 4kW로 한다.)

① 69　　　　　　　　② 54

③ 48　　　　　　　　④ 26

역률 = $\dfrac{소비전력}{전원전력} \times 100 = \dfrac{13}{24} \times 100 = 54.16\%$

전원입력 = 무부하전압 × 정격2차전류 = 80 × 300 = 24,000 = 24kw

소비전력 = 아크전력 + 내부손실 = 아크전압 × 정격2차전류 + 내부손실
= 30 × 300 + 4 = 13kW

문제 12

용접 구조물 설계상 주의할 사항으로 가장 거리가 먼 것은?

① 이음의 역학적 특징을 고려하여 구조상 불연속부가 없도록 한다.
② 용접치수는 강도상 필요한 치수 이상으로 충분하게 한다.
③ 용접이음의 교차와 집중을 피한다.
④ 용접성 및 노치인성이 우수한 재료를 사용한다.

해설 용접 구조물 설계상 주의할 사항
① 용접이음의 교차와 집중을 피한다.
② 용접성 및 노치인성이 우수한 재료를 사용
③ 이음의 역학적 특성을 고려하여 구조상 불연속부가 없도록 한다.

문제 13

가스 절단 시 절단속도에 관한 설명 중 틀린 것은?

① 절단속도는 절단산소의 압력이 낮고 산소 소비량이 많을수록 증가한다.
② 모재의 온도가 높을수록 고속절단이 가능하다.
③ 다이버전트 노즐을 사용하면 절단속도를 20~25% 증가시킬 수 있다.
④ 절단속도는 절단산소의 분출상태와 속도에 따라 영향을 받는다.

해설 가스 절단 시 절단속도
① 다이버전트 노즐을 사용하면 절단속도를 20~25% 증가시킬 수 있다.
② 절단속도는 절단산소의 압력이 높고 산소 소비량이 많을수록 증가한다.
③ 절단속도는 절단산소의 분출상태와 속도에 따라 영향을 받는다.
④ 모재의 온도가 높을수록 고속절단이 가능하다.

 해답

12. ②   13. ①

문제 14 피복 금속 아크 용접법으로 다층용접을 할 때, 첫 번째 패스를 저수소 계 용접봉을 사용하는 가장 큰 이유는?

① 위빙을 하지 않아도 좋기 때문이다.
② 수소와 잔류응력에 기인하는 균열을 방지하기 때문이다.
③ 비드 외관을 좋게 하기 때문이다.
④ 가접을 하지 않아도 좋기 때문이다.

해설 피복금속 아크용접법으로 다층용접을 할 때 첫 번째 패스를 저수소계 용접봉을 사용하는 이유 : 수소와 잔류응력에 기인하는 균열을 방지하기 때문에

문제 15 아크용접 전원의 외부 특성으로 부하전류 증가시 단자 전압은 낮아 지는 특성을 나타내며, 아크를 안정하게 유지시키는 특성은?

① 수하특성
② 정전압특성
③ 동전류특성
④ 역극성특성

해설 **용접기 특성**
① 수하특성 : 부하전류가 증가하면 단자전압이 낮아지는 특성
② 정전압특성 : 부하전류가 변하여도 단자전압은 거의 변화하지 않는 특성
③ 정전류특성 : 부하전압이 변하여도 단자전류는 거의 변화하지 않는 특성
④ 상승특성 : 전류의 증가에 따라서 전압이 약간 높아지는 특성

문제 16 불활성가스 텅스텐 전극(GTAW) 아크 용접에서 텅스텐 극성에 따른 용입 깊이를 가장 적절하게 표시한 것은?

① DCSP > AC > DCRP
② DCRP > AC > DCSP
③ DCRP > DCSP > AC
④ AC > DCSP > DCRP

해설 **텅스텐 극성에 따라 용입 깊이**
DCSP > AC > DCRP

 **17**

원자 수소 아크 용접은 수소의 변화에 의하여 방출되는 열을 이용하여 수소가스 분위기내에서 용접이 이루어지는데, 용접할 때 수소의 변화 상태가 맞는 것은?

① $H_2 \xrightarrow{\text{(발열)}} 2H \xrightarrow{\text{(흡열)}} H_2$
(분자상태) (원자상태) (분자상태)

② $H_2 \xrightarrow{\text{(발열)}} H_2 \xrightarrow{\text{(흡열)}} 2H$
(분자상태) (분자상태) (원자상태)

③ $H_2 \xrightarrow{\text{(흡열)}} 2H \xrightarrow{\text{(발열)}} H_2$
(분자상태) (원자상태) (분자상태)

④ $2H \xrightarrow{\text{(흡열)}} H_2 \xrightarrow{\text{(발열)}} H_2$
(원자상태) (분자상태) (분자상태)

 **18**

탄산가스 아크 용접 작업에서 용접 진행방향에 대한 토치각도에 따라 전진법과 후진법으로 구분하는데, 전진법에 대해 설명한 것 중 틀린 것은?

① 토치각은 용접 진행 반대쪽으로 15~20℃로 유지하는 것이 좋다.
② 용접선이 잘 보이므로 운봉을 정확하게 할 수 있다.
③ 비드 높이가 높고, 폭이 좁은 비드를 얻는다.
④ 스패터가 비교적 많다.

해설 전진법
① 스패터가 비교적 많다.
② 폭이 넓은 비드를 얻는다.
③ 용접선이 잘 보이므로 운봉을 정확하게 할 수 있다.
④ 토치 각은 용접진행 반대쪽으로 15~20˚로 유지하는 것이 좋다.

해답 17. ③ 18. ③

문제 19

가스용접작업의 안전 및 화재, 폭발 예방에 대한 설명 중 맞지 않는 것은?

① 가스용접 작업은 가연성 물질이 없는 안전한 장소를 선택한다.
② 작업중에는 소화기를 준비하여 사고에 대비한다.
③ 산소는 지연성 가스이므로 산소병 내에 다른 가스와 혼합하여 사용한다.
④ 산소병은 40℃ 이하 온도에서 보관하고 직사광선을 피해야 한다.

해설 **가스용접 작업의 안전 및 화재, 폭발예방에 관한 설명**
① 산소병은 40℃ 이하의 온도에서 보관하고 직사광선을 피할 것
② 산소는 조연성가스(지연성가스)이고 산소병내의 혼합 사용금지
③ 작업중에 소화기를 준비하여 사고에 대비한다.
④ 가스용접 작업은 가연성물질이 없는 안전한 장소 선택

문제 20

저항 용접 조건의 3대 요소로 가장 적절한 것은?

① 용접전류, 통전시간, 전극 가압력
② 용접전류, 유지시간, 용접전압
③ 용접전류, 초기가압시간, 전극 가압력
④ 용접전류, 정지시간, 전극 가압력

해설 **저항용접의 3대요소**
① 가압력 ② 용접전류 ③ 통전시간

문제 21

불활성 가스 금속 아크(MIG)용접의 장점이 아닌 것은?

① 대체로 전자세 용접이 가능하다.
② 대체로 모든 금속의 용접이 가능하다.
③ TIG용접에 비해 전류밀도가 낮아 용융속도가 느리다.
④ 비교적 아름답고 깨끗한 비드를 얻을 수 있다.

해답 19. ③ 20. ① 21. ③

해설 **불활성 가스 금속 아크(MIG) 용접의 장점**
① 모든 금속의 용접이 가능
② 전 자세 용접이 가능
③ 후판 용접에 적합하다.
④ 각종 금속용접에 다양하게 적용할 수 있어 응용범위가 넓다.
⑤ CO_2 용접에 비해 스패터 발생이 적다.
⑥ 수동피복아크 용접에 비해 용착효율이 높아 고능률적이다.

문제 22

CO_2 또는 MIG 용접에서 아크길이가 길어지면 어떠한 현상이 일어나는가?

① 전류의 세기가 커진다.　　② 전류의 세기가 작아진다.
③ 전압은 변화가 없다.　　④ 전압이 낮아진다.

해설 CO_2 또는 MIG 용접에서 아크길이가 길어지면 전류의 세기가 작아진다.

문제 23

감전 방지 대책으로 틀린 것은?

① 안전보호구를 착용한다.
② 전격방지기를 장치한다.
③ 작업 후에 반드시 접지상태를 확인한다.
④ 절연된 홀더를 사용한다.

해설 **감전 방지 대책**
① 작업전 반드시 접지상태 확인　　② 절연된 홀더를 사용
③ 전격방지기를 장치한다.　　　　④ 안전보호구를 착용한다.

문제 24

전기 저항열을 이용한 용접법은 어느 것인가?

① 전자빔 용접　　　　② 일렉트로 슬래그 용접
③ 플라즈마 용접　　　④ 레이저 용접

해설 **일렉트로 슬래그 용접** : 전기저항열을 이용한 용접법

문제 25 수동 TIG 용접 장치가 아닌 것은?

① 토치
② 제어장치
③ 냉각수 순환장치
④ 후락스 호퍼

해설 **수동티그용접 장치** : ① 토치 ② 제어장치 ③ 냉각수 순환장치

문제 26 경납땜의 설명으로 가장 적합한 것은?

① 융점이 650℃ 이하인 용가제(땜납)을 사용한다.
② 융점이 650℃ 이상인 용가제(은납, 황동납)을 사용한다.
③ 융점이 450℃ 이하인 용가제(땜납)을 사용한다.
④ 융점이 450℃ 이상인 용가제(은납, 황동납)을 사용한다.

해설 **경납땜** : 융점이 450℃ 이상인 용가제를(은납, 황동납) 사용

문제 27 서브머지드 아크 용접에서 아크 전압이 낮으면 용입과 비드의 폭은 어떻게 되는가?

① 용입은 깊어지며, 비드 폭이 넓어진다.
② 용입은 얕아지며, 비드 폭이 넓어진다.
③ 용입은 깊어지며, 비드 폭이 좁아진다.
④ 용입은 얕아지며, 덧붙여진 비드가 생긴다.

해설 서브머지드 아크 용접에서 아크전압이 낮으면 용입은 깊어지고, 비드 폭이 좁아진다.

문제 28 플라스마 아크 용접의 특징 설명으로 맞는 것은?

① 용입이 얕고 비드폭이 넓다.
② 용접 홈은 H형이면 되고 아크의 안정성 나쁘다.
③ 아크의 방향성과 집중성이 좋고 용접속도가 빠르다.
④ 용접부의 금속학적 기계적 성질이 좋고 변형이 크다.

해설 **플라즈마 아크용접의 특징**
① 용접부의 기계적, 금속학적 성질이 좋으며 변형도 적다.
② 각종 재료의 용접이 가능하다.
③ 1층으로 용접할 수 있으므로 능률적이다.
④ 수동용접도 쉽게 할 수 있다.
⑤ 전류밀도가 크므로 용입이 깊고 비드 폭이 좁으며 용접속도가 빠르다.
⑥ 무부하 전압이 높고 설비비가 많이 든다.

29 서브머지드 아크용접에 사용되는 용융형 플럭스(fused flux)는 원료 광석을 몇 ℃로 가열 용융시키는가?

① 1,300℃ 이상　　　　　② 800~1,000℃
③ 500~600℃　　　　　　④ 150~300℃

해설 서브머지드 아크용접에 사용되는 용융형 플럭스는 원료광석을 1,300℃ 이상으로 가열 용융시킴.

30 실용금속 중에서 가장 가볍고 비강도가 Al합금보다 우수하므로 항공 기, 자동차 부품에 이용되는 합금은?

① Pb 합금　　　　　　　② W 합금
③ Mg 합금　　　　　　　④ Ti 합금

해설 **Mg합금** : 실용금속중 가장 가볍고 비강도가 Al합금보다 우수하므로 항공 기, 자동차 부품에 이용

31 평로 제강법에서 탈산제로 사용되는 것은?

① 알루미늄분말　　　　　② 산화철
③ 코크스　　　　　　　　④ 암모니아수

해설 **평로제강법에서 탈산제** : 알루미늄분말

해답

문제 32 주철의 성장을 방지하는 방법으로 옳지 않은 것은?

① C 및 Si 양을 증가 시킨다.

② Cr, Mn, Mo, V 등을 첨가하여 펄라이트 중의 Fe_3C 분해를 막는다.

③ 편상흑연을 구상 흑연화 시킨다.

④ 흑연의 미세화로서 조직을 치밀하게 한다.

해설 주철의 성장을 방지하는 방법
① 흑연의 미세화로서 조직을 치밀하게 한다.
② 편상흑연을 구상흑연화 시킨다.
③ Cr, Mn, Mo, V 등을 첨가하여 펄라이트 중의 Fe_3C 분해를 막는다.

문제 33 용접 후 열처리의 목적으로 관계가 먼 것은?

① 용접 잔류 응력 완화   ② 용접 후 변형방지

③ 용접부 균열방지   ④ 연성증가, 파괴인성 감소

해설 용접후열처리 목적
① 용접부 균열방지   ② 용접후 변형 방지   ③ 용접잔류응력 완화

문제 34 450℃까지의 온도에서 강도, 중량비가 높고 내식성이 좋아 항공기 엔진부품, 화학용기분야에 주로 사용되는 합금은?

① 망간합금   ② 텅스텐합금

③ 구리합금   ④ 티탄합금

해설 티탄합금 : 450℃까지의 온도에서 강도, 중량비가 높고 내식성이 좋아 항공기엔진부품, 화학용기분야에 사용

 **35**

마텐자이트계 스테인리스강의 피복아크 용접 시 발생하는 잔류응력 과대 및 균열 발생을 방지하기 위해 예열을 실시하는데 이때 가장 적절한 예열온도 범위는?

① 100~200℃　　　　　② 200~400℃
③ 400~600℃　　　　　④ 600~700℃

해설 마텐자이트계 스테인리스강의 피복아크 용접 시 발생하는 잔류응력 과대 및 균열 발생을 방지하기 위한 예열 시 온도 : 200~400℃

 **36**

오스템퍼 처리온도의 상한에서 조작하여 미세한 소르바이트상의 펄라이트 조직을 얻기 위해 실시하는 것으로 오스테나이트 가열온도에서 대략 500~550℃의 용융염욕 속에 담금질하여 항온변태를 완료시킨 다음 공냉하는 열처리법은?

① 템퍼링(tempering)　　　② 노멀라이징(normalizing)
③ 패텐팅(patenting)　　　④ 어닐링(annealing)

해설 패텐팅 : 오스템퍼 처리온도의 상한에서 조작하여 미세한 소르바이트 상의 펄라이트 조직을 얻기 위해 실시하는 것으로 오스테나이트 가열온도에서 대략 500~550℃의 용융염욕 속에 담금질하여 항온변태를 완료시킨 다음 공랭하는 열처리법

 **37**

일반 고장력강의 용접 시 주의사항으로 틀린 것은?

① 용접봉은 저수소계를 사용한다.
② 아크 길이는 가능한 한 짧게 유지한다.
③ 기공 발생을 막기 위해 전류를 낮게 하고 위빙은 용접봉 지름의 3배 이상으로 한다.
④ 용접 시작점보다 20~30mm 앞에서 아크를 발생시켜 예열 후 용접 시작점으로 후퇴하여 시작점부터 용접한다.

 **고장력강의 용접 시 주의사항**
① 용접시작점보다 20~30mm 앞에서 아크를 발생시켜 예열 후 용접시작점으로 후퇴하여 시작점부터 용접한다.
② 아크길이는 가능한 짧게 유지한다.
③ 용접봉은 저수소계 사용

문제 **38** 방식법 중 15~25% 황산액에서 산화물계의 피막을 형성하는 방법은?

① 알루마이트법　　　　　② 알루미나이트법
③ 크롬산염법　　　　　　④ 하이드로날륨법

 **알루미나이트법** : 방식법 중 15~25% 황산액에서 산화물계의 피막을 형성하는 방법

문제 **39** 쇼터라이징 또는 도펠-듀로(doppel-durro)법이라 하며, 국부 담금질이 가능한 표면경화 처리법은?

① 화염 경화법　　　　　② 구상화 처리법
③ 강인화 처리법　　　　④ 결정입자 처리법

 **화염경화법** : 쇼터라이징 또는 도펠-듀로법이라 하며 국부담금질이 가능한 표면경화처리법

문제 **40** 탄소강에서 탄소량이 증가할 경우 알맞은 사항은?

① 경도 감소, 연성 감소　　② 경도 감소, 연성 증가
③ 경도 증가, 연성 증가　　④ 경도 증가, 연성 감소

 탄소량 증가 시
① 강도, 경도 증가　　　　② 연신율, 충격값 감소

 **41** Cu와 Zn의 합금 및 이것에 다른 원소를 첨가한 합금으로 판, 봉, 관, 선 등의 가공재 또는 주물로 사용되는 것은?

① 주철
② 합금강
③ 황동
④ 연강

해설 황동＝구리＋아연, 청동＝구리＋주석

 **42** 다음 중 불변강의 종류에 해당되지 않는 것은?

① 인바(invar)
② 엘린바(elinvar)
③ 서멧(cermet)
④ 플래티나이트(platinite)

해설 **불변강의 종류**
① 플래티나이트 ② 엘린바 ③ 인바

 43 용접 순서를 결정하는 기준으로 틀린 것은?

① 용접물의 중심에 대하여 항상 대칭으로 용접을 해나간다.
② 수축이 작은 이음을 먼저 용접하고 수축이 큰 이음을 나중에 용접한다.
③ 용접 구조물이 조립되어 감에 따라 용접작업이 불가능한 곳이나 곤란한 경우가 생기지 않도록 한다.
④ 용접 구조물의 중립축에 대하여 용접 수축력의 모멘트의 합이 0(제로)이 되게 용접한다.

해설 **용접 순서**
① 수축이 큰 이음을 먼저 용접하고 수축이 작은 이음을 나중에 용접한다.
② 용접물의 중심에 대하여 항상 대칭으로 용접을 해나간다.
③ 용접 구조물의 중립축에 대하여 용접수축력의 모멘트의 합이 0(제로)이 되게 용접한다.
④ 용접 구조물이 조립되어 감에 따라 용접작업이 불가능한 곳이나 곤란한 경우가 생기지 않도록 한다.
⑤ 큰 구조물에서는 구조물의 중앙에서 끝으로 향하여 용접 실시
⑥ 응력이 집중될 우려가 있는 곳은 피한다.

해답 41. ③ 42. ③ 43. ②

문제 44 KSB 0052에서 표기되는 용접부의 모양이 아닌 것은?

① S형

② K형

③ J형

④ X형

해설 용접부 모양 : ① K형 ② J형 ③ X형 ④ V형 ⑤ I형 ⑥ U형 ⑦ H형

문제 45 용접에 이용되는 산업용 로봇(Robot)은 역할에 따라 크게 3개의 기능으로 구성하는데 해당 되지 않는 것은?

① 작업기능

② 송급기능

③ 제어기능

④ 계측인식기능

해설 산업용로봇의 3개의 기능 : ① 작업기능   ② 제어기능   ③ 계측인식기능

문제 46 꼭지각이 136°인 다이아몬드 사각추의 압입자를 시험하중으로 시험편에 압입한 후에 생긴 오목 자국의 대각선을 측정해서 환산표에 의해 경도를 표시하는 것은?

① 비커스 경도

② 마이어 경도

③ 브리넬 경도

④ 로크웰 경도

해설 경도의 표시

① 비커스경도 : 꼭지각이 136°인 다이아몬드 4각추의 입자를 1~120kgf의 하중으로 시험편에 압입한후 생긴 오목자국의 대각선을 측정

② 로크웰경도 : 지름 $\frac{1}{16}''$인 강구(B 스케일), 꼭지각이 120°인 원뿔형(C 스케일)의 다이아몬드 압입자를 사용하여 기본하중 10kgf를 주면서 경로계의 지시계를 0점에 맞춘 다음 B스케일 일 때 100kgf의 하중을 가하고 C스케일 일 때 150kgf의 하중을 가한 다음 하중을 제거하면 오목자국의 깊이가 지시계에 나타나서 경도표시

③ 쇼어경도 : 소형의 추를 일정 높이에서 낙하시켜 튀어 오르는 높이에 의하여 경도를 측정

④ 브리넬경도 : 특수강구를 일정한 하중(500, 750, 1,000, 3,000kgf)로 시험편의 표면적을 압입한 후 이때 생긴 오목자국의 표면적을 측정

문제 47 KSB 0052에서 현장용접을 나타내는 기호는?

①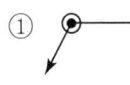

②

③

④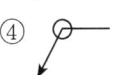

문제 48 용접할 경우 일어나는 균열 결함 현상 중 저온 균열에서 볼 수 없는 것은?

① 토 균열(toe crack)
② 비드 밑 균열(under bead crack)
③ 루트 균열(root crack)
④ 크레이터 균열(crater crack)

해설 저온 균열
① 비드 밑 균열 : 열영향부에 생기는 터짐의 일종으로 모재의 표면까지 나타나지 않는 것으로 보통 비드에 아주 접근하여 나타남.
② 루트 균열 : 맞대기 용접의 가접, 첫층용접의 루트 근방의 열영향부에 발생하는 균열
③ 라멜라 티어 균열 : T이음, 모서리 이음 등에서 강의 내부에 평행하게 층상으로 발생되는 균열
④ 토 균열 : 맞대기 이음, 필릿 이음 등의 경우에 비드 표면과 모재의 경계부에 발생
⑤ 힐 균열 : 필릿 시 루트부분에 발생하는 저온 균열이며 모재의 수축, 팽창에 의한 뒤틀림이 주요 원인

문제 49 측면 필릿 용접 이음에서 이론 목두께를 h_t, 필릿 용접의 크기(다리길이)를 h라 할 때 이론 목두께를 구하는 식으로 옳은 것은?

① $h_t = h \cdot \tan 90°$
② $h_t = h \cdot \cos 45°$
③ $h_t = h \cdot \cos 90°$
④ $h_t = h \cdot \tan 45°$

해설 목두께 $h_t = h \times \cos 45°$

해답 47. ② 48. ④ 49. ②

문제 50 용접 시 잔류응력을 경감시키는 시공법이 아닌 것은?

① 적당한 예열을 한다.

② 용착금속량을 적게 한다.

③ 적절한 용착법(비석법 등)을 선정한다.

④ 용접부의 수축을 억제한다.

해설 **용접 시 잔류응력을 경감시키는 시공법**
① 적절한 용착법(비석법 등)을 선정한다.
② 용착금속량을 적게 한다.
③ 적당한 예열을 한다.
④ 용접부를 수축시킨다.

문제 51 용접할 때 생기는 변형 중 면외 변형이 아닌 것은?

① 굽힘변형   ② 좌굴변형

③ 회전변형   ④ 나사변형

해설 **면외 변형의 종류** : ① 나사변형   ② 좌굴변형   ③ 굽힘변형

문제 52 지그(Jig) 설계의 목적이 아닌 것은?

① 공정수가 늘어나고 생산능률이 향상된다.

② 제품의 정밀도가 증가한다.

③ 경제적 생산이 가능하다.

④ 불량이 적고 미숙련공도 작업이 용이하다.

해설 **지그 설계의 목적**
① 공정수가 적고 생산능률이 향상된다.
② 제품의 정밀도가 증가한다.
③ 경제적 생산이 가능하다.
④ 불량이 적고 미숙련공도 작업이 용이하다.
⑤ 용접부의 신뢰성을 높인다.
⑥ 아래보기 자세로 용접할 수 있다.

53

용접부의 시험에서 파괴시험이 아닌 것은?

① 형광침투시험　　　　　② 육안조직시험
③ 충격시험　　　　　　　④ 피로시험

해설 **비파괴시험**
　① 방사선검사　② 형광침투검사　③ 초음파검사　④ 자분검사　⑤ 누설검사

 54

특수한 구면상의 선단을 갖는 해머(hammer)로 용접부를 연속적으로 타격해 잔류응력을 완화시키고 용접변형을 경감시키는 것은?

① 기계 응력 완화법　　　② 저온 응력 완화법
③ 피닝법　　　　　　　　④ 응력제거 풀림법

해설 **용접후 처리**
　① 피닝법 : 특수한 구면상의 선단을 갖는 해머로 용접부를 연속적으로 타격해 잔류응력을 완화시키고 용접변형 경감.
　② 저온응력완화법 : 용접선 양측을 가스불꽃에 의하여 나비 약 150mm를 150~200℃ 정도의 비교적 낮은 온도로 가열한 다음 곧 수냉하는 방법
　③ 노내풀림법 : 제품 전체를 가열로 안에 넣고 적당한 온도에서 일정시간 유지한 다음 노내에서 서냉
　④ 국부풀림법 : 제품이 커서 노내에 넣을 수 없을 때 또는 설비, 용량 등으로 노내 풀림을 바라지 못할 경우에 용접부근처만을 풀림
　⑤ 기계적응력완화법 : 잔류응력이 있는 제품에 하중을 주어 용접부에 약간의 소성변형을 일으킨 다음 하중을 제거하는 방법

 55

다음 [표]는 A 자동차 영업소의 월별 판매실적을 나타낸 것이다. 5개월 단순이동평균법으로 6월의 수요를 예측하면 몇 대인가?

(단위 : 대)

월	1	2	3	4	5
판매량	100	110	120	130	140

① 120　　　　　　　　② 130
③ 140　　　　　　　　④ 150

해설 6월의 수요예측 $= \dfrac{(100+110+120+130+140)}{5} = 120$

문제 56

다음 검사의 종류 중 검사공정에 의한 분류에 해당되지 않는 것은?

① 수입검사　　　　　　　　② 출하검사
③ 출장검사　　　　　　　　④ 공정검사

해설 **검사공정에 의한 분류**
① 수입검사　② 출하검사　③ 공정검사

문제 57

다음 중 반즈(Ralph M. Barnes)가 제시한 동작경제의 원칙에 해당되지 않는 것은?

① 표준작업의 원칙
② 신체의 사용에 관한 원칙
③ 작업장의 배치에 관한 원칙
④ 공구 및 설비의 디자인에 관한 원칙

해설 **반즈의 동작 경제원칙**
① 신체의 사용에 관한 원칙　　② 작업장의 배치에 관한 원칙
③ 공구 및 설비의 디자인에 관한 원칙

문제 58

품질관리 기능의 사이클을 표현한 것으로 옳은 것은?

① 품질개선-품질설계-품질보증-공정관리
② 품질설계-공정관리-품질보증-품질개선
③ 품질개선-품질보증-품질설계-공정관리
④ 품질설계-품질개선-공정관리-품질보증

해설 **품질관리기능 사이클**
품질설계→공정관리→품질보증→품질개선

 해답
56. ③　57. ①　58. ②

문제 59

다음 중 계수치 관리도가 아닌 것은?

① c 관리도   ② p 관리도

③ u 관리도   ④ x 관리도

해설 계수치 관리도
① C관리도   ② P관리도   ③ U관리도

문제 60

부적합품률이 1%인 모집단에서 5개의 시료를 랜덤하게 샘플링할 때, 부적합품수가 1개일 확률은 약 얼마인가? (단, 이항분포를 이용하여 계산한다.)

① 0.048   ② 0.058

③ 0.48   ④ 0.58

해설 확률 = 시료의 개수 × 부적합품률[%] × (적합품률)^4[%]

$= 5 \times 0.01 \times 0.99^4$

$= 0.04803$

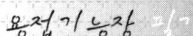

용접기능장 필기

2021년도 제 70 회

본 문제는 복원 기출문제입니다. 실제 문제와 다를 수 있으니 양해바랍니다.

문제 01

일명 핀치 효과형 이라고도 하며, 비교적 큰 용적이 단락되지 않고 옮겨가는 이행형식은?

① 단락형   ② 글로블러형
③ 스프레이형   ④ 입자형

해설 **용착현상**

① 글로블러형 : ㉠ 서브머지드 용접과 같이 대전류에 사용
                 ㉡ 일명 핀치효과형 이라하며, 비교적 큰 용적이 단락되지
                    않고 옮겨가는 이행형식
② 스프레이형 : ㉠ 일미나이트계 피복아크용접봉
                 ㉡ 미세한 용적이 스프레이와 같이 날려 보내어 옮겨가서 용착
③ 단락형 : ㉠ 저수소계
            ㉡ 표면장력의 작용으로 모재로 옮겨가서 융착

문제 02

용접의 장점과 가장 거리가 먼 것은?

① 자재가 절약되고 중량이 가벼워진다.
② 작업 공정이 단축되며 재료의 두께에 제한이 없다.
③ 제품의 성능과 수명이 향상되며 이종 재료도 접합할 수 있다.
④ 잔류응력이 발생하고 용접사의 기량에 따라 용접부의 품질이 좌우된다.

해설 **용접의 장점**

① 수밀 및 기밀성이 좋다.   ② 용접의 자동화가 용이
③ 제품의 성능과 수명이 향상된다.   ④ 작업공정이 단축되며 경제적이다.
⑤ 보수와 수리가 용이   ⑥ 이종재료도 접합가능
⑦ 재료의 두께에 제한 없다.   ⑧ 중량이 가벼워진다.
⑨ 이음효율이 좋다.

해답   **01. ②   02. ④**

03

플라즈마 아크 절단의 작동가스 중 일반적으로 알루미늄 등의 경금속에 사용되는 가스는?

① 질소와 수소혼합가스 ② 아르곤과 수소의 혼합가스
③ 헬륨과 산소의 혼합가스 ④ 탄산가스와 산소의 혼합가스

해설 **알루미늄 등의 경금속에 사용되는 가스** : 아르곤과 수소의 혼합가스

 04

용접법을 분류할 때 압접(pressure welding)에 해당 되지 않는 것은?

① 전자빔 용접 ② 유도 가열 용접
③ 초음파 용접 ④ 마찰 용접

해설 **압접**
① 저항용접
  ㉠ 겹치기용접 : ⓐ 점용접 ⓑ 시임용접 ⓒ 프로젝션용접
  ㉡ 맞대기용접 : ⓐ 업셋 맞대기용접 ⓑ 방전충격용접
          ⓒ 플래쉬 맞대기용접
② 단접   ③ 유도가열용접   ④ 초음파용접
⑤ 마찰용접   ⑥ 가압테르밋 용접   ⑦ 냉간압접

 **05**

포갬 절단(stack cutting)에 대하여 설명한 것 중 틀린 것은?

① 비교적 얇은 판(6mm 이하)에 사용된다.
② 절단시 판 사이에 산화물이나 불순물을 깨끗이 제거한다.
③ 0.08mm 이하의 틈이 생기도록 포개어 압착시킨 후 절단한다.
④ 예열 불꽃으로 산소-프로판 불꽃보다 산소-아세틸렌 불꽃이 적합하다.

해설 **포갬절단**
① 예열불꽃으로는 산소-프로판불꽃이 적합
② 0.08mm 이하의 틈이 생기도록 포개어 압착시킨 후 절단.
③ 절단시 판 사이에 산화물이나 불순물을 깨끗이 제거한다.
④ 비교적 얇은 판에 사용된다.

 **06**

저수소계 용접봉은 사용 전에 충분한 건조가 되어야 한다. 가장 알맞은 건조 온도는?

① 150~200℃　　　　　　② 200~250℃
③ 300~350℃　　　　　　④ 400~450℃

해설 **저수소계 용접봉 건조온도 : 300~350℃**

 **07**

아세틸렌가스 소비량이 1시간당 200리터인 저압토치를 사용해서 용접할 때, 게이지 압력이 60kgf/cm²인 산소병을 몇 시간 정도 사용할 수 있는가? (단, 병의 내용적은 40리터, 산소는 아세틸렌가스의 1.2배 정도 소비하는 것으로 한다.)

① 2　　　　　　　　　　② 10
③ 8　　　　　　　　　　④ 12

해설 식 $= \dfrac{60 \times 40}{200 \times 1.2} = 10$시간

 **08**

용접전류 200A, 아크전압을 20V, 용접속도 15cm/min 이라 하면 단위 길이 당의 용접 입열은 몇 Joule 인가?

① 2,000　　　　　　　　② 5,000
③ 10,000　　　　　　　　④ 16,000

해설 **용접입열** $= \dfrac{60EI}{V} = \dfrac{60 \times 200 \times 20}{15} = 16{,}000\,\text{Joule}$

문제 09

가스용접 작업에서 후진법에 비교한 전진법에 대한 설명으로 맞는 것은?

① 열 이용률이 좋다.　　　　② 용접속도가 느리다.
③ 두꺼운 판의 용접에 적합하다.　④ 용접 변형이 작다.

 **후진법의 특징**

① 용접속도가 빠르다.　　　　② 열 이용률이 좋다.
③ 용접변형이 적다.　　　　　④ 두꺼운 판의 용접에 적합

문제 10

가스 가우징(Gas Gouging)과 스카핑(Scarfing)에 대한 설명으로 틀린 것은?

① 가스 가우징은 용접부의 결함, 가접의 제거 등에 사용된다.

② 스카핑은 강재의 표면의 흠이나 개재물, 탈탄층을 제거하기 위해서 사용된다.

③ 가스 가우징은 스카핑에 비해서 너비가 매우 큰 홈을 가공하는 데 사용된다.

④ 스카핑은 가우징에 비해서 타원형 모양으로 깎아내는 가공법으로 제강공장에 많이 사용된다.

 **가스 가우징** : 용접부분의 뒷면을 따내든지 H형, U형의 용접 홈을 가공하기 위해서 깊은 홈을 파내는 가공법
① 사용가스의 압력 : 산소의 경우 $3\sim7kg/cm^2$, 아세틸렌의 경우 $0.2\sim0.3kg/cm^2$
② 팁 작업의 각도 : $30\sim45°$
스카핑 : 강괴, 강편, 슬래그, 주름, 탈탄층, 표면균열 등의 표면결함을 불꽃 가공에 의해 제거하는 방법으로 얕은 홈 가공 시 사용

문제 11

아세틸렌가스에 대한 설명으로 틀린 것은?

① 아세틸렌은 충격, 마찰, 진동 등에 의하여 폭발하는 일이 있다.

② 아세틸렌가스는 구리 또는 구리합금과 접촉하면 이들과 폭발성 화합물을 생성한다.

③ 아세틸렌은 공기 중에서 가열하여 $406\sim408℃$ 부근에 도달하면 자연발화를 한다.

④ 아세틸렌가스는 수소와 탄소가 화합된 매우 완전한 기체이다.

해답

10. ③　11. ④

해설 아세틸렌가스
① 아세틸렌가스는 불완전한 기체이다.
② 아세틸렌은 공기중에서 가열하여 406~408℃ 부근에 도달하면 자연발화를 한다.
③ 아세틸렌은 구리 또는 구리합금, 수은, 은 등과 접촉 시 이들과 폭발성 화합물을 생성한다.
④ 액체 아세틸렌보다 고체 아세틸렌이 안전하다.
⑤ 융점이 −81℃, 비점이 −84℃로 비슷하고 고체 아세틸렌은 융해하지 않고 승화한다.
⑥ 흡열화합물이므로 압축하면 분해 폭발의 위험이 있다.
⑦ 여러 가지 액체에 잘 용해된다.(석유 2배, 벤젠 4배, 알코올 6배, 아세톤 25배)
⑧ 비중은 0.906이며 15℃ 1kg/cm² 에서의 아세틸렌 1ℓ의 무게는 1.176g 이다.
⑨ 무색의 기체로 약간 에테르향이 있고 불순물로 인하여 특이한 냄새가 난다.

문제 12

산소가스 절단의 원리를 가장 바르게 설명한 것은?

① 산소와 금속의 산화 반응열을 이용하여 절단한다.
② 산소와 금속의 탄화 반응열을 이용하여 절단한다.
③ 산소와 금속의 산화 아크열을 이용하여 절단한다.
④ 산소와 금속의 탄화 아크열을 이용하여 절단한다.

해설 산소가스 절단의 원리 : 산소와 금속의 산화반응열을 이용하여 절단

문제 13

수동 피복 아크 용접에서 양호한 용접을 하려면 짧은 아크를 사용하여야 하는데 아크 길이가 적당할 때 나타나는 현상이 아닌 것은?

① 아크가 안정된다.　　② 양호한 용접부를 얻을 수 있다.
③ 산화 및 질화되기 쉽다.　　④ 정상적인 입자가 형성된다.

해설 아크 길이가 적당할 때 나타나는 현상
① 정상적인 입자가 형성된다.
② 양호한 용접부를 얻을 수 있다.
③ 아크가 안정된다.

14

용접부에 생기는 결함의 종류 중 구조상의 결함이 아닌 것은?

① 기공(blow hole)　　　　② 용접 금속부 형상 부적당

③ 용입 불량　　　　　　　④ 비금속 또는 슬래그 섞임

해설 구조상의 결함
① 오우버랩　　② 용입불량　　③ 내부기공　　④ 슬래그혼입
⑤ 언더컷　　　⑥ 선상조직　　⑦ 균열

 **15**

피복 아크 용접봉의 피복제의 주요 기능을 설명한 것 중 틀린 것은?

① 아크를 안정하게 하고 슬래그를 제거하기 쉽게 하고, 파형이 고운 비이드를 만든다.

② 중성 및 환원성의 가스를 발생하여 아크를 덮어서 대기중 산소나 질소의 침입을 방지하고 용융 금속을 보호한다.

③ 용착 금속의 탈산 정련 작용을 하며, 용융점이 낮은 적당한 점성의 가벼운 슬래그를 만든다.

④ 용착 금속의 냉각속도를 빠르게 하여 급랭을 방지한다.

해설 피복제의 기능
① 아크안정　　　　　　　　② 슬래그제거를 쉽게 한다.
③ 파형이 고운 비드를 만든다.　④ 산화나 질화방지
⑤ 용융금속 보호　　　　　　⑥ 용융금속의 탈산정련 작용
⑦ 전기절연작용　　　　　　⑧ 합금원소 첨가

16

서브머지드 아크 용접법의 단점으로 틀린 것은?

① 용접선이 짧거나 불규칙한 경우 수동에 비하여 비능률적이다.

② 홈가공의 정밀을 요하고, 용접도중 용접상태를 육안으로 확인 할 수가 없다.

③ 특수한 지그를 사용하지 않는 한 아래보기 자세로 한정된다.

④ 용융 속도와 용착 속도가 느리며, 용융이 짧다.

[해설] 서브머지드 아크용접 단점
① 개선 홈의 정밀을 요한다. (루트간격 0.8mm 이하)
② 용접선이 짧거나 복잡한 경우 수동에 비해 비능률적이다.
③ 용접 진행상태의 양부를 육안식별로 불가능하다.
④ 용접재료에 제약을 받는다.
⑤ 장비가 고가이다.

[문제] 17 불활성 가스 텅스텐 아크 용접 시 혼합가스로 사용되지 않는 가스는?

① 아르곤   ② 헬륨
③ 산소   ④ 질소

[해설] 불활성가스 텅스텐 아크용접시 혼합가스
① 아르곤   ② 헬륨   ③ 산소

[문제] 18 가스용접 작업에서 팁 끝이 모재에 닿아 순간적으로 팁 끝이 막히면서 팁의 과열, 사용가스의 압력이 부적당할 때 팁 속에서 폭발음이 나면서 불꽃이 꺼졌다가 다시 나타나는 현상은?

① 역류   ② 역화
③ 인화   ④ 산화

[해설] 역화 : 가스용접 작업에서 팁 끝이 모재에 닿아 순간적으로 팁 끝이 막히면서 팁의 과열 사용가스의 압력이 부적당할 때 팁속에서 폭발음이 나면서 불꽃이 꺼졌다가 다시 나타나는 현상
인화 : 팁 끝이 순간적으로 막히게 되면 가스분출이 나빠지고 혼합실까지 불꽃이 들어가는 경우
역류 : 토치내부의 청소상태가 불량하면 토치내부의 기관의 막힘 현상이 일어난다. 이때 고압의 산소가 밖으로 나가지 못하므로 산소보다 압력이 낮은 아세틸렌은 밀어내면서 아세틸렌 호스쪽으로 거꾸로 흐르는 현상

문제 19

심 용접의 종류에 해당 되지 않는 것은?

① 매시 심용접(mash seam welding)
② 포일 심용접(foil seam welding)
③ 맞대기 심용접(butt seam welding)
④ 플래시 심용접(flash seam welding)

해설 시임용접의 종류
① 맞대기 시임용접   ② 포일시임용접   ③ 매시시임용접

문제 20

불활성가스 아크 용접에서 교류용접기를 사용할 경우 모재 표면의 불순물 등에 의해 전류가 불 평형하게 흘러 아크가 불안정하게 되는 것을 무엇이라고 하는가?

① 청정 작용   ② 정류 작용
③ 방전 작용   ④ 펄스 작용

해설 정류작용 : 불활성가스 아크용접에서 교류용접기를 사용할 경우 모재 표면의 불순물 등에 의해 전류가 불평형하게 흘러 아크가 불안정하게 되는 것.

문제 21

플럭스 코어 아크용접에서 기공의 발생 원인으로 가장 거리가 먼 것은?

① 탄산가스가 공급되지 않을 때   ② 아크 길이가 길 때
③ 순도가 나쁜 가스를 사용할 때   ④ 개선 각도가 적을 때

해설 플러스코어 아크용접에서 기공의 발생원인
① 순도가 나쁜 가스를 사용할 때
② 아크길이가 길 때
③ 탄산가스가 공급되지 않을 때

해답

 **22** 일렉트로 슬래그 용접의 설명으로 틀린 것은?

① 용제를 사용한다.　　　　　② 아크열로 용융시킨다.
③ 비소모 노즐 방식이 있다.　　④ 두꺼운 판의 용접에 경제적이다.

해설 **일렉트로 슬래그 용접**
① 두꺼운 판의 용접에 적당
② 비소모 노즐 방식이 있다.
③ 용제를 사용한다.
④ 아크가 눈에 보이지 않고 아크불꽃이 없다.
⑤ 최소한의 변형과 최단시간의 용접법이다.
⑥ 용접시간을 단축할 수 있어 용접능률과 용접품질이 우수하다.
⑦ 용접 홈의 가공준비가 간단하고 각 변형이 적다.
⑧ 전극와이어의 지름은 보통 2.5~3.2mm를 주로 사용
⑨ 장비 설치가 복잡하며 냉각 장치가 필요하다.
⑩ 용접시간에 비해 용접준비시간이 더 길다.
⑪ 박판용접에는 적용 불가능

 **23** 용제가 들어 있는 와이어 CO_2법은 복합와이어의 구조에 따라 분류하는데, 다음 그림과 같은 와이어는?

① 아코스 와이어
② Y관상 와이어
③ S관상 와이어
④ NCG 와이어

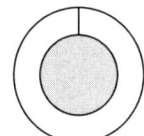

24 연납용으로 사용되는 용제가 아닌 것은?

① 염산　　　　　　　　② 염화물
③ 염화아연　　　　　　④ 염화암모니아

해설 **용제**
① 연납땜 : ㉠ 염산　　㉡ 염화아연　　㉢ 인산　　㉣ 염화암모니아
② 경납땜 : ㉠ 붕사　　㉡ 붕산　　㉢ 염화나트륨　㉣ 염화리튬
　　　　　㉤ 산화제1일구리　　　　　㉥ 빙정석 *(붕붕나리 산빙)*

문제 25

불활성 가스 금속 아크 용접 작업 시 용접시공에 대한 설명으로 틀린 것은?

① 용접 재료의 준비 시 알루미늄은 산화피막을 제거한 후 용접을 하며 특히 화학제는 가성소다 수용액이나 초산수를 사용한다.

② 보호가스는 고 순도의 가스를 사용해야 하며 가스공급 계통에 문제가 생겼을 때는 확인순서를 용기→감압 밸브→유량계→제어장치→용접토치의 순서로 직접 확인한다.

③ MIG 용접기는 CO_2 용접기에 비하여 아크열을 약하게 받으므로 공랭식 토치가 많고 필터렌즈도 피복아크용접용에 쓰는 10~12번 정도면 가능하다.

④ MIG 용접의 자외선은 매우 강하여 공기 중의 산소가 오존(O_3)으로 바뀌므로 용접 중에 발생하는 오존, 금속분진, 세척제 증기 등의 해를 방지하기 위하여 반드시 환기를 시킬 수 있는 장치가 필요하다.

문제 26

아크 용접 종류에서 후판 구조물 제작과 스테인리스강 용접이 가능하며, 잠호용접 이라고도 하는 용접법은?

① 일렉트로 슬래그 용접　　　② 테르밋 용접
③ 서브머지드 아크 용접　　　④ 논 가스 아크 용접

해설 **서브머지드 아크용접** : 후판 구조물 제작과 스텐레스강 용접이 가능하며 잠호용접 이라고도 한다.

문제 27

테르밋 용접(thermit welding)에서 테르밋은 무엇의 혼합물인가?

① 붕사와 붕산의 분말　　　② 알루미늄과 산화철의 분말
③ 알루미늄과 마그네슘의 분말　　　④ 규소와 납의 분말

해설 **테르밋의 혼합물** : 알루미늄과 산화철의 분말

문제 28

가스용접 및 절단작업의 안전 중 산소와 아세틸렌 용기의 취급사항으로 맞지 않는 것은?

① 산소병은 40℃ 이하 온도에서 보관하고 직사광선을 피해야 한다.
② 산소병을 운반할 때에는 공기가 잘 환기되도록 캡(cap)을 벗겨서 이동한다.
③ 아세틸렌병은 세워서 사용하며 병에 충격을 주어서는 안 된다.
④ 아세틸렌병 가까이에서는 불똥이나 불꽃을 가까이 하지 말아야 한다.

해설 **아세틸렌 용기의 취급사항**
① 산소병을 운반 시 캡을 씌워서 운반한다.
② 아세틸렌병은 세워서 사용하며 병에 충격을 주어서는 안 된다.
③ 아세틸렌병 가까이에서는 불똥이나 불꽃을 가까이 하지 말아야 한다.
④ 산소병은 40℃ 이하의 온도에서 보관하고 직사광선을 피해야 한다.

문제 29

오토콘 용접과 비교한 그래비티 용접의 특징을 설명한 것으로 올바른 것은?

① 구조가 간단하다.　　② 사용법이 쉽다.
③ 운봉속도의 조절이 가능하다.　④ 중량이 가볍다.

해설 **그래비티 용접의 특징**
① 운봉속도의 조절이 가능　② 사용법이 어렵다.
③ 구조가 복잡하다.　④ 중량이 무겁다.

문제 30

황동의 종류 중 톰백(Tombac)이란 무엇을 말하는가?

① 0.3~0.8% Zn의 황동　② 1.2~3.7% Zn의 황동
③ 5~20% Zn의 황동　④ 30~40% Zn의 황동

해설 **합금**
① 톰백 : Cu(80%) + Zn(20%)
② 문쯔메탈 : Cu(60%) + Zn(40%)

해답　　28. ②　29. ③　30. ③

③ 네이버 : 6 : 4 황동 + Sn(1~2%)
④ 에드미럴터 : 7 : 3 황동 + Sn(1~2%)
⑤ 델타메탈 : 6 : 4 황동 + Fe(1~2%)
⑥ 모넬메탈 : Ni(65~70%) + Fe(1~3%)
⑦ 인코넬 : Ni(70~80%) + Cr(12~14%)
⑧ 플래티나이트 : Ni(40~50%) + Fe
⑨ 콘스탄탄 : 구리(55%) + 니켈(45%)

문제 31

강의 조직을 개선 또는 연화시키는 풀림의 종류에 해당되지 않는 것은?

① 항온 풀림　　　　　　② 구상화 풀림
③ 완전 풀림　　　　　　④ 강화 풀림

해설 **풀림의 종류**
① 구상화풀림　② 완전풀림　③ 항온풀림

문제 32

일반 고장력강을 용접할 때 주의사항으로 틀린 것은?

① 용접봉은 용접작업성이 좋은 고산화티탄계 용접봉을 사용한다.
② 용접개시 전에 이음부 내부 또는 용접할 부분에 청소를 한다.
③ 아크 길이는 가능한 짧게 한다.
④ 위빙 폭은 크게 하지 않는다.

해설 **일반 고장력강 용접시 주의사항**
① 위빙폭은 크게 하지 않는다.
② 아크길이는 가능한 짧게 한다.
③ 용접 개시전에 이음부 내부 또는 용접할 부분에 청소를 한다.

해답 31. ④　32. ①

문제 33

알루미늄이나 그 합금은 용접성이 대체로 불량한데, 그 이유에 해당되지 않는 것은?

① 비열과 열전도도가 대단히 커서 단시간 내에 용융온도까지 이르기가 힘들기 때문이다.

② 용접 후의 변형이 크며 균열이 생기기 쉽기 때문이다.

③ 용융점이 660℃로서 낮은 편이고, 색채에 따라 가열온도의 판정이 곤란하여 지나치게 용융되기 쉽기 때문이다.

④ 용융응고 시에 수소가스를 배출하여 기공이 발생되기 어렵기 때문이다.

 **알루미늄이나 알루미늄합금이 용접성이 불량한 이유**

① 용융점이 660℃로서 낮은 편이고 색채에 따라 가열온도의 판정이 곤란하여 지나치게 용융되기 쉽기 때문

② 비열과 열전도도가 대단히 커서 단시간 내에 용융온도까지 이르기가 힘들기 때문에

③ 용접 후의 변형이 크며 균열이 생기기 쉽기 때문에

문제 34

오스테나이트 온도로 가열 유지시킨 후 절삭유 또는 연삭유의 수용액 등에 담금질하여 미세 펄라이트 조직을 얻는 방법으로 200℃ 이하에서 공랭하는 것은?

① 슬랙 담금질   ② 시간 담금질

③ 분사 담금질   ④ 프레스 담금질

 **슬랙 담금질** : 오스테나이트 온도로 가열 유지시킨 후 절삭유 또는 연삭유의 수용액 등에 담금질하며 미세 펄라이트 조직을 얻는 방법으로 200℃ 이하에서 공랭하는 것

문제 35

마그네슘과 그 합금 중 Mg-Al-Zn계 합금의 대표적인 것은?

① 도우메탈   ② 일렉트론

③ 하이드로날륨   ④ 라우탈

 **합금**

① 일렉트론 : Al+Zn+Mg   ② 실루민 : Al+Si

③ 라우탈 : Al+Cu+Si   ④ 로엑스 : Al+Cu+Mg+Ni+Si

⑤ Y합금 : Al+Cu+Mg+Ni   ⑥ 두랄루민 : Al+Cu+Mg+Mn

⑦ 알드레이 : Al+Mg+Si   ⑧ 도우메탈 : Al+Mg

문제 36

Ni 35~36%, Mn 0.4%, C 0.1~0.3%의 Fe의 합금으로 길이 표준용 기구나 시계의 추 등에 쓰이는 불변강은?

① 플래티나이트(Platinite)   ② 코엘린바(Coelinvar)

③ 인바(Invar)   ④ 스텔라이트(Stellite)

 **인바** : Ni(35~36%), Mn(0.4%), Co(1~3%)의 Fe의 합금으로 길이 표준용 기구나 시계의 추 등에 쓰임.

문제 37

제강할 때 편석을 일으키기 쉬우며, 함유량이 0.25%로 되면 연신율이 감소되고, 결정립이 조대하게 되어서 강을 메지게 하여 상온취성의 원인이 되는 성분은?

① 인   ② 망간

③ 황   ④ 수소

 **상온취성의 원인, 청열취성의 원인** : 인(P)

적열취성의 원인 : S(황)

문제 38

마텐자이트계 스테인리스강에 관한 사항 중 관련이 없는 것은?

① Cr18%−Ni8%의 18-8 스테인리스강이 대표적이다.

② 950~1,020℃에서 담금질하여 마텐자이트 조직으로 한 것이다.

③ 인성을 요할 때 550~650℃에서 뜨임하여 소르바이트 조직으로 한다.

④ 550℃ 이상에서는 강도·경도가 급감하고 연성은 증가한다.

해답   36. ③ 37. ① 38. ①

해설 **마텐자이트 스테인리스강**
① 550℃ 이상에서는 강도, 경도가 급감하고, 연성은 증가한다.
② 인성을 요할 때 550~650℃에서 뜨임하여 소르바이트 조직으로 한다.
③ 950~1,020℃에서 담금질하여 마텐 조직으로 한다.

문제 **39**

내마모성의 표면처리법으로 시안화소다, 시안화칼륨을 주성분으로 한 염(salt)을 사용하여 침탄온도 750~900℃에서 30분~1시간 침탄시키는 방법은?

① 액체침탄법　　　　　② 고체침탄법
③ 가스침탄법　　　　　④ 기체침탄법

해설 **침탄법**
① 액체침탄법 : 시안화나트륨, 시안화칼리를 주성분으로 한 염을 사용하여 침탄온도 750~950℃에서 30~60분 침탄시키는 방법
② 고체침탄법 : 고체침탄제를 사용하여 강 표면에 침탄산소를 확산 침투시켜 표면을 경화시키는 방법
③ 가스침탄법 : 메탄가스와 같은 탄화수소가스를 사용하여 침탄하는 방법

문제 **40**

탄소강에서 탄소량에 따른 물리적 성질에 대한 설명 중 틀린 것은?

① 탄소량 증가와 더불어 비중이 증가한다.
② 탄소량 증가와 더불어 열팽창계수는 감소한다.
③ 탄소량 증가와 더불어 열전도율이 감소한다.
④ 탄소량 증가와 더불어 전기저항은 증가한다.

해설 **탄소량 증가 시**
① 인장강도, 경도 증가　　② 연신율 감소
③ 비중이 감소　　　　　　④ 열팽창계수 감소
⑤ 열전도율이 감소　　　　⑥ 전기저항 증가

문제 41

주철 용접시의 예열 및 후열 온도의 범위는 몇 ℃ 정도가 가장 적당한가?

① 500~600℃   ② 700~800℃

③ 300~350℃   ④ 400~450℃

해설 **주철용접시 예열 및 후열 온도 범위** : 500~600℃

문제 42

유황은 철과 화합하여 황화철(FeS)을 만들어 열간가공성을 해치며 적열취성을 일으킨다. 이와 같은 단점을 제거하기 위해서 일반적으로 많이 사용되는 원소는?

① Mn(망간)   ② Cu(구리)

③ Ni(니켈)   ④ Si(규소)

해설 **특수원소의 영향**
① Mn(망간) : 적열취성방지
② Mo(몰리브덴) : 뜨임취성방지
③ Ni(니켈) : 인성증가, 저온충격저항증가
④ Cr(크롬) : 내식, 내마모성증가
⑤ Si(탈산) : 전자기적 특성개선

문제 43

용접부에 생기는 잔류응력 제거법이 아닌 것은?

① 노 내 풀림법   ② 국부 풀림법

③ 기계적 응력 완화법   ④ 역 변형 풀림법

해설 **용접부에 생기는 잔류응력 제거법(용접후 처리)**
① 피닝법 : 해머로서 용접부를 연속적으로 때려 용접표면에 소성변형을 주는 방법
② 기계적응력완화법 : 잔류응력이 있는 제품에 하중을 주어 용접부에 약간의 소성변형을 일으킨 다음 하중을 제거하는 방법
③ 저온응력완화법 : 용접선 양측을 가스불꽃에 의하여 나비 약 150mm를 150~200℃정도의 비교적 낮은 온도로 가열한 다음 곧 수냉하는 방법

해답   41. ①   42. ①   43. ④

④ 국부풀림법 : 제품이 커서 노내에 넣을 수 없을 때 또는 설비, 용량 등으로 노내 풀림을 바라지 못할 경우에 용접부 근처만을 풀림
⑤ 노내풀림법 : 제품 전체를 가열로 안에 넣고 적당한 온도에서 일정 시간 유지한 다음 노내에서 서냉

 **44** 용접부 시험방법에서 야금학적 방법에 해당하는 것은?

① 피로시험　　　　② 부식시험
③ 파면시험　　　　④ 충격시험

해설 **용접부 시험방법에서 야금학적 방법** : 파면시험

 **45** CO_2가스 아크 용접의 용접 결함 중 기공 발생의 원인이 아닌 것은?

① CO_2가스 유량이 부족하다.
② 노즐과 모재간 거리가 지나치게 길다.
③ 전원 전압이 불안정하다.
④ 노즐에 스패터가 많이 부착되어 있다.

해설 **CO2가스 아크 용접의 기공 발생 원인**
① 노즐에 스패터가 많이 부착되어 있다.
② CO_2가스 유량이 부족하다.
③ 노즐과 모재간 거리가 지나치게 길다.

 **46** 비드를 쌓아 올리는 다층용접법에 해당되지 않는 것은?

① 덧살올림법　　　　② 전진블록법
③ 캐스케이드법　　　　④ 스킵법

해설 **비드를 쌓아 올리는 다층용접법**
① 전진블록법　② 캐스케이드법　③ 덧살올림법

 44. ③　45. ③　46. ④

 **47**

용접변형의 교정방법에 해당되지 않는 것은?

① 점 가열법　　　　　　　② 구속법
③ 가열 후 해머링법　　　　④ 롤러에 의한 법

 용접변형의 교정방법
① 가열 후 해머로 두드리는 방법　② 형제에 대한 직선가열 수축법
③ 박판에 대한 점 수축법　　　　④ 롤러에 의한 법
⑤ 소성변형시켜서 교정하는 방법　⑥ 외력을 이용한 소성변형법

48

라멜라 티어링(Lamellar Tearing) 균열을 감소하기 위한 가장 좋은
용접 설계는?

① 　　　　　②
③ 　　　　　④

49

지그와 고정구(fixture)의 선택 기준에 대한 설명으로 틀린 것은?

① 구조물이나 부재의 위치를 결정하며, 고정과 분리가 쉬워야 한다.
② 구조물이나 부재의 지지, 고정시켜 줄 수 있는 크기와 강성이 있어
　야 한다.
③ 용접변형을 촉진할 수 있는 구조이어야 한다.
④ 용접작업을 용이하게 할 수 있는 구조이어야 한다.

 **지그와 고정구의 선택 기준**
① 용접작업을 용이하게 할 수 있는 구조이어야 한다.
② 용접변형이 없는 구조이어야 한다.
③ 구조물이나 부재의 지지, 고정시켜 줄 수 있는 크기와 강성이 있어야 한다.
④ 구조물이나 부재의 위치를 결정하며 고정과 분리가 쉬워야 한다.

문제 50

용접이음 설계시 일반적인 주의사항으로 틀린 것은?

① 가급적 능률이 좋은 아래보기 용접을 많이 할 수 있도록 할 것
② 용접작업에 지장을 주지 않도록 충분한 공간을 갖도록 할 것
③ 필릿 용접은 될 수 있는 대로 피하고 맞대기 용접을 하도록 할 것
④ 용접 이음부를 1개소에 집중되도록 설계할 것

해설 용접이음 설계시 주의사항
① 필릿용접은 될 수 있는 대로 피하고 맞대기 용접을 할 것
② 용접작업에 지장을 주지 않도록 충분한 공간을 갖도록 할 것
③ 가급적 능률이 좋은 아래보기 용접을 많이 할 수 있도록 할 것
④ 응력이 집중될 우려가 있는 곳은 피한다.
⑤ 큰 구조물에서는 구조물의 중앙에서 끝으로 향하여 용접실시
⑥ 가용접시는 본 용접때보다 지름이 약간 가는 용접봉 사용
⑦ 대칭으로 용접을 실시한다.

문제 51

용접부의 검사에서 초음파 탐상시험 방법에 속하지 않는 것은?

① 공진법
② 투과법
③ 펄스반사법
④ 맥진법

해설 초음파 탐상시험 방법
① 펄스반사법   ② 투과법   ③ 공진법

문제 52

용접부의 천이온도에 관한 설명으로 옳은 것은?

① 천이온도가 높으면 기계적 성질이 좋아진다.
② 용착 금속부, 열영향부, 모재부에서의 천이온도는 각각 같다.
③ 재료가 연성 파괴에서 취성 파괴로 변화하는 온도범위를 말한다.
④ 최고 가열온도 100~200℃ 부분에서 천이온도가 가장 높다.

해설 천이온도 : 재료가 연성파괴에서 취성파괴로 변화하는 온도범위

문제 53

용접용 로봇을 동작기능을 나타내는 좌표계의 종류로 구분할 때 해당되지 않는 것은?

① 원통 좌표 로봇(cylindrical robot)
② 평행 좌표 로봇(parallel coordinate robot)
③ 극 좌표 로봇(polar coordinate robot)
④ 관절 좌표 로봇(articulated robot)

[해설] **용접용 로봇의 동작기능을 나타내는 좌표계의 종류**
① 원통좌표로봇   ② 극좌표로봇   ③ 관절좌표로봇

문제 54

다음 그림과 같이 강판의 두께 25mm, 인장하중 10,000kgf를 작용시켜 겹치기 용접 이음을 한다. 용접부 허용응력을 7kgf/mm^{2}이라 할 때 필요한 용접 길이는? (단, 두 장의 판 두께는 동일함.)

① 57.14mm
② 42.3mm
③ 45.6mm
④ 50.5mm

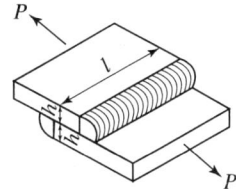

[해설] 인장응력 $= \dfrac{w}{tl}$ $l = \dfrac{10,000}{7 \times 25} = 57.14\,\text{mm}$

문제 55

200개들이 상자가 15개 있다. 각 상자로부터 제품을 랜덤하게 10개씩 샘플링할 경우, 이러한 샘플링 방법을 무엇이라 하는가?

① 계통 샘플링   ② 취락 샘플링
③ 층별 샘플링   ④ 2단계 샘플링

[해설] **층별 샘플링** : 모집단을 몇 개의 층으로 나누고 각 층으로부터 각각 랜덤하게 시료를 뽑는 샘플링 방법
계통 샘플링 : 모집단으로부터 시간적 또는 공간적으로 일정한 간격을 두고 샘플링하는 방법

[해답]　　　　　　　　　　　　　**53. ②   54. ①   55. ③**

단순샘플링 : 모집단의 어느 부분도 같은 확률로 시료 중에 뽑혀지도록 하는 샘플링 방법
2단계샘플링 : 공정이나 로트와 같은 모집단으로부터 샘플을 뽑는 것

문제 56 다음 중 신제품에 대한 수요예측방법으로 가장 적절한 것은?

① 시장조사법　　　　　　　② 이동평균법
③ 지수평활법　　　　　　　④ 최소자승법

해설 **시장조사법** : 신제품에 의한 수요예측법

문제 57 다음 중 사내표준을 작성할 때 갖추어야 할 요건으로 옳지 않은 것은?

① 내용이 구체적이고 주관적일 것
② 장기적 방침 및 체계 하에서 추진할 것
③ 작업표준에는 수단 및 행동을 직접 제시할 것
④ 당사자에게 의견을 말하는 기회를 부여하는 절차로 정할 것

해설 **사내표준을 작성할 때 갖추어야 할 요건**
① 당사자에게 의견을 말하는 기회를 부여하는 절차로 정할 것
② 작업 표준에는 수단 및 행동을 직접제시할 것
③ 장기적 방침 및 체계하에서 추진할 것

문제 58 $\bar{x}$관리도에서 관리상한이 22.15, 관리하한이 6.85, $\bar{R}=7.5$일 때 시료군의크기(n)는 얼마인가? (단, $n=2$일 때 $A_2=1.88$, $n=3$일 때 $A_2=1.02$, $n=4$일 때 $A_2=0.73$, $n=5$일 때 $A_2=0.58$ 이다.)

① 2　　　　　　　　　　② 3
③ 4　　　　　　　　　　④ 5

해설 ① $UCL=\bar{x}+A_2\bar{R}=22.15$　　② $LCL=\bar{x}-A_2\bar{R}=6.85$
③ $UCL-LCL=22.15-6.85=15.3$

∴ **시료군 크기**$(n)=\dfrac{15.3}{\bar{R}}=\dfrac{15.3}{7.5}=2.04$　∴ 3

 **59**

ASME(American Society of Mechanical Engineers)에서 정의하고 있는 제품공정 분석표에 사용되는 기호 중 "저장(Storage)"을 표현한 것은?

① ○   ② D

③ □   ④ ▽

해설 ① 작업 : ○   ② 정체공정 : D   ③ 검사 : □
④ 저장 : ▽   ⑤ 운반 : →

 **60**

어떤 측정법으로 동일 시료를 무한횟수 측정하였을 때 데이터 분포의 평균치와 모집단 참값과의 차를 무엇이라 하는가?

① 편차   ② 신뢰성

③ 정확성   ④ 정밀도

해설 **정확성(치우침)** : 어떤 측정방법으로 동일 시료를 무한 횟수 측정시 데이터 분포의 평균치와 참값과의 차이
정밀도(산포도) : 어떤 측정방법으로 동일 시료를 무한 횟수 측정시 얻어진 데이터는 반드시 흩어지는데 그 데이터 분포의 폭의 크기

해답   59. ④   60. ③

용접기능장

2022

 용접기능장 필기

2022년도 제 71 회

본 문제는 복원 기출문제입니다. 실제 문제와 다를 수 있으니 양해바랍니다.

문제 01

용접기의 1차선에 비하여 2차선에 굵은 도선을 사용하는 이유는?

① 2차전압이 1차전압보다 높기 때문에

② 2차전류가 1차전류보다 많기 때문에

③ 2차선의 방열효과를 높이기 위하여

④ 전선의 강도상 굵은 쪽이 더욱 튼튼하기 때문에

 **해설** 용접기의 1차선에 비하여 2차선을 굵은 도선을 사용하는 이유

　　　2차전류가 1차전류보다 많기 때문에

문제 02

오버랩(overlap) 결함이 있을 경우, 어떻게 보수하는 것이 가장 좋은가?

① 직경이 작은 용접봉으로 재용접한다.

② 비드 위에 재용접한다.

③ 결함부분을 깎아내고 재용접한다.

④ 드릴로 구멍을 뚫고 재용접한다.

해설 결함의 보수

　　① 오버랩 : 결함부분을 깎아내고 재용접한다.

　　② 언더컷의 보수 : 지름이 작은 용접봉을 사용하여 보수

　　③ 슬래그의 보수 : 깎아내고 재용접한다.(결함부분)

문제 03

KS 규격에 의하면 피복 아크 용접기의 용량은 무엇으로 표시하는가?

① 전원입력　　　　　　　② 피상입력

③ 정격사용률　　　　　　④ 정격 2차 전류

 **해설 피복 아크 용접기의 용량** : 정격 2차 전류

 해답

문제 04

철강재료의 용접에서 균열을 일으키는데 가장 예민한 원소는?

① C

② Si

③ S

④ Mg

해설 합금원소 영향

① 황 : ㉠ 적열취성원인(균열)   ㉡ 용접성저하   ㉢ 인성저하

② 인 : ㉠ 상온취성, 청열취성원인   ㉡ 인장강도 증가 연신율 감소

③ 망간 : 황의 해를 제거

④ 수소 : 헤어크랙 및 은점의 원인

⑤ 규소 : ㉠ 유동성 증가   ㉡ 결정립의 조대화

문제 05

가스절단(Gas cutting)의 조건 설명 중 틀린 것은?

① 금속산화물의 융점이 모재의 융점보다 높을 것

② 절단 국부가 쉽게 연소개시 온도에 도달할 것

③ 산화물의 유동성이 좋고 모재에서 쉽게 떨어질 것

④ 모재의 성분에 연소를 방해하는 성분이 적을 것

해설 가스절단의 조건

① 모재의 성분에 연소를 방해하는 성분이 적을 것

② 산화물의 유동성이 좋고 모재에서 쉽게 떨어질 것

③ 절단 국부가 쉽게 연소개시 온도에 도달할 것

④ 금속산화물의 융점이 모재의 융점보다 낮을 것

문제 06

용접 변형 교정법으로 맞지 않는 것은?

① 얇은 판에 대한 점 수축법

② 형재에 대한 직선 수축법

③ 국부 템퍼링법

④ 가열한 후 해머링하는 방법

해설 용접변형 교정방법

① 박판에 대한 점 수축법   ② 형재에 대한 직선가열 수축법

③ 가열 후 해머로 두드리는 방법

④ 후판에 대하여는 가열 후 압력을 걸고, 수냉하는 방법

⑤ 소성변형시켜서 교정하는 방법   ⑥ 외력을 이용한 소성변형법

해답

04. ③   05. ①   06. ③

문제 07 제어의 형태에 따라 산업용 로봇을 분류할 때 해당되지 않는 것은?

① 서보 제어로봇
② 논서보 제어로봇
③ 원통좌표 로봇
④ CP 제어로봇

해설 제어의 형태에 따라 산업용 로봇 분류
① CP 제어로봇   ② 논서보 제어로봇   ③ 서보 제어로봇

문제 08 아크 용접기의 부속장치에 해당되지 않는 것은?

① 자동전격방지장치
② 원격제어장치
③ 핫 스타트(hot start) 장치
④ 용접봉 건조로 장치

해설 아크 용접기의 부속장치
① 핫 스타트 장치 : 아크 발생을 쉽게 하고 비드 모양을 개선하고 아크가 발생하는 초기에 용접봉과 모재가 냉각되어 있어 입열이 부족하여 아크가 불안정하기 때문에 아크 초기만 용접전류를 특별히 크게 하기 위해
② 전격방지장치 : 무부하 전압이 85~95V로 비교적 높은 교류 아크 용접기는 감전재해의 위험이 있기 때문에 무부하 전압을 20~30V 이하로 유지하여 용접사 보호
③ 고주파 발생장치 : 전류가 순간적으로 변할 때마다 아크가 불안정하기 때문에 교류 아크 용접에 고주파를 병용시키면 아크가 안정되므로 작은 전류로 얇은 판이나 비철금속을 용접 시 사용
④ 원격제어장치

문제 09 용접의 원리를 가장 올바르게 설명한 것은?

① 금속원자 사이의 인력을 이용한 것이다.
② 금속의 접합을 위해 볼트나 리벳을 이용한 것이다.
③ 보호가스를 이용한 것이다.
④ 산화막 등의 오염물질을 제거하기 위해 용매를 이용한 것이다.

해설 용접의 원리 : 금속원자 사이의 인력을 이용한 것

문제 10

이산화탄소 아크 용접법이 아닌 것은?

① 아코스 아크법   ② 퓨즈 아크법

③ 유니언 아크법   ④ 플라스마 아크법

> **해설 이산화탄소 아크 용접법**
> ① 유니언 아크법   ② 아코스 아크법   ③ 퓨즈 아크법

문제 11

지그와 고정구(fixture)에 대한 설명으로 잘못된 것은?

① 구조물이나 부재의 위치를 결정하며, 고정과 분리가 단순해야 한다.
② 구조물이나 부재의 지지, 고정 또는 안내를 정확히 해야 한다.
③ 주어진 한계 내에서 정밀도를 유지한 제품이 제작될 수 있어야 한다.
④ 기존 기계장비의 사용을 최초로 억제하기 위해 사용된다.

> **해설 지그와 고정구**
> ① 주어진 한계 내에서 정밀도를 유지한 제품이 제작될 수 있어야 한다.
> ② 구조물이나 부재의 지지 고정 또는 안내를 정확히 해야 한다.
> ③ 구조물이나 부재의 위치를 결정하며 고정과 분리가 단순해야 한다.

문제 12

탄소(C) 함량 0.25% 이상의 강선을 인발가공하고자 할 때, 필요로 하는 경우 취하는 열처리 방법은?

① 어닐링(annealing)   ② 담금질(quenching)

③ 패턴팅(patenting)   ④ 탬퍼링(tempering)

> **해설 패턴팅** : 탄소 함량이 0.25% 이상의 강선을 인발가공하고자 할 때 필요

문제 13

피복아크 용접봉의 피복제에서 형석(CaF_2)이 용접 모재에 미치는 성질에 해당되지 않는 것은?

① 아크 안정   ② 슬래그의 생성

③ 유동성 증가   ④ 환원가스 발생

> **해설** 피복아크 용접봉의 피복제에서 형석이 모재에 미치는 영향
> ① 슬래그의 생성   ② 유동성 증가   ③ 아크안정

문제 14

수동 피복 아크 용접봉의 피복제의 작용이 아닌 것은?

① 아크 안정   ② 용착 금속 보호
③ 고운 파형의 비드 형성   ④ 전기 절연 방지

> **해설** **피복제의 작용**
> ① 아크안정   ② 용착금속의 보호
> ③ 고운파형의 비드형성   ④ 탈산정련작용
> ⑤ 스패터의 발생을 적게 한다. ⑥ 슬래그 제거가 쉽다.
> ⑦ 공기로 인한 산화, 질화 방지
> ⑧ 용착금속의 냉각속도를 느리게 하여 급랭 방지
> ⑨ 합금원소 첨가

문제 15

용접부 시험법 중 기계적 시험법이 아닌 것은?

① 인장 시험   ② 부식 시험
③ 피로 시험   ④ 크리프 시험

> **해설** **기계적 시험법**
> ① 인장시험   ② 피로시험   ③ 충격시험
> ④ 굽힘시험   ⑤ 크리프시험

> **보충** 부식시험은 화학적 시험임

문제 16

언더컷(Undercut)의 결함이 생기기 쉬운 용접조건은?

① 용접속도가 느리고 아크전압이 높을 때
② 용접속도가 느리고 전류가 작을 때
③ 용접속도가 빠르고 아크전압이 낮을 때
④ 용접속도가 빠르고 전류가 클 때

 **해답**

해설 **언더컷의 원인**
① 용접속도가 너무 빠를 때   ② 전류가 너무 높을 때
③ 부적당한 용접봉 사용시   ④ 아크길이가 길 때

문제 17 이산화탄소 아크용접법은 어느 금속에 가장 적합한가?

① 알루미늄   ② 마그네슘
③ 저탄소강   ④ 몰리브덴

해설 이산화탄소 아크용접법은 저탄소강에 적합

문제 18 피복금속아크 용접에서 아크 쏠림(arc blow)이 발생할 때 그 방지법으로 가장 적당한 사항은?

① 직류 정극성으로 용접한다.   ② 직류 역극성으로 용접한다.
③ 교류 용접기로 용접을 한다.   ④ 직류전류를 높인다.

해설 **아크쏠림** : 직류에서 나타나는 현상으로 용접중에 아크가 용접봉 방향에서 한쪽으로 쏠리는 현상
① 방지법 : ㉠ 교류용접기로 용접을 한다.
　　　　　㉡ 짧은 아크를 사용할 것
　　　　　㉢ 용접부가 긴 경우 후퇴법을 사용할 것
　　　　　㉣ 접지점을 2개연결할 것
　　　　　㉤ 접지점을 용접부보다 멀리 할 것

문제 19 탄소강에서 탄소의 양이 증가하면 기계적 성질은 어떻게 변화 하는가?

① 인장강도, 경도, 연신율이 모두 증가한다.
② 인장강도, 경도, 연신율이 모두 감소한다.
③ 인장강도와 경도는 증가하나 연신율은 감소한다.
④ 인장강도와 경도는 감소하나 연신율은 증가한다.

해설 탄소의 양 증가시 인장강도증가, 경도증가, 연신율감소, 충격값감소

해답 　　　　　　　　　　　　　　　　　　　　　　**17. ③ 18. ③ 19. ③**

 **20** 연강용 피복 아크용접봉의 피복 배합제중 탈산제에 해당하는 것은?

① 산화티탄   ② 규소칼륨

③ 망간철   ④ 탄산나트륨

해설 **탈산제** : ① 페로망간(망간철)   ② 페로티탄(티탄철)
        ③ 페로바나듐(바나듐철) ④ 페로실리콘(규소철)
        ⑤ 알루미늄

 **21** 용접으로 인한 변형교정 방법 중에서 가열에 의한 교정 방법이 아닌 것은?

① 얇은 판에 대한 점 수축법
② 형재에 대한 직선 수축법
③ 후판에 대한 가열후 압력을 주어 수냉하는 법
④ 롤러에 의한 법

해설 문제 6번 참조

 **22** 산소-아세틸렌가스용접에서 산소를 아세틸렌보다 적게 공급하면 백심과 속불꽃이 함께 길게 되는 현상, 즉 아세틸렌 과잉불꽃(excess acetylene flame)을 의미하는 것은?

① 백색불꽃   ② 산화불꽃

③ 표준불꽃   ④ 탄화불꽃

해설 **산소-아세틸렌불꽃**
  ① 탄화불꽃 : ㉠ 아세틸렌 과잉 불꽃
              ㉡ 스텐레스, 모넬메탈, 스텔라이트
  ② 산화불꽃 : ㉠ 산소 과잉 불꽃
              ㉡ 구리, 황동 용접에 사용
  ③ 중성불꽃 : 표준불꽃이라 한다.

해답   20. ③   21. ④   22. ④

문제 23

전기적 에너지를 열원으로 하는 용접법을 열거한 것이다. 아닌 것은?

① 피복 금속 아크 용접　　② 플라스마 제트 용접

③ 테르밋 용접　　④ 일렉트로 슬래그 용접

해설 **전기적 열원으로 하는 용접법**
① 일렉트로 슬래그 용접
② 플라스마 제트 용접
③ 피복 금속 아크 용접

문제 24

서브머지드 아크 용접기에 사용되는 용제(flux)의 종류가 아닌 것은?

① 용융형(溶融型)　　② 소결형(燒結型)

③ 혼성형(混成型)　　④ 가입형(加入型)

해설 **서브머지드 아크 용접기에 사용되는 용제**
① 소결형　② 용융형　③ 혼성형

문제 25

가변압식 토치의 종류에 해당되는 것은?

① B00호　　② A00호

③ C00호　　④ D00호

문제 26

특수강 중 인바(invar)라고도 하며, 열팽창계수가 영(0)에 가까워서 정밀기구류의 재료로 사용되는 것은?

① 니켈강　　② 망간강

③ 크롬강　　④ 구리−크롬강

해설 **특수강 중 인바라고도 하며 열팽창계수가 0에 가까워서 정밀 기구류의 재료로 사용 : 니켈강**

 **27**

용접시공중에 잔류응력을 경감시키는 데 필요한 방법이 아닌 것은?

① 예열을 이용한다.

② 용접후 후열처리를 한다.

③ 용착금속의 양을 될수 있는 대로 많게 한다.

④ 적당한 용착법과 용접순서를 선정한다.

해설 용접시공 중에 잔류응력을 경감시키는데 필요한 방법
① 적당한 용착법과 용접순서를 선정한다.
② 용접후 후열처리를 한다.
③ 예열을 이용한다.
④ 용착금속의 양을 될 수 있는 대로 적게 할 것

 **28**

용접부 시험방법에서 야금학적 방법에 해당하는 것은?

① 피로시험   ② 부식시험

③ 파면시험   ④ 충격시험

해설 용접부 시험방법 중 야금학적 방법 : 파면시험

 **29**

산소가스 절단의 원리를 가장 바르게 설명한 것은?

① 산소와 철의 산화 반응열을 이용하여 절단한다.

② 산소와 철의 탄화 반응열을 이용하여 절단한다.

③ 산소와 철의 산화 아크열을 이용하여 절단한다.

④ 산소와 철의 탄화 아크열을 이용하여 절단한다.

해설 산소가스절단의 원리 : 산소와 철의 산화반응열을 이용 절단

문제 30

아크 에어 가우징이 가스 가우징에 비하여 갖는 장점으로서 올바르지 않은 것은?

① 작업능률이 2~3배 정도 높고 경비가 적게 든다.
② 소음이 없고 조정이 쉬우며 모재에 악영향이 거의 없다.
③ 직류 정극성으로 작업하므로 조작이 용이하다.
④ 용접결함, 특히 균열이 쉽게 발견된다.

해설 **아크에어가우징의 장점**
① 용접결함 특히 균열이 쉽게 발견된다.
② 작업능률이 2~3배정도 높고 경비가 적게 든다.
③ 소음이 없고 조정이 쉬우며 모재에 악영향이 거의 없다.
④ 응용범위가 넓다.
⑤ 조작방법이 간단하다.

문제 31

강재 표면의 흠, 게재물, 탈탄층 등을 불꽃가공에 의해 비교적 얇게 그리고 타원형 모양으로 깎아내는 가공법은?

① 수중절단　　　　　　② 스카핑
③ 아크에어가우징　　　④ 산소창절단

해설 **스카핑** : 강괴, 강편, 슬래그, 주름, 탈탄층, 표면균열 등의 표면결함을 불꽃가공에 의해 제거하는 방법
가스가우징 : 용접부분의 뒷면을 따내든지 H형, U형의 용접 홈을 가공하기 위해서 깊은 홈을 파내는 가공법
① 사용가스 압력 : 산소의 경우 3~7kg/cm², 아세틸렌의 경우 0.2~0.3 kg/cm²
② 팁 작업의 각도 : 30~45°

문제 32

다음 중에서 저항 용접이 아닌 것은?

① 스폿용접　　　　　　② 심용접
③ 플래시용접　　　　　④ 플러그용접

 **저항 용접**
① 겹치기 용접 : ㉠ 점용접　　㉡ 시임용접　　㉢ 프로젝션용접
② 맞대기 용접 : ㉠ 플래쉬 맞대기 용접　　㉡ 방전충격용접
　　　　　　　㉢ 업셋 맞대기 용접

문제 33

주철, 비철금속, 고합금강의 절단에 가장 적합한 절단법은?

① 산소창 절단(oxygen lance cutting)
② 분말절단(powder cutting)
③ TIG절단
④ MIG 절단

 **분말절단** : 주철, 비철금속, 고합금강의 절단에 적합

문제 34

페라이트와 탄화철이 서로 파상으로 배치된 조직으로 현미경 조직은 흑백으로된 파상선을 형성하고 있으며, 결정조직은 강하고 또한 질긴 성질이 있고, 브리넬경도 약 300, 인장강도 600kgf/mm^2 정도인 서냉조직은?

① 지철
② 오스테나이트
③ 펄라이트
④ 시멘타이트

 **펄라이트** : 페라이트와 탄화철이 서로 파상으로 배치된 조직으로 현미경 조직은 흑백으로 된 파상선을 형성하고 있으며 결정조직은 강하고 또한 질긴 성질이 있고 브리넬경도 약 300, 인장강도 600kg/mm^2 정도의 서냉조직

문제 35

강철을 (산소-아세틸렌) 가스 절단할 경우 예열온도는 약 몇(℃)인가?

① 100-200℃
② 300-500℃
③ 800-1000℃
④ 1100-1500℃

강철을 산소-아세틸렌가스 절단할 경우 예열온도 : 800~1,000℃

해답　　33. ②　34. ③　35. ③

문제 36

각종 금속의 예열온도에 대한 설명 중 틀린 것은?

① 고장력강, 저합금강, 주철의 경우 용접 홈을 50~350℃ 정도로 예열한다.
② 연강을 0℃ 이하에서 용접할 경우 이음의 양쪽 폭 100mm 정도를 40~75℃ 로 예열한다.
③ 열전도도가 좋은 알루미늄합금, 구리합금은 200~400℃의 예열이 필요하다.
④ 고급내열합금(Ni 또는 Co)은 용접성이 좋아 예열이 필요치 않다.

해설 **금속의 예열온도**
① 열전도도가 좋은 알루미늄합금 구리합금은 200~400℃의 예열이 필요하다.
② 연강을 0℃ 이하에서 용접할 경우 이음의 양쪽 폭 100mm 정도를 40~75℃로 예열한다.
③ 고장력강, 저합금강, 주철의 경우 용접홈을 50~350℃ 정도로 예열
④ 고급내열합금(Ni 또는 CO)은 용접선이 좋아도 예열이 필요하다.

문제 37

용접이음을 설계할 때의 주의사항으로서 틀린 것은?

① 아래보기 용접을 많이 하도록 할 것
② 용접작업에 지장을 주지 않도록 간격을 남길 것
③ 필렛용접은 될 수 있는 대로 피하고 맞대기 용접을 하도록 할 것
④ 용접이음부를 한 곳에 집중되도록 설계할 것

해설 **용접이음의 설계**
① 용접 이음부를 한 곳에 집중되도록 하지 말 것
② 아래보기 용접을 많이 하도록 할 것
③ 필렛용접은 될 수 있는 대로 피하고 맞대기 용접을 하도록 할 것
④ 큰구조물에서는 구조물의 중앙에서 끝으로 향하여 용접실시
⑤ 조립순서는 수축이 큰 맞대기 용접을 먼저하고 다음에 필렛용접을 한다.

38

서브머지드 아크 용접 작업에서 용접전류와 아크전압이 동일하고 와이어 지름만 작을 경우 용입과 비드 폭은 어떤 현상으로 나타나는가?

① 용입은 얕고, 비드 폭은 좁아진다.
② 용입은 깊고, 비드 폭은 좁아진다.
③ 용입은 깊고, 비드 폭은 넓어진다.
④ 용입은 얕고, 비드 폭은 넓어진다.

해설 용입은 깊고 비드폭은 좁아진다.

 39

다음 중에서 Y합금의 주성분은 어느 것인가?

① Al-Cu-Sb-Mn
② Al-Mg
③ Al-Fe-Ni
④ Al-Cu-Ni-Mg

해설 **합금**
① Y합금 : Al+Cu+Mg+Ni(알구마니)
② 두랄루민 : Al+Cu+Mg+Mn(알구마망)
③ 로엑스 : Al+Cu+Mg+Ni+Si(알구마니소)
④ 일렉트론 : Al+Zn+Mg(알아마)
⑤ 라우탈 : Al+Cu+Si(알구소)

 **40**

불변강으로서 길이 표준용 기구나 시계의 추 등에 쓰이는 재료는?

① 플래티나이트(Platinite)
② 코엘린바(Coelinvar)
③ 인바(Invar)
④ 스텔라이트(Stellite)

해설 **인바** : 불변강으로서 길이 표준용기구나 시계의 추 등에 사용

문제 41

정격 2차 전류 200[A], 정격 사용율 40[%]의 아크 용접기로 120[A]의 용접 전류를 사용하여 용접할 경우 허용사용율은?

① 24[%]
② 67[%]
③ 80[%]
④ 111[%]

 해설 $$허용사용률 = \frac{(정격\ 2차\ 전류)^2}{(실제\ 용접전류)^2} \times 정격사용률 = \frac{200^2 \times 40\%}{120^2} = 111\%$$

문제 42

저온 균열에서 토우 크랙(toe crack)에 대한 설명 중 틀린 것은?

① 언더컷이 생기지 않도록 용접을 해야 한다.
② 후열을 하거나 강도가 높은 용접봉을 사용하는 것도 효과적이다.
③ 맞대기이음, 필릿이음 등의 어떤 경우든지 비드 표면과 모재와의 경계부에서 발생한다.
④ 용접부재에 의한 회전변형을 무리하게 구속하거나 용접 후 즉시 각변형을 주면 발생하기 쉽다.

해설 **토우크랙(균열)**
① 용접부재에 의한 회전 변형을 무리하게 구속하거나 용접후 즉시 각 변형을 주면 발생하기 쉽다.
② 언터컷이 생기지 않도록 용접을 해야 한다.
③ 맞대기 이음, 필릿이음 등의 어떤 경우든지 비드 표면과 모재와의 경계부에서 발생한다.

문제 43

서브머지드 아크용접의 용접헤드(welding head)에 속하지 않는 것은?

① 와이어 송급장치
② 콘택트 팁(contact tip)
③ 용제 호퍼(flux hopper)
④ 주행 대차(carriage)

해설 **서브머지 아크용접의 용접 헤드**
① 용제호퍼 ② 콘택트팁 ③ 와이어 송급장치

 **44**

그림과 같은 맞대기 용접 이음에서 인장 하중 W[kgf]을 구하는 식은? (단, σ_b:휨응력, σ_t:인장응력)

① $W = 2t \cdot L \cdot \sigma_b$

② $W = t \cdot L \cdot \sigma_t$

③ $W = \dfrac{t \cdot L}{12} \cdot \sigma_b$

④ $W = \dfrac{t \cdot L}{12} \cdot \sigma_t$

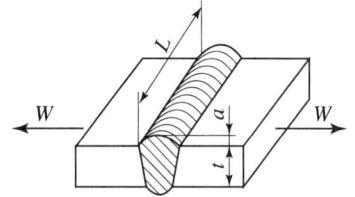

 **45**

스테인레스강의 분류에 속하지 않는 것은?

① 마르텐사이트 스테인레스강 ② 오스테나이트 스테인레스강
③ 페라이트 스테인레스강 ④ 펄라이트 스테인레스강

해설 **스텐레스강의 분류**
① 오스테나이트 스텐레스강 ② 마르텐자이트 스텐레스강
③ 페라이트 스텐레스강

46

가접에 대한 설명 중 가장 올바른 것은?

① 가접은 가능한 크게 한다.
② 가접은 중요치 않으므로 본용접공보다 기능이 떨어지는 용접공이 해도 된다.
③ 강도상 중요한 곳, 용접 시점 및 종점이 되는 끝 부분은 가접을 피하도록 한다.
④ 가접은 본용접에는 영향이 없다.

해설 **가접**
① 강도상 중요한곳 용접시점 및 종점이 되는 끝부분은 가접을 피한다.
② 본 용접사와 동등한 기량을 갖는 용접사가 가접시행
③ 가용접시는 본 용접때보다 지름이 약간 가는 용접봉 사용

 **47** 용접의 장점이 아닌 것은?

① 기밀, 유밀성이 우수하다.　　② 두께의 제한이 없다.

③ 저온취성이 생길 우려가 없다.　④ 이음부의 수리가 용이하다.

해설 용접의 장점
① 이음부의 수리가 용이　　　　② 두께의 제한이 없다.
③ 기밀 유밀성 우수　　　　　　④ 이음효율이 높다.
⑤ 작업공정이 단축되며 경제적이다.
⑥ 제품의 성능과 수명이 향상 된다.
⑦ 중량이 가벼워진다.

 **48** 피복아크 용접시 아크전압 30V, 아크전류 600A, 용접 속도 30cm/min 일 때 용접입열은 몇 Joule/cm인가?

① 13500　　　　　　　　　② 41142

③ 36000　　　　　　　　　④ 43225

 해설 용접입열 $= \dfrac{60EI}{V} = \dfrac{60 \times 30 \times 600}{30} = 36,000 \, \text{J/cm}$

 **49** 가스절단시 양호한 절단면을 얻기 위한 조건이 아닌 것은?

① 드래그는 가능한 작을 것

② 슬래그 이탈이 양호할 것

③ 절단면 표면의 각이 둥글 것

④ 절단면이 평활하며 드래그의 홈이 낮고 노치 등이 없을 것

해설 가스절단시 양호한 절단면을 얻기 위한 조건
① 절단면의 각이 예리할 것　　② 슬래그 이탈이 양호할 것
③ 드래그는 가능한 작을 것
④ 절단면이 평활하며 드래그의 홈이 낮고 노치 등이 없음.

50

박스 지그 중에서 단순한 형태의 것으로 공작물은 두 표면 사이에 유지되고 제3표면을 가공하며, 때로는 지그다리를 사용하여 3개의 면을 가공할 수 있는 지그는?

① 채널 지그　　　　　　② 샌드위치 지그
③ 분할 지그　　　　　　④ 리프 지그

해설 **채널 지그** : 박스 지그 중에서 단순한 형태의 것으로 공작물은 두 표면 사이에 유지되고 제3표면을 가공하며 때로는 지그다리를 사용하여 3개의 면을 가공

 **51**

용접 구조물의 연성과 결함의 유무를 조사하는 방법으로 가장 적합한 시험법은?

① 인장시험　　　　　　② 굽힘시험
③ 경도시험　　　　　　④ 충격시험

해설 **굽힘시험** : 용접 구조물의 연성과 결함의 유무 조사하는 방법

 **52**

알루미늄 또는 알루미늄합금은 대체로 용접성이 불량한데, 그 이유가 아닌 것은?

① 비열과 열전도도가 커서 단시간 내에 용융온도에 이르기가 쉽기 때문에
② 색채에 따라 가열온도의 판정이 곤란하여 지나치게 용융이 되기 쉽기 때문에
③ 용접 후 변형이 크고 균열이 생기기 쉽기 때문에
④ 용융 응고 시 수소가스를 흡수하여 기공이 발생되기 쉽기 때문에

해설 **알루미늄 또는 알루미늄합금의 용접성이 불량한 이유**
　　① 용융 응고 시 수소가스를 흡수하여 기공이 발생되기 쉽기 때문에
　　② 용접 후 변형이 크고 균열이 생기기 쉽기 때문에
　　③ 색채에 따라 가열온도의 판정이 곤란하며 지나치게 용융이 되기 쉽기 때문에

문제 53

온도를 기준으로 하여 열처리의 온도가 높은 것에서 낮은 것의 순서로 된 것은?

① 노멀라이징-저온풀림-저온뜨임
② 노멀라이징-저온뜨임-저온풀림
③ 저온뜨임-노멀라이징-저온풀림
④ 저온풀림-저온뜨임-노멀라이징

 **해설** **열처리 온도가 높은 것에서 낮은 것의 순서**
노멀라이징 > 저온풀림 > 저온뜨임

문제 54

티탄합금으로 용접할 때, 용접이 가장 잘 되는 것은?

① 피복아크 용접　　　　② 불활성가스 아크 용접
③ 산소-아세틸렌가스 용접　　④ 서브머지드 아크 용접

해설 **티탄합금으로 용접시 용접이 가장 잘되는 것** : 불활성가스 아크용접

문제 55

원재료가 제품화 되어가는 과정 즉 가공, 검사, 운반, 지연, 저장에 관한 정보를 수집하여 분석하고 검토를 행하는 것은?

① 사무공정 분석표　　　　② 작업자공정 분석표
③ 제품공정 분석표　　　　④ 연합작업 분석표

해설 **제품공정분석표** : 가공, 검사, 운반, 지연, 저장에 대한 정보를 수집하여 분석하고 검토를 행하는 것

문제 56

다음 내용은 설비보전조직에 대한 설명이다. 어떤 조직의 형태인가?

"보전작업자는 조직상 각 제조부문의 감독자 밑에 둔다.
단점 : 생산우선에 의한 보전작업 경시, 보전기술 향상의 곤란성
장점 : 운전과의 일체감 및 현장감독의 용이성"

① 집중보전　　　　　　　　　② 지역보전
③ 부문보전　　　　　　　　　④ 절충보전

해설 **부문보전**
① 장점 : 운전과의 일체감 및 현장감독의 용이성
② 단점 : 생산우선에 의한 보전작업 경시, 보전기술 향상의 곤란성

문제 57

다음 중 검사를 판정의 대상에 의한 분류가 아닌 것은?

① 관리 샘플링 검사　　　　　② 로트별 샘플링 검사
③ 전수검사　　　　　　　　　④ 출하검사

해설 **검사를 판정의 대상에 의한 분류**
① 전수검사　　② 로트별 샘플링 검사　　③ 관리 샘플링 검사

문제 58

파레토그림에 대한 설명으로 가장 거리가 먼 내용은?

① 부적합품(불량), 클레임 등의 손실금액이나 퍼센트를 그 원인별, 상황별로 취해 그림의 왼쪽에서부터 오른쪽으로 비중이 작은 항목부터 큰 항목 순서로 나열한 그림이다.
② 현재의 중요 문제점을 객관적으로 발견할 수 있으므로 관리방침을 수립할 수 있다.
③ 도수분포의 응용수법으로 중요한 문제점을 찾아내는 것으로서 현장에서 널리 사용된다.
④ 파레토그림에서 나타난 1~2개 부적합품(불량) 항목만 없애면 부적합품(불량)률은 크게 감소된다.

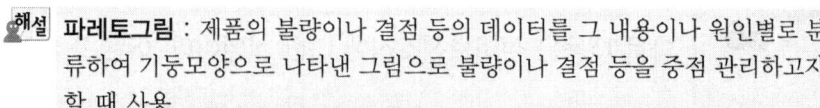
해설 **파레토그림** : 제품의 불량이나 결점 등의 데이터를 그 내용이나 원인별로 분류하여 기둥모양으로 나타낸 그림으로 불량이나 결점 등을 중점 관리하고자 할 때 사용
① 파레토 그림에서 타나난 1~2개 부적합품 항목만 없애면 부적합품률은 크게 감소한다.
② 현재의 중요 문제점을 객관적으로 발견할 수 있으므로 관리방침 수립 가능
③ 도수분포의 응용수법으로 중요한 문제점을 찾아내는 것으로서 현장에서 널리 사용된다.

 **59**

수요예측 방법의 하나인 시계열분석에서 시계열적 변동에 해당되지 않는 것은?

① 추세변동   ② 순환변동
③ 계절변동   ④ 판매변동

해설 **시계열변동**
① 추세변동   ② 순환변동   ③ 계절변동

 **60**

nP관리도에서 시료군마다 $n = 100$이고, 시료군의 수가 $k = 20$이며, $\sum nP = 77$이다. 이때 nP관리도의 관리상한선 UCL을 구하면 얼마인가?

① UCL = 8.94   ② UCL = 3.85
③ UCL = 5.77   ④ UCL = 9.62

용접기능장 필기

2022년도 제 72 회

본 문제는 복원 기출문제입니다. 실제 문제와 다를 수 있으니 양해바랍니다.

문제 01

용적 40리터인 산소 용기의 고압력계에 100kgf/cm² 으로 나타났다면 프랑스식 팁 400번으로 몇 시간 용접할 수 있겠는가? (단, 산소와 아세틸렌의 혼합비는 1:1이다.)

① 10　　　　　② 12
③ 40　　　　　④ 100

해설　용접시간 $= \dfrac{40 \times 100}{400} = 10$시간

문제 02

플라스마 아크 용접 특징의 설명으로 옳은 것은?

① I 형 이음 홈은 불가능하며, 용접봉의 소모가 많다.
② 1층으로 용접할 수 있으므로 능률적이다.
③ 열적 핀치 효과에 의해 열집중이 저조하다.
④ 열영향부가 넓고, 용접속도가 느리다.

해설　**플라스마 아크 용접의 특징**
① 각종 재료의 용접이 가능하다.
② 전류밀도가 크므로 용입이 깊고 비드 폭이 좁으며 용접속도가 빠르다.
③ 용접부의 기계적 성질이 좋으며 변형도 좋다.
④ 수동용접도 쉽게 할 수 있다.
⑤ 무부하 전압이 높고 설비비가 많이 든다.

해답

01. ①　02. ②

 **03** 용접이음부의 형태를 설계할 때 고려해야 할 사항이 아닌 것은?

① 적당한 루트간격의 선택 ② 용접봉이 쉽게 닿도록 할 것
③ 용입이 깊은 용접법의 선택 ④ 용착금속량을 많게 할 것

해설 용접이음부의 형태를 설계할 때 고려할 사항
① 적당한 루트간격의 선택 ② 용접봉이 쉽게 닿도록 할 것
③ 용입이 깊은 용접법의 선택 ④ 용착금속량을 적게 할 것

 **04** KS에 규정된 자동 용접 시스템용 제어로봇(controlled robot)을 분류한 것 중 전체궤도 또는 전체경로가 지정되어 있는 제어로봇은?

① 서보 제어로봇(servo-controlled robot)
② 논 서보 제어로봇 (nonservo-controlled robot)
③ CP제어로봇 (continuous path controlled robot)
④ PTP 제어로봇 (point-to-point controlled robot)

해설 **CP 제어로봇** : 전체궤도 또는 전체경로가 지정되어 있는 제어로봇

05 황동에 납(Pb)1.5-3.0 %를 첨가한 합금은?

① 쾌삭황동 ② 강력황동
③ 문쯔메탈 ④ 톰백

해설 합금
① 쾌삭황동 : 황동 + 납(1.5~3%)
② 문쯔메탈 : 구리(60%) + 아연(40%)
③ 톰백 : 구리(80%) + 아연(20%)
④ 모네메탈 : Ni(65~70%) + Fe(1~3%)
⑤ 인코넬 : Ni(70~80%) + Cr(12~14%)

문제 06

경제적인 면에서 볼 때, 드랙(drag)은 가능한 긴 편이 좋다. 따라서 절단면 끝단부가 남지 않을 정도의 드랙을 표준 드랙이라고 하는데 이것은 보통 판두께(t)의 몇 배 정도 인가?

① 1/3   ② 1/5

③ 1/7   ④ 1/10

해설 드래그의 길이＝판두께 $\times \dfrac{1}{5}$

문제 07

선박(Ship)의 노천갑판상에 산소병을 저장할 때, 태양광선의 직사를 피할 경우최대 허용온도는?

① 34℃   ② 44℃

③ 54℃   ④ 64℃

해설 선박의 노천 갑판상에 산소병 저장시 태양광선의 직사광을 피할 경우 최대 허용온도 : 54℃

문제 08

열응력의 풀림 처리중에서 고온풀림에 해당하는 것은?

① 확산 풀림(diffusion annealing)

② 응력제거 풀림(stress relief annealing)

③ 구상화 풀림(spheroidizing annealing)

④ 프로세스 풀림(process annealing)

해설 열응력의 풀림처리 중에서 고온풀림 : 확산풀림

문제 09 전격방지기의 역할은?

① 작업을 안하는 휴지시간 동안 2차 무부하 전압을 20-30[V] 이하로 유지하여 감전을 방지할 수 있다.
② 아크 전류를 낮게 하여 전격사고를 방지한다.
③ 아크 길이를 짧게 하여 용접이 잘되게 한다.
④ 용접중 아크 전압을 높게 하여 감전사고를 예방한다.

해설 **전격방지기의 역할** : 작업을 안하는 휴지기간동안 2차 무부하전압을 20~30V 이하로 유지하여 감전방지

문제 10 Fe_2N 및 Fe_4N의 화합물의 질화층이 형성, 변화되지 않는 표면 경화 처리법은?

① 고체침탄경화
② 가스침탄경화
③ 고주파경화
④ 질화법에 의한 경화

해설 질화법에 의한 경화

문제 11 용접부에 발생한 잔류응력을 제거하기 위해서 열거한 방법 중 옳은 것은?

① 풀림처리를 한다.
② 담금질 처리를 한다.
③ 서브제로 처리를 한다.
④ 뜨임 처리를 한다.

해설 **열처리**
① 풀림 : 재질의 연화를 목적으로 일정시간 가열 후 노내에서 서냉, 내부응력 및 잔류응력 제거
② 불림 : 강의 표준상태로 하기 위하여 가공조직의 균일화, 결정립의 미세화, 기계적 성질의 향상 목적으로 실시
③ 뜨임 : 담금질된 강을 A_1 변태점 이하의 일정온도로 가열하여 인성 증가
④ 담금질 : 강을 A_3 변태 및 A_1 선 이상 30~50℃로 가열한 후 물 또는 기름으로 급랭하는 방법으로 경도 및 강도 증가

 **12** 교류 아크용접기와 비교한 직류 아크용접기에 대한 설명 중 옳지 못한 것은?

① 발전형 직류 아크용접기는 직류발전기이므로 완전한 직류전원이 얻어진다.
② 발전형 직류 아크용접기는 회전부에 고장이 나기 쉽고, 소음이 난다.
③ 직류 용접기는 가격이, 교류 용접기 보다 저렴하다.
④ 아크 안정성면에서 직류 용접기가 교류 용접기보다 우수하다.

해설 **교류아크용접기와 비교한 직류아크용접기에 대한 설명**
① 아크 안정성 면에서 직류용접기가 교류용접기보다 우수하다.
② 직류용접기는 가격이 교류용접기보다 비싸다.
③ 발전형 직류아크용접기는 회전부에 고장이 나기 쉽고 소음이 난다.
④ 발전형 직류아크용접기는 직류발전기 이므로 완전한 직류전원이 얻어진다.

 **13** 스테인리스강의 분류에 속하지 않은 것은?

① 고장력강계 ② 마르텐사이트계
③ 오스테나이트계 ④ 페라이트계

해설 **스텐레스강의 분류**
① 오스테나이트계 ② 마르텐사이트계 ③ 페라이트계
④ 시멘타이트계 ⑤ 트루스타이트계

 **14** 아세틸렌가스에 관한 설명이다. 틀린 것은?

① 공기보다 가볍다.
② 고압산소가 없으면 연소하지 않는다.
③ 탄소와 수소의 화합물이다.
④ 카바이드와 물의 화학작용으로 발생한다.

해답

 **해설** **아세틸렌가스**

① 공기보다 가볍다. ($\frac{26}{29} = 0.9$)

② 탄소와 수소의 화합물이다.

③ 카바이트와 물의 화학작용으로 발생한다. $CaC_2 + 2H2O \rightarrow Ca(OH)_2 + C_2H_2$

④ 온도가 406~408에서 자연발화 505~515℃에서 폭발

⑤ 15℃에서 2기압 이상시 압축하면 분해 폭발위험 1.5기압 이상으로 압축하면 충격이나 가열에 의해 분해 폭발 위험

⑥ 흡열 화합물이므로 압축하면 분해 폭발의 위험 있다. $C_2H_2 \rightarrow 2C + H_2 + 54.2kcal$

⑦ 아세톤에 25배 용해된다.

⑧ 액체아세틸렌 보다 고체아세틸렌이 안전하다.

문제 15 저수소계 용접봉은 사용시 충분한 건조가 되어야 한다. 가장 알맞는 건조 온도는?

① 150-200℃ ② 200-250℃
③ 300-350℃ ④ 400-450℃

해설 저수소계 용접봉 사용시 건조온도 : 300~350℃

문제 16 산소 수중 절단(underwater cutting)에 대한 설명 중 맞지 않는 것은?

① 침몰선의 해체, 교량의 개조 등에 사용된다.

② 지상에서 보조용팁에 점화하여 수중에 들어간다.

③ 수심이 얕은 곳에서는 수소 또는 프로판을 사용하고 깊은 곳에서는 아세틸렌가스를 많이 사용한다.

④ 육지에서보다 예열불꽃을 크게 하고 절단 속도도 천천히 하여야 한다.

해설 **산소수중절단에 대한 설명**

① 수심이 얕은 곳에서는 아세틸렌가스를 사용하고 수심이 깊은 곳에서는 수소 또는 프로판 사용

② 육지에서보다 예열불꽃을 크게 하고 절단속도도 천천히 하여야 한다.

③ 침몰선의 해체, 교량의 개조 등에 사용된다.

④ 지상에서 보조용팁에 점화하여 수중에 들어간다.

문제 17 KSB 0052에서 표기되는 용접부의 모양이 아닌 것은?

① S형 ② K형
③ J형 ④ X형

문제 18 경납땜에 사용되는 용가재가 갖추어야 할 조건으로 잘못된 것은?

① 모재와 친화력이 있어야 한다.
② 용융온도가 모재보다 낮고 유동성이 있어야 한다.
③ 용융점에서 휘발성분이 함유되어 있어 빨리 응고해야 한다.
④ 모재와 야금적 반응이 만족스러워야 한다.

해설 경납땜에 사용되는 용가재가 갖추어야 할 조건
① 모재와 친화력이 있어야 한다.
② 모재와 야금적 반응이 만족스러워야 한다.
③ 용융온도가 모재보다 낮고 유동성이 있어야 한다.
④ 표면 장력이 적어서 모재표면에 잘 퍼져야 한다.
⑤ 유동성이 좋아서 틈이 잘 메워질 수 있어야 한다.

문제 19 압력용기를 회전하면서 아래보기 자세로 용접하기에 적합치 않은 용접설비는?

① 스트롱 백(Strong back) ② 포지셔너(Positioner)
③ 매니퓰레이터(Manipulator) ④ 터닝롤러(Turning roller)

해설 압력 용기를 회전하면서 아래보기자세로 용접하기에 적합한 것
① 터닝쿨러 ② 매니플레이터 ③ 포지셔너

문제 20 용접기의 2차측 케이블의 구리선으로 사용되는 굵기는 몇 mm 인가?

① 0.2-0.5 ② 0.7-1.0
③ 1.1-1.5 ④ 1.6-2.0

해설 용접기 2차측 케이블의 구리선으로 사용되는 굵기 : 0.2~0.5mm

 **21**

E4313-AC-5-400은 연강용 피복아크 용접봉의 규격을 표시한 것 중 규격 설명이 잘못된 것은?

① E:전기용접봉　　　　② 43:용착금속의 최저인장강도
③ 13:피복제의계통　　　④ 400:용접전류

해설 400 : 용접봉길이

 **22**

금속가공은 열간가공과 냉간가공으로 나누는 데 그 기준이 되는 것은?

① 재결정 온도　　　　② 동소변태점
③ 풀림 온도　　　　　④ 자기변태점

해설 **금속가공은 열간가공과 냉간가공으로 나누는데 그 기준** : 재결정온도

 **23**

교류 용접기에서 무부하전압 80V, 아크전압 30V, 아크전류 200A를 사용할 때 내부손실 4kW라면 용접기의 효율은?

① 70%　　　　　　② 40%
③ 50%　　　　　　④ 60%

 해설
$$효율 = \frac{아크전력}{소비전력} \times 100 = \frac{6}{10} \times 100 = 60\%$$
① 소비전력 = 아크전력 + 내부손실 = 6 + 4 = 10
② 아크전력 = 아크전압 × 정격2차전류 = 30 × 200 = 6,000 = 6

24

현재 비행기, 자동차, 철도차량 등의 제조에 널리 쓰이며 로보트에 의한 자동용접에 이용되고 있는 점용접(spot welding)의 3대 요소에 해당되지 않는 것은?

① 가압력　　　　　　② 전극의 형상
③ 전류의 세기　　　　④ 통전시간

 **점용접의 3대 요소**
① 가압력   ② 통전시간   ③ 전류의 세기

문제 25

피복아크용접에서 아크쏠림 방지대책 중 맞는 것은?

① 교류용접기로 하지말고 직류용접기로 할 것
② 아크길이를 다소 길게 할 것
③ 접지점은 한 개만 연결 할 것
④ 용접봉 끝을 아크쏠림 반대방향으로 기울일 것

 **아크쏠림방지 대책**
① 직류용접기로 하지 말고 교류용접기로 할 것
② 짧은 아크를 사용할 것
③ 용접부가 긴 경우 후퇴법을 사용할 것
④ 접지점을 2개 연결할 것
⑤ 접지점을 용접부보다 멀리 할 것
⑥ 용접봉끝을 아크쏠림 반대방향으로 기울일 것

문제 26

용접비드 끝에서 오목하게 패인 곳으로, 불순물과 편석이 발생하기 쉽고 냉각중에는 균열을 일으킬 가능성이 큰 것은?

① 스패터(spatter)   ② 크레이터(crater)
③ 자기쏠림   ④ 은점

 **크레이터** : 용접 비드 끝에서 오목하게 패인곳으로 불순물과 편석이 발생하기 쉽고 냉각 중에는 균열을 일으킬 가능성이 큰 것

문제 27

알루미늄합금 중 두랄루민에 Cu, Mg, Mn를 증가시켜 항공기 구조재 및 리벳재료로 사용되는 것은?

① 신두랄루민   ② 하이드로날륨
③ Y합금   ④ 초두랄루민

해답

해설 **합금**
① Y합금 : Al＋Cu＋Mg＋Ni
② 하이드로날륨 : Al＋Mg
③ 두랄루민 : Al＋Cu＋Mg＋Mn
④ 일렉트론 : Al＋Zn＋Mg
⑤ 로엑스 : Al＋Cu＋Mg＋Ni＋Si
⑥ 라우탈 : Al＋Cu＋Si
⑦ 실루민 : Al＋Si

문제 28

침투탐상 검사에서 그 특징의 설명으로 틀린 것은?

① 시험방법이 간단하다.
② 제품의 크기, 형상 등에 제한을 받는다.
③ 미세한 균열 탐상도 가능하다.
④ 침투제가 오염되기 쉽다.

해설 **침투탐상검사의 특징**
① 침투제가 오염되기 쉽다.
② 미세한 균열 탐상도 가능
③ 제품의 크기나 형상 등에 제한을 받지 않는다.
④ 시험방법이 간단하다.

문제 29

지그(Jig)설계의 목적이 아닌 것은?

① 공정수가 늘어나고 생산능률이 향상된다.
② 제품의 정밀도가 증가한다.
③ 경제적 생산이 가능하다.
④ 불량이 적고 미숙련공도 작업이 용이하다.

해설 **지그설계의 목적**
① 공정수가 적어지고 생산능률이 향상된다.
② 불량이 적고 미숙련공도 작업이 용이하다.
③ 경제적 생산이 가능하다.
④ 제품의 정밀도가 증가하다.

해답 28. ② 29. ①

문제 30 그림과 같은 용접 이음강도 계산 시 어느 것을 기준으로 하여 계산하는가?

① ①번
② ②번
③ ③번
④ ④번

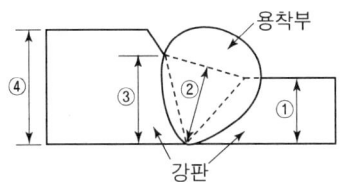

문제 31 가공된 금속을 재가열할 때 성질 및 조직변화의 순서, 즉 재결정 순서가 맞는 것은?

① 내부응력의 제거 → 연화 → 재결정 → 결정입자의 성장
② 연화 → 재결정 → 결정입자의 성장 → 내부응력의 제거
③ 결정입자의 성장 → 연화 → 내부응력의 제거 → 재결정
④ 재결정 → 결정입자의 성장 → 내부응력의 제거 → 연화

해설 재결정 순서
내부응력의 제거 → 연화 → 재결정 → 결정입자의 성장

문제 32 피복 아크 용접에서 직류 정극성을 표시한 것은?

① DCRP에서는 용접봉 (−)극, 모재 (+)극
② DCSP에서는 용접봉 (+)극, 모재 (−)극
③ DCSP에서는 용접봉 (−)극, 모재 (+)극
④ AC에서는 용접봉 (+)극, 모재 (−)극

해설 용접기의 극성
① 직류 정극성(DCSP)
  ㉠ 모재(+) 70%, 용접봉(−) 30% ㉡ 용입이 깊다.
  ㉢ 후판 용접이 가능 ㉣ 비드 폭이 좁다.
② 직류 역극성(DCRP)
  ㉠ 용접봉(+) 70%, 모재(−) 30% ㉡ 용입이 얕다.
  ㉢ 용접봉의 녹음이 빠르다. ㉣ 비드 폭이 넓다.
  ㉤ 박판 용접 가능

문제 33

용접작업시 피닝 (Peening)을 하는 가장 큰 이유는?

① 모재의 연성을 높인다.　　② 급냉을 방지한다.

③ 모재의 경도를 높인다.　　④ 잔류응력을 줄인다.

해설 **용접 작업시 피닝을 하는 이유** : 잔류응력제거

문제 34

다음은 아크 에어가우징 (Arc air gouging)과 가스가우징을 비교한 작업 능률이다 . 아크 에어가우징은?

① 작업 능률이 가스가우징과 대략 동일하다.
② 작업 능률이 가스가우징 보다 1.5배이다.
③ 작업 능률이 가스가우징 보다 2-3배이다.
④ 작업 능률이 가스가우징 보다 4 -6배이다.

해설 작업 능률이 가스가우징보다 2~3배 이다.

문제 35

산소의 양이 적고, 아세틸렌의 양이 많은 상태를 아세틸렌 과잉 불꽃 이라고도 한다 . 이 불꽃은 금속표면에 침탄작용을 일으키기 쉬운데, 그 명칭은?

① 중성불꽃　　　　　　② 질화불꽃

③ 산화불꽃　　　　　　④ 탄화불꽃

해설 **산소-아세틸렌불꽃**
① 탄화불꽃 : 아세틸렌 과잉 불꽃
② 산화불꽃 : 산소 과잉 불꽃
③ 중성불꽃 : 표준 불꽃

 **36**

아크용접 전원의 외부 특성으로 부하전류 증가시 단자 전압은 낮아지는 특성을 나타내며, 아크를 안정하게 유지시키는 특성은?

① 수하특성 ② 정전압특성
③ 동전류특성 ④ 역극성특성

해설 용접기의 특성
① 수하특성 : 부하전류가 증가하면 단자전압이 낮아지는 특성
② 정전압특성 : 부하전류가 변하여도 단자전압은 거의 변화하지 않는 특성
③ 정전류특성 : 부하전압이 변하여도 단자전류는 거의 변화하지 않는 특성
④ 상승특성 : 전류의 증가에 따라서 전압이 약간 높아지는 특성

 **37**

피복아크 용접봉 중 저수소계 용접봉인 것은?

① E4301 ② E4313
③ E4316 ④ E4324

해설 피복아크 용접봉
① E4301 : 일미나이트계 ② E4303 : 라임티탄계
③ E4311 : 고셀룰로오스계 ④ E4313 : 고산화티탄계
⑤ E4316 : 저수소계 ⑥ E4324 : 철분산화티탄계
⑦ E4326 : 철분저수소계 ⑧ E4327 : 철분산화철계
⑨ E4340 : 특수계

 **38**

청동에 대한 설명 중 틀린 것은?

① 구리와 주석의 합금이다. ② 포금은 청동의 일종이다.
③ 내식성이 나쁘다. ④ 내마멸성이 좋다.

해설 청동
① 구리와 주석의 합금이다. ② 내식성이 좋다.
③ 포금은 청동의 일종이다. ④ 내마멸성이 좋다.

해답 **36. ① 37. ③ 38. ③**

문제 39

필릿용접 이음부의 루트 부분에 생기는 저온균열로 모재의 열팽창 및 수축에 의한 비틀림이 주원인이 되는 균열의 명칭은?

① 비드밑균열　　　　　　② 루트균열
③ 힐균열　　　　　　　　④ 병배균열

해설 저온균열의 유형
① 힐균열 : 필릿용접 이음부의 루트부분에 생기는 저온균열로 모재의 열팽창 및 수축에 의한 비틀림이 주원인
② 라멜라티어균열 : T이음, 모서리 이음 등에서 강의 내부에 평행하게 충상으로 발생되는 균열
③ 토우균열 : 맞대기이음, 필릿이음 등의 경우에 비드표면과 모재의 경계부에 발생
④ 루트균열 : 맞대기용접의 가접, 첫층용접의 루트 근방의 열영향부에 발생하는 균열

문제 40

플래시 용접기를 속도제어 방식에 따라 분류하였다. 틀린 것은?

① 광학식 플래시 용접기　　② 수동식 플래시 용접기
③ 공기 가압식 플래시 용접기　④ 유압식 플래시 용접기

해설 플래쉬 용접기를 속도제어 방식에 따른 분류
① 유압식 플래쉬 용접기　　② 공기가압식 플래쉬 용접기
③ 수동식 플래쉬 용접기

문제 41

두꺼운 판을 용접하기 위해 AW 400 용접기가 설치되어 있다. 정격 사용률은 50[%] 이고, 280[A]의 전류로 작업할 때, 허용 사용률은 몇 [%] 인가?

① 72　　　　　　　　　　② 82
③ 92　　　　　　　　　　④ 102

해설
$$허용사용율 = \frac{(정격\ 2차\ 전류)^2}{(실제\ 용접전류)^2} \times 정격사용율 = \frac{400^2 \times 50}{280^2} = 102.04$$

 **42** 내 균열성이 가장 좋은 용접봉은?

① 고산화티탄계   ② 저수소계

③ 고 셀룰로우스계   ④ 철분 산화티탄계

해설 **저수소계** : 내균열성이 가장 좋은 용접봉

---

43 테르밋 용접에서 산화철과 알루미늄이 반응할때 생성되는 화학반응이 일어날 때의 온도는 다음 중 약 몇도 (℃)나 되는가?

① 2000   ② 2800

③ 4000   ④ 5800

해설 테르밋용접에서 산화철과 알루미늄이 반응할 때 생성되는 화학반응이 일어날 때의 온도 : 2,800℃

 **44** 피복 아크용접봉의 피복배합제 중아크 안정제는?

① 탄산마그네슘   ② 젤라틴

③ 석회석($CaCO_3$)   ④ 망간

해설 **아크안정제**
① 석회석   ② 규산칼륨   ③ 규산나트륨
④ 산화티탄   ⑤ 적철광   ⑥ 자철광

---

45 용접후 변형을 교정하는 방법이 아닌 것은?

① 박판에 대한 점수축법

② 형재에 대한 직선 수축법

③ 가열후 해머링하는 방법

④ 두꺼운판에 대하여 냉각 후 가열하는방법

 **용접후 변형을 교정하는 방법**
① 박판에 대한 점수축법　　② 형재에 대한 직선수축법
③ 가열 후 해머링하는 방법　　④ 외력을 이용한 소성변형법
⑤ 소성변형 시켜서 교정하는 방법

문제 46

다음 중에서 엔드탭 (end tap)을 붙여서 시공해야 하는 용접법은?

① 심용접　　　　　　　　② TIG 용접
③ 서브머지드용접　　　　④ 아크 점용접

서브머지드 아크용접법 : 엔드탭을 붙여서 시공해야하는 자동금속 아크용접법으로 모재의 이음표면에 미세한 입상의 용제를 공급하고, 용제속에 연속으로 전극와이어를 송급하여 모재 및 전극와이어를 용융시켜 용접부를 대기로부터 보호하면서 용접하는 방법으로 일명 잠호용접이라 한다. 상품명으로는 링컨용접, 유니언멜트용접이라고도 한다.
① 장점
　㉠ 비드 외관이 아름답다.
　㉡ 용입이 깊다.
　㉢ 저항열이 적게 발생되어 고전류 사용이 가능하다.
　㉣ 개선각을 적게 하여 용접 패스 수를 줄일 수 있다.
　㉤ 작업 능률이 수동에 비하여 판두께 12mm에서 2~3배, 25mm에서 5~6배, 50mm에서 8~12배 정도가 높다.
　㉥ 기계적 성질이 우수하다.
② 단점
　㉠ 개선 홈의 정밀을 요한다. (패킹제 미사용시 루트간격 0.8mm이다.)
　㉡ 장비의 가격이 고가이다.
　㉢ 용접 재료에 제약을 받는다.
　㉣ 용접진행상태의 양부를 육안식별이 불가능하다.

문제 47

탄산가스 아크 용접 작업에서 용접 진행방향에 대한 토치 각도에 따라 전진법과 후진법이 구분되는 데, 전진법에 대해 설명한 것 중 틀린 것은?

① 토치각은 용접 진행 반대쪽으로 15~20˚로 유지한다.
② 용접선이 잘 보이므로 운봉을 정확하게 할 수 있다.
③ 비드 높이 높고, 폭이 좁은 비드를 얻는다.
④ 스패터가 비교적 많다.

 해답　　　　　　　　　　　　　　　　　　　　46. ③　47. ③

 탄산가스 아크용접에서 용접 진행방향에 대한 토치각도에 따라 전진법과 후진법이 있는데 전진법에 대한 설명
① 스패터가 비교적 많다.
② 폭이 넓은 비드를 얻는다.
③ 용접선이 잘 보이므로 운봉을 정확하게 할 수 있다.
④ 토치각은 용접진행 반대쪽으로 15~20℃ 유지한다.

문제 48

용접성(weldability) 시험법에 속하는 것은?

① 화학분석시험   ② 부식시험
③ 노치취성시험   ④ 파면시험

 **용접성 시험법** : 노치취성시험

문제 49

알루미늄이 철강에 비하여 용접이 어려운 이유로서 옳지 못한 것은?

① 비열 및 열전도도가 크다.   ② 용융점이 높다.
③ 지나친 융해가 되기 쉽다.   ④ 팽창계수가 매우 크다.

 **알루미늄이 철강에 비해 용접이 어려운 이유** : 용융점이 낮다.

문제 50

용접이음을 설계할 때의 주의사항 중 틀린 것은?

① 맞대기용접에서는 뒷면용접을 할 수 있도록해서 용입부족이 없도록 한다.
② 용접 이음부가 한곳에 집중하지 않도록 설계 한다.
③ 맞대기용접은 가급적 피하고 필릿 용접을 하도록 한다.
④ 아래보기 용접을 많이 하도록 설계 한다.

용접이음의 설계
① 필릿용접은 가급적 피하고 맞대기 용접을 하도록 한다.
② 아래보기 용접을 많이 하도록 설계한다.

③ 용접 이음부가 한 곳에 집중하지 않도록 설계한다.
④ 맞대기 용접에서는 뒷면 용접을 할 수 있도록 해서 용입 부족이 없도록 한다.
⑤ 큰구조물은 구조물의 중앙에서 끝으로 향하여 용접

문제 51

인체에 전류가 흐르면서 심한 고통을 느끼는 최소 전류값은 몇 mA인가?

① 5
② 10
③ 20
④ 50

해설 심한 고통 느끼는 최소 전류값 : 10mA
사망위험 : 50mA,　　사망 : 100mA

문제 52

각종 금속의 용접에서 서브머지드 아크 용접에 보통 사용되지 않는 재료는?

① 고니켈합금
② 저탄소강
③ 주강
④ 티탄

해설 서브머지드 아크용접에 사용되는 재료
① 저탄소강　② 주강　③ 고니켈합금

문제 53

용접부의 초음파 검사에 대한 특징 중 틀린 것은?

① 표면균열의 검출이 양호하다.
② 결함의 판두께 방향의 위치 추정이 용이하다.
③ 탐상결과를 즉시 알 수 있으며 자동탐상이 가능하다.
④ 검사물의 편면에서만 접촉이 가능하면 검사가 가능하다.

해설 초음파 검사
① 결함의 판두께 방향의 위치 추정이 용이하다.
② 탐상결과를 즉시 알 수 있으며 자동탐상이 가능하다.
③ 검사물의 편면에서만 접촉이 가능하면 검사가 가능하다.
④ 내부결함 검출이 가능하다.

문제 54

다음 중 국부표면경화 처리법인 것은?

① 고주파 유도경화법 ② 구상화 처리법
③ 강인화 처리법 ④ 결정입자 처리법

해설 **국부표면경화 처리법** : 고주파 유도경화법

문제 55

다음 데이터로부터 통계량을 계산한 것 중 틀린 것은?

[데이터] : 21.5, 23.7, 24.3, 27.2, 29.1

① 중앙값(Me)=24.3 ② 제곱합(S)=7.59
③ 시료분산(s^2)=8.988 ④ 범위(R)=7.6

해설 ① 중앙값(Me)=순서대로 나열하여 크기가 중간의 값인 24.3이다.
② 제곱합(S)를 구하면
   ㉠ 평균($\bar{x}$)=(21.5+23.7+24.3+27.2+29.1)÷5=25.16
   ㉡ 제곱합(S)=$(21.5-25.16)^2+(23.7-25.16)^2+(24.3-25.16)^2$
      $+(27.2-25.16)^2+(29.1-25.16)^2=35.952$
③ 시료분산(S^2)=$\dfrac{\sum_{i=1}^{n}(x_i-\bar{x})^2}{n-1}=\dfrac{제곱합(S)}{n-1}$

여기서, n : 자료수, x : 자료에서 각각의 수, $\bar{x}$: 평균값
∴ S^2
$=\dfrac{(21.5-25.16)^2+(23.7-25.16)^2+(24.3-25.16)^2+(27.2-25.16)^2+(29.1-25.16)^2}{5-1}$
$=8.988$
④ 범위(R)=(최댓값-최솟값)=29.1-21.5=7.6

문제 56

생산보전(PM : Productive Maintenance)의 내용에 속하지 않는 것은?

① 사후보전 ② 안전보전
③ 예방보전 ④ 개량보전

해답

 **생산보전의 종류**
① 사후보전(BM : Breakdown Maintenance) : 고장이 난 후에 보전하는 쪽이 비용이 적게 드는 설비에 적용하는 방식
② 개량보전(CM : Corrective Maintenance) : 고장 원인을 분석하여 보전 비용이 적게 들수록 설비의 기능 일부를 개량해서 설비 그 자체의 체질을 개선하는 방법
③ 예방보전(PM : Preventive Maintenance) : 설비를 사용하는 중에 예방보전을 실시하는 쪽이 사후보전을 하는 쪽보다 비용이 적게 드는 설비에 대해서 정기적인 점검 및 검사와 조기 수리를 행함으로써 생산활동 중에 기계고장을 방지하는 방법

문제 57

다음 중에서 작업자에 대한 심리적 영향을 가장 많이 주는 작업측정의 기법은?

① PTS법
② 워크 샘플링법
③ WF법
④ 스톱 워치법

해설 스톱워치법 : 작업자에 대한 심리적 영향을 가장 많이 주는 작업측정기법

문제 58

여력을 나타내는 식으로 가장 올바른 것은?

① 여력 = 1일 실동시간 × 1개월 실동시간 × 가동대수

② 여력 = (능력 – 부하) · $\dfrac{1}{100}$

③ 여력 = $\dfrac{능력 – 부하}{능력}$ · 100

④ 여력 = $\dfrac{능력 – 부하}{부하}$ · 100

 여력 = $\dfrac{(능력 – 부하)}{능력}$ × 100

 **59**

다음 중 계량치 관리도는 어느 것인가?

① R관리도 　　　　　② nP관리도
③ C관리도 　　　　　④ U관리도

해설 **계량치 관리도** : R관리도

 **60**

다음 중 로트별 검사에 대한 AQL 지표형 샘플링검사 방식은 어느 것인가?

① KS A ISO 2859-0 　　② KS A ISO 2859-1
③ KS A ISO 2859-2 　　④ KS A ISO 2859-3

용접기능장

2023

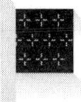

2023년도 **제 73 회**

본 문제는 복원 기출문제입니다. 실제 문제와 다를 수 있으니 양해바랍니다.

문제 01

가스용접에서 공급압력이 낮거나 팁이 과열되었을 때 산소가 아세틸렌 쪽으로 흡입되는 것을 무엇이라고 하는가?

① 역류   ② 역화

③ 인화   ④ 폭발

해설 **역류** : 가스용접에서 공급압력이 낮거나 팁이 과열 되었을 때 산소가 아세틸렌 쪽으로 흡입되는 것

역화 : 가스용접 작업에서 팁 끝이 모재에 닿아 순간적으로 팁 끝이 막히면서 팁의 과열 사용가스의 압력이 부적당할 때 팁속에서 폭발음이 나면서 불꽃이 꺼졌다가 다시 나타나는 현상

문제 02

수동 가스 절단기 토치의 종류 중 작은 곡선 등의 절단은 어려우나, 직선 절단에 있어서는 능률적이고 절단면이 깨끗한 절단토치의 팁 모양은?

① 동심(同心)형   ② 동심(同心)구멍형

③ 이심(異心)타원형   ④ 이심(異心)형

해설 **이심형** : 직선 절단에 있어서는 능률적이고 절단면이 깨끗한 절단토치의 팁 모양

문제. 03

일반적으로 용접기에 대한 사용률(duty cycle)을 계산하는 식으로 맞는 것은?

① 사용률(%) = $\dfrac{\text{아크발생시간}}{\text{아크발생시간} + \text{휴식시간}} \times 100$

② 사용률(%) = $\dfrac{\text{휴식시간}}{\text{아크발생시간} + \text{휴식시간}} \times 100$

③ 사용률(%) = $\dfrac{\text{아크발생시간}}{\text{아크발생시간} - \text{휴식시간}} \times 100$

④ 사용률(%) = $\dfrac{\text{아크발생시간}}{\text{아크발생시간} \times \text{휴식시간}} \times 100$

해설 사용률 = $\dfrac{\text{아크발생시간}}{\text{아크발생시간} + \text{휴식시간}} \times 100$

문제. 04

교류 아크 용접기의 부속장치인 핫 스타트 장치에 대한 설명으로 틀린 것은?

① 아크 발생을 쉽게 한다.
② 기공 발생을 방지한다.
③ 비드 모양을 개선한다.
④ 아크 발생 초기에만 용접전류를 낮게 한다.

해설 **교류 아크 용접기의 부속장치**
① 핫 스타트 장치 : 아크 발생을 쉽게 하고 비드 모양을 개선하고 아크가 발생하는 초기에 용접봉과 모재가 냉각되어 있어 입열이 부족하여 아크가 불안정하기 때문에 아크 초기만 용접전류 특별히 크게 하기 위해
② 전격방지장치 : 무부하 전압이 85~95V로 비교적 높은 교류 아크 용접기는 감전재해의 위험이 있기 때문에 무부하 전압을 20~30V 이하로 유지하여 용접사 보호

해답

 KS에 규정된 연강 아크 용접에 사용하는 용접봉 심선의 화학성분에 해당되지 않는 것은?

① 규소   ② 니켈
③ 구리   ④ 인

해설 **용접봉심선화학성분**
① 탄소   ② 망간   ③ 황   ④ 인   ⑤ 규소

 가스 가우징 작업에서 홈의 길이와 폭의 일반적인 비율로 가장 적절한 것은?

① 1:2~1:3   ② 1:4~1:5
③ 1:6~1:7   ④ 1:1

해설 **가스가우징작업에서 홈의 깊이와 폭의 일반적인 비율**
1 : 2~1 : 3

 피복 금속 아크 용접에서 아크 쏠림(arc blow)이 발생할 때 그 방지법으로 가장 적합한 사항은?

① 접지점을 될 수 있는 대로 용접부에서 가까이 할 것
② 용접봉 끝을 아크 쏠림 같은 방향으로 기울일 것
③ 교류 용접기로 용접을 할 것
④ 가급적 긴 아크를 사용할 것

해설 **아크쏠림방지책**
① 직류용접을 하지 말고 교류용접을 할 것
② 짧은 아크를 사용할 것
③ 용접부가 긴 경우 후퇴법을 사용할 것
④ 접지점을 2개 연결할 것
⑤ 접지점을 용접부보다 멀리 할 것

 **08** 플라스마 절단방법에 대한 설명으로 틀린 것은?

① 텅스텐 전극과 모재 사이에서 아크 플라스마를 발생시키는 것을 이행형 아크 절단이라 한다.

② 플라스마 절단방식은 이행형 아크절단과 비이행형 아크 절단으로 분류된다.

③ 플라스마 제트 절단법을 이용하여 알루미늄, 구리, 스테인리스강 및 내화물 재료를 절단할 수 있다.

④ 이행형 아크 절단은 특수한 TIG절단토치를 사용하여 만들어지는 아크와 고속의 가스기류에서 얻어지는 플라스마 제트를 이용한 절단으로서 교류전원을 사용한다.

해설 **플라즈마 절단방법**
① 플라즈마 제트절단법을 이용하여 알루미늄, 구리, 스텐레스강 및 내화물 재료를 절단할 수 있다.
② 플라즈마 절단방식은 이행형 아크절단과 비이행형 아크절단으로 분류된다.
③ 텅스텐 전극과 모재사이에서 아크 플라스마를 발생시키는 것을 이행형 아크절단이라 한다.

09 다음 보기는 어떤 용접봉의 특성을 나타낸 것인가?

[보기] – 주성분은 유기물을 약 30%정도 포함
– 가스시일드계로 환원가스분위기에서 용접한다.
– 보관 중 습기에 유의한다.
– 비드 표면이 거칠고 스패터의 발생이 많다.

① 일미나이트계   ② 라임티타니아계
③ 고셀룰로오스계   ④ 저수소계

해설 **용접봉의 특성**
① 고셀룰로오스계(E4311)
  ㉠ 주성분은 유기물 약 30% 포함
  ㉡ 비드표면에 거칠고 스패터의 발생이 많다.
  ㉢ 보관중 습기에 유의
  ㉣ 가스시일드계로 환원가스분위기에서 용접한다.

② 저수소계(E4316)
  ㉠ 석회석, 형석이 주성분   ㉡ 기계적 성질, 내균열성 우수
  ㉢ 용착금속중의 수소함유량이 다른 피복봉에 비해 $\frac{1}{10}$ 정도로 매우 낮음.
③ 일미나이트계(E4301)
  ㉠ TiO_2, FeO를 30%이상 함유   ㉡ 광석, 사철 등을 주성분
  ㉢ 기계적 성질이 우수하고 용접성 우수

 **10**

부하전류가 증가하면 단자 전압이 저하하는 특성으로서 피복 아크 용접에서 필요한 전원 특성은?

① 정전압 특성   ② 수하 특성
③ 부저항 특성   ④ 상승 특성

해설 **용접기의 특성**
  ① 수하특성 : 부하전류가 증가하면 단자전압이 낮아지는 특성
  ② 정전압특성 : 부하전류가 변하여도 단자전압은 거의 변화하지 않는 특성
  ③ 정전류특성 : 부하전압이 변하여도 단자전류는 거의 변화하지 않는 특성

 **11**

5,000l의 액체 산소는 가스로 환산하면 6,000l의 산소병 몇 병을 충전할 수 있는가? (단, 1l의 액체산소는 35℃ 대기압에서 0.9m³의 기체 산소 가스로 환원된다.)

① 100병   ② 350병
③ 550병   ④ 750병

해설
$$충전병 = \frac{5,000 \times 900}{6,000} = 750병$$

보충 $0.9m^3 = 900l$

 해답

문제 12 교류 아크 용접기와 직류 아크 용접기의 비교에 대한 설명 중 틀린 것은?

① 발전형 직류 아크 용접기는 직류발전기이므로 완전한 직류전원이 얻어진다.

② 발전형 직류 아크 용접기는 회전부에 고장이 나기 쉽고, 소음이 많다.

③ 직류 아크 용접기는 극성 변화가 불가능하다.

④ 무부하 전압은 직류 용접기가 교류 용접기보다 약간 낮다.

해설 교류아크용접기와 직류아크용접기의 비교설명

① 무부하 전압은 직류용접기가 교류용접기보다 약간 낮다.

② 발전형직류 아크용접기는 회전부에 고장이 나기 쉽고 소음이 많다.

③ 발전형직류 아크용접기는 직류발전기 이므로 완전한 직류전원이 얻어진다.

문제 13 가스절단에서 드래그에 관한 설명 중 틀린 것은?

① 절단면에 일정한 간격의 곡선이 진행방향으로 나타난 것을 드래그 라인이라 한다.

② 표준드래그의 길이는 보통 판 두께의 40% 정도이다.

③ 절단면 밑단부가 남지 않을 정도의 드래그를 표준드래그 길이라고 한다.

④ 하나의 드래그라인의 시작점에서 끝점까지의 수평거리를 드래그라 한다.

해설 드래그

① 표준 드래그의 길이는 보통판 두께의 $\frac{1}{5}$(20%) 정도이다.

② 하나의 드래그라인의 시작점에서 끝점까지의 수평거리를 드래그라 한다.

③ 절단면 밑단부가 남지 않을 정도의 드래그를 표준드래그길이라 한다.

④ 절단면에 일정한 간격의 곡선이 진행방향으로 나타난 것을 드래그라인이라 한다.

문제 14

아세틸렌에 관한 설명으로 틀린 것은?

① $1m^3$의 아세틸렌은 23,400kcal의 발열량을 낸다.

② 공기보다 가볍다.

③ 각종 액체에 잘 용해되며 아세톤에는 25배가 용해된다.

④ 카바이드와 물의 화학작용으로 발생한다.

해설 아세틸렌

① $1m^3$의 아세틸렌은 12,690kcal의 발열량을 낸다.

② 공기보다 가볍다.

③ 카바이드와 물의 화학작용으로 발생한다.

$$CaC_2 + 2H_2O \rightarrow Ca(OH)_2 + C_2H_2$$

④ 여러 가지 액체에 잘 용해된다.(석유 2배, 벤젠 4배, 알코올 6배, 아세톤 25배)

⑤ 아세틸렌 $1l$의 무게는 1,176g 이다.

⑥ 액체 아세틸렌보다 고체 아세틸렌이 안전하다.

⑦ 흡열 화합물이므로 압축하면 분해 폭발의 위험이 있다.

$$C_2H_2 \rightarrow 2C + H_2 + 54.2kcal$$

⑧ Cu, Ag, Hg 등의 금속과 화합 시 폭발성 물질인 아세틸라이드 생성

⑨ 온도가 406~408℃에서 자연발화, 505~515℃에서 폭발

문제 15

피복 아크 용접에서 아크 전압이 20[V], 아크 전류가 150[A], 용접속도가 15[cm/min]인 경우 용접 단위길이[cm] 당 발생되는 용접입열은?

① 10,000[J/cm] ② 12,000[J/cm]

③ 14,000[J/cm] ④ 16,000[J/cm]

해설 용접입열 $= \dfrac{60EI}{V} = \dfrac{60 \times 150 \times 20}{15} = 12,000 J/cm$

문제 16

서브머지드 아크 용접의 용접용 용제 중 합금제 및 탈산제의 손실이 거의 없기 때문에 용융금속의 탈산작용 및 조직의 미세화가 비교적 용이하지만 흡습의 단점을 가진 것은?

① 소결형 용제
② 용융형 용제
③ 산성형 용제
④ 알칼리형 용제

해설 **소결형용제** : 합금제 및 탈산제의 손실이 거의 없기 때문에 용융금속의 탈산 작용 및 조직의 미세화가 비교적 용이하지만 흡습의 단점이 있다.

문제 17

논 가스 아크 용접의 설명으로 틀린 것은?

① 보호 가스나 용제를 필요로 하지 않는다.
② 용접장치가 간단하며 운반이 편리하다.
③ 용접길이가 긴 용접물에 아크를 중단하지 않고 연속 용접을 할 수 있다.
④ 용접전원으로는 교류만 사용할 수 있고 위 보기자세의 용접은 불가능하다.

해설 **논가스 아크용접**
① 전원으로 직류 또는 교류를 모두 사용할 수 있으며 전자세 용접이 가능하다.
② 보호가스나 용제를 필요로 하지 않는다.
③ 용접길이가 용접물에 아크중단 없이 연속 용접할 수 있다.
④ 용접비드가 아름답고 슬래그의 박리성이 좋다.
⑤ 저수소계 용접봉과 같이 수소발생이 적다.
⑥ 바람이 있는 옥외에서도 작업이 용이

문제 18

용접장치의 기본형이 고체 금속형, 가스 방전형, 반도체형 등으로 구별되는 용접법은?

① 레이저 용접법
② 플라스마 아크 용접법
③ 초음파 용접법
④ 폭발 압접법

해설 **레이저용접법** : 용접장치의 기본형이 고체금속형, 가스방전형, 반도체형 등으로 구별되는 용접법

 **19** 땜납의 구비조건에 해당되지 않는 것은?

① 모재보다 용융점이 낮고, 접합강도가 우수해야 한다.
② 유동성이 좋고 금속과의 친화력이 없어야 한다.
③ 표면장력이 적어 모재의 표면에 잘 퍼져야 한다.
④ 강인성, 내식성, 내마멸성, 화학적 성질 등이 사용목적에 적합해야
한다.

해설 금속과 친화력이 있어야 한다.

 **20** 안전 · 보건 표지의 색채에서 녹색의 용도는?

① 금지   ② 지시
③ 안내   ④ 경고

해설 **안전, 보건표지**
① 녹색 : 안내, 진행, 유도, 안전   ② 청색 : 조심, 지시
③ 보라 : 방사능   ④ 적색 : 고도의 위험, 정지

 **21** TIG 용접시 청정작용 효과가 가장 우수한 경우로 옳은 것은?

① 직류 정극성, 사용 가스는 He   ② 직류 역극성, 사용 가스는 He
③ 직류 정극성, 사용 가스는 Ar   ④ 직류 역극성, 사용 가스는 Ar

해설 **TIG 용접시 청정효과가 가장 우수한 경우** : 직류역극성, 사용가스는 Ar

 **22** 플래시 용접기를 속도제어 방식에 따라 분류할 때 해당되지 않는 것은?

① 광학적 플래시 용접기   ② 수동식 플래시 용접기
③ 공기 가압식 플래시 용접기   ④ 유압식 플래시 용접기

해설 **플래쉬용접기의 속도제어 방식에 따른 분류**
① 수동식 플래쉬용접기   ② 공기가압식 플래쉬용접기
③ 유압식 플래쉬용접기

해답   19. ② 20. ③ 21. ④ 22. ①

문제 23 CO₂ 용접에서 용접부에 가스를 잘 분출시켜 양호한 시밀드(shield) 작용을 하도록 하는 부품은?

① 토치 바디(Torch body)　② 노즐(Nozzle)
③ 가스 분출기(Gas diffuse)　④ 인슐레이터(Insulator)

문제 24 CO₂가스 아크 용접법에서 복합 와이어의 구조에 따른 종류가 아닌 것은?

① 아코스 와이어　② Y관상 와이어
③ V관상 와이어　④ NCG 와이어

> **해설** CO2가스 아크 용접법에서 복합 와이어의 구조에 따른 분류
> ① 아코스 와이어　② Y관상 와이어　③ NCG 와이어

문제 25 가스절단 작업 안전으로 맞지 않는 것은?

① 절단진행 중에 시선은 절단면보다 가스용기에 집중시켜야 한다.
② 호수가 꼬여 있는지, 혹은 막혀 있는지를 확인한다.
③ 호스가 용융금속이나 산화물의 비산으로 손상되지 않도록 한다.
④ 토치의 불꽃방향은 안전한 쪽을 향하도록 해야 하며 조심스럽게 다루어야 한다.

> **해설** 가스절단 작업 안전
> ① 절단진행 중에 시선은 절단면에 집중시켜야 한다.
> ② 토치의 불꽃방향은 안전한 쪽을 향하도록 해야 하며 조심스럽게 다루어야 한다.
> ③ 호스가 용융금속이나 산화물의 비산으로 손상되지 않도록 한다.
> ④ 호스가 꼬여 있는지 혹은 막혀 있는지를 확인

 **26** 서브머지드 아크 용접의 시작점과 끝나는 부분에 결함이 발생되므로 이것을 효과적으로 방지하고 회전 변형의 발생을 막기 위해 용접선 양 끝에 무엇을 설치하는가?

① 컴퍼지선 백킹　　　　　② 멜트 백킹
③ 동판　　　　　　　　　　④ 엔드 탭

해설 **엔드 탭** : 서브머지드 아크 용접의 시작점과 끝나는 부분의 결함이 발생되므로 이것을 효과적으로 방지하고 회전 변형의 발생을 막기 위해 용접선 양 끝에 설치하는 것

 **27** 일렉트로 슬래그 용접 작업에서 주로 사용하는 홈의 형상은?

① I형　　　　　　　　　　② V형
③ J형　　　　　　　　　　④ U형

해설 **일렉트로 슬래그 용접에서 주로 사용하는 홈의 형상은** : I형

28 불활성 가스 금속아크 용접의 특징이 아닌 것은?

① 전자동 또는 반자동식 용접기로 용접속도가 빠르다.
② 전류밀도가 높아 3mm 이상의 두꺼운 판의 용접에 능률적이다.
③ 부저항 특성 또는 상승 특성이 있는 교류 용접기가 사용된다.
④ 아크 자기제어 특성이 있다.

해설 **불활성 가스 금속아크 용접의 특징**
① 아크자기제어 특성이 있다.
② 전류밀도가 높아 두께 3mm 이상의 두꺼운 판의 용접에 적합
③ 전자동 또는 반자동식 용접기로 용접속도가 빠르다.
④ 전 자세 용접이 가능
⑤ 모든 금속의 용접이 가능
⑥ CO_2 용접에 비해 스패터 발생이 적다.
⑦ 후판 용접에 적합하다.
⑧ 각종 금속용접에 다양하게 적용할 수 있어 응용범위가 넓다.

문제 29

각 아크 용접법과 관계있는 내용을 연결한 것 중 틀린 것은?

① 탄산가스 아크 용접-용극식

② TIG용접-소모전극식 가스실드 아크 용접법

③ 서브머지드 아크 용접-입상 플럭스

④ MAG용접-Ar+CO_2 혼합가스

[해설] TIG 용접

① 비소모식, 비용극식

② 상품명 : ㉠ 알곤아크   ㉡ 헬륨아크

　　　　　 ㉢ 헬리웰드   ㉣ 불활성가스 텅스텐 아크용접

문제 30

주석계 화이트메탈(white metal)의 주성분으로 맞는 것은?

① 주석, 알루미늄, 인   ② 구리, 니켈, 주석

③ 납, 알루미늄, 주석   ④ 구리, 안티몬, 주석

[해설] 화이트메탈 : 구리+안티몬+주석

문제 31

열처리하지 않아도 충분한 경도를 가지며 코발트를 주성분으로 한 것으로 단련이 불가능하므로 금형주조에 의해서 소정의 모양으로 만들어 사용하는 합금은?

① 고속도강   ② 스텔라이트

③ 화이트메탈   ④ 합금 공구강

[해설] 스텔라이트 : 열처리하지 않아도 충분한 경도를 가지며 코발트를 주성분으로 한 것으로 단련이 불가능하므로 금형 주조에 의해서 소정의 모양으로 만들어 사용하는 합금

32 알루미늄 합금의 종류 중 내열성, 연신율, 절삭성이 좋으나, 고온취성이 크고 수축에 의한 균열 등의 결점이 있는 합금은?

① Al−CO계 합금　　　　② Al−Cu계 합금
③ Al−Zn계 합금　　　　④ Al−Pb계 합금

해설 **Al−Cu합금** : 내열성, 연신율, 절삭성이 좋으나 고온취성이 크고 수축에 의한 균열 등의 결점이 있는 합금

 33 담금질할 때 생긴 내부응력을 제거하며 인성을 증가시키고 안정된 조직으로 변화시키는 열처리는?

① 뜨임　　　　　　　　② 표면경화
③ 불림　　　　　　　　④ 담금질

해설 **열처리**
① 뜨임 : 담금질할 때 생긴 내부응력을 제거하며 인성을 증가시키고 안정된 조직으로 변화시키는 열처리
② 풀림 : 재질의 연화를 목적으로 일정 시간 가열 후 노내에서 서냉, 내부응력 및 잔류응력 제거
③ 불림 : 강의 표준상태로 하기 위하여 가공조직의 균일화, 결정립의 미세화, 기계적 성질의 향상 목적으로 실시
④ 담금질 : 강을 A_3 변태 및 A_1 선 이상 30~50℃로 가열한 후 물 또는 기름으로 급랭하는 방법으로 경도 및 강도 증가

34 강의 표면경화 방법이 아닌 것은?

① 침탄법　　　　　　　② 질화법
③ 토머스법　　　　　　④ 화염경화법

해설 **강의 표면경화 방법**
① 질화법 : 강 표면에 질소를 침투시켜 경화하는 방법으로 가스질화법, 연질화법, 액체질화법 등이 있다.
② 금속침투법 : 내식, 내산, 내마멸을 목적으로 금속을 침투시키는 열처리

 **해답**　　　　　　　　　　　　　　　　　32. ② 33. ① 34. ③

⊙ Cr : 크로마이징　　　　　　ⓒ Al : 칼로라이징
ⓒ Zn : 세라나이징　　　　　　ⓔ Si : 실리코나이징
③ 침탄법
　⊙ 가스침탄법 : 메탄가스와 같은 탄화수소가스를 사용하여 침탄
　ⓒ 액체침탄법 : 시안화나트륨, 시안화칼리를 주성분으로한 염을 사용하
　　여 침탄온도 750~950℃에서 30~60분 침탄시키는 방법
　ⓒ 고체침탄법
④ 화염경화법

문제 35 마그네슘의 성질을 틀리게 설명한 것은?

① 비중 1.74로서 실용금속 재료 중 가장 가볍다.
② 고온에서 쉽게 발화한다.
③ 알칼리에는 부식되나 산에는 거의 부식이 안 된다.
④ 열 및 전기 전도도가 구리, 알루미늄 보다 낮다.

해설 마그네슘의 성질
① 산이나 해수 부식이 된다.
② 비중이 1.74로서 실용금속재료중 가장 가볍다.
③ 열 및 전기전도도가 구리, 알루미늄보다 낮다.
④ 고온에서 쉽게 발화한다.

문제 36 스테인리스강의 분류에 속하지 않는 것은?

① 펄라이트계　　　　　　② 마르텐사이트계
③ 오스테나이트계　　　　④ 페라이트계

해설 스텐인레스강의 분류
① 오스테나이트계　② 페라이트계　③ 마르텐자이트계

 **37** 구리의 용접에 관한 설명으로 가장 관계가 먼 것은?

① 불활성 가스 텅스텐 아크 용접은 판 두께 6mm 이하에 대하여 많이 사용된다.

② 구리의 용접은 불활성 가스 텅스텐 아크 용접법과 가스 용접이 많이 사용된다.

③ 용접용 구리재료로는 전해구리를 사용하고 용접봉은 전해구리 용접봉을 사용해야 한다.

④ 구리는 용융될 때 심한 산화를 일으키며, 가스를 흡수하기 쉽다.

해설 구리의 성질
① 구리는 용융될 때 심한 산화를 일으키며 가스를 흡수하기 쉽다.
② 구리의 용접은 불활성가스 텅스텐 아크용접법과 가스용접이 많이 사용
③ 불활성가스 텅스텐 아크용접은 판두께 6mm 이하에 대하여 많이 사용
④ 황산, 염산에 용해되며 해수, 탄산가스, 습기에 녹이 생긴다.
⑤ 건조한 공기 중에는 산화하지 않는다.
⑥ 비중은 8.96, 용융점은 1,083℃이다.
⑦ 전연성이 좋아 가공 용이

 **38** 응고에서 상온까지 냉각할 때 순철에 발생하는 변태가 아닌 것은?

① A_1 변태점   ② A_4 변태점

③ A_3 변태점   ④ A_2 변태점

 **39** 용융금속이 그 주위로부터 냉각되기 시작하면서 결정이 냉각면에 수직하게 가늘고 긴 형상으로 생기는 조직은?

① 주조조직   ② 편석조직

③ 종방향조직   ④ 주상조직

해설 주상조직 : 용융금속이 그 주위로부터 냉각되기 시작하면서 결정이 냉각면에 수직하게 가늘고 긴 형상으로 생기는 조직

해답   37. ③   38. ①   39. ④

 **40**

주철 중 기계 구조용 주물로서 우수하여 널리 사용되는 것으로 강력 주철(고급 주철)이라고도 하는 것은?

① 백주철

② 펄라이트 주철

③ 얼룩주철

④ 페라이트 주철

해설 **펄라이트 주철** : 기계 구조물 주물로서 우수하여 널리 사용되는 것으로 강력 주철이라고 함.

41

재료의 선팽창계수나 탄성률 등의 특성이 변하지 않는 불변강에 해당되지 않는 것은?

① 인바(invar)

② 코엘린바(coelinvar)

③ 슈퍼인바(super invar)

④ 슈퍼엘린바(super elinvar)

해설 **불변강**

① 슈퍼인바 ② 코엘린바 ③ 인바

 **42**

열전대 중 가장 높은 온도를 측정할 수 있는 것은?

① 백금-백금로듐

② 철-콘스탄탄

③ 크로멜-알루멜

④ 구리-콘스탄탄

해설 **열전대**

① 백금-백금로듐(PR) : 0~1,600℃

② 크로멜-알루멜(CA) : 0~1,200℃

③ 철-콘스탄탄(IC) : -20~850℃

④ 동-콘스탄탄 : -200~350℃

 **43** 용접 잔류응력을 경감하기 위한 방법 중 맞지 않는 것은?

① 용착금속의 양을 될 수 있는 대로 적게 한다.

② 예열을 이용한다.

③ 적당한 용착법과 용접순서를 선택한다.

④ 용접 전에 억제법, 역변형법 등을 이용한다.

해설 용접잔류응력 경감하기 위한 방법
① 적당한 용착법과 용접순서를 선택한다.
② 용착금속의 양을 될 수 있는 대로 적게 한다.
③ 예열을 이용한다.

 **44** 지그나 고정구의 설계시 유의사항으로 틀린 것은?

① 구조가 간단하고 효과적인 결과를 가져와야 한다.

② 부품간의 거리측정이 필요해야 한다.

③ 부품의 고정과 이완은 신속히 이루어져야 한다.

④ 모든 부품의 조립은 쉽고 눈으로 볼 수 있어야 한다.

해설 지그나 고정구설계시 주의사항
① 모든 부품의 조립은 쉽고 눈으로 볼 수 있어야 한다.
② 부품의 고정과 이완은 신속히 이루어져야 한다.
③ 구조가 간단하고 효과적인 결과를 가져와야 한다.

 **45** 용접구조 설계상의 주의사항으로 틀린 것은?

① 용접치수는 강도상 필요한 이상으로 크게 하지 말 것

② 리벳과 용접의 혼용시에는 충분한 주의를 할 것

③ 용접성, 노치인성이 우수한 재료를 선택하여 시공하기 쉽게 설계할 것

④ 후판을 용접할 경우는 용입이 얕은 용접법을 이용하여 층수를 높일 것

해설 용접구조설계상의 주의사항
① 후판용접시 용입이 깊은 용접법을 이용하여 층수를 늘릴 것
② 용접성, 노치인성이 우수한 재료를 선택하여 시공하기 쉽게 설계할 것
③ 리벳과 용접의 혼용시에는 충분한 주의를 할 것
④ 용접치수는 강도상 필요한 이상으로 크게 하지 말 것

 해답 43. ④ 44. ② 45. ④

문제 46

용접부의 단면을 연삭기나 샌드페이퍼 등으로 연마하고 적당한 부식을 해서 육안이나 저배율의 확대경으로 관찰하여 용입의 상태, 열영향부의 범위, 결함의 유무 등을 알아보는 시험은?

① 응력부식 시험
② 현미경 시험
③ 파면 시험
④ 매크로 조직시험

해설 **매크로 조직시험** : 용접부의 단면을 연삭기나 샌드페이퍼 등으로 연마하고 적당한 부식을 해서 육안이나 저배율의 확대경으로 관찰하여 용입의 상태, 열영향부의 범위, 결함의 유무를 알아보는 시험

문제 47

그림과 같은 맞대기 용접시 P=6,000kgt의 하중으로 잡아당겼을 때 모재에 발생되는 인장응력은 몇 kgt/mm²인가?

① 20
② 30
③ 40
④ 50

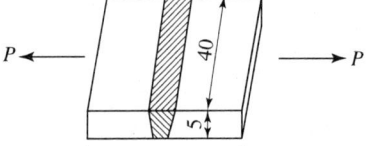

해설 인장응력 $= \dfrac{P}{tl} = \dfrac{6,000}{5 \times 40} = 30\,\mathrm{kgf/mm^2}$

문제 48

다음 그림과 같은 형상을 한 용접부를 용접기호로 나타낸 것은?

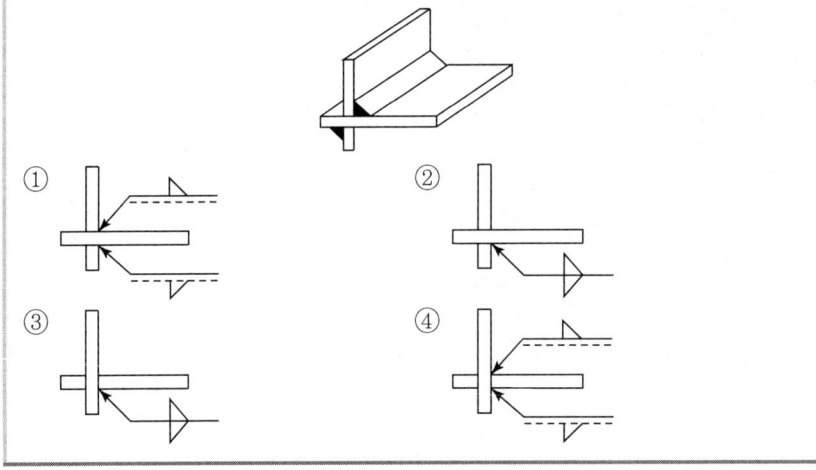

① ② ③ ④

문제 49 용접 순서를 결정짓는 설명으로 가장 거리가 먼 것은?

① 동일 평면 내에 이음부가 많을 경우 수축은 가능한 한 자유단으로 내보내어 외적 구속에 의한 잔류응력을 적게 한다.

② 중심선에 대해 대칭을 벗어나면 수축이 발생하여 변형하거나, 굽혀 지거나 뒤틀리는 경우가 있으므로 가능한 한 물품의 중심에 대하여 대칭적으로 용접한다.

③ 가능한 한 수축이 적은 이음용접을 먼저 하여 변형을 최소한으로 줄이고 수축이 큰 이음 용접을 나중에 하여 각 부품의 조립의 정밀도를 높일 수 있도록 한다.

④ 용접선의 직각 단면 중립축에 대하여 용접수축력의 총합이 0이 되도록 하여 용접방향에 대한 굽힘을 줄인다.

해설 가능한 한 수축이 큰 이음을 먼저 용접하여 변형을 최소한으로 줄이고, 수축이 작은 이음을 나중에 용접하여 각 부품의 조립의 정밀도를 높일 수 있도록 한다.

문제 50 용접 전에 용접부의 예열을 시키는 목적으로 틀린 것은?

① 열영향부와 용착 금속의 경화를 촉진하고 인성을 증가시킨다.

② 수소의 방출을 용이하게 하여 저온균열을 방지한다.

③ 용접부의 기계적 성질을 향상시키고 경화조직의 석출을 방지시킨다.

④ 온도분포가 완만하게 되어 열응력의 감소로 변형과 잔류응력의 발생을 적게 한다.

해설 **예열을 시키는 목적**
① 열영향부와 용착금속의 인성을 증가시킨다.
② 온도분포가 완만하게 되어 열응력의 감소로 변형과 잔류응력의 발생을 적게 한다.
③ 용접부의 기계적 성질을 향상시키고 경화조직의 석출을 방지한다.
④ 수소의 방출을 용이하게 하여 저온균열을 방지한다.

51

용접 시 기공 발생의 방지 대책으로 틀린 것은?

① 위빙을 하여 열량을 늘리거나 예열을 한다.
② 충분히 건조한 저수소계 용접봉을 사용한다.
③ 정해진 범위 안에 전류로 좀 긴 아크를 사용하거나 용접법을 조절한다.
④ 피닝 작업을 하거나 용접 비드 배치법을 변경한다.

해설 **기공 발생 방지법**
① 정해진 범위 안에 전류로 좀 긴 아크를 사용하거나 용접법을 조절한다.
② 충분히 건조한 저수소계 용접봉을 사용한다.
③ 위빙을 하여 열량을 늘리거나 예열을 한다.

 **52**

필릿 용접 이음부의 루트 부분에 생기는 저온균열로 모재의 열팽창 및 수축에 의한 비틀림이 주원인이 되는 균열의 명칭은?

① 비드 밑 균열   ② 루트 균열
③ 힐 균열   ④ 병배 균열

해설 **저온균열의 유형**
① 힐 균열 : 필릿시 루트부분에 발생하는 저온균열이며 모재의 수축 팽창에 의한 뒤틀림이 주요 원인
② 루트 균열 : 맞대기용접의 가접, 첫층용접의 루트 근방의 열영향부에 발생하는 균열
③ 라멜라티어 균열 : T이음, 모서리 이음 등에서 강의 내부에 평행하게 층상으로 발생되는 균열
④ 토 균열 : 맞대기이음, 필릿이음 등의 경우에 비드 표면과 모재의 경계부에 발생

 53

자분탐상시험에서 자화방법의 종류가 아닌 것은?

① 축통전법   ② 전류관통법
③ 원통통전법   ④ 코일법

해설 자분탐상검사 분류
① 축통전법   ② 관통법   ③ 직각통전법
④ 코일법   ⑤ 극간법   ⑥ 전류관통법

문제 54

산업용 용접로봇의 주요작업 기능부가 아닌 것은?

① 구동부　　　　　　　② 용접부
③ 검출부　　　　　　　④ 제어부

해설 산업용용접로봇의 주요작업 기능부
① 구동부   ② 검출부   ③ 제어부

문제 55

다음 중 통계량의 기호에 속하지 않는 것은?

① σ　　　　　　　　② R
③ δ　　　　　　　　④ $\overline{x}$

해설 통계량의 기호
① R   ② δ ③ $\overline{X}$

문제 56

계수 규준형 샘플링 검사의 OC 곡선에서 좋은 로트를 합격시키는 확률을 뜻하는 것은? (단, α는 제1종과오, β는 제2종과오이다.)

① α　　　　　　　　② β
③ $1-\alpha$　　　　　　④ $1-\beta$

해설 좋은 로트를 합격시키는 확률의 뜻 : $1-\alpha$

 **57**

다음 중 인위적 조절이 필요한 상황에 사용될 수 있는 워크팩터(work factor)의 기호가 아닌 것은?

① D ② K
③ P ④ S

 워크팩터의 기호
　　① D　② P　③ S

 **58**

어떤 회사의 매출액이 80,000원, 고정비가 15,000원, 변동비가 40,000원일 때 손익분기점 매출액은 얼마인가?

① 25,000원 ② 30,000원
③ 40,000원 ④ 55,000원

해설　$\text{손익분기점 매출액} = \dfrac{\text{고정비}}{\left(1-\left(\dfrac{\text{변동비}}{\text{매출액}}\right)\right)} = \dfrac{15,000}{\left(1-\left(\dfrac{40,000}{80,000}\right)\right)} = 30,000\text{원}$

59

예방보전(preventive maintenance)의 효과로 보기에 가장 거리가 먼 것은?

① 기계의 수리비용이 감소한다.
② 생산시스템의 신뢰도가 향상된다.
③ 고장으로 인한 중단시간이 감소한다.
④ 예비기계를 보유해야 할 필요성이 증가한다.

해설　예방보전의 효과
① 기계의 수리비용이 감소한다.
② 생산시스템의 신뢰도가 향상된다.
③ 고장으로 인한 중단시간이 감소한다.

문제 60

u 관리도의 관리한계선을 구하는 식으로 옳은 것은?

① $\bar{u} \pm \sqrt{u}$

② $\bar{u} \pm 3\sqrt{u}$

③ $\bar{u} \pm 3\sqrt{nu}$

④ $\bar{u} \pm 3\sqrt{\dfrac{u}{n}}$

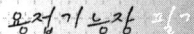

용접기능장 필기

2023년도 제 74 회

본 문제는 복원 기출문제입니다. 실제 문제와 다를 수 있으니 양해바랍니다.

문제 01

피복 아크 용접에서 아크 쏠림 방지 대책 중 맞는 것은?

① 교류 용접기로 하지 말고 직류 용접기로 할 것.
② 아크길이를 다소 길게 할 것.
③ 접지점은 한 개만 연결할 것.
④ 용접봉 끝을 아크 쏠림 반대방향으로 기울일 것.

해설 **아크 쏠림 방지책**
① 직류 용접을 하지 말고 교류 용접을 사용할 것.
② 짧은 아크를 사용할 것.
③ 접지점을 2개 연결할 것.
④ 접지점을 용접부보다 멀리 할 것.
⑤ 용접부가 긴 경우 후퇴법을 사용할 것.
⑥ 용접봉 끝을 아크 쏠림 반대방향으로 기울일 것.

문제 02

초음파 탐상시험에서 음파의 종류에 해당되지 않는 것은?

① 저음파   ② 청음파
③ 초음파   ④ 고음파

해설 **초음파 탐상시험에서 음파의 종류**
① 청음파   ② 초음파   ③ 저음파

문제 03

가스 용접으로 동합금을 용접하는 데 적당한 용제(flux)는?

① 붕사   ② 황혈염
③ 염화나트륨   ④ 탄산소다

해답   01. ④   02. ④   03. ①

 용제

금 속	용 제
구리합금	붕사(75%) + 염화리튬(25%)
주철	탄산수소나트륨(70%) + 붕사(15%) + 탄산나트륨(15%)
반연강	탄산수소나트륨 + 탄산나트륨
연강	사용하지 않는다.

⭐ 보충 동 = 구리

문제 04

저압식 절단 토치를 올바르게 설명한 것은?

① 아세틸렌가스의 압력이 보통 0.07kgf/cm^2 이하에서 사용한다.

② 산소가스의 압력이 보통 0.07kgf/cm^2 이하에서 사용한다.

③ 아세틸렌가스의 압력이 보통 $0.07 \sim 0.4 \text{kgf/cm}^2$ 정도에서 사용한다.

④ 산소가스의 압력이 보통 $0.07 \sim 0.4 \text{kgf/cm}^2$ 정도에서 사용한다.

 절단토치

① 저압식 : 0.07kg/cm^2 이하

② 중압식 : $0.07 \sim 1.3 \text{kg/cm}^2$ 이하

③ 고압식 : 1.3kg/cm^2 초과

문제 05

뉴턴(Newton)의 만유인력의 법칙에 따라서 금속원자 간에 인력이 작용하여 결합하게 된다. 이 결합을 이루게 하기 위해서는 원자들은 보통 몇 cm 접근시켰을 때 원자가 결합하는가?

① 10^{-6} ② 10^{-8}

③ 10^{-10} ④ 10^{-12}

해설 금속원자간의 결합을 위하여 보통 원자들은 10^{-8}cm 접근시켰을 때 원자가 결합

문제 06

피복 금속 아크 용접봉의 피복제의 역할이 아닌 것은?

① 용융금속을 대기와 잘 접촉하게 한다.
② 아크를 안정시켜 용접을 용이하게 한다.
③ 용착금속의 냉각속도를 지연시킨다.
④ 모재 표면의 산화물을 제거한다.

해설 **피복제의 역할**
① 모재 표면의 산화물을 제거한다.
② 용착금속의 냉각속도를 지연시킨다.
③ 아크를 안정시켜 용접을 용이하게 한다.
④ 공기로 인한 산화, 질화 방지
⑤ 탈산정련작용
⑥ 합금원소 첨가
⑦ 스패터 발생을 적게 한다.
⑧ 슬래그 제거가 쉽다.

문제 07

비교적 큰 용적이 단락되지 않고 옮겨가는 형식이며, 서브머지드 아크 용접과 같이 대전류 사용 시에 나타나는 용적이행 형식은?

① 단락형　　　　　　　② 스프레이형
③ 글로뷸러형　　　　　④ 반발형

해설 **용착현상**
① 글로뷸러형
　㉠ 서브머지드 용접과 같이 대전류 사용
　㉡ 일명 핀치효과라고도 하며 비교적 큰 용적이 단락되지 않고 옮겨가는 이행형식
② 단락형
　㉠ 저수소계
　㉡ 표면장력의 작용으로 모재로 옮겨가서 용착
③ 스프레이형
　㉠ 일미나이트계 피복아크 용접봉
　㉡ 미세한 용적이 스프레이와 같이 날려 보내어 옮겨가서 용착

 **08** 가스 용접에서 정압 생성열(kcal/m³)이 가장 적은 가스는?

① 아세틸렌 　　　　　　　② 메탄

③ 프로판 　　　　　　　　④ 부탄

해설 발열량
① 부탄 : 26,691kcal/m³ 　　② 메탄 : 8,080kcal/m³
③ 프로판 : 20,780kcal/m³ 　④ 일산화탄소 : 2,865kcal/m³
⑤ 아세틸렌 : 12,690kcal/m³ 　⑥ 수소 : 2,420kcal/m³

 **09** 피복아크 용접 품질에 영향을 주는 요소가 아닌 것은?

① 전류조정 　　　　　　　② 용접기의 사용률

③ 용접속도 　　　　　　　④ 아크길이

해설 피복아크 용접 품질에 영향을 주는 요소
① 아크길이　　② 용접속도　　③ 전류조정

 **10** 산소와 아세틸렌 용기 취급 시 주의사항 중 잘못된 것은?

① 산소병 내에 다른 가스를 혼합하여도 된다.

② 산소병 운반 시 충격을 주어서는 안 된다.

③ 아세틸렌병은 세워서 사용하며, 병에 충격을 주어서는 안 된다.

④ 산소병은 40℃ 이하 온도에서 보관하고 직사광선을 피해야 한다.

해설 산소와 아세틸렌 용기 취급 시 주의사항
① 산소병은 40℃ 이하의 온도에서 보관하고 직사광선을 피할 것.
② 아세틸렌병은 세워서 사용하며 병에 충격을 주어서는 안 된다.
③ 산소 운반 시 충격을 주어서는 안 된다.
④ 압력계는 금유라는 표시가 있는 산소 전용 압력계 사용
⑤ 산소가스용기나 계기류는 윤활유, 그리스 등이 부착되지 않도록 한다.
⑥ 산소가스와 용기는 가연성 가스 용기와 구분 저장
⑦ 산소압축기 윤활유는 물이나 10% 이하의 묽은 글리세린수
⑧ 산소 용기의 공업용 도색은 녹색이다.

⑨ 산소 용기는 화기로부터 5m 이상 유지
⑩ 산소누설시험에는 비눗물 사용
⑪ 최고 충전압력은 150kg/cm^2 이상

문제 11

1차 코일을 교류전원에 접속하면 2차 코일은 70~100V의 저전압으로 되고, 2차 코일은 전환탭으로 권선비에 따라 큰 전류를 조정하는 용접기는?

① 발전형 직류 아크 용접기
② 가동 코일형 교류 아크 용접기
③ 가동 철심형 교류 아크 용접기
④ 탭 전환형 직류 아크 용접기

해설 **가동 철심형 교류아크 용접기** : 1차 코일을 교류전원에 접속하면 2차코일은 70~100V의 저전압으로 되고 2차 코일은 전환탭으로 권선비에 따라 큰 전류를 조정하는 용접기

문제 12

AW400인 교류 아크 용접기로 두께가 9mm인 연강판을 용접전류 180A, 아크전압 30V로 접합하고자 할 때 이 용접기의 효율은 약 % 인가? (단, 이 교류 아크 용접기의 내부 손실은 4kW이다.)

① 32.4
② 38.7
③ 45.7
④ 57.4

해설 효율$=\dfrac{\text{아크전력}}{\text{소비전력}}\times100=\dfrac{5.4}{9.4}\times100=57.44\%$

① 소비전력=아크전력+내부손실=5.4+4=9.4kw
② 아크전력=아크전압×정격2차전류=30×180=5,400=5.4kw

문제 13

가스 토치를 사용하여 용접부의 결함, 뒤따내기, 가접의 제거, 압연강재, 주강의 표면결함의 제거 등에 사용하는 가공법은?

① 가스 절단
② 아크 에어 가우징
③ 가스 가우징
④ 가스 스카핑

 **가스가우징** : 용접부분의 뒷면을 따내든지 H형, U형의 용접 홈을 가공하기 위해서 깊은 홈을 파내는 방법
① 팁 작업의 각도 : 30~45°
스카핑 : 강괴, 강편, 슬래그, 주름, 탈탄층, 표면균열 등의 표면결함을 불꽃 가공에 의해 제거하는 방법으로 얕은 홈 가공시 사용
아크에어가우징 : 탄소 아크절단 장치에다 압축공기($6{\sim}7kg/cm^2$)를 병용하여서 아크열로 용융시킨 부분을 압축공기로 불어 날려서 홈을 파내는 작업
① 작업능률이 2~3배 높다.
② 용접부의 결함발견이 쉽다.
③ 응용범위가 넓고 경비가 저렴
④ 용융금속을 순간적으로 불어내어 모재에 악영향을 주지 않음.

문제 14

가스절단에 쓰이는 예열용 가스로 불꽃의 온도가 가장 높은 것은?

① 수소
② 아세틸렌
③ 프로판
④ 메탄

해설 **불꽃의 온도**
① 아세틸렌 : 3,430℃
② 부탄 : 2,926℃
③ 수소 : 2,900℃
④ 프로판 : 2,820℃
⑤ 메탄 : 2,700℃

문제 15

플라즈마 절단에 대한 설명 중 틀린 것은?

① 텅스텐 전극과 모재사이에서 아크 플라즈마를 발생시키는 것을 이행형 아크 절단이라 한다.
② 비이행형 아크절단은 텅스텐전극과 수냉 노즐과의 사이에서 아크를 발생시켜 절단한다.
③ 작동가스로는 스테인리스강에 대해서는 헬륨과 산소의 혼합가스를 일반적으로 사용된다.
④ 알루미늄 등의 경금속에 대해서는 작동가스로 아르곤과 수소의 혼합가스를 일반적으로 사용된다.

해답 14. ② 15. ③

해설 **플라즈마 절단**
① 알루미늄 등의 경금속에 대해서는 작동가스로 아르곤과 수소의 혼합가스를 일반적으로 사용
② 비이행형 아크절단은 텅스텐 전극과 수냉 노즐과의 사이에서 아크를 발생시켜 절단한다.
③ 텅스텐 전극과 모재사이에서 아크 플라즈마를 발생시키는 것을 이행형 아크절단이라 한다.

문제 16

서브머지드 아크 용접의 장점에 대한 설명으로 틀린 것은?

① 대전류에서 용접할 수 있으므로 고능률적이다.
② 용접입열이 커서 모재에 변형을 가져올 우려가 없으며 열 영향부가 넓다.
③ 용접 금속의 품질이 양호하다.
④ 유해광선이나 퓸(Fume) 등이 적게 발생되어 작업환경이 깨끗하다.

해설 **서브머지드 아크용접의 장점**
① 유해광선이나 퓸 등이 적게 발생되어 작업환경이 깨끗하다.
② 용융금속의 품질이 양호하다.
③ 대전류에서 용접할 수 있으므로 고능률적이다.
④ 비드 외관이 매우 아름답다.
⑤ 기계적 성질이 우수하다.
⑥ 개선각을 적게 하여 용접 패스 수를 줄인다.
⑦ 용융속도 및 용착속도가 빠르다.
⑧ 용입이 깊다.

문제 17

일렉트로 슬래그 용접의 장점이 아닌 것은?

① 박판 강재의 용접에 적합하다.
② 특별한 홈 가공을 필요로 하지 않는다.
③ 용접시간이 단축되기 때문에 능률적이다.
④ 냉각속도가 느리므로 기공, 슬래그 섞임이 없다.

해설 **일렉트로 슬래그 용접의 장점**
① 냉각속도가 느리므로 기공, 슬래그 섞임이 없다.
② 용접시간이 단축되기 때문에 능률적이다.

해답   16. ② 17. ①

③ 특별한 홈 가공을 필요로 하지 않는다.
④ 아크가 눈에 보이지 않고 아크불꽃이 없다.
⑤ 한번에 장비를 설치하여 후판을 단일층으로 한번에 용접 가능
⑥ 용접 홈의 가공준비가 간단하고 각변형이 적다.
⑦ 전극 와이어의 지름은 보통 2.5~3.2mm를 주로 사용

문제 18

전류가 인체에 미치는 영향 중 순간적으로 사망할 위험이 있는 전류량은 몇 [mA] 이상인가?

① 8   ② 20
③ 35   ④ 50

해설 순간적으로 사망할 위험이 있는 전류량은 50[mA] 이상

문제 19

염화아연을 사용하여 납땜을 사용하였더니 그 후에 그 부분이 부식되기 시작했다. 그 이유로 가장 적당한 것은?

① 땜납과 금속판이 전기작용을 일으켰기 때문에
② 땜납의 양이 많기 때문에
③ 인두의 가열온도가 높기 때문에
④ 납땜 후 염화아연을 닦아내지 않았기 때문에

해설 납땜 후 염화아연을 닦아내지 않았기 때문에

문제 20

CO_2가스 아크 용접에서 사용되는 복합 와이어의 구조가 아닌 것은?

① 아코스 와이어   ② Y관상 와이어
③ S관상 와이어   ④ U관상 와이어

해설 CO2가스 아크 용접에서 사용되는 복합 와이어의 구조
① Y관상 와이어   ② S관상 와이어   ③ 아코스 와이어

해답

18. ④   19. ④   20. ④

문제 21

서브머지드 아크 용접 시 와이어 표면에 구리도금을 하는 이유로 가장 적당하지 않은 것은?

① 콘택트 팁과 전기적 접촉을 원활히 해 준다.
② 와이어의 녹 방지를 함으로써 기공 발생을 적게 한다.
③ 송급 롤러와 접촉을 원활히 해 줌으로써 용접속도에 도움이 된다.
④ 용착금속의 강도를 저하시키고 기계적 성질도 저하시킨다.

해설 **서브머지드 아크 용접 시 와이어 표면에 구리도금을 하는 이유**
① 와이어의 녹 방지를 함으로써 기공 발생을 적게 한다.
② 콘택트 팁과 전기적 접촉을 원활히 해준다.
③ 송급 롤러와 접촉을 원활히 해 줌으로써 용접속도에 도움이 된다.

문제 22

미그(MIG) 용접에서 용융속도의 표시 방법은?

① 모재의 두께
② 분당 보호가스 유출량
③ 용접봉의 굵기
④ 분당 용융되는 와이어의 길이, 무게

해설 **미그 용접에서 용융속도의 표시 방법**
분당 용융되는 와이어의 길이, 무게

문제 23

겹치기 저항 용접에 있어서 접합부에 나타나는 용융 응고된 금속 부분을 무엇이라고 하는가?

① 오목자국   ② 너깃
③ 틈   ④ 오손

해설 **너깃** : 겹치기 저항 용접에 있어서 접합부에 나타나는 용융응고된 금속부분

 **24**

전기적 에너지를 열원으로 사용하는 용접법에 해당되지 않는 것은?

① 피복 금속 아크 용접　　　② 플라스마 아크 용접

③ 테르밋 용접　　　④ 일렉트로 슬래그 용접

해설 **전기적 에너지를 열원으로 사용하는 용접법**
① 일렉트로 슬래그용접　　② 플라즈마 아크용접
③ 피복금속 아크용접

 **25**

원자 수소 아크 용접에 이용되는 용접열로 가장 적당한 것은?

① 2,000~3,000℃　　　② 3,000~4,000℃

③ 4,000~5,000℃　　　④ 5,000~6,000℃

해설 **원자수소 아크용접에 이용되는 용접열** : 3,000~4,000℃

 **26**

TIG 용접 기법 중 용입이 얕고 청정효과가 있는 전극 특성은?

① 직류역극성(DCRP)　　　② 직류정극성(DCSP)

③ 교류역극성(ACRP)　　　④ 교류정극성(ACSP)

해설 **TIG 용접기법 중 용입이 얕고 청정효과가 있는 전극 특성** : 직류역극성 (DCRP)

 27

KS규격에서 정한 TIG 용접에서 사용되는 2% 토륨 텅스텐(YWTh-2) 전극봉의 식별용 색으로 맞는 것은?

① 녹색　　　② 갈색

③ 황색　　　④ 적색

해설 **TIG 용접에서 사용되는 2% 토륨 텅스텐 전극봉의 식별용색** : 적색

 **28** 가스 용접 및 절단작업 시 안전사항으로 가장 거리가 먼 것은?

① 작업 시 작업복은 깨끗하고 간편한 복장으로 갈아입고 작업자의 눈을 보호하기 위해 보안경을 착용한다.

② 납이나 아연합금 및 도금재료의 용접이나 절단 시 중독에 우려가 있으므로 환기에 신경을 쓰며 계속작업보다 주기적인 휴식을 취한 후 작업을 한다.

③ 산소병은 고압으로 충전되어 있으므로 운반 및 압력조정기 체결을 정확히 해야 하며 나사부분의 마모를 적게 하기 위하여 윤활유를 사용한다.

④ 밀폐된 용기를 용접하거나 절단할 때 내부의 잔여물질 성분이 팽창하여 폭발할 우려를 충분히 검토 후 작업을 한다.

해설 산소병은 나사부분에 윤활유를 사용하면 발화의 위험이 있다.

 **29** 탄산가스 아크 용접에서 전진법의 특징이 아닌 것은?

① 용접선이 잘 보이므로 운봉을 정확하게 할 수 있다.
② 비드 높이가 낮고 평탄한 비드가 형성된다.
③ 스패터가 비교적 많으며 진행방향 쪽으로 흩어진다.
④ 비드 형상이 잘 보이기 때문에 비드 폭, 높이 등을 억제하기 쉽다.

해설 **탄산가스 아크 용접에서 전진법의 특징**
① 스패터가 비교적 많으며 진행방향 쪽으로 흩어진다.
② 비드 높이가 낮고 평탄한 비드가 형성된다.
③ 용접선이 잘 보이므로 운봉을 정확하게 할 수 있다.

 **30** 일반적인 합금의 특징 설명으로 틀린 것은?

① 경도가 높아진다.　　　　② 전기전도율이 저하된다.
③ 용융온도가 높아진다.　　④ 열전도율이 저하된다.

해설 용융온도가 낮아진다.

 용접기능장

 해답　　　　　　　　　　　　　　　28. ③　29. ④　30. ③

 **31**

Ni40~50%와 Fe의 합금으로 열팽창계수가 $5~9 \times 10^{-6}$ 정도이며 전구의 도입선으로 사용되는 불변강은?

① 인바　　　　　　　　　② 플래티나이트
③ 코엘린바　　　　　　　④ 슈퍼인바

해설 **합금**
① 플래티나이트 : Ni(40~50%) + Fe
② 인바 : Ni(35~36%) + Mn(0.4%) + Co(1~3%) + Fe
③ 화이트메탈 : 구리 + 안티몬 + 주석
④ 스텔라이트 : 주석
⑤ 모넬메탈 : Ni(65~70%) + Fe(1~3%)
⑥ 인코넬 : Ni(70~80%) + Cr(12~14%)
⑦ 콘스탄탄 : Cu(55%) + 니켈(45%)

 **32**

이산화탄소 아크 용접법은 어느 금속에 가장 적합한가?

① 알루미늄　　　　　　　② 마그네슘
③ 저탄소강　　　　　　　④ 몰리브덴

해설 이산화탄소 아크 용접법은 저탄소강 용접에 적합

33

칼슘이나 규소를 첨가해서 흑연화를 촉진시켜 미세흑연을 균일하게 분포시키거나 백주철을 열처리하여 연신율을 향상시킨 주철은?

① 반주철　　　　　　　　② 가단주철
③ 구상흑연주철　　　　　④ 회주철

해설 **가단주철** : 칼슘이나 규소를 첨가해서 흑연화를 촉진시켜 미세흑연을 균일하게 분포시키거나 백주철을 열처리하여 연신율을 향상시킨 주철

문제 34 내열용 알루미늄 합금의 종류가 아닌 것은?

① Y합금
② 로우엑스
③ 코비탈륨
④ 라우탈

해설 **내열용 알루미늄합금의 종류 :** ① 로우엑스 ② 코비탈륨 ③ Y합금

문제 35 니켈-구리계 합금의 종류가 아닌 것은?

① 어드밴스(advance)
② 큐프로 니켈(cupro nickel)
③ 퍼멀로이(permalloy)
④ 콘스탄탄(constantan)

해설 **니켈-구리계 합금의 종류 :** ① 콘스탄탄 ② 큐프로니켈 ③ 어드밴스

문제 36 Ni-Cr계 합금의 특징 설명으로 틀린 것은?

① 전기저항이 크다.
② 내열성이 크고 고온에서 경도 및 강도 저하가 적다.
③ 내식성이 작고 산화도가 크다.
④ Fe 및 Cu에 대한 전열효과가 크다.

해설 **니켈-크롬계 합금의 특징**
① Fe 및 Cu에 대한 전열효과가 크다.
② 전기저항이 크다.
③ 내열성이 크고 고온에서 경도 및 강도 저하가 적다.

문제 37 주철의 용접은 보수용접에 많이 쓰이며 주물의 상태, 결함의 위치, 크기, 겉모양 등에 유의하여야 한다. 주철의 보수용접 종류가 아닌 것은?

① 스터드법
② 빌드업법
③ 비녀장법
④ 버터링법

해설 **주철의 보수용접 종류**
① 버터링법 ② 스터드법 ③ 비녀장법 ④ 로킹법

 **38**

철강 표면에 Zn을 확산 침투시키는 방법으로 청분이라고 하는 300mesh 정도의 Zn분말 속에 제품을 넣고, 300~420℃로 1~5시간 가열하여 경화층을 얻는 금속침투법은?

① 칼로라이징(calorizing)
② 세라다이징(sheradizing)
③ 크로마이징(chromizing)
④ 실리코나이징(siliconizing)

해설 **세라다이징** : 철강표면에 아연을 확산 침투시키는 방법으로 청분이라고 하는 300mesh 정도의 아연분말 속에 제품을 넣고 300~420℃로 1~5시간 가열하여 경화 등을 얻는 금속침투법

 **39**

페라이트계 스테인리스강에 대한 설명으로 틀린 것은?

① 표면이 잘 연마된 것은 공기나 물 중에서 부식되지 않는다.
② Cr 12~17%, C 0.2% 이하 함유된 스테인리스강이다.
③ 유기산, 질산, 염산, 황산 등에 잘 침식된다.
④ 오스테나이트계에 비하여 내산성이 낮다.

해설 **페라이트계 스테인리스강**
① 오스테나이트계에 비하여 내산성이 낮다.
② Cr 12~17%, CO 2% 이하 함유된 스테인리스강이다.
③ 표면이 잘 연마된 것은 공기나 물 중에서 부식되지 않는다.
④ 황산, 질산, 염산에는 침식되지 않는다.

 **40**

구리 및 구리합금의 용접에서 판두께 6mm 이하에서 많이 사용되며, 용접부의 기계적 성질이 우수하여 가장 널리 쓰이는 용접법은?

① 불활성가스 텅스텐 아크 용접
② 테르밋 용접
③ 일렉트로 슬래그 용접
④ CO_2 아크 용접

해설 **불활성가스 텅스텐 아크 용접** : 구리 및 구리합금의 용접에서 판두께 6mm 이하에서 많이 사용되며 용접부와 기계적 성질이 우수하여 가장 널리 쓰임.

해답 38. ② 39. ③ 40. ①

 **41**

듀콜(ducol)강은 어디에 속하는 강종인가?

① 고망간강 중 시멘타이트 조직을 나타낸다.

② 저망간강 중 펄라이트 조직을 나타낸다.

③ 고망간강 중 오스테나이트 조직을 나타낸다.

④ 저망간강 중 페라이트 조직을 나타낸다.

해설 **듀콜강** : 저망간강 중에 펄라이트 조직을 나타냄.

 **42**

잔류 오스테나이트를 마텐자이트화하기 위한 처리를 무엇이라고 하는가?

① 심랭 처리 　　　　　 ② 용체화 처리

③ 균질화 처리 　　　　 ④ 불루잉 처리

해설 **심랭 처리** : 잔류 오스테나이트를 마텐자이트화하기 위한 처리

43

잔류응력이 존재하는 구조물에 인장이나 압축하중을 걸어 용접부를 약간 소성변형시킨 후 하중을 제거하면 잔류응력이 감소하는 현상을 이용하는 잔류응력 완화법은?

① 기계적 응력 완화법 　　② 저온 응력 완화법

③ 피닝법 　　　　　　　 ④ 응력제거 풀림법

해설 **잔류응력 완화법(용접후 처리)**

① 기계적 응력완화법 : 잔류응력이 존재하는 구조물에 인장이나 압축하중을 걸어 용접부를 약간 소성변형시킨 후 하중을 제거하면 잔류응력이 감소하는 현상

② 피닝법 : 해머로써 용접부를 연속적으로 때려 용접 표면에 소성변형을 주는 방법

③ 노내풀림법 : 제품 전체를 가열로 안에 넣고 적당한 온도에서 일정시간 유지한 다음 노내에서 서냉

④ 저온응력완화법 : 용접선 양측을 가스불꽃에 의하여 너비 약 150mm를 150~200℃ 정도의 비교적 낮은 온도로 가열한 다음 곧 수냉하는 방법

 **44**

용접을 진행하면서 용접부 부근을 냉각시켜 모재의 열영향부의 범위를 축소시킴으로써 변형을 방지하는데 사용하는 냉각법에 속하지 않는 것은?

① 수냉동판 사용법   ② 살수법

③ 피닝법   ④ 석면포 사용법

해설 **냉각법** : ① 살수법   ② 수냉동판 사용법   ③ 석면포 사용법

 **45**

모재에 라미네이션이 발생하였다. 이 결함을 찾는데 가장 좋은 비파괴검사 방법은?

① 육안시험   ② 자분탐상시험

③ 음향검사시험   ④ 초음파탐상시험

해설 **라미네이션의 결함을 찾는데 가장 좋은 비파괴검사법** : 초음파 탐상시험

 **46**

아크 용접부 파단면에 생기는 것으로 용접부의 냉각속도가 너무 빠르고 모재의 탄소, 탈산생성물 등이 너무 많을 때의 원인으로 생성되는 결함은?

① 언더필   ② 스패터링

③ 아크 스트라이크   ④ 선상조직

해설 **선상조직** : 아크용접부 파단면에 생기는 것으로 용접부의 냉각속도가 너무 빠르고 모재의 탄소, 탈산생성물이 너무 많을 때 발생

 **47**

용접기본 기호 중 표면육성 기호로 맞는 것은?

① ◯   ② ⊖

③ ⌢⌢   ④ ↄ

해답   44. ③   45. ④   46. ④   47. ③

> **해설** **용접부 기호**
> ① 서피싱(표면육성 기호) : ⌒⌒
> ② 서피싱 이음 : ——   ③ 가장자리 용접 : |||
> ④ 뒷면 용접 공정이 없는 경우 : ＼/
> ⑤ 끝단부를 매끄럽게 함 : ⌣

문제 48

제어의 형태에 따라 산업용 로봇을 분류할 때 해당되지 않는 것은?

① 서보 제어로봇　　　　　② 논서보 제어로봇
③ 원통좌표 로봇　　　　　④ CP 제어로봇

> **해설** **제어의 형태에 따른 산업용 로봇의 분류**
> ① CP 제어로봇　② 논서보 제어로봇　③ 서보 제어로봇

문제 49

다음 중 용착법에 대해 잘못 표현된 것은?

① 덧살올림법 : 각 층마다 전체의 길이를 용접하면서 쌓아올리는 방법
② 대칭법 : 용접부의 중앙으로부터 양 끝을 향해 대칭적으로 용접해 나가는 방법
③ 비석법 : 용접길이를 짧게 나누어 간격을 두면서 용접하는 방법
④ 전진블록법 : 한 끝에서 다른 쪽 끝을 향해 연속적으로 진행하면서 용접하는 방법

> **해설** **용착법**
> ① 전진법 : 한쪽 끝에서 다른쪽 끝을 향해 연속적으로 진행하면서 용접하는 방법
> ② 비석법 : 용접길이를 짧게 나누어 간격을 두면서 용접하는 방법
> ③ 대칭법 : 용접부의 중앙으로부터 양 끝을 향해 대칭적으로 용접해 나가는 방법
> ④ 덧살올림법 : 각 층마다 전체의 길이를 용접하면서 쌓아올리는 방법

문제 50

용접재료 시험법 중에서 인장시험 파단후의 시험편 단면적을 $A(\text{mm}^2)$, 최초의 단면적을 $A_0(\text{mm}^2)$라 할 때 단면수축률 ϕ를 구하는 식은?

① $\phi = \dfrac{A - A_0}{A_0} \times 100(\%)$　　② $\phi = \dfrac{A_0 - A}{A_0} \times 100(\%)$

③ $\phi = \dfrac{A - A_0}{A} \times 100(\%)$　　④ $\phi = \dfrac{A_0 - A}{A} \times 100(\%)$

해설 단면수축률 $= \dfrac{A_0 - A}{A_0} \times 100$

문제 51

용접 지그를 선택하는 기준으로 틀린 것은?

① 용접하고자 하는 물체를 튼튼하게 고정시켜 줄 수 있는 크기와 강성이 있어야 한다.

② 용접변형을 억제할 수 있는 구조이어야 한다.

③ 피용접물과의 고정과 분해가 어렵고 용접할 간극을 적당하게 받쳐 주어야 한다.

④ 청소하기 쉽고 작업능률이 향상되어야 한다.

해설 용접 지그를 선택하는 기준

① 청소하기 쉽고 작업능률이 향상되어야 한다.

② 용접변형을 억제할 수 있는 구조이어야 한다.

③ 용접하고자 하는 물체를 튼튼하게 고정시켜 줄 수 있는 크기와 강성이 있어야 한다.

문제 52

보통 판 두께가 4~19mm 이하의 경우를 한쪽에서 용접으로 완전용입을 얻고자 할 때 사용하며 홈 가공이 비교적 쉬우나 판의 두께가 두꺼워지면 용착금속의 양이 증가하는 맞대기 이음 형상은?

① V형 홈　　② H형 홈

③ J형 홈　　④ X형 홈

문제 53

어떤 부재의 용접시공 시 용착금속의 중량을 Wd(g), 용착속도를 V(g/hr), 용접공의 실동효율(=아크타임)을 Te(%)라 할 때 용접 작업시간(총 용접시간) Ta(hr)의 계산식은?

① $\dfrac{Wd \cdot V}{Te}$

② $\dfrac{V}{Wd \cdot Te}$

③ $\dfrac{Wd}{V \cdot Te}$

④ $\dfrac{Te}{Wd \cdot V}$

 용접 작업시간의 계산식 $= \dfrac{Wd}{V \times Te}$

Wd(g)용착금속의 중량(g), V(g/h)용착속도, Te(%)용접공의 아크타임

문제 54

피복 아크 용접에서 아크길이가 너무 길거나 용접전류가 지나치게 높을 때 발생되는 용접 결함으로 가장 적당한 것은?

① 슬래그 혼입

② 언더컷

③ 선상조직

④ 오버랩

 **용접부 결함**

① 언더컷의 원인
- ㉠ 용접속도가 너무 빠를 때
- ㉡ 전류가 너무 높을 때
- ㉢ 부적당한 용접봉 사용 시
- ㉣ 아크길이가 길 때

② 오버랩의 원인
- ㉠ 용접봉 유지각 불량
- ㉡ 부적합한 용접봉 사용 시
- ㉢ 용접봉 운봉속도 불량
- ㉣ 전류가 너무 낮을 때
- ㉤ 용접속도가 너무 느릴 때

③ 슬래그 섞임(혼입)
- ㉠ 전류가 너무 낮을 때
- ㉡ 봉의 각도 부적당 시
- ㉢ 운봉속도 너무 느릴 때
- ㉣ 슬래그가 용융 시보다 앞설 때

문제 55

관리도에서 점이 관리한계 내에 있으나 중심선 한쪽에 연속해서 나타나는 점의 배열현상을 무엇이라 하는가?

① 연

② 경향

③ 산포

④ 주기

 **56**

로트의 크기 30, 부적합품률이 10%인 로트에서 시료의 크기를 5로 하여 랜덤 샘플링할 때, 시료 중 부적합 품수가 1개 이상일 확률은 약 얼마인가? (단, 초기하분포를 이용하여 계산한다.)

① 0.3695
② 0.4335
③ 0.5665
④ 0.6305

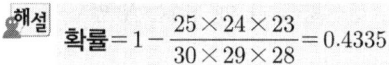 확률 $= 1 - \dfrac{25 \times 24 \times 23}{30 \times 29 \times 28} = 0.4335$

 **57**

다음 중 브레인스토밍(Brainstorming)과 가장 관계가 깊은 것은?

① 파레토도
② 히스토그램
③ 회귀분석
④ 특성요인도

해설 브레인스토밍과 가장 관계가 깊은 것 : 특성요인도

 **58**

작업개선을 위한 공정분석에 포함되지 않는 것은?

① 제품 공정분석
② 사무 공정분석
③ 직장 공정분석
④ 작업자 공정분석

해설 작업개선을 위한 공정분석
① 작업자 공정분석 ② 사무공정분석 ③ 제품공정분석

 **59**

로트의 크기가 시료의 크기에 비해 10배 이상 클 때, 시료의 크기와 합격판정개수를 일정하게 하고 로트의 크기를 증가시키면 검사특성 곡선의 모양 변화에 대한 설명으로 가장 적절한 것은?

① 무한대로 커진다.
② 거의 변화하지 않는다.
③ 검사특성곡선의 기울기가 완만해진다.
④ 검사특성곡선의 기울기 경사가 급해진다.

문제 60

과거의 자료를 수리적으로 분석하여 일정한 경향을 도출한 후 가까운 장래의 매출액, 생산량 등을 예측하는 방법을 무엇이라 하는가?

① 델파이법
③ 시장조사법
② 전문가패널법
④ 시계열분석법

해설 **시계열분석법** : 과거의 자료를 수리적으로 분석하여 일정한 경향을 도출한 후 가까운 장래의 매출액, 생산량 등을 예측하는 방법

용접기능장

2024

최근 기출문제

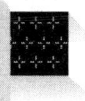

용접기능장 필기

2024년도 제 75 회

본 문제는 복원 기출문제입니다. 실제 문제와 다를 수 있으니 양해바랍니다.

문제 01 인버터 방식의 아크 용접기의 특징이 아닌 것은?

① 용접기가 소형 경량이다.

② 고속 정밀 제어가 가능하다.

③ 아크 스타트(arc start)율이 높다.

④ 용접기의 보수 유지가 간단하다.

해설 인버터 방식의 아크 용접기의 특징
① 고속 정밀 제어가 가능하다.　　② 용접기가 소형 경량이다.
③ 용접기의 보수 유지가 복잡하다.　④ 아크 스타트율이 높다.

문제 02 가스절단용 산소 중의 불순물이 증가될 때 나타나는 현상으로 올바른 것은?

① 절단면이 깨끗해진다.　　② 절단속도가 빨라진다.

③ 산소의 소비량이 많아진다.　④ 슬래그의 이탈성이 좋아진다.

해설 가스절단용 산소 중의 불순물 증가 시 나타나는 현상
① 산소의 소비량이 많아진다.　② 슬래그의 이탈성이 나빠진다.
③ 절단속도가 느려진다.　　　　④ 절단면이 깨끗해진다.

문제 03 금속재료를 접합하는 방법 중 융접은 무슨 접합법인가?

① 기계적 접합법　　　　　② 야금적 접합법

③ 전자적 접합법　　　　　④ 자기적 접합법

해설 야금적 접합 : ① 융접　② 압접　③ 납땜

해답　　　　　　　　　　　　　　　　　**01. ④　02. ③　03. ②**

 **04**

피복 아크 용접봉의 피복제에 대하여 설명한 것 중 맞지 않는 것은?

① 저수소계를 제외한 다른 피복 아크 용접봉의 피복제는 아크 발생 시 탄산(CO_2)가스와 수증기(H_2O)가 가장 많이 발생한다.

② 아크 안정제는 아크열에 의하여 이온화가 되어 아크전압을 강화시키고 이에 의하여 아크를 안정시킨다.

③ 가스 발생제는 중성 또는 환원성 가스를 발생하여 용접부를 대기로부터 차단하여 용융금속의 산화 및 질화를 방지하는 작용을 한다.

④ 슬래그 생성제는 용융점이 낮은 슬래그를 만들어 용융금속의 표면을 덮어서 산화나 질화를 방지하고 용착금속의 냉각속도를 느리게 한다.

해설 **저수소계** : 석회석, 형석을 주성분으로 한 것으로 기계적 성질, 내균열성이 우수하다. 용착금속 중에 수소함유량이 다른 피복봉에 비해 $\frac{1}{10}$ 정도로 매우 낮음. 300~350℃에서 1~2시간 정도 건조 후 사용

 **05**

절단부에 철분 등을 압축공기로 팁을 통해 분출시키며 예열불꽃 중에서 연소반응에 따른 고온을 이용한 절단법으로 맞는 것은?

① 산소창 절단   ② 탄소 아크 절단
③ 분말 절단   ④ 미그 절단

해설 **절단법**
① 분말 절단 : 스테인리스강, 비철금속, 주철 등은 가스 절단이 용이하지 않으므로 철분 또는 연속적으로 절단용 산소에 혼합 공급함으로써 그 산화열 또는 용제의 화학작용을 이용 절단
② 산소창 절단 : 두꺼운 판, 주강의 슬래그 덩어리, 암석의 천공 등의 절단에 이용
③ 수중 절단 : 물에 잠겨 있는 침몰선의 해체나 교량의 교각 개조, 댐, 항만 방파제 등의 공사에 이용

용접기능장 필기

 문제 06

가스 용접 시 가변압식 토치에 사용하는 팁 번호가 250번인 것을 중성불꽃으로 용접한다면 아세틸렌가스의 소비량은 매 시간당 몇 L가 소비되는가?

① 100
② 150
③ 200
④ 250

해설 **팁 번호 250번** : 1시간당 아세틸렌가스의 소비량은 250*l*이다.

 **문제 07**

아세틸렌가스의 자연발화온도는 몇 도인가?

① 306~308℃
② 355~358℃
③ 406~408℃
④ 455~458℃

해설 **아세틸렌가스의 자연발화온도** : 406~408℃
아세틸렌가스의 폭발온도 : 505~515℃

 **문제 08**

자기 불림 또는 아크 쏠림의 방지책이 아닌 것은?

① 큰 가접부를 향하여 용접할 것.
② 긴 용접부는 후퇴법을 사용할 것.
③ 용접봉 끝은 아크쏠림 쪽으로 기울여 용접할 것.
④ 접지점 2개를 연결하여 용접할 것.

해설 **아크 쏠림의 방지책**
① 직류 용접을 하지 말고 교류 용접을 할 것.
② 용접부가 긴 경우 후퇴법 사용
③ 짧은 아크 사용
④ 접지점을 2개 연결할 것.
⑤ 큰 가접부를 향하여 용접할 것.
⑥ 접지점을 용접부보다 멀리 할 것.

해답

문제 09

교류 아크 용접기(AC arc welding machine)에 관한 설명 중 옳은 것은?

① 교류 아크 용접기는 극성 변화가 가능하고 전격의 위험이 적다.
② 교류 아크 용접기는 가동철심형, 탭 전환형, 엔진 구동형, 가포화 리액터형 등으로 분류된다.
③ AW－300은 교류 아크 용접기의 정격 입력 전류가 300[A] 흐를 수 있는 전류 용량의 값을 표시하고 있다.
④ 교류 아크 용접기의 부속장치에는 고주파 발생장치, 전격방지장치, 원격제어장치 등이 있다.

해설 교류 아크 용접기의 설명
① 교류 아크 용접기는 전격의 위험이 크다.
② 교류 아크 용접기의 부속장치에는 고주파 발생장치, 핫스타트 장치, 전격방지장치 등이 있다.
③ 교류 아크 용접기는 가동철심형, 가동코일형, 탭 전환형, 가포화 리액터형이 있다.

문제 10

아크 에어 가우징에 대한 설명으로 틀린 것은?

① 그라인딩, 치핑, 가스 가우징보다 작업능률이 2~3배 높다.
② 가우징 토치는 일반 피복 아크 용접봉 토치와 비슷하나 부수적으로 압축공기를 보내는 공기통로와 분출구가 마련되어 있다.
③ 용융금속을 쉽게 불어내므로 가우징 속도가 느려 모재의 가열범위가 넓다.
④ 활용범위가 넓어 비철금속(스테인리스강, 알루미늄, 동합금 등)에도 적용이 된다.

해설 아크 에어 가우징 : 탄소아크절단장치에다 압축공기를 병용하여서 아크열로 용융시킨 부분을 압축공기로 불어 날려서 홈을 파내는 작업
[장점] ① 그라인딩, 치핑, 가스 가우징보다 작업능률이 2~3배 높다.
② 용접결함부의 발견이 쉽다.
③ 작업능률이 2~3배 높다.
④ 응용범위가 넓고 경비가 저렴
⑤ 모재에 악영향을 주지 않는다.

문제 11 가스 용접에서 전진법에 비교한 후진법에 대한 설명으로 틀린 것은?

① 판 두께가 두꺼운 후판에 적합하다.
② 용접속도가 빠르다.
③ 용접변형이 적다.
④ 열 이용률이 나쁘다.

해설 **후진법의 특징**
① 후판 용접에 적합
② 비드 표면이 매끈하지 못하다.
③ 열 이용률이 좋다.
④ 홈의 각도가 다.
⑤ 용접속도가 빠르다.
⑥ 용접변형이 적다.

문제 12 용접 수축량에 미치는 용접 시공 조건의 영향으로 맞는 것은?

① 용접속도가 빠를수록 각 변형이 커진다.
② 용접봉 직경이 큰 것이 수축이 크다.
③ 용접 밑면 루트 간격이 클수록 수축이 크다.
④ 용접 홈의 형상에서 V형 홈이 X형 홈보다 수축이 작다.

해설 **용접 시공 조건**
① 용접 밑면 루트 간격이 클수록 수축이 크다.
② 용접봉 직경이 큰 것이 수축이 작다.
③ 용접속도가 느릴수록 각 변형이 커진다.
④ 용접 홈의 형상에서 V형 홈이 X형 홈보다 수축이 크다.

문제 13 용접기의 자동전격방지장치에서 아크를 발생하지 않을 때는 보조변압기에 의해 용접기의 2차 무부하전압을 몇 V 이하로 유지하는 것이 가장 적합한가?

① 30
② 40
③ 45
④ 50

해설 1차 무부하전압 : 70~80V
2차 무부하전압 : 20~30V

해답 11. ④ 12. ③ 13. ①

문제 14

피복 아크 용접봉 중 염기성이면서 내균열성이 가장 우수한 것은?

① 저수소계
② 라임티나니아계
③ 일루미나이트계
④ 고셀룰로오스계

해설 저수소계 : 염기성이며 내균열성이 가장 우수

문제 15

다음은 여러 가지 절단법에 대하여 설명한 것이다. 틀린 것은?

① 산소창 절단법의 용도는 스테인리스강이나 구리, 알루미늄 및 그 합금을 절단하는 데 주로 사용한다.
② 아크 에어 가우징은 탄소아크 절단에 압축공기를 같이 사용하는 방법으로 용접부의 홈파기, 결함부 제거 등에 사용된다.
③ 수중절단에 사용되는 연료가스로는 수소, 아세틸렌, LPG 등이 쓰인다.
④ 레이저 절단은 다른 절단법에 비해 에너지 밀도가 높고 정밀절단이 가능하다.

해설 절단법
① 산소창 절단은 두꺼운 판, 주강의 슬래그 덩어리, 암석의 천공 등의 절단에 이용
② 수중절단에 사용되는 연료가스는 수소, 아세틸렌, LPG 등이 쓰인다.
③ 레이저 절단은 다른 절단법에 비해 에너지 밀도가 높고 정밀진단이 가능하다.
④ 아크 에어 가우징은 탄소아크 절단에 압축공기를 같이 사용하는 방법으로 용접부의 홈파기, 결함부 제거 등에 사용

문제 16

일렉트로 슬래그 용접의 장점이 아닌 것은?

① 후판을 단일층으로 한번에 용접할 수 있다.
② 최소한의 변형과 최단시간의 용접법이다.
③ 아크가 눈에 보이지 않고 아크 불꽃이 없다.
④ 높은 입열로 인하여 기계적 성질이 향상된다.

해답

14. ① **15.** ① **16.** ①

해설 일렉트로 슬래그 용접
① 최소한의 변형과 최단시간의 용접법이다.
② 아크가 눈에 보이지 않고 아크 불꽃이 없다.
③ 높은 입열로 인하여 기계적 성질이 향상된다.
④ 압력용기 조선 및 대형 주물의 후판 용접 등에 바람직한 용접
⑤ 용접홈의 가공준비가 간단하고 각 변형이 적다.

문제 17 TIG 용접에 대한 설명으로 가장 거리가 먼 것은?

① TIG 용접은 알루미늄 합금과 스테인리스강을 비롯한 대부분의 금속을 접합할 수 있다.
② TIG 용접은 용제(flux)를 사용하지 않으므로 슬래그 제거가 불필요하다.
③ TIG 용접은 교류전원만을 용접에 사용하고 있다.
④ TIG 용접에 사용하는 아르곤 가스는 용착금속의 산화, 질화를 방지한다.

해설 TIG 용접
① TIG 용접에 사용하는 아르곤 가스는 용착금속의 산화, 질화를 방지
② TIG 용접은 용제를 사용하지 않으므로 슬래그 제거가 불필요하다.
③ TIG 용접은 알루미늄 합금과 스테인리스강을 비롯한 대부분의 금속을 접합할 수 있다.
④ 모든 용접자세가 가능하며 특히 박판 용접에서 능률이 좋다.
⑤ 직류 역극성에는 청정작용이 있다.
⑥ 산화, 질화를 방지할 수 있어 우수한 이음, 깨끗하고 아름다운 비드를 얻을 수 있다.
⑦ 박판에는 용가재를 사용하지 않아도 양호한 용접부가 얻어진다.

문제 18 MIG 용접의 특징 설명으로 틀린 것은?

① 수동 피복 아크 용접에 비하여 능률적이다.
② 각종 금속의 용접에 다양하게 적용할 수 있다.
③ 박판(3mm 이하) 용접에서는 적용이 곤란하다.
④ CO_2 용접에 비해 스패터의 양이 많다.

 해답

17. ③ 18. ④

해설 MIG 용접의 특징
① CO_2 용접에 비해 스패터의 양이 적다.
② 박판 용접(3mm 이하)에서는 적용이 곤란하다.
③ 각종 금속의 용접에 다양하게 적용할 수 있다.
④ 수동 피복 아크 용접에 비하여 능률적이다.

문제 19

저항 점용접(spot welding)에서 용접을 좌우하는 중요 인자가 아닌 것은?

① 용접전류   ② 통전시간
③ 용접전압   ④ 전극 가압력

해설 저항 점용접에서 용접을 좌우하는 중요 인자
① 용접전류   ② 통전시간   ③ 전극가압력

문제 20

화재의 분류 및 구성, 안전에 대한 설명 중 틀린 것은?

① 전기 화재에는 포말소화기를 사용한다.
② 인화성 액체의 반응 또는 취급은 폭발 한계범위 이외의 농도로 한다.
③ 화재의 구성요소는 가연성 물질, 산소, 그리고 점화원이다.
④ 화재의 분류 중 D급 화재는 금속 화재를 말한다.

해설 화재의 분류 및 구성, 안전에 대한 설명
① 전기 화재에는 CO_2, 분말소화기를 사용한다.
② 화재의 분류 중 A급 화재는 일반화재, B급 화재는 유류 및 가스화재, C급 화재는 전기화재, D급 화재는 금속화재
③ 화재의 구성요소는 가연성 물질, 산소, 점화원이다.
④ 인화성 액체의 반응 또는 취급은 폭발 한계범위 이외의 농도로 한다.

해답   19. ③ 20. ①

 **21** 오버레이 용접에 대한 설명으로 맞는 것은?

① 연강과 고장력강의 맞대기 용접을 말한다.
② 연강과 스테인리스강의 맞대기 용접을 말한다.
③ 모재에 약 1mm 이상의 두께로 내마모, 내식, 내열성이 우수한 용접금속을 입히는 방법을 말한다.
④ 스테인리스강판과 연강판재를 접합 시 스테인리스 강판에 구멍을 뚫어 용접하는 것을 말한다.

해설 오버레이 용접 : 모재에 약 1mm 이상의 두께로 내식, 내마모성, 내열성이 우수한 용접금속을 입히는 방법

 **22** 탄산가스 아크 용접에서 전극 와이어의 송급 방식으로 맞는 것은?

① 자기제어 특성을 이용하여 정속 송급한다.
② 전류[A]의 크기에 따라 달라진다.
③ 아크길이 제어 특성과 관계없다.
④ 용접속도에 따라 달라진다.

해설 탄산가스 아크 용접의 전극 와이어의 송급 방식 : 자기제어 특성을 이용하여 정속 송급한다.

 **23** 서브머지드 아크 용접의 장 · 단점에 대한 각각의 설명에서 틀린 것은?

① 장점 : 용접속도가 피복 아크 용접에 비해 빠르므로 능률이 높다.
② 장점 : 1회에 깊은 용입을 얻을 수 있어, 용접이음의 신뢰도가 높다.
③ 단점 : 아크가 보이지 않으므로 용접부의 적부를 확인해서 용접할 수 없다.
④ 단점 : 와이어에 많은 전류를 흘려 줄 수 없고, 용입이 얕다.

해답

해설 **서브머지드 아크 용접 특징**
① 아크가 보이지 않으므로 용접부의 적부를 확인해서 용접할 수 없다.
② 용접속도가 피복 아크 용접에 비해 빠르므로 능률이 높다.
③ 1회에 깊은 용입을 얻을 수 있어, 용접이음의 신뢰도가 높다.
④ 개선각을 적게 하여 용접패스 수를 줄일 수 있다.
⑤ 유해광선이 적게 발생되고 작업환경이 깨끗하다.
⑥ 용접재료에 제약을 받는다.
⑦ 개선홈의 정밀을 요한다.(패킹제 미사용 시 루트 간격 0.8mm 이하)
⑧ 용접선이 짧거나 복잡한 경우 수동에 비해 비능률적이다.

문제 24

불활성 가스 텅스텐 아크 용접에서 용착속도를 향상시키는 방법으로 옳은 것은?

① 핫 가스법   ② 핫 와이어법
③ 콜드 가스법   ④ 콜드 와이어법

해설 **불활성 가스 텅스텐 아크 용접에서 용착속도를 향상시키는 방법** : 핫 와이어법

문제 25

이산화탄소 아크 용접 시 솔리드와이어와 복합와이어를 비교한 사항으로 틀린 것은?

① 솔리드와이어가 복합와이어보다 용착효율이 양호하다.
② 솔리드와이어가 복합와이어보다 전류밀도가 높다.
③ 복합와이어가 솔리드와이어보다 스패터가 많다.
④ 복합와이어가 솔리드와이어보다 아크가 안정된다.

해설 **솔리드와이어와 복합와이어 비교**
① 복합와이어가 솔리드와이어보다 스패터가 적다.
② 복합와이어가 솔리드와이어보다 아크가 안정된다.
③ 솔리드와이어가 복합와이어보다 전류밀도가 높다.
④ 솔리드와이어가 복합와이어보다 용착효율이 양호하다.

문제 26

연납용으로 사용되는 용제가 아닌 것은?

① 염산
② 붕산염
③ 염화아연
④ 염화암모니아

해설 **연납용 용제**
① 인산
② 염산
③ 염화암모니아
④ 염화아연

경납용 용제
① 붕사
② 붕산
③ 염화나트륨
④ 염화리튬
⑤ 산화제1구리
⑥ 빙정석

문제 27

플라스마 아크 용접 장치가 아닌 것은?

① 용접 토치
② 제어장치
③ 페룰
④ 가스공급장치

해설 **플라스마 아크 용접 장치**
① 가스공급장치
② 제어장치
③ 용접 토치

문제 28

아크 용접 작업의 안전 중 전격에 의한 재해 예방법으로 틀린 것은?

① 좁은 장소의 용접작업자는 열기에 의하여 땀을 많이 흘리게 되므로 몸이 노출되지 않게 항상 주의하여야 한다.
② 전격을 받은 사람을 발견했을 때에는 즉시 스위치를 꺼야 한다.
③ 무부하 전압이 90V 이상 높은 용접기를 사용한다.
④ 자동전격방지기를 사용한다.

해설 무부하 전압이 20~30V 정도인 용접기를 사용한다.
1차 무부하 전압 : 85~95V
2차 무부하 전압 : 20~30V

해답 26. ② 27. ③ 28. ③

문제. 29 아크 광선에 대한 설명으로 옳은 것은?

① 아크 광선은 적외선으로만 구성되어 있다.

② 아크 빛이 반사하여 눈에 들어오면 전광성 안염은 발생하지 않는다.

③ 아크 광선 중 자외선은 화학선이라고도 하며 가시광선보다 파장이 짧다.

④ 아크 광선 중 적외선은 전자기파 중의 하나로 가시광선보다 파장이 짧다.

해설 아크 광선 : 아크 광선 중 자외선은 화학선이라고도 하며 가시광선보다 파장이 짧다.

문제. 30 주철은 고온으로 가열과 냉각을 반복하면 차례로 팽창하면서 치수가 변하게 된다. 주철의 성장에 대한 대책으로 틀린 것은?

① C와 결합하기 쉬운 Cr 등의 원소를 첨가한다.

② 구상흑연 또는 국화무늬 모양의 흑연을 발생시킨다.

③ Si의 양을 많게 한다.

④ Ni을 첨가하여 준다.

해설 주철의 성장 대책
① Ni(니켈)을 첨가하여 준다.
② Si(규소)의 양을 많게 한다.
③ C와 결합하기 쉬운 Cr 등의 원소를 첨가한다.

문제. 31 강철 재료에서 탄소량이 증가될 때 용접성에 미치는 영향으로 옳은 것은?

① 용접부의 경도가 증가된다.   ② 용접부의 강도가 낮아진다.

③ 용착금속의 유동성이 나쁘다.   ④ 용접성이 우수해진다.

해설 탄소량 증가 시 용접에 미치는 영향
① 강도, 경도, 항복점·항자력·비저항 증가
② 연신율, 단면수축률, 충격값, 연성, 전성 감소

29. ③   30. ②   31. ①

문제 32

담금질 시효에 의하여 강도가 증가하며 내열성, 연신율, 절삭성이 좋으나 고온취성이 크고 수축에 의한 균열 등의 결점을 가지고 있는 합금은?

① Al−Cu계 합금
② Al−Si계 합금
③ Al−Cu−Si계 합금
④ Al−Si−Ni계 합금

해설 **Al−Cu계 합금** : 담금질 시효에 의하여 강도가 증가하며 내열성, 연신율, 절삭성이 좋으나 고온취성이 크고 수축에 의한 균열 등을 가지는 금속

문제 33

오스테나이트계 스테인리스강 용접 시 유의해야 할 사항 중 틀린 것은?

① 예열을 해야 한다.
② 아크를 중단하기 전에 크레이터 처리를 한다.
③ 짧은 아크길이를 유지한다.
④ 용접봉은 모재의 재질과 동일한 것을 사용한다.

해설 **오스테나이트계 스테인리스강 용접 시 주의사항**
① 예열을 하지 말아야 한다.
② 짧은 아크길이를 유지한다.
③ 층간온도가 320℃ 이상을 넘어서는 안 된다.
④ 낮은 전류 값으로 용접하여 용접 입열을 억제한다.
⑤ 용접봉은 모재와 동일한 재료를 쓰며 가는 용접봉 사용
⑥ 아크를 중단하기 전에 크레이터 처리를 한다.

문제 34

철강의 풀림 중에서 고온풀림의 종류가 아닌 것은?

① 완전풀림
② 응력제거풀림
③ 확산풀림
④ 항온풀림

해설 **고온풀림의 종류**
① 완전풀림 ② 확산풀림 ③ 항온풀림

문제 35 합금강에서 Cr 원소의 첨가효과 중 틀린 것은?

① 내열성 증가 ② 내마모성 증가

③ 내식성 증가 ④ 인성 증가

해설 특수원소의 영향

① Cr(크롬) : 내식성, 매마모성, 내열성 향상, 흑연화 안정, 탄화물 안정
② Ni(니켈) : 인성 증가, 저온충격저항 증가, 질화촉진, 주철의 흑연화 촉진
③ Si(규소) : 강의 고온 가공성을 좋게 한다. 용융금속의 유동성 증가, 충격 저항 감소, 연신율 감소, 단점성 및 냉간 가공성 해침, 인장강도, 경도, 탄성한계 증가, 결정립 조대화
④ Mo(몰리브덴) : 뜨임취성 방지
⑤ Mn(망간) : 적열취성 방지, 황의 해를 제거, 고온에서 결정립 성장 억제, 흑연화를 방해하여 백주철화 촉진
⑥ B(붕소) : 담금질성을 개선
⑦ Ti(티탄) : 결정입자의 미세화, 탄화물 생성 용이

문제 36 알루미늄 청동에 대한 설명 중 틀린 것은?

① 알루미늄 청동은 알루미늄의 함유량과 그 열처리에 따라 기계적 성질이 변한다.
② 알루미늄을 12% 이상 포함한 것으로 주조, 단조, 용접 등이 용이하다.
③ 황동이나 청동에 비하여 기계적 성질, 내식성, 내열성, 내마멸성이 우수하다.
④ 알루미늄 청동은 선박용 펌프, 용접기 부품, 기어, 자동차용 엔진밸브 등으로 쓰인다.

문제 37 Ni – Cr계 합금의 특성으로 맞지 않는 것은?

① 전기 저항이 대단히 크다.
② 내열성이 크고 고온에서 경도 및 강도의 저하가 작다.
③ 내식성 및 산화도가 크다.
④ 산이나 알칼리에 침식이 되지 않는다.

해설 **Ni–Cr계 합금의 특성**
① 내식성 및 산화도가 적다.
② 산이나 알칼리에 침식이 되지 않는다.
③ 내열성이 크고 고온에서 경도 및 강도의 저하가 작다.
④ 전기 저항이 대단히 크다.

문제 38

Co를 주성분으로 한 Co–Cr–W–C계의 합금으로서 주조 경질합금의 대표적인 것은?

① 비디아(Widia)
② 트리디아(Tridia)
③ 스텔라이트(Stellite)
④ 당가로이(Tungalloy)

해설 ① **스텔라이트** : $Co + Cr + W + C$
② **플래티나이트** : $Ni(40\sim50\%) + Fe$: 진공관이나 전구의 도입선에 사용
③ **콘스탄탄** : $Cu(55\%) + 니켈(45\%)$
④ **모넬메탈** : $Ni(65\sim70\%) + Fe(1\sim2\%)$
⑤ **인코넬** : $Ni(70\sim80\%) + Cr(12\sim14\%)$
⑥ **톰백** : $Cu(80\%) + Zn(20\%)$: 화폐, 메달 등에 사용
⑦ **문쯔메탈** : $Cu(60\%) + Zn(40\%)$: 열교환기, 열간 단조품, 탄피 등에 사용
⑧ **켈밋** : $Cu + Pb(30\sim40\%)$: 베어링에 사용
⑨ **코로손합금** : $Cu + Ni + Fe$: 전화선이나 통신선에 사용

문제 39

탄소강의 용접에 대한 설명으로 틀린 것은?

① 노치 인성이 요구되는 경우 저수소계 계통의 용접봉이 사용된다.
② 중탄소강의 용접에는 650℃ 이상의 예열이 필요하다.
③ 저탄소강의 경우 일반적으로 판 두께 25mm까지는 예열이 필요없다.
④ 고탄소강의 경우는 용접부의 경화가 현저하여 용접균열이 발생될 위험이 있다.

해설 **탄소강의 용접**
① 중탄소강의 용접에는 650℃ 이하의 예열이 필요하다.
② 노치 인성이 요구되는 경우 저수소계 계통의 용접봉이 사용된다.
③ 고탄소강의 경우 용접부의 경화가 현저하여 용접균열이 발생될 위험이 있다.
④ 저탄소강의 경우 일반적으로 판 두께 25mm까지는 예열이 필요없다.

해답 38. ③ 39. ②

문제 40

동소 변태를 일으키는 순철의 A₃ 변태점은?

① 912℃ ② 1112℃

③ 1394℃ ④ 1494℃

해설 동소 변태를 일으키는 순철의 A₃ 변태점 : 912℃

문제 41

내마모성의 표면처리법으로 시안화소다, 시안화칼륨을 주성분으로 한 염(salt)을 사용하여 침탄온도 750~900℃에서 30분~1시간 침탄시키는 방법은?

① 액체침탄법 ② 고체침탄법

③ 가스침탄법 ④ 기체침탄법

해설 **침탄법**
① 액체침탄법 : 시안화나트륨, 시안화칼리를 주성분으로 한 염을 사용하여 침탄온도 750~900℃에서 30~60분 침탄시키는 방법
② 가스침탄법 : 메탄가스와 같은 탄화수소가스를 사용하여 침탄
③ 고체침탄법 : 고체 침탄제를 사용하여 강 표면에 침탄 산소를 확산 침투시켜 표면을 경화시키는 방법
④ 화염경화법 : 탄소강 표면에 산소 – 아세틸렌화염으로 표면만을 가열하여 오스테나이트로 만든 다음 급랭하여 표면층만 담금질

문제 42

방식법 중 15~25% 황산액에서 산화물계의 피막을 형성하는 방법은?

① 알루마이트법 ② 알루미나이트법

③ 크롬산염법 ④ 하이드로날륨법

해설 **알루미나이트법** : 15~25% 황산액에서 산화물계의 피막을 형성하는 방법

 **43**

용접부에 두꺼운 스케일이나 오물 등이 부착되었을 때, 용접 홈이 좁을 때, 양모재의 두께 차이가 클 경우 운봉속도가 일정하지 않을 때 생기는 용접결함은?

① 언더컷 　　　　　　　② 융합불량
③ 크랙(crack) 　　　　　④ 선상조직

 **용접부의 결함**

① 언더컷
　　㉠ 전류가 너무 높을 때　　　　㉡ 용접속도가 너무 빠를 때
　　㉢ 아크길이가 길 때　　　　　　㉣ 부적당한 용접봉 사용 시
② 융합불량
　　㉠ 두꺼운 스케일이나 오물 등이 부착되었을 때
　　㉡ 용접 홈이 좁을 때
　　㉢ 양모재의 두께 차이가 클 경우
　　㉣ 운봉속도가 일정하지 않을 때
③ 균열의 원인
　　㉠ 황이 많은 용접봉 사용 시　　㉡ 고탄소강 사용 시
　　㉢ 용접속도가 너무 빠를 때　　㉣ 냉각속도가 너무 빠를 때
　　㉤ 아크 분위기에 수소가 많을 때　㉥ 이음각도가 너무 좁을 때

 **44**

비접촉식 용접선 추적 센서로서 아크 용접 도중 위빙할 때 용접 파라미터를 감지하여 용접선을 추적하면서 용접을 진행하도록 하는 센서는?

① 전자기식 센서 　　　　② 아크 센서
③ 적응체적 제어 센서 　　④ 전방 인식 광센서

 **아크 센서** : 비접촉식 용접선 추적 센서로서 아크 용접 도중 위빙 시 용접 파라미터를 감지하여 용접선을 추적하면서 용접을 진행하도록 하는 센서

 **45**

용접변형에 영향을 미치는 인자 중 용접열에 관계되는 인자와 거리가 가장 먼 것은?

① 용접속도 　　　　　　② 용접층수
③ 용접전류 　　　　　　④ 부재치수

해설 용접입열에 관계되는 인자
① 용접층수 ② 용접전류 ③ 용접속도

문제 46

용착부의 단면적 A에 작용하는 허용인장응력이 σ_t일 경우의 인장하중 P를 구하는 식은?

① $P = A\sigma_t$

② $P = 2A\sigma_t$

③ $P = \dfrac{A}{\sigma_t}$

④ $P = \dfrac{2A}{\sigma_t}$

해설 $\sigma_t = \dfrac{P}{A}$ $\therefore$ $P = A \times \sigma_t$

문제 47

큰 하중이나 충격 또는 교번하중을 받거나 저온에 사용되는 완전용입 이음 형태는?

①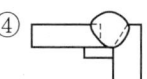

②

③

④

문제 48

용접 지그(jig)의 사용 목적으로 틀린 것은?

① 소량 생산을 위해 사용된다.

② 용접작업을 쉽게 한다.

③ 제품의 정밀도와 용접부의 신뢰성을 높인다.

④ 공정수를 절약하므로 능률을 좋게 한다.

해설 용접 지그의 사용 목적
① 다량 생산을 위해 사용한다.
② 용접작업을 쉽게 한다.

해답

46. ① 47. ④ 48. ①

③ 공정수를 절약하므로 능률을 좋게 한다.
④ 제품의 정밀도와 용접부의 신뢰성을 높인다.
⑤ 아래보기자세로 용접할 수 있다.
⑥ 작업을 쉽게 할 수 있다.

문제 49

용접이음의 안전율을 계산하는 식으로 맞는 것은?

① 안전율 $= \dfrac{\text{허용응력}}{\text{인장강도}}$ ② 안전율 $= \dfrac{\text{인장강도}}{\text{허용응력}}$

③ 안전율 $= \dfrac{\text{피로강도}}{\text{변형률}}$ ④ 안전율 $= \dfrac{\text{파괴강도}}{\text{연신율}}$

[해설] 안전율 $= \dfrac{\text{인장강도}}{\text{허용응력}}$

문제 50

용접부에 생기는 잔류응력 제거법이 아닌 것은?

① 노내 풀림법 ② 국부 풀림법
③ 기계적 응력 완화법 ④ 역변형 풀림법

[해설] 잔류응력 제거법
① 피닝법 ② 기계적 응력완화법
③ 저온응력 완화법 ④ 노내 풀림법
⑤ 국부 풀림법

문제 51

다음 용접 기호는 무슨 용접법인가?

① 스폿 용접
② 심 용접
③ 필릿 용접
④ 플러그 용접

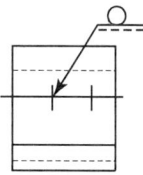

[해답] 49. ② 50. ④ 51. ①

문제 52

용접부의 시험에서 파괴시험이 아닌 것은?

① 형광침투시험   ② 육안조직시험

③ 충격시험   ④ 피로시험

해설 **용접부의 시험의 종류**

① 파괴시험   ㉠ 피로시험   ㉡ 굽힘시험   ㉢ 인장시험
             ㉣ 경도시험   ㉤ 충격시험   ㉥ 낙하시험
             ㉦ 내압시험

② 비파괴시험   ㉠ 방사선투과법   ㉡ 초음파검사법   ㉢ 침투검사법
                ㉣ 음향검사법   ㉤ 외관검사법   ㉥ 형광검사법
                ㉦ 누설검사법

문제 53

한 부분의 몇 층을 용접하다가 이것을 다음 부분의 층으로 연속시켜 전체가 단계를 이루도록 용착시켜 나가는 것으로 변형 및 잔류응력을 줄이기 위해 용접하는 방법으로 맞는 것은?

① 덧붙이법   ② 블록법

③ 스킵법   ④ 캐스케이드법

해설 **용착법**

① 캐스케이드법 : 한 부분에 대해 몇 층을 용접하다가 다음 부분으로 연속시켜 용접

② 빌드업법 : 다층 용접에서 각 층마다 전체의 길이를 용접하면서 쌓아 올리는 용접방법

③ 스킵법 : 이음전 길이에 대해서 뛰어넘어서 용접하는 방법

④ 후진법 : 용접진행 방향과 용착 방향이 서로 반대가 되는 방법

문제 54

결함 중 가장 치명적인 것으로 발생되면 그 양단에 드릴로 정지구멍을 뚫고 깎아내어 규정의 홈으로 다듬질하는 것은?

① 균열(crack)   ② 은점(fish eye)

③ 언더컷(under cut)   ④ 기공(blow hole)

해설 결함의 보수
① 균열 : 정지구멍을 뚫어 균열부분을 홈을 판 후 재용접
② 언더컷의 보수 : 지름이 작은 용접봉을 이용하여 보수
③ 오버랩의 보수 : 일부분을 깎아내고 재용접
④ 슬래그의 보수 : 깎아내고 재용접한다.

문제 55

다음 중 계량값 관리도에 해당되는 것은?

① c 관리도   ② nP 관리도
③ R 관리도   ④ u 관리도

해설 계량값 관리도에 해당 : R 관리도

문제 56

다음 검사의 종류 중 검사 공정에 의한 분류에 해당되지 않는 것은?

① 수입검사   ② 출하검사
③ 출장검사   ④ 공정검사

해설 검사 공정에 의한 분류
① 공정검사   ② 출하검사   ③ 수입검사

문제 57

로트 크기 1000, 부적합품률이 15%인 로트에서 5개의 랜덤시료 중에서 발견된 부적합품수가 1개월 확률을 이항분포로 계산하면 약 얼마인가?

① 0.1648   ② 0.3915
③ 0.6085   ④ 0.8352

해설 확률 = 시료의 개수 × 부적합품률 × (적합품률)^4
$$= 5 \times 0.15 \times 0.85^4$$
$$= 0.3915$$

문제 58

Ralph M. Barnes 교수가 제시한 동작경제의 원칙 중 작업장 배치에 관한 원칙(arrangement of the workplace)에 해당되지 않는 것은?

① 가급적이면 낙하식 운반방법을 이용한다.
② 모든 공구나 재료는 지정된 위치에 있도록 한다.
③ 충분한 조명을 하여 작업자가 잘 볼 수 있도록 한다.
④ 가급적 용이하고 자연스런 리듬을 타고 일할 수 있도록 작업을 구성하여야 한다.

해설 작업장 배치에 관한 원칙
① 충분한 조명을 하여 작업자가 잘 볼 수 있도록 한다.
② 가급적이면 낙하식 운반방법을 이용한다.
③ 모든 공구나 재료는 지정된 위치에 있도록 한다.

문제 59

품질 코스트(quality cost)를 예방 코스트, 실패 코스트, 평가 코스트로 분류할 때, 다음 중 실패 코스트(failure cost)에 속하는 것이 아닌 것은?

① 시험 코스트   ② 불량대책 코스트
③ 재가공 코스트   ④ 설계변경 코스트

해설 실패 코스트의 종류
① 재가공 코스트   ② 설계변경 코스트   ③ 불량대책 코스트

문제 60

그림과 같은 계획공정도(Network)에서 주공정은? (단, 화살표 아래의 숫자는 활동시간을 나타낸 것이다.)

① 1-3-6
② 1-2-5-6
③ 1-2-4-5-6
④ 1-3-4-5-6

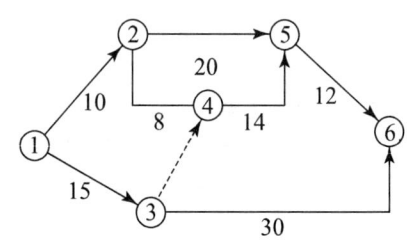

용접기능장

본 문제는 복원 기출문제입니다. 실제 문제와 다를 수 있으니 양해바랍니다.

문제 01

다음 중 양호한 가스절단면을 얻기 위한 조건으로 틀린 것은?

① 드래그가 가능한 한 작을 것
② 절단면이 평활하며 드래그의 홈이 높을 것
③ 슬래그의 이탈성이 양호할 것
④ 절단면 표면의 각이 예리할 것

해설 양호한 가스절단면을 얻기 위한 조건
① 절단면이 평활하며 드래그의 홈이 낮을 것
② 드래그가 가능한 한 작을 것
③ 절단면 표면의 각이 예리할 것
④ 슬래그의 이탈성이 양호할 것

문제 02

다음 중 아크 절단법의 종류에 해당되지 않는 것은?

① TIG 절단   ② 분말 절단
③ MIG 절단   ④ 플라스마 절단

해설 아크 절단법의 종류
① 탄소 아크 절단   ② 금속 아크 절단
③ 아크 에어 가우징   ④ 산소 아크 절단
⑤ MIG 아크절단   ⑥ TIG 아크 절단
⑦ 플라즈마 아크 절단   ⑧ 불활성가스 아크 절단

해답   01. ② 02. ②

461

문제 03 직류 아크 용접의 극성 중 직류 역극성(DCRP)의 특징이 아닌 것은?

① 모재의 용입이 깊다.

② 용접봉 용융속도가 빠르다.

③ 비드의 폭이 넓다.

④ 박판, 주철, 고탄소강, 합금강, 비철금속의 용접에 이용된다.

해설 **직류 역극성**(DCRP)

① 용접봉(+) 70%, 모재(−) 30%   ② 용입이 얕다.

③ 용접봉의 녹음이 빠르다.   ④ 박판 용접 가능(주철, 비철금속)

⑤ 비드 폭이 넓다.

문제 04 아크 에어 가우징 시 압축공기의 압력으로 적당한 것은?

① $1 \sim 3 \text{kgf/cm}^2$ ② $5 \sim 7 \text{kgf/cm}^2$

③ $8 \sim 10 \text{kgf/cm}^2$ ④ $11 \sim 13 \text{kgf/cm}^2$

해설 **아크 에어 가우징**

① 원리 : 탄소아크 절단장치에다 압축공기($5 \sim 7 \text{kg/cm}^2$)를 병용하여서 아크열로 용융시킨 부분을 압축공기로 불어 날려서 홈을 파내는 작업

② 장점 ㉠ 작업능률이 2~3배 높다.

㉡ 용접결함부의 발견이 쉽다.

㉢ 모재에 악영향을 주지 않는다.

㉣ 응용범위가 넓고 경비가 저렴

문제 05 아크전류 200A, 아크전압 25V, 용접속도 20cm/min인 경우 용접단위길이 1cm 당 발생하는 용접입열은 얼마인가?

① 12000J/cm   ② 15000J/cm

③ 20000J/cm   ④ 23000J/cm

해설 용접입열(H) $= \dfrac{60EI}{V} = \dfrac{60 \times 25 \times 200}{20 \text{cm/min}} = 15000$

 **06**

전면 필릿 용접이음에서 인장하중 20ton에 견디기 위해 필요한 용접 길이는 얼마인가? (단, 인장강도 $\sigma_t = 40\text{kgf/mm}^2$, 목두께 $h = 10\text{mm}$이다.)

① 30mm   ② 40mm

③ 50mm   ④ 60mm

 해설
용접길이 $= \dfrac{20000}{40 \times 10} = 50\text{mm}$

 **07**

다음 중 용접속도와 관련된 설명으로 잘못된 것은?

① 운봉속도 또는 아크속도라고도 한다.

② 모재의 재질, 이음의 형상, 용접봉의 종류 및 전류값, 위빙의 유무에 따라 용접속도가 달라진다.

③ 용접변형을 적게 하기 위하여 가능한 한 높은 전류를 사용하여 용접속도를 느리게 한다.

④ 용입의 정도는 용접전류 값을 용접속도로 나눈 값에 따라 결정되므로 전류가 높을 때 용접속도가 증가한다.

해설 용접변형을 적게 하기 위하여 가능한 높은 전류를 사용하여 용접속도를 빠르게 한다.

 **08**

다음 중 저수소계 용접봉에 대한 설명으로 틀린 것은?

① 용착금속은 강인성이 풍부하고 내균열성이 우수하다.

② 가스실드계의 대표적인 용접봉으로 유기물을 20~30% 정도 포함하고 있다.

③ 용착금속 중의 수소 함유량이 다른 용접봉에 비해 약 1/10 정도로 낮다.

④ 습기의 영향이 다른 용접봉보다 커서 사용 전에 300~350℃ 정도로 1~2시간 정도 건조시킨다.

해설 **저수소계 용접봉**(E4316)
① 석회석, 형석이 주성분이다.
② 습기의 영향이 다른 용접봉보다 커서 사용 전에 300~350℃ 정도로 1~2시간 정도 건조시킨다.
③ 용착금속 중에 수소 함유량이 다른 용접봉에 비해 약 $\frac{1}{10}$ 정도로 낮다.
④ 용착금속은 강인성이 풍부하고 내균열성이 우수하다.

문제 09

아세틸렌은 기체 상태로 압축하면 위험하므로 다공성 물질(목탄 – 규조토)에 (   )을(를) 흡수시킨 다음 아세틸렌을 흡수시킨다. ( )에 들어갈 적당한 용어는?

① 벤젠
② 헬륨
③ 알코올
④ 아세톤

해설 아세틸렌은 기체 상태로 압축하면 위험하므로 다공성 물질에 아세톤을 흡수시킨 다음 아세틸렌을 흡수시킨다.

문제 10

용접부 비파괴 검사에 대한 설명 중 잘못된 것은?

① 방사선 투과검사는 내부의 결함을 쉽게 찾을 수 있다.
② 자분탐상검사는 어두운 곳에서는 적용이 불가능하다.
③ 염색침투 탐상검사는 표면에 노출된 결함을 검출할 수 있다.
④ 초음파 탐상검사는 필릿 용접부 및 내부의 라미네이션 검사에 좋다.

해설 자분탐상검사는 어두운 곳에서도 적용이 가능

문제 11

아세틸렌은 15℃에서 몇 기압 이상으로 압축하면 충격이나 가열에 의해 분해·폭발의 위험이 있는가? (단, 아세틸렌은 얼마간의 불순물을 포함하고 있는 사용 조건이다.)

① 0.8기압
② 1.2기압
③ 1.5기압
④ 1.0기압

해설 아세틸렌은 15℃에서 1.5기압 이상으로 압축하면 충격이나 가열에 의해 분해 · 폭발의 위험이 있다.

문제 12

용접 아크의 특성을 잘못 설명한 것은?

① 부하전류(아크전류)가 증가하면 단자전압이 저하하는 특성을 수하 특성이라고 한다.

② 아크는 전류가 크게 되면 저항이 적어져서 전압도 낮아지는데 이러한 현상을 부저항 특성이라고 한다.

③ 부하전류(아크전류)가 증가할 때 단자전압이 다소 높아지는 특성을 상승 특성이라고 한다.

④ 아크 쏠림(arc blow)은 교류 용접에서 피복 용접봉 사용 시 특히 심하게 발생한다.

해설 **용접 아크의 특성**

① 아크 쏠림은 직류 용접에서 용접봉 사용 시 특히 심하게 발생한다.

② 부하전류가 증가 시 단자전압이 다소 높아지는 특성을 상승 특성이라고 한다.

③ 부하전류가 증가하면 단자전압이 낮아지는 특성을 수하 특성이라고 한다.

④ 아크는 전류가 크게 되면 저항이 적어져서 전압도 낮아지는데 이러한 현상을 부저항 특성이라고 한다.

문제 13

연강 판 두께 100mm인 판재 절단을 예열 없이 자동가스절단기에 의하여 절단하고자 한다. 팁(tip) 구멍의 지름으로 가장 적합한 것은?

① 0.5~1.0mm
② 1.0~1.5mm
③ 2.1~2.2mm
④ 3.2~4.0mm

해설 연강 판 두께 100mm인 판재 절단을 예열 없이 자동가스절단기에 의하여 절단 시 팁 구멍의 지름은 2.1~2.2mm이다.

 해답

12. ④ 13. ③

문제 14

연강용 피복 아크 용접봉 중 주성분인 산화철에 철분을 첨가하여 만든 것으로 아크는 분무상이고 스패터가 적으며 비드 표면이 곱고 슬래그의 박리성이 좋아 아래보기 및 수평 필릿 용접에 적합한 용접봉은?

① E4301
② E4311
③ E4316
④ E4327

해설 ① E4311(고셀룰로오스계) : 셀룰로오스를 20~30% 정도 포함한 용접봉으로 좁은 홈의 용접, 비드 표면이 거칠고 스패터가 많은 것이 결점
② E4301(일미나이트계) : 산화티탄, 산화철을 약 30% 이상 함유한 광석, 사철 등을 주성분으로 기계적 성질이 우수하고, 용접성이 우수
③ E4316(저수소계) : 석회석, 형석을 주성분으로 한 것으로 기계적 성질, 내균열성이 우수. 용착금속 중의 수소 함유량이 다른 용접봉에 비해 $\frac{1}{10}$ 정도로 낮음.

문제 15

가스 용접에서 토치 내부의 청소가 불량할 때 막힘이 생겨 고압의 산소가 배출되지 못하고 산소보다 압력이 낮은 아세틸렌 통로로 밀면서 아세틸렌 호스 쪽으로 흐르는 현상은?

① 산화 현상
② 역류 현상
③ 역화 현상
④ 인화 현상

해설 ① **역류** : 토치 내부의 청소 상태가 불량하면 토치 내부의 기관의 막힘이 일어나 고압의 산소가 밖으로 나가지 못하게 되므로 산소보다 낮은 아세틸렌을 밀어내면서 아세틸렌 호스 쪽으로 거꾸로 흐르는 현상
② **역화** : 팁 끝이 모재에 닿는 순간 순간적으로 팁 끝이 막혀 팁 속에서 폭발음이 나면서 불꽃이 꺼졌다가 다시 나타나는 현상
③ **인화** : 팁 끝이 순간적으로 막히게 되면 가스 분출이 나빠지고 혼합실까지 불꽃이 들어가는 현상

문제 16 TIG 용접에 사용되는 전극의 조건으로 틀린 것은?

① 전자 방출이 잘 되는 금속　　② 저용융점의 금속
③ 전기 저항률이 적은 금속　　④ 열 전도성이 좋은 금속

해설 **TIG 용접에 사용되는 전극의 조건**
① 고용융점의 금속　　② 전자 방출이 잘 되는 금속
③ 전기 저항률이 적은 금속　　④ 열 전도성이 좋은 금속

문제 17 불활성 가스 텅스텐 아크 용접(TIG)에서 고주파 발생장치를 더하면 다음과 같은 이점이 있다. 설명 중 틀린 것은?

① 전극을 모재에 접촉시키지 않아도 아크가 발생된다.
② 아크가 안정되고 아크가 길어도 끊어지지 않는다.
③ 전극봉의 소모가 적어 수명이 길어진다.
④ 일정 지름의 전극에 대해서만 지정된 전압의 사용이 가능하다.

문제 18 아크 용접 중 아크 빛으로 인해 눈이 따갑거나, 전광성 안염이 발생한 경우 가장 먼저 조치하여야 하는 것으로 옳은 것은?

① 안약을 넣고 계속 작업을 해도 좋다.
② 냉수로 얼굴과 눈을 닦은 후 냉습포를 얹어놓는다.
③ 신선한 공기와 맑은 하늘을 보면 된다.
④ 소금을 물에 타서 눈을 닦고 작업한다.

해설 아크 용접 중 아크 빛으로 인해 눈이 따갑거나, 전광성 안염이 발생 시 : 냉수로 얼굴과 눈을 닦은 후 냉습포를 얹어놓는다.

해답 16. ② 17. ④ 18. ②

문제 19 일렉트로 가스 아크 용접에 관한 설명 중 틀린 것은?

① 사용하는 용접봉은 솔리드 와이어 또는 플럭스 코어드 용접봉이다.

② 판 두께에 관계없이 단층으로 상진 용접한다.

③ 보호가스로는 아르곤, 헬륨, 이산화탄소 또는 이들을 혼합한 가스를 사용한다.

④ 전류의 저항발열을 이용하는 수직 자동 용접법이며, 아크 용접은 아니다.

해설 일렉트로 가스 아크 용접

① 아크 용접이며 전류의 저항발열을 이용하는 수직 · 자동 용접이다.

② 보호가스로는 아르곤, 헬륨, 이산화탄소 또는 이들을 혼합한 가스 사용

③ 판 두께에 상관없이 단층으로 상진 용접한다.

④ 사용하는 용접봉은 솔리드 와이어 또는 플럭스 코어드 용접봉이다.

⑤ 용접속도는 자동으로 조정된다.

⑥ 용접 홈의 기계가공이 필요하다.

⑦ 이동용 냉각동판에 급수장치 필요

⑧ 수직상태에서 횡경사 60~90˚ 용접이 가능하며 수평면에 45~90˚ 경사 용접이 가능

문제 20 CO_2 용접의 복합 와이어 구조에 해당하지 않는 것은?

① U관상 와이어 ② Y관상 와이어

③ 아코스 와이어 ④ NCG 와이어

해설 CO_2 용접의 복합 와이어 구조

① NCG 와이어 ② Y관상 와이어 ③ 아코스 와이어

문제 21 처음 용접 시작 시 아크 발생이 잘 되지 않아 스틸 울(steel wool)을 끼워 전류를 통하게 하거나 고주파를 사용하여 아크를 쉽게 발생시키는 용접법은?

① 서브머지드 아크 용접 ② MIG 용접

③ 그래비티 용접 ④ 전자빔 용접

 **서브머지드 아크 용접**

① 처음 용접 작업 시 아크 발생이 잘 되지 않아 스틸 울을 끼워 전류를 통하게
   하거나 고주파를 사용하여 아크를 쉽게 발생시키는 용접법
② 용접봉을 용제 속에 넣고 아크를 일으켜 용접
③ 용제와 와이어가 분리되어 공급되고 아크가 용제 속에서 일어나며 잠호용
   접이라고도 함.

문제 22

반자동 MIG 용접기와 비교한 전자동 MIG 용접기의 장점 설명으로 틀
린 것은?

① 제품 생산비를 최소화시킬 수 있다.
② 용접사의 기량에 의존하지 않고 숙달이 비교적 쉽다.
③ 용접속도가 빠르고 용착효율이 낮아 능률이 매우 좋다.
④ 반자동 용접에 비해 우수한 품질의 용접이 얻어진다.

 **전자동 미그 용접기의 장점**

① 용접속도가 빠르고 용착효율이 높아 능률이 매우 좋다.
② 반자동 용접에 비해 우수한 품질의 용접이 얻어진다.
③ 제품 생산비를 최소화시킬 수 있다.
④ 용접사의 기량에 의존하지 않고 숙달이 비교적 쉽다.

문제 23

연납땜에 사용하는 용제(flux) 중 부식성 용제에 해당하는 것은?

① 송진   ② 올리브유
③ 염산   ④ 송진＋알코올

해설 연납용 용제

① 인산   ② 염산   ③ 염화아연   ④ 염화암모니아
∴ 인산, 염산 : 부식성 용제

 **24**

프로젝션 용접의 특징을 바르게 설명한 것은?

① 서로 다른 금속을 용접할 때 열전도가 낮은 쪽에 돌기를 만든다.
② 전극 면적이 넓으므로 기계적 강도나 열전도 면에서 유리하나 전극의 소모가 많다.
③ 점간 거리가 작은 점용접이 가능하고 동시에 여러 점의 용접을 할 수 있어 작업속도가 빠르다.
④ 모재의 두께가 각각 다른 경우에는 용접할 수 없다.

해설 **프로젝션 용접의 특징**
① 점간 거리가 작은 점용접이 가능하고 동시에 여러 점의 용접을 할 수 있어 작업속도가 빠르다.
② 모재의 두께가 각각 다른 경우에는 용접할 수 있다.
③ 서로 다른 금속을 용접 시 열전도가 높은 쪽에 돌기를 만든다.
④ 전극 면적이 넓으므로 기계적 강도나 열전도 면에서 유리하고 전극의 소모가 적다.

 **25**

서브머지드 아크 용접(submerged arc welding)을 설명한 것 중 틀린 것은?

① 콘택트 팁에서 통전되므로 와이어 중에 저항 열이 적게 발생되어 고전류 사용이 가능하다.
② 2개 이상의 심선을 사용하는 다전극 서브머지드 아크 용접도 있다.
③ 용접 전원으로 직류는 비드 형상이나 아크의 안정면에서 우수하다.
④ 용접 전원으로 교류는 아크의 자기불림 현상으로 이음성능이 좋아진다.

해설 **서브머지드 아크 용접**
① 용접 전원으로 직류는 비드 형상이나 아크의 안정면에서 우수하다.
② 2개 이상의 심선을 사용하는 다전극 서브머지드 아크 용접도 있다.
③ 콘택트 팁에서 통전되므로 와이어 중에 저항 열이 적게 발생되어 고전류 사용이 가능하다.
④ 개선각을 적게 하여 용접 패스수를 줄일 수 있다.
⑤ 비드의 외관이 아름답다.
⑥ 용융속도 및 용착속도가 빠르다.
⑦ 용입이 깊다.

 **26**

다음 중 초음파 용접의 장점이 아닌 것은?

① 대형 구조물의 용접에 적용하기 쉽다.
② 냉간압접에 비해 정지 가압력이 작기 때문에 용접물의 변형이 적다.
③ 경도 차이가 크지 않는 한 이종금속의 용접이 가능하다.
④ 박판과 Foil의 용접이 가능하다.

해설 초음파 용접의 장점
① 박판과 Foil의 용접이 가능하다.
② 경도차이가 크지 않는 한 이종금속의 용접이 가능
③ 냉간압접에 비해 정지 가압력이 작기 때문에 용접물의 변형이 적다.

 **27**

테르밋 용접에 대한 설명 중 맞지 않는 것은?

① 철도 레일의 맞대기 용접, 크랭크축, 배의 프레임 등의 보수용접에 사용한다.
② 테르밋 반응의 발화제로서 산화구리, 알루미늄 등의 혼합분말을 이용한다.
③ 용접시간이 짧고, 용접 후 변형이 적다.
④ 설비가 싸고, 전원이 필요 없으므로 이동해서 사용이 가능하다.

해설 테르밋 용접
① 산화철 분말과 알루미늄 분말(1 : 3)의 중량비로 혼합한 테르밋제에 과산화바륨과 마그네슘 분말을 혼합한 점화촉진제를 넣어 연소시켜 용접
② 철도 레일의 맞대기 용접, 크랭크축, 배의 프레임 등의 보수용접에 사용
③ 용접시간이 짧고, 용접 후 변형이 적다.
④ 설비가 싸고, 전원이 필요 없으므로 이동해서 사용이 가능
⑤ 전력이 불필요하다.
⑥ 작업장소 이동이 용이
⑦ 용접작업이 단순하고 용접결과의 재현성이 높다.

해답 26. ① 27. ②

문제 28 가스 용접 및 절단작업의 안전 중 산소와 아세틸렌 용기의 취급사항으로 맞지 않는 것은?

① 산소병은 40℃ 이하 온도에서 보관하고 직사광선을 피해야 한다.
② 산소병을 운반할 때에는 공기가 잘 환기되도록 캡(cap)을 벗겨서 이동한다.
③ 아세틸렌병은 세워서 사용하며 병에 충격을 주어서는 안 된다.
④ 용기는 진동이나 충격을 가하지 않고 신중히 취급해야 한다.

해설 산소병을 운반 시에는 반드시 캡을 씌워서 운반한다.

문제 29 서브머지드 아크 용접의 장·단점에 대한 설명으로 잘못된 것은?

① 장비가격이 비싸고, 적용자세에 제약을 받는다.
② 용융속도 및 용착속도가 느리다.
③ 용접 홈의 가공정밀도가 높아야 한다.
④ 용접 진행상태의 양, 부를 육안으로 확인할 수 없다.

해설 서브머지드 아크 용접의 장·단점
① 용융속도 및 용착속도가 빠르다.
② 장비가격이 비싸고, 적용자세에 제약을 받는다.
③ 용접 진행상태의 양, 부를 육안으로 확인할 수 없다.
④ 용접 홈의 가공정밀도가 높아야 한다.
⑤ 용입이 깊다.
⑥ 개선각을 크게 하여 용접패스수를 줄일 수 있다.

문제 30 다음 중 아연에 대한 설명 중 틀린 것은?

① 아연(Zn)은 철강재에 부식 방지용으로 많이 쓰인다.
② 아연은 공기 중에 산화되며 알칼리에 강하다.
③ 비중이 7.1, 용융점이 420℃ 정도이다.
④ 조밀육방격자의 금속이다.

 **아연**

① 비중 7.1, 용융점 420℃이다.
② 조밀육방격자의 금속이다.
③ 아연은 철강재의 부식 방지용으로 사용

문제 31

철강 표면에 아연(Zn)을 확산 침투시키는 세라다이징(sheradizing)에서 주로 향상시키고자 하는 성질로 가장 적당한 것은?

① 경도　　　　　　　② 인장강도
③ 내식성　　　　　　④ 연성

 **금속침투법** : 내식성, 내산성, 내마멸을 목적으로 금속을 침투시키는 열처리

① Zn(아연) : 세라다이징　　② Cr(크롬) : 크로마이징
③ Si(규소) : 실리코나이징　　④ B(붕소) : 브로나이징
⑤ Al(알루미늄) : 칼로라이징

문제 32

쇼터라이징 또는 도펠－듀로(doppel－durro)법이라 하며, 국부담금질이 가능한 표면경화 처리법은?

① 화염 경화법　　　　② 구상화 처리법
③ 강인화 처리법　　　④ 결정입자 처리법

 **화염 경화법**

① 쇼터라이징 또는 도펠－듀로법이라 하며, 국부담금질이 가능한 표면경화 처리법
② 탄소강 표면에 산소－아세틸렌 화염으로 표면만을 가열하여 오스테나이트로 만든 다음 급랭하여 표면층만 담금질

문제 33

알루미늄－규소계 합금에 속하는 실루민(silumin)을 개량하기 위하여 소량의 마그네슘을 첨가하여 시효성을 부여한 것은?

① α실루민　　　　② β실루민
③ γ실루민　　　　④ δ실루민

해설 **γ 실루민** : 알루미늄−규소계 합금에 속하는 실루민을 개량하기 위하여 소량 의 마그네슘을 첨가하여 시효성 부여

문제 **34**

강을 표준상태로 하기 위하여 가공조직의 균일화, 결정립의 미세화, 기계적 성질의 향상을 목적으로 실시하며, 가열온도가 A₃ 또는 Acm 점 이상까지 가열하는 열처리 방법은?

① 담금질(quenching)
② 어닐링(annealing)
③ 템퍼링(tempering)
④ 노멀라이징(normalizing)

해설 **열처리**
① 담금질 : 강을 A₃ 변태 및 A₁선 이상 30~50℃로 가열한 후 물 또는 기름으로 급랭하는 방법으로 경도 및 강도 증가
② 뜨임 : 담금질된 강을 A₁변태점 이하의 일정 온도로 가열하여 인성 증가
③ 풀림 : 재질의 연화를 목적으로 일정시간 가열 후 노내에서 서냉 내부응력 및 잔류응력 제거
④ 불림 : 강을 표준상태로 하기 위하여 가공조직의 균일화 결정립의 미세화, 기계적 성질의 향상을 목적으로 실시하며 가열온도가 A₃ 또는 A₁선 이상까지 가열
⑤ 심랭 처리(서브제로 처리) : 담금질된 강의 경도를 증가시키고 시효변형을 방지하기 위한 목적으로 0℃ 이하의 온도에서 처리
⑥ 질량효과 : 재료의 내·외부에 열처리 효과의 차이가 나는 현상

문제 **35**

다음 중 일반 고장력강의 용접 시 주의사항으로 틀린 것은?

① 용접봉은 저수소계를 사용한다.
② 아크길이는 가능한 한 짧게 한다.
③ 위빙 폭을 가급적 크게 한다.
④ 용접 개시 전에 이음부 내부 또는 용접할 부분을 청소한다.

해설 **일반 고장력강의 용접 시 주의사항**
① 위빙 폭을 가급적 적게 한다.
② 용접봉은 저수소계를 사용한다.
③ 아크길이는 가능한 한 짧게 한다.
④ 용접 개시 전에 이음부 내부 또는 용접할 부분을 청소

해답 **34.** ④ **35.** ③

 **36** 용접 후 열처리의 목적으로 관계가 먼 것은?

① 용접잔류응력 완화 　　　② 용접 후 변형 방지
③ 용접부 균열 방지 　　　　④ 연성 증가, 파괴인성 감소

해설 용접 후 열처리 목적
　① 용접부 균열방지　　② 용접 후 변형 방지　　③ 용접잔류응력 완화

 **37** 오스테나이트계 스테인리스강은 용접 시 냉각되면서 고온균열이 발생하기 쉬운데 그 원인이 아닌 것은?

① 아크길이가 너무 길 때
② 크레이터 처리를 하지 않았을 때
③ 모재가 오염되어 있을 때
④ 모재를 구속하지 않은 상태에서 용접할 때

해설 오스테나이트계 스테인리스강 용접 시 냉각되면서 고온균열이 발생하기 쉬운 원인
　① 모재를 구속한 상태에서 용접 시
　② 모재가 오염되어 있을 때
　③ 아크길이가 너무 길 때

 **38** 불즈 아이 조직(Bull's eye structure)이 나타나는 주철로 맞는 것은?

① 칠드 주철 　　　　　② 미하나이트 주철
③ 백심가단 주철 　　　④ 구상흑연 주철

해설 구상흑연주철 : 불즈 아이 조직(Bull's eye structure)이 나타나는 주철

문제 39

탄소강의 조직 중 현미경 조직으로는 흰 결정으로 나타나며, 대단히 연하고 전성과 연성이 크며 A₂점 이하에서는 강자성을 나타내는 조직은?

① 페라이트 ② 펄라이트
③ 레데뷰라이트 ④ 시멘타이트

해설 **페라이트** : 탄소강의 조직 중 현미경 조직으로는 흰 결정으로 나타나며, 대단히 연하고 전성과 연성이 크며 A₂점 이하에서는 강자성을 나타내는 조직

문제 40

6 : 4 황동에 관한 설명으로 옳지 않은 것은?

① 상온에서 7 : 3황동에 비하여 전연성이 낮고, 인장강도가 크다.
② 내식성이 높고, 탈아연 부식을 일으키지 않는다.
③ 아연 함유량이 많아 황동 중에서 값이 싸서, 기계 재료로 많이 사용된다.
④ 일반적으로 판재, 선재, 볼트, 너트, 파이프, 밸브 등의 재료로 쓰인다.

해설 **6 : 4 황동**
① 내식성이 높고, 탈아연 부식을 일으킨다.
② 일반적으로 판재, 선재, 볼트, 너트, 파이프, 밸브 등의 재료에 사용
③ 상온에서 7 : 3황동에 비해 전연성이 낮고, 인장강도가 크다.
④ 아연 함유량이 많아 황동 중에서 값이 싸서, 기계 재료로 많이 사용

문제 41

주철의 흑연화를 촉진시키는 원소가 아닌 것은?

① Si ② Al
③ Mn ④ Ti

해설 **주철의 흑연화를 촉진**
① 규소 ② 알루미늄 ③ 티탄

 **42**

70~80% Ni, 12~14% Cr의 합금으로 내식성과 내열성이 우수하며, 특히 산화기류 중에서 내열성이 우수한 합금은?

① 니크롬(nichrome)
② 콘스탄탄(constantan)
③ 인코넬(inconel)
④ 모넬메탈(monel metal)

해설 합금
① 인코넬 : Ni(70~80%) + Cr(12~14%) : 내식성, 내열성 우수
② 콘스탄탄 : 구리(55%) + 니켈(45%)
③ 플래티나이트 : Ni(40~50%) + Fe : 진공관이나 전구의 도입선으로 사용
④ 코로손합금 : 구리 + 니켈 + 철(1~2%) : 전화선, 통신선에 사용
⑤ 모넬메탈 : Ni(65~70%) + Fe(1~3%)
⑥ 톰백 : Cu(80%) + Zn(20%) : 화폐, 메달, 장식품에 사용
⑦ 문쯔메탈 : Cu(60%) + Zn(40%) : 열교환기, 탄피 등에 사용
⑧ 델타메탈 : 6 : 4황동 + Fe(1~2%) : 모조금, 판 및 선에 사용
⑨ 네이벌 : 6 : 4 황동 + Sn(1~2%)

 **43**

용접 길이를 짧게 나누어 간격을 두면서 용접하는 것으로 잔류응력이 적게 발생하도록 하는 용착법은?

① 빌드업법
② 후진법
③ 전진법
④ 스킵법

해설 용착법
① 스킵법 : 용접길이를 짧게 나누어 간격을 두면서 용접 이음 전 길이에 대해서 뛰어 넘어서 용접하는 방법
② 전진블록법 : 한 개의 용접봉을 살을 붙일 만한 길이로 구분해서 홈을 한 부분씩 여러 층으로 쌓아 올린 다음 다른 부분으로 진행하는 용착법
③ 캐스케이드 용접 : 한 부분에 대해 몇 층을 용접하다가 다음부분으로 연속시켜 용접
④ 빌드업법 : 다층 용접에서 각 층마다 전체 길이를 용접하면서 쌓아 올리는 용접 방법

해답   42. ③   43. ④

문제 44 보조기호 중 영구적인 이면 판재 사용을 표시하는 기호는?

① ☐ M ☐

② ⌒

③ ☐ MR ☐

④ ⊔

해설 보조기호

① ☐ M ☐ : 영구적인 덮개판 사용

② ☐ MR ☐ : 제거 가능한 덮개판 사용

③ ⌒ : 볼록형

④ ⊔ : 끝단부를 매끄럽게 함

문제 45 비커스(vickers)경도 시험에 사용되는 압입자는?

① 지름 1.5mm의 강구

② 꼭지각 120°의 다이아몬드 사각추

③ 꼭지각 136°의 다이아몬드 사각추

④ 1mm 구형의 다이아몬드 사각추

해설 비커스 경도에 사용하는 압입자 : 꼭지각 136°의 다이아몬드 사각추

문제 46 용접할 경우 일어나는 균열결함 현상 중 저온균열에서 볼 수 없는 것은?

① 토 균열(toe crack)

② 비드 밑 균열(under bead crack)

③ 루트 균열(root crack)

④ 크레이터 균열(crater crack)

해설 **저온균열**
① 라멜라티어 균열 : T이음, 모서리이음 등에서 강의 내부에 평행하게 층상으로 발생
② 토 균열 : 맞대기이음, 필릿 이음 등의 경우에 비드 표면과 모재의 경계부에서 발생
③ 루트 균열 : 맞대기 용접의 가접, 첫층 용접의 루트 근방의 열영향부에서 발생하는 균열
④ 힐 균열 : 필릿 시 루트부분에 발생하는 저온균열이며 모재의 수축팽창에 의한 뒤틀림이 주요 원인
⑤ 마이크로피셔 균열
⑥ 비드 밑 균열

문제 47 용접 후 변형을 교정하는 방법을 나열한 것 중 틀린 것은?

① 냉각 후 해머질하는 방법
② 형재에 대한 직선 수축법
③ 롤러에 거는 방법
④ 절단에 의하여 성형하고 재용접하는 방법

해설 **용접 후 변형을 교정하는 방법**
① 롤러에 거는 방법
② 외력을 이용한 소성법
③ 박판에 대한 점 수축법
④ 형재에 대한 직선 가열 수축법
⑤ 피닝법(가열 후 해머로 두드리는 방법)
⑥ 후판에 대하여는 가열 후 압력을 걸고 수냉하는 방법
⑦ 절단에 의해 성형하고 재용접하는 방법

문제 48 다음 중 스패터링 현상이 발생하는 원인이 아닌 것은?

① 슬래그의 점도가 낮을 때　② 아크길이가 길 때
③ 용접전류가 높을 때　④ 모재온도가 낮을 때

해설 **스패터링 현상이 발생하는 원인**
① 모재온도가 낮을 때　② 용접전류가 높을 때
③ 아크길이가 길 때　④ 슬래그의 점도가 높을 때

해답　47. ① 　48. ①

문제 49 가접(tack welding)에 대한 설명으로 가장 거리가 먼 것은?

① 부재 강도 상 중요한 장소는 가접을 피한다.
② 가접할 때 용접봉은 본용접봉보다 지름이 약간 굵은 것을 사용한다.
③ 본용접 전에 좌우의 홈부분을 잠정적으로 고정하기 위한 짧은 용접이다.
④ 가접은 본용접 못지않게 중요하므로 본용접사와 기량이 동등해야 한다.

해설 가접 시 용접봉은 본용접봉보다 지름이 가는 용접봉을 사용한다.

문제 50 로봇 종류의 일반 분류에서 교시 프로그래밍을 통해서 입력된 작업 프로그램을 반복해서 실행할 수 있는 로봇은?

① 학습 제어 로봇   ② 시퀀스 로봇
③ 지능 로봇   ④ 플레이 백 로봇

해설 **플레이 백 로봇** : 교시 프로그래밍을 통해서 입력된 작업 프로그램을 반복해서 실행할 수 있는 로봇

문제 51 용접부의 검사법 중 비파괴시험 방법에 대한 용도의 설명으로 잘못된 것은?

① 외관검사 : 용접부의 표면에 대한 검사로 비드의 모양, 용입, 크레이터 처리상황 조사를 위한 검사
② 누설검사 : 탱크, 용기 등의 기밀, 수밀 및 내압을 요하는 용접부에 대한 검사
③ 초음파 탐상검사 : 검사물의 내부에 파장이 짧은 음파를 침투시켜 내부의 결함 또는 불균일층의 존재를 검지
④ 방사선 투과검사 : 교류전류를 통한 코일을 검사물에 접근시켜 용접부 내부의 균열, 용입 불량, 슬래그 섞임 등을 검사

해답   49. ② 50. ④ 51. ④

 **방사선 투과검사** : 대상물에 X선이나 γ선을 투과하여 필름에 나타나는 형상으로 결함을 판별하는 비파괴검사법

① 장점
　㉠ 필름에 의해 내부의 결함, 모양, 크기 등을 관찰할 수 있다.
　㉡ 결과의 기록이 가능
② 단점
　㉠ 두께가 두꺼운 개소에는 검출이 곤란
　㉡ 선에 평행한 크랙은 찾기 힘들다.
　㉢ 취급상 신체의 방호가 필요하다.
　㉣ 장치가 크므로 가격이 비싸다.

문제 52

용접 작업 전 예열의 주된 목적에 대한 설명으로 틀린 것은?

① 용접금속의 결정립을 조대하게 하여 용접부의 입계부식 및 응력부식 균열을 예방한다.
② 용접부의 냉각속도를 늦추어 용접금속 및 용접 열영향부의 균열을 방지한다.
③ 용접부의 확산성 수소의 방출을 용이하게 하여 수소취성 및 저온균열을 방지한다.
④ 용접부의 기계적 성질을 향상시키고 취성파괴를 예방한다.

 **용접 작업 전 예열의 주된 목적**
① 용접부의 기계적 성질을 향상시키고 취성파괴를 예방한다.
② 용접부의 확산성 수소의 방출을 용이하게 하여 수소취성 및 저온균열 방지
③ 용접부의 냉각속도를 늦추어 용접금속 및 용접 열영향부의 균열 방지

문제 53

용접 이음부의 형상에서 변형을 가능한 한 줄이고, 또한 재료두께가 100mm 정도에 달한다고 할 때의 형상으로서 가장 적당한 것은?

①　②

③　④

 54

판 두께 12mm, 용접길이가 25cm인 판을 맞대기 용접하여 4200N의 인장하중을 작용시킬 때 인장응력은 얼마인가?

① 140N/cm²

② 280N/cm²

③ 420N/cm²

④ 560N/cm²

해설 인장응력 $= \dfrac{P}{A} = \dfrac{4200N}{25 \times 1.2cm} = 140N/cm^2$

 **55**

어떤 측정법으로 동일 시료를 무한 회 측정하였을 때 데이터 분포의 평균치와 참값과의 차를 무엇이라 하는가?

① 재현성

② 안정성

③ 반복성

④ 정확성

해설 **정확성** : 동일 시료를 무한횟수 측정하였을 때 데이터 분포와 평균치와 참값과의 차이

 **56**

관리도에서 측정한 값을 차례로 타점했을 때 점이 순차적으로 상승하거나 하강하는 것을 무엇이라 하는가?

① 런(run)

② 주기(cycle)

③ 경향(trend)

④ 산포(dispersion)

해설 **관리도**

① 경향 : 관리도에서 측정한 값을 차례로 타점했을 때 점이 순차적으로 상승하거나 하강하는 것

② 런 : 관리도 내에서 점이 한계 내에 있고 중심선 한쪽에 연속해서 나타나는 점

③ 주기 : 점이 주기적으로 상,하로 변동하여 파형을 나타내는 경우

 **57**

도수분포표를 작성하는 목적으로 볼 수 없는 것은?

① 로트의 분포를 알고 싶을 때

② 로트의 평균치와 표준편차를 알고 싶을 때

③ 규격과 비교하여 부적합품률을 알고 싶을 때

④ 주요 품질항목 중 개선의 우선순위를 알고 싶을 때

해설 **도수분포표를 작성하는 목적**

① 로트의 분포를 알고 싶을 때

② 로트의 평균치와 표준편차를 알고 싶을 때

③ 규격과 비교하여 부적합품률을 알고 싶을 때

 58

정상소요기간이 5일이고, 이때의 비용이 20,000원이며 특급소요기간이 3일이고, 이때의 비용이 30,000원이라면 비용구배는 얼마인가?

① 4,000원/일   ② 5,000원/일

③ 7,000원/일   ④ 10,000원/일

 해설 비용구배 $= \dfrac{30000 - 20000}{5 - 3} = 5000$원/일

 **59**

"무결점 운동"으로 불리는 것으로 미국의 항공사인 마틴사에서 시작된 품질 개선을 위한 동기 부여 프로그램은 무엇인가?

① ZD   ② 6시그마

③ TPM   ④ ISO 9001

해설 **ZD란** : 무결점 운동으로 불리는 것으로 미국의 항공사인 마틴사에서 시작된 품질 개선을 위한 동기 부여 프로그램

해답   57. ④   58. ②   59. ①

문제 60

컨베이어 작업과 같이 단조로운 작업은 작업자에게 무력감과 구속감을 주고 생산량에 대한 책임감을 저하시키는 등 폐단이 있다. 다음 중 이러한 단조로운 작업의 결함을 제거하기 위해 채택되는 직무설계방법으로서 가장 거리가 먼 것은?

① 자율경영팀 활동을 권장한다.
② 하나의 연속작업시간을 길게 한다.
③ 작업자 스스로가 직무를 설계하도록 한다.
④ 직무확대, 직무충실화 등의 방법을 활용한다.

해설 단조로운 작업의 결함을 제거하기 위해 채택되는 직무설계방법
① 직무확대, 직무충실화 등의 방법을 활용한다.
② 작업자 스스로가 직무를 설계하도록 한다.
③ 자율경영팀 활동을 권장한다.

해답

60. ②

용접기능장

2025

최근 기출문제

용접기능장 필기

2025년도 제 77 회

본 문제는 복원 기출문제입니다. 실제 문제와 다를 수 있으니 양해바랍니다.

문제 01

피복 아크 용접봉 중 내균열성이 가장 우수한 것은?

① E4313   ② E4316
③ E4324   ④ E4327

해설 피복 아크 용접봉의 특징

① E4316(저수소계) : 석회석, 형석을 주성분으로 한 것으로 기계적 성질, 내균열성 우수. 용착금속 중에 수소 함유량이 다른 피복봉에 비해 $\frac{1}{10}$ 정도로 낮음. 300~350℃에서 건조기에 1~2시간 건조.

② E4313(고산화티탄계) : 산화티탄을 35% 정도 포함한 것으로 작업성이 우수하고, 고온 크랙을 일으키기 쉽다. 일반 경구조물 용접에 사용.

③ E4324(철분산화티탄계) : 아래보기 자세와 수평 필릿 자세에 한함.

문제 02

아세틸렌가스의 성질 중 틀린 것은?

① 순수한 아세틸렌가스는 무색, 무취이다.
② 아세틸렌가스의 비중은 0.906으로 공기보다 가볍다.
③ 아세틸렌가스는 산소와 적당히 혼합하여 연소시키면 낮은 열을 낸다.
④ 아세틸렌가스는 아세톤에 25배가 용해된다.

해설 아세틸렌가스

① 아세틸렌가스는 아세톤에 25배, 벤젠에 4배, 알코올에 6배, 석유에는 2배가 용해
② 아세틸렌가스 비중은 0.906으로 공기보다 가볍다.
③ 순수한 아세틸렌가스는 무색, 무취이다.
④ 15℃ 1kg/cm^{2}에서의 아세틸렌 1l의 무게는 1.176g이다.
⑤ 액체 아세틸렌보다 고체 아세틸렌이 안전하다.
⑥ 흡열화합물이므로 압축하면 분해 폭발 위험이 있다.
⑦ 구리 · 은 · 수은 등과 화합 시 폭발성 물질인 아세틸라이드 생성
⑧ 온도가 406~408℃에서 자연발화

해답

01. ② 02. ③

 **03** 저압식 가스 절단 토치를 올바르게 설명한 것은?

① 아세틸렌가스의 압력이 보통 0.07kgf/cm^2 이하에서 사용한다.

② 산소가스의 압력이 보통 0.07kgf/cm^2 이하에서 사용한다.

③ 아세틸렌가스의 압력이 보통 0.07kgf/cm^2 이상에서 사용한다.

④ 산소가스의 압력이 보통 $0.07\sim0.4\text{kgf/cm}^2$ 정도에서 사용한다.

해설 **아세틸렌가스 압력**
① 저압식 : 0.07kgf/cm^2 이하
② 중압식 : $0.07\sim1.3\text{kgf/cm}^2$ 이하
③ 고압식 : 1.3kgf/cm^2 이상

 **04** 용접열원으로서 제어가 매우 용이하고 에너지의 집중화를 예측할 수 있는 에너지원은?

① 전자기적 에너지　　② 기계적 에너지
③ 화학반응 에너지　　④ 결정 에너지

해설 **전자기적 에너지** : 제어가 매우 용이하고 에너지의 집중화를 예측할 수 있는 에너지원

 **05** 교류 아크 용접기에서 용접사를 보호하기 위하여 사용한 장치는?

① 전격방지기　　② 핫스타트 장치
③ 고주파 발생장치　　④ 원격제어장치

해설 **교류 아크 용접기 부속장치**
① 전격방지장치 : 무부하전압이 85~95V로 비교적 높은 교류 아크 용접기는 감전 재해의 위험이 있기 때문에 무부하 전압을 20~30V 이하로 유지하여 용접사 보호
② 핫스타트 장치 : 아크가 발생하는 초기에 용접봉과 모재가 냉각되어 있어 입열이 부족하여 아크가 불안정하기 때문에 아크 초기만 용접전류를 특별히 크게 하기 위해

 해답　　　　　　　　　　**03. ① 04. ① 05. ①**

06

피복 아크 용접봉 피복제 중에 포함되어 있는 주요 성분은 용접에 있어서 중요한 작용과 역할을 하는데 이 중 관계가 없는 것은?

① 아크 안정제

② 슬래그 생성제

③ 고착제

④ 침탄제

해설 **피복배합제의 종류**

① 아크 안정제 *(산, 석, 규, 자, 적, 탄)*
   ㉠ 산화티탄 ㉡ 석회석 ㉢ 규산칼륨 ㉣ 규산나트륨
   ㉤ 자철광 ㉥ 적철광 ㉦ 탄산소다
② 슬래그 생성제 *(이, 산, 형, 석, 일, 알, 장, 규)*
   ㉠ 이산화망간 ㉡ 산화철 ㉢ 산화티탄 ㉣ 형석 ㉤ 석회석
   ㉥ 일미나이트 ㉦ 알루미나 ㉧ 장석 ㉨ 규사
③ 고착제 *(해, 당, 아, 카, 규)*
   ㉠ 해초 ㉡ 당밀 ㉢ 아교 ㉣ 카제인 ㉤ 규산칼륨
④ 탈산제 *(바, 실, 티, 크, 망, 알)*
   ㉠ 페로바나듐 ㉡ 페로실리콘 ㉢ 페로티탄 ㉣ 페로크롬
   ㉤ 페로망간 ㉥ 알루미늄

 **07**

교류 아크 용접기의 종류 표시와 사용된 기호의 수치에 대한 설명 중 옳은 것은?

① AW-300으로 표시하며 300의 수치는 정격출력 전류이다.

② AW-300으로 표시하며 300의 수치는 정격1차 전류이다.

③ AC-300으로 표시하며 300의 수치는 정격출력 전류이다.

④ AC-300으로 표시하며 300의 수치는 정격1차 전류이다.

 08

레이저 절단기의 구성요소가 아닌 것은?

① 광전송부

② 가공 테이블

③ 광파 측정볼

④ 레이저 발진기

해설 **레이저 절단기의 구성요소**
   ① 레이저 발진기   ② 가공 테이블   ③ 광전송부

해답   06. ④ 07. ① 08. ③

문제 09

아세틸렌가스의 통로에 구리 또는 구리합금(62% 이상 구리)을 사용하면 안 되는 이유는?

① 아세틸렌의 과다한 공급을 초래하기 때문에
② 폭발성 화합물을 생성하기 때문에
③ 역화의 원인이 되기 때문에
④ 가스 성분이 변하기 때문에

해설 아세틸렌가스의 통로에 구리 또는 구리합금(62% 이상) 사용 시 폭발성 화합물 생성

문제 10

용해 아세틸렌을 충전하였을 때 용기 전체의 무게가 62.5kgf이었는데, B형 토치의 200번 팁으로 표준불꽃 상태에서 가스용접을 하고 빈 용기를 달아보았더니 무게가 58.5kgf이었다면 가스용접을 실시한 시간은 약 얼마인가?

① 약 12시간
② 약 14시간
③ 약 16시간
④ 약 18시간

해설 **아세틸렌가스량** $= 905(A-B) = 905(62.5-58.5) = 3620l$

$$\frac{3620}{200} = 18.1$$

문제 11

용접 케이블에 대한 설명으로 틀린 것은?

① 2차측 케이블은 유연성이 좋은 캡타이어 전선을 사용한다.
② 전원에서 용접기에 연결하는 케이블을 2차측 케이블이라 한다.
③ 2차측 케이블은 저전압 대전류를 사용한다.
④ 2차측 케이블에 비하여 1차측 케이블은 움직임이 별로 없다.

해설 전원에서 용접기에 연결하는 케이블을 1차측 케이블이라 한다.

문제 12 다음 중 용착 효율(deposition efficiency)이 가장 낮은 용접은?

① MIG 용접   ② 피복 아크 용접

③ 서브머지드 아크 용접   ④ 플럭스 코어드 아크 용접

해설 **용착효율이 가장 낮은 용접** : 피복 아크 용접

문제 13 공정변경에 의한 용접매연 및 유독성분 발생 감소 방안에 대한 설명 중 틀린 것은?

① 용접매연 발생량이 적은 용접공정의 선택

② 스패터를 최소화할 수 있는 용접조건의 설정

③ 작업 가능한 최소의 용접전류 및 아크전압 선택

④ 주위 환경에 최대의 산소를 보장할 수 있는 플럭스의 선택

해설 **공정변경에 의한 용접매연 및 유독성분 발생 감소 방안**
① 작업 가능한 최소의 용접전류 및 아크전압 선택
② 스패터를 최소화할 수 있는 용접조건의 설정
③ 용접매연 발생량이 적은 용접공정의 선택

문제 14 강재 표면의 홈이나 개재물, 탈탄층 등을 제거하기 위해서 될 수 있는 대로 얇게, 타원형으로 표면을 깎아내는 가공법은?

① 가우징   ② 아크 에어 가우징

③ 스카핑   ④ 플라스마 제트 절단

해설 **스카핑** : 강재 표면의 홈이나 개재물, 탈탄층 등을 제거하기 위해서 될 수 있는 대로 얇게, 타원형으로 표면을 깎아내는 가공법
가스 가우징 : 용접부분의 뒷면을 따내든지 H형, U형의 용접홈을 가공하기 위해서 깊은 홈을 파내는 가공법
아크 에어 가우징 : 탄소아크절단장치에다 압축공기($5 \sim 7 kg/cm^2$)를 병용하여서 아크열로 용융시킨 부분을 압축공기로 불어 날려서 홈을 파내는 작업

문제 15

피복 아크 용접봉의 피복제 중 탈산제가 아닌 것은?

① Fe-Cu   ② Fe-Si

③ Fe-Mn   ④ Fe-Ti

해설 **탈산제**
① Fe-V ② Fe-Si ③ Fe-Ti ④ Fe-Cr ⑤ Fe-Mn

문제 16

서브머지드 용접과 같이 대전류 영역에서 비교적 큰 용적이 단락되지 않고 옮겨가는 용적 이행방식은?

① 입상 용적 이행(globular transfer)
② 단락 이행(short-circuiting transfer)
③ 분사식 이행(spray transfer)
④ 중간 이행(middle transfer)

해설 **입상 용적 이행 방식** : 서브머지드 용접과 같이 대전류 영역에서 비교적 큰 용적이 단락되지 않고 옮겨가는 용적 이행 방식

문제 17

MiG 용접 시 송급 롤러의 형태가 아닌 것은?

① 롤렛형   ② 기어형
③ 지그재그형   ④ U형

해설 **미그 용접 시 송급 롤러의 형태**
① 롤렛형 ② 기어형 ③ U형

문제 18

전류가 인체에 미치는 영향 중 순간적으로 사망할 위험이 있는 전류량은 몇 [mA] 이상인가?

① 10   ② 20
③ 30   ④ 50

해설 순간적으로 사망 위험이 있는 전류량은 50[mA] 이상이다.

 **19**

서브머지드 아크 용접용 용제의 종류 중 광물성 원료를 혼합하여 노(盧)에 넣어 1300℃ 이상으로 가열해서 용해하여 응고시킨 후 분쇄하여 알맞은 입도로 만든 것으로 유리 모양의 광택이 나며 흡습성이 적은 것이 특징인 것은?

① 용융형 용제　　　　　② 소결형 용제
③ 혼성형 용제　　　　　④ 분쇄형 용제

해설 **용융형 용제** : 광물성 원료를 혼합하여 노에 넣어 1300℃ 이상으로 가열해서 용해하여 응고시킨 후 분석하여 알맞은 입도로 만든 것으로 유리 모양의 광택이 나며 흡습성이 적음.

 **20**

레이저 용접(laser welding)의 장점 설명으로 틀린 것은?

① 좁고 깊은 용접부를 얻을 수 있다.
② 소입열 용접이 가능하다.
③ 고속 용접과 용접 공정의 융통성을 부여할 수 있다.
④ 접합되어야 할 부품의 조건에 따라서 한 방향의 용접으로는 접합이 불가능하다.

해설 **레이저 용접의 특징**
① 접합되어야 할 부품의 조건에 따라서 한 방향 용접이 가능
② 고속용접과 용접공정의 융통성을 부여할 수 있다.
③ 소입열 용접이 가능하다.
④ 좁고 깊은 용접부를 얻을 수 있다.

21

전기저항 용접의 3대 요소에 해당되는 것은?

① 도전율　　　　　　　② 용접전압
③ 용접저항　　　　　　④ 가압력

해설 **전기저항 용접의 3대 요소**
① 통전전류　　② 가압력　　③ 통전전압

해답

 **22**

돌기(projection) 용접의 장점 설명으로 틀린 것은?

① 여러 점을 동시에 용접할 수 있으므로 생산성이 높다.
② 좁은 공간에 많은 점을 용접할 수 있다.
③ 용접부의 외관이 깨끗하며 열변형이 적다.
④ 용접기의 용량이 적어 설비비가 저렴하다.

해설 **돌기 용접의 장점**
① 용접부의 외관이 깨끗하며 열변형이 적다.
② 좁은 공간에 많은 점을 용접할 수 있다.
③ 여러 점을 동시에 용접할 수 있으므로 생산성이 높다.

 **23**

불활성 가스 아크 용접에서 주로 사용되는 불활성 가스는?

① C_2H_2 ② Ar
③ H_2 ④ N_2

해설 불활성 가스 아크 용접에서 주로 사용되는 불활성 가스는 Ar(아르곤)이다.

24

기체를 가열하여 양이온과 음이온이 혼합된 도전(導電)성을 띤 가스체를 적당한 방법으로 한 방향에 분출시켜, 각종 금속의 접합에 이용하는 용접은?

① 서브머지드 아크 용접   ② MIG 용접
③ 피복 아크 용접   ④ 플라스마(plasma) 아크 용접

해설 **플라스마 아크 용접** : 기체를 가열하여 양이온과 음이온이 혼합된 도전성을 띤 가스체를 적당한 방법으로 한 방향에 분출시켜 각종 금속접합에 이용
서브머지드 아크 용접 : 용제와 와이어가 분리되어 공급되고 아크가 용제 속에서 일어나며 잠호용접이라고도 함.
일렉트로 슬래그 용접 : 아크열이 아닌 와이어와 용융슬래그 사이에 통전된 전류의 저항열을 이용 용접
스터드 용접 : 볼트나 환봉 등을 피스톤형 홀더에 끼우고 모재와 환봉 사이에서 순간적으로 아크를 발생시켜 용접

 **25** 탄산가스(CO₂) 아크 용접 작업 시 전진법의 특징으로 맞는 것은?

① 용접 스패터가 비교적 많으며 진행방향 쪽으로 흩어진다.
② 용접선이 잘 안 보이므로 운봉을 정확하게 할 수 없다.
③ 용착금속의 용입이 깊어진다.
④ 비드 폭의 높이가 높아진다.

해설 **탄산가스 아크 용접 시 전진법의 특징**
① 비드 폭의 높이가 낮아진다.
② 용착금속의 용입이 낮아진다.
③ 용접선이 잘 보여서 운봉을 잘할 수 있다.
④ 용접 스패터가 비교적 많으며 진행방향 쪽으로 흩어진다.

 **26** TIG 용접 시 텅스턴 혼입이 일어나는 이유로 거리가 먼 것은?

① 전극의 길이가 짧고 노출이 적어 모재에 닿지 않을 때
② 전극과 용융지가 접촉하였을 때
③ 전극의 굵기보다 큰 전류를 사용하였을 때
④ 외부 바람의 영향으로 전극이 산화되었을 때

해설 **티그 용접 시 텅스턴 혼입이 일어나는 이유**
① 전극과 용융지가 접촉 시
② 전극의 굵기보다 큰 전류를 사용하였을 때
③ 외부 바람의 영향으로 전극이 산화 시

 **27** 티그(TIG) 용접과 비교한 플라스마(plasma) 아크 용접의 단점이 아닌 것은?

① 플라스마 아크 토치가 커서 필릿 용접 등에 불리하다.
② 키홀 용접 시 언더컷이 발생하기 쉽다.
③ 용입이 얕고, 비드 폭이 넓으며, 용접속도가 느리다.
④ 키홀 용접과 용융 용접을 모두 사용해야 하는 다층용접 시 용접변수의 변화가 크다.

해답 25. ① 26. ① 27. ③

해설 티그 용접과 비교한 플라스마 아크 용접의 단점
① 키홀 용접과 용융 용접을 모두 사용해야 하는 다층용접 시 용접변수의 변화가 크다.
② 키홀 용접 시 언더컷이 발생되기 쉽다.
③ 플라스마 아크 토치가 커서 필릿 용접 등에 불리하다.

문제 28

가스 용접 및 절단 작업 시 안전사항으로 가장 거리가 먼 것은?

① 작업 시 작업복은 깨끗하고 간편한 복장으로 갈아입고 작업자의 눈을 보호하기 위해 보안경을 착용한다.
② 납이나 아연합금 및 도금 재료의 용접이나 절단 시 중독에 우려가 있으므로 환기에 신경에 쓰며 방독마스크를 착용하고 작업을 한다.
③ 산소병은 고압으로 충전되어 있으므로 운반 시는 전용 운반장비를 이용하며, 나사부분의 마모를 적게 하기 위하여 윤활유를 사용한다.
④ 밀폐된 용기를 용접하거나 절단할 때 내부의 잔여물질 성분이 팽창하여 폭발할 우려를 충분히 검토 후 작업을 한다.

해설 산소는 조연성 가스이기 때문에 나사부분에 윤활유를 사용 시 발화의 위험이 있다.

문제 29

납땜에 사용하는 용제가 갖추어야 할 조건 중 틀린 것은?

① 모재의 산화 피막과 같은 불순물을 제거하고 유동성이 좋을 것.
② 모재나 땜납에 대한 부식 작용이 최대일 것.
③ 납땜 후 슬래그 제거가 용이할 것.
④ 인체에 해가 없어야 할 것.

해설 납땜에 사용하는 용제가 구비해야 할 조건
① 인체에 해가 없어야 할 것.
② 납땜 후 슬래그 제거가 용이할 것.
③ 모재나 땜납에 대한 부식이 없을 것.
④ 모재의 산화 피막과 같은 불순물을 제거하고 유동성이 좋을 것.

해답

28. ③   29. ②

문제 30

스테인리스강을 조직상으로 분류한 것 중 틀린 것은?

① 시멘타이트계   ② 페라이트계

③ 마텐자이트계   ④ 오스테나이트계

해설 **스테인리스강의 조직상 분류**

① 마텐자이트계   ② 페라이트계   ③ 오스테나이트계

문제 31

티탄합금을 용접할 때, 용접이 가장 잘 되는 것은?

① 피복 아크 용접   ② 불활성 가스 아크 용접

③ 산소-아세틸렌가스 용접   ④ 서브머지드 아크 용접

해설 티탄합금 용접 시 용접이 잘 되는 것은 불활성 가스 아크 용접이다.

문제 32

다음 중 80~90% Ni, 10~30% Fe을 함유한 합금으로 니켈–철계 합금은?

① 어드밴스(advance)   ② 큐프로 니켈(cupro nickel)

③ 퍼멀로이(permalloy)   ④ 콘스탄탄(constantan)

해설 **퍼멀로이** : Ni 70~90%＋Fe 10~30%

어드밴스 : Cu 54%＋Ni 44%＋Mn 1%＋Fe 0.5%

콘스탄탄 : Cu 55%＋Ni 45%

큐프로 니켈 : Cu 80%＋Ni 20%

문제 33

담금질 균열 방지책이 아닌 것은?

① 급격한 냉각을 위하여 빠른 속도로 냉각한다.

② 가능한 한 수냉을 피하고 유냉을 한다.

③ 설계 시 부품의 직각부분을 적게 한다.

④ 부분적인 온도차를 적게 하기 위해 부분단면을 적게 한다.

해답   30. ①   31. ②   32. ③   33. ①

해설 **담금질 균열 방지책**
① 서서히 냉각시킨다.
② 가능한 한 수냉을 피하고 유냉을 한다.
③ 설계 시 부품의 직각부분을 적게 한다.
④ 부분적인 온도차를 적게 하기 위해 부분단면을 적게 한다.

문제 34

오스테나이트계 스테인리스강의 용접 시 입계부식 방지를 위하여 탄화물을 분해하는 가열온도로 가장 적당한 것은?

① 480℃~600℃
② 650℃~750℃
③ 800℃~600℃
④ 1000℃~1100℃

해설 오스테나이트 스테인리스강의 용접 시 입계부식 방지를 위하여 탄화물을 분해하는 가열온도 : 1000~1100℃

문제 35

풀림의 목적으로 틀린 것은?

① 냉간 가공 시 재료가 경화됨.
② 가스 및 분출물의 방출과 확산을 일으키고 내부응력이 저하됨.
③ 금속합금의 성질을 변화시켜 연화됨.
④ 일정한 조직의 균일화됨.

해설 **풀림의 목적**
① 일정한 조직의 균일화됨.
② 금속합금의 성질을 변화시켜 연화됨.
③ 가스 및 분출물의 방출과 확산을 일으키고 내부응력 저하

문제 36

고급주철인 미하나이트 주철은 저탄소, 저규소의 주철에 어떤 접종제를 사용하는가?

① 규소철, Ca-Si
② 규소철, Fe-Mn
③ 칼슘, Fe-Si
④ 칼슘, Fe-Mg

해설 미하나이트 주철은 저탄소, 저규소의 주철에 규소철, Ca-Si 접종제 사용

해답

34. ④ 35. ① 36. ①

 **37**

황동의 탈아연 부식에 대한 설명으로 틀린 것은?

① 탈아연 부식은 60:40 황동보다 70:30 황동에서 많이 발생한다.
② 탈아연된 부분은 다공질로 되어 강도가 감소하는 경향이 있다.
③ 아연이 구리에 비하여 전기 화학적으로 이온화 경향이 크기 때문에 발생한다.
④ 불순불이 부식성 물질이 공존할 때 수용액의 작용에 의하여 생긴다.

해설 황동의 탈아연 부식
① 탈아연 부식은 7:3 황동보다 6:4 황동이 더 발생한다.
② 불순물이 부식성 물질이 공존 시 수용액의 작용에 의해 생긴다.
③ 아연이 구리에 비하여 전기 화학적으로 이온화 경향이 크기 때문에 발생한다.
④ 탈아연된 부분은 다공질로 되어 강도가 감소하는 경향이 있다.

 **38**

기어, 크랭크축 등 기계요소용 재료의 열처리법으로 사용되고 표면은 내마모성을 가지고 중심은 강인성을 요구하는 재료의 열처리법이 아닌 것은?

① 화염경화법   ② 침탄법
③ 질화법   ④ 소성가공법

해설 기어, 크랭크축 등 기계요소용 재료의 열처리법으로 사용되고 표면은 내마모성을 가지고 중심은 강인성을 요구하는 재료의 열처리법
① 화염경화법   ② 침탄법   ③ 질화법

39

특수강의 제조 목적이 아닌 사항은?

① 고온기계적 성질 저하의 방지   ② 담금질 효과의 증대
③ 결정입도의 조대화 증대   ④ 기계적 성질의 증대

해설 특수강의 제조 목적
① 기계적 성질의 증가
② 담금질 효과가 좋다.
③ 고온기계적 성질 저하의 방지

해답   37. ① 38. ④ 39. ③

문제 40

탄소강을 질화 처리한 것으로 그 특징이 아닌 것은?

① 경화층은 얇고, 경도는 침탄한 것보다 크다.

② 마모 및 부식에 대한 저항이 크다.

③ 침탄강은 침탄 후 담금질하나, 질화강은 담금질할 필요가 없다.

④ 600℃ 이하의 온도에서는 경도가 감소되고, 산화가 잘 된다.

해설 탄소강을 질화 처리 시 특징
① 침탄강은 침탄 후 담금질하나, 질화강은 담금질할 필요가 없다.
② 마모 및 부식에 대한 저항이 크다.
③ 경화층은 얇고, 경도는 침탄한 것보다 크다.

문제 41

일반 고장력강의 용접 시 주의사항이 아닌 것은?

① 용접봉은 저수소계를 사용한다.

② 아크길이는 가능한 한 짧게 유지한다.

③ 위빙 폭은 용접봉 지름의 3배 이상이 되게 한다.

④ 용접봉은 300~350℃ 정도에서 1~2시간 건조 후 사용한다.

해설 일반 고장력강의 용접 시 주의사항
① 용접봉은 300~350℃ 정도에서 1~2시간 건조 후 사용
② 아크길이는 가능한 한 짧게 유지한다.
③ 용접봉은 저수소계를 사용한다.

문제 42

알루미늄이나 그 합금은 용접성이 대체로 불량한데, 그 이유에 해당되지 않는 것은?

① 비열과 열전도도가 대단히 커서 단시간 내에 용융온도까지 이르기가 힘들기 때문이다.

② 용접 후의 변형이 크며 균열이 생기기 쉽기 때문이다.

③ 용융점 660℃로서 낮은 편이고, 색채에 따라 가열온도의 판정이 곤란하여 지나치게 용융되기 쉽기 때문이다.

④ 용융응고 시에 수소가스를 배출하여 기공이 발생되기 어렵기 때문이다.

 **알루미늄이나 그 합금은 용접성이 대체로 불량한 이유**

① 용융점이 660℃로서 낮은 편이고, 색채에 따라 가열온도의 판정이 곤란하여 지나치게 용융되기 쉽기 때문에

② 용접 후의 변형이 크며 균열이 생기기 쉽기 때문이다.

③ 비열과 열전도도가 대단히 커서 단시간 내에 용융온도까지 이르기가 힘들기 때문이다.

문제 43

다음 그림에서 강판의 두께 20mm. 인장하중 8000N을 작용시키고자 하는 겹치기 용접이음을 하고자한다. 용접부의 허용응력을 5N/mm²라 할 때 필요한 용접길이는 약 얼마인가?

① 60mm

② 70mm

③ 80mm

④ 90mm

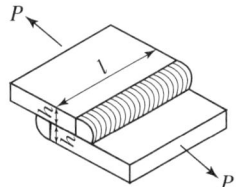

해설

$$\sigma = \frac{P}{tl}$$

$$l = \frac{P}{\sigma \times t} = \frac{8000\text{N}}{5\text{N/mm}^2 \times 20\text{mm}} = 80\text{mm}$$

문제 44

한국산업표준에서 현장용접을 나타내는 기호는?

①

②

③

④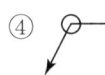

 **해설**

현장용접 :   전 둘레 현장용접 :

문제 45

19mm 두께의 알루미늄 판을 양면으로 TIG 용접하고자 할 때 이용할 수 있는 이음방식은?

① I형 맞대기 이음　　　　② V형 맞대기 이음
③ X형 맞대기 이음　　　　④ 겹치기 이음

해설 **X형 맞대기 이음** : 19mm 두께
　　　I형 맞대기 이음 : 6mm 이하
　　　H형 맞대기 이음 : 50mm 이상

문제 46

관절좌표 로봇(articulated robot) 동작기구의 장점에 대한 설명으로 틀린 것은?

① 3개의 회전축을 가진다.
② 장애물의 상하에 접근이 가능하다.
③ 작은 설치공간에 큰 작업영역을 가진다.
④ 복잡한 머니퓰레이터 구조를 가진다.

해설 **관절좌표 로봇 동작기구의 장점**
　　　① 간편한 머니퓰레이터 구조를 갖는다.
　　　② 작은 설치공간에 큰 작업영역을 갖는다.
　　　③ 장애물의 상하에 접근이 가능하다.
　　　④ 3개의 회전축을 가진다.

문제 47

용접부에 대한 비파괴 시험 방법에 관한 침투탐상 시험법을 나타낸 기호는?

① RT　　　　② UT
③ MT　　　　④ PT

해설 **비파괴 시험**
　　　① RT : 방사선검사　　　② PT : 침투검사
　　　③ MT : 자분검사　　　　④ UT : 초음파검사
　　　⑤ LT : 누설검사　　　　⑥ VT : 육안검사
　　　⑦ ET : 와류검사

 **48** 다음 중 용접 포지셔너 사용 시 장점이 아닌 것은?

① 최적의 용접자세를 유지할 수 있다.

② 로봇 손목에 의해 제어되는 이송각도의 일종인 토치 팁의 리드 각과 래그 각의 변화를 줄일 수 있다.

③ 용접 토치가 접근하기 어려운 위치를 용접이 가능하도록 접근성을 부여한다.

④ 바닥에 고정되어 있는 로봇의 작업 영역한계를 축소시켜 준다.

해설 **용접 포지셔너 사용 시 장점**
① 바닥에 고정되어 있는 로봇의 작업 영역을 확대시켜 준다.
② 용접 토치가 접근하기 어려운 위치를 용접이 가능하도록 접근성을 부여한다.
③ 로봇 손목에 의해 제어되는 이송각도의 일종인 토치 팁의 리드 각과 래그 각의 변화를 줄일 수 있다.
④ 최적의 용접자세를 유지할 수 있다.

 **49** 용접변형 교정방법 중 맞대기 용접이음이나 필릿 용접이음의 각 변형을 교정하기 위하여 이용하는 방법으로 이면 담금질법이라고도 하는 것은?

① 점가열법　　② 선상가열법
③ 가열후 해머링　　④ 피닝법

 **50** CO_2 아크 용접에서 기공의 발생 원인이 아닌 것은?

① 노즐과 모재 사이의 거리가 15mm이었다.

② CO_2 가스에 공기가 혼입되어 있다.

③ 노즐에 스패터가 많이 부착되어 있다.

④ CO_2 가스 순도가 불량하다.

해설 **CO2 아크 용접에서 기공의 발생 원인**
① CO_2 가스 순도가 불량하다.
② 노즐에 스패터가 많이 부착되어 있다.
③ CO_2 가스에 공기가 많이 혼입되어 있다.

해답 48. ④　49. ②　50. ①

 **51** 일반적인 각 변형의 방지대책으로 틀린 것은?

① 구속 지그를 활용한다.

② 용접속도가 빠른 용접법을 이용한다.

③ 판 두께가 얇을수록 첫 패스 측의 개선깊이를 크게 한다.

④ 개선각도는 작업에 지장이 없는 한도 내에서 크게 한다.

해설 **각 변형의 방지책**
① 판 두께가 얇을수록 첫 패스 측의 개선깊이를 크게 한다.
② 용접속도가 빠른 용접법을 이용
③ 구속 지그를 활용한다.

 **52** 예열을 하는 목적에 대한 설명 중 틀린 것은?

① 용접부와 인접된 모재의 수축응력을 감소시키기 위하여

② 임계온도 도달 수 냉각속도를 느리게 하여 경화를 방지하기 위하여

③ 약 200℃ 범위의 통과시간을 지연시켜 비드 밑 균열 방지를 위하여

④ 후판에서 30~50℃로 용접 홈을 예열하여 냉각속도를 높이기 위하여

해설 후판에서 30~50℃로 용접 홈을 예열하여 냉각속도를 느리게

53 금속현미경 조직시험의 진행과정 순서로 맞는 것은?

① 시편의 채취 → 성형 → 연삭 → 광연마 → 물세척 및 건조 → 부식 → 알코올 세척 및 건조 → 현미경 검사

② 시편의 채취 → 광연마 → 연삭 → 성형 → 물세척 및 건조 → 부식 → 알코올 세척 및 건조 → 현미경 검사

③ 시편의 채취 → 성형 → 물세척 및 건조 → 광연마 → 연삭 → 부식 → 알코올 세척 및 건조 → 현미경 검사

④ 시편의 채취 → 알코올 세척 및 건조 → 성형 → 광연마 → 물세척 및 건조 → 연삭 → 부식 → 현미경 검사

 **금속현미경 조직시험의 진행과정**

시편의 채취 → 성형 → 연삭 → 광연마 → 물세척 및 건조 → 부식 → 알코올
세척 및 건조 → 현미경 검사

문제 54

용접부의 국부가열 응력제거 방법에서 용접구조용 압연강재의 응력
제거 시 유지온도와 유지시간으로 접합한 것은?

① 625± 25℃ 판 두께 25mm에 대해 1시간
② 725± 25℃ 판 두께 25mm에 대해 1시간
③ 625± 25℃ 판 두께 25mm에 대해 2시간
④ 725± 25℃ 판 두께 25mm에 대해 2시간

 **용접구조용 압연강재**

① 유지유도 : 625± 25℃   ② 두께 : 25mm   ③ 시간 : 1시간

⭐ **배관용 탄소강관, 고압배관 탄소강관, 보일러 및 열교환기용 탄소강관**

① 유지온도 : 725＋25℃   ② 두께 : 25mm   ③ 시간 : 2시간

문제 55

여유시간이 5분, 정미시간이 40분일 경우 내경법으로 여유율을 구하
면 약 %인가?

① 6.33%   ② 9.05%
③ 11.11%   ④ 12.50%

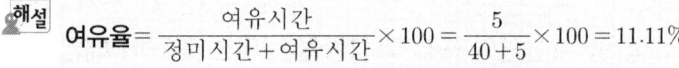 여유율$= \dfrac{\text{여유시간}}{\text{정미시간}+\text{여유시간}} \times 100 = \dfrac{5}{40+5} \times 100 = 11.11\%$

문제 56

로트에서 랜덤하게 시료를 추출하여 검사한 후 그 결과에 따라 로트
의 합격, 불합격을 판정하는 검사방법을 무엇이라 하는가?

① 자주검사   ② 간접검사
③ 전수검사   ④ 샘플링 검사

 **해답**

54. ①   55. ③   56. ④

해설 **샘플링 검사** : 로트에서 랜덤하게 시료를 추출하여 검사한 후 그 결과에 따라 로트의 합격, 불합격을 판정하는 방법

문제 57

다음과 같은 [데이터]에서 5개월 이동평균법에 의하여 8월의 수요를 예측한 값은 얼마인가?

월	1	2	3	4	5	6	7
판매실적	100	90	110	100	115	110	100

① 103 ② 105
③ 107 ④ 109

해설 **8월의 수요 예측** $= \frac{1}{5}(110+100+115+110+100) = 107$

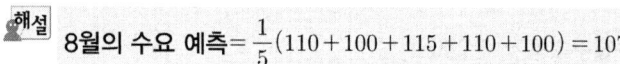

문제 58

관리 사이클의 순서를 가장 적절하게 표시한 것은? [단, A는 조치(Act), C는 체크(Check), D는 실시(Do), P는 계획(Plan)이다.]

① P → D → C → A ② A → D → C → P
③ P → A → C → D ④ P → C → A → D

해설 **관리 사이클 순서** : 계획 → 실시 → 체크 → 조치

문제 59

다음 중 모집단의 중심적 경향을 나타낸 측도에 해당하는 것은?

① 범위(range)
② 최빈값(mode)
③ 분산(variance)
④ 변동계수(coefficient of variation)

해설 **최빈값** : 모집단의 중심적 경향을 나타낸 측도

문제 60 다음 중 계량값 관리도만으로 짝지어진 것은?

① c 관리도, u 관리도

② $x - R_s$ 관리도, P 관리도

③ $\bar{x} - R$ 관리도, nP 관리도

④ $Me - R$ 관리도, $\bar{x} - R$ 관리도

해설 **계량값 관리도** : $Me - R$ 관리도, $\bar{x} - R$ 관리도

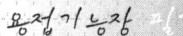

2025년도 제 78 회

본 문제는 복원 기출문제입니다. 실제 문제와 다를 수 있으니 양해바랍니다.

 **문제 01**

AW-500 교류 아크 용접기의 최고 무부하 전압은 몇 V 이하인가?

① 30V 이하   ② 80V 이하

③ 95V 이하   ④ 85V 이하

 해설 **교류 아크 용접기의 최고 무부하 전압** : 85~95V 이하

문제 02

교량의 개조나 침몰선의 해체, 항만의 방파제 공사 등에 가장 많이 사용되는 것은?

① 산소창 절단   ② 수중절단

③ 분말절단   ④ 플라스마 절단

해설 **수중절단** : 교량의 개조나 침몰선의 해체, 항만의 방파제 공사 등에 사용
산소창 절단 : 두꺼운 판, 주강의 슬래그 덩어리, 암석의 천공 등의 절단에 사용
분말절단 : 스테인리스강, 비철금속 주철 등은 가스 절단이 용이하지 않으므로 철분 또는 연속적으로 절단용 산소에 혼합 공급함으로써 그 산화열 또는 용제의 화학작용을 이용 절단

문제 03

연강용 피복 아크 용접봉을 KS에 의하여 E4316으로 표시할 때, "43"이 의미하는 것은?

① 용착금속의 최소 인장강도의 수준
② 피복 아크 용접봉
③ 모재의 최대 인장강도의 수준
④ 피복제 계통

 **해답**   **01.** ③   **02.** ②   **03.** ①

 E4316

① E : 전기 용접봉   ② 43 : 용착금속의 최소 인장강도
③ 1 : 용접 자세   ④ 6 : 피복제 계통

문제 04

저수소계 용접봉에 대한 설명으로 틀린 것은?

① 피복제는 석회석이나 형석을 주성분으로 한다.
② 타 용접봉에 비해 용착금속 중의 수소 함유량이 1/10 정도로 적다.
③ 용접봉은 사용하기 전 300~350℃ 정도로 1~2시간 정도 건조시켜
   사용한다.
④ 용착금속은 강인성이 풍부하나 내균열성이 나쁘다.

 용착금속은 강인성이 풍부하고 내균열성이 좋다.

문제 05

가스 용접에서 용제에 대한 설명으로 틀린 것은?

① 용제는 단독으로 사용하는 것보다 혼합제로 사용하는 것이 좋다.
② 용제는 용접 직전의 모재(母材) 및 용접봉에 엷게 바른 다음 불꽃으
   로 태워서 사용한다.
③ 용제를 지나치게 많은 양을 쓰는 것은 도리어 용접을 곤란하게 한다.
④ 강 이외의 많은 금속은 그 산화물보다 용융점이 높기 때문에 산화물
   을 제거하기 위하여 용제가 중요한 역할을 한다.

문제 06

산소-아세틸렌 용접에서 전진법은 보통 판 두께가 몇 mm 이하의 맞
대기 용접이나 변두리 용접에 쓰이는가?

① 5mm   ② 10mm
③ 15mm   ④ 20mm

 산소-아세틸렌 용접에서 전진법은 보통 판 두께가 5mm 이하의 맞대기 용접
이나 변두리 용접에 쓰임.

 07 잠호 용접(SAW)에 대한 특징 설명으로 틀린 것은?

① 용융속도 및 용착속도가 빠르다.
② 개선각을 작게 하여 용접 패스 수를 줄일 수 있다.
③ 용접진행 상태의 양·부를 육안으로 확인할 수 없다.
④ 적용 자세에 제약을 받지 않는다.

해설 잠호 용접
① 적용 자세에 제약을 받는다.
② 용접진행 상태의 양·부를 육안으로 확인할 수 없다.
③ 개선각을 작게 하여 용접 패스 수를 줄일 수 있다.
④ 용융속도 및 용착속도가 빠르다.

 08 가스절단기 중 비교적 가볍고 2가지의 가스를 2중으로 된 동심형의 구멍으로부터 분출하는 토치의 종류는?

① 프랑스식　　　　　　② 덴마크식
③ 독일식　　　　　　　④ 스웨덴식

해설 프랑스식 : 동심형의 구멍으로부터 분출
독일식 : 이심형의 구멍으로부터 분출

09 가스 가우징 작업에 대해 설명한 것 중 틀린 것은?

① 용접부의 결함 제거
② 가접의 제거
③ 용접부의 뒤따내기
④ 강재 표면의 얇고 넓은 홈, 탈탄층 제거

해설 가스 가우징 ① 용접부의 뒤따내기
② 가접의 제거
③ 용접부의 결함 제거

문제 10 가스 용접으로 사용되는 산소의 성질에 대한 설명으로 잘못된 것은?

① 물에 조금 녹아 있기 때문에 수중생물의 호흡에 쓰인다.

② 다른 물질의 연소를 도와주는 조연성 가스이다.

③ 액체산소는 보통 연한 청색을 띤다.

④ 금, 백금, 수은 등을 제외한 모든 원소와 화합 시 탄화물을 만든다.

해설 산소의 성질

① 모든 원소와 화합 시 산화물을 만든다.(단, 금, 수은, 백금 제외)

② 공기중 21% 함유

③ 액체산소는 보통 연한 청색을 띤다.

④ 다른 물질의 연소를 도와주는 조연성 가스이다.

⑤ 물이 조금 녹아 있기 때문에 수중생물의 호흡에 쓰인다.

⑥ 1l의 중량은 0℃ 1기압에서 1.429g이다.

⑦ 유지류, 용제 등이 부착되면 산화폭발의 위험이 있다.

⑧ 액체가 기화되면 800배 체적의 기체가 된다.

⑨ 무색, 무미, 무취의 기체로 비중이 1.105로서 공기보다 약간 무겁다.

⑩ 가연성 물질과 혼합 시 점화 시 폭발적으로 연소한다.

문제 11 용접구조물을 리벳구조물과 비교할 때 용접구조물의 장점으로 틀린 것은?

① 잔류응력이 발생하지 않는다.

② 재료의 절약도 가능하게 되고 무게도 경감된다.

③ 리벳구멍에 의한 유효단면적의 감소가 없으므로 이음효율이 높다.

④ 리벳이음에 비해 수밀, 유밀, 기밀유지가 잘된다.

해설 용접구조물의 장점

① 리벳이음에 비해 수밀, 유밀, 기밀유지가 잘된다.

② 이음효율이 좋다.

③ 재료의 절약도 가능하게 되고 무게도 경감된다.

④ 재료의 두께에 제한이 없다.

⑤ 이종재료도 접합가능

⑥ 보수와 수리용이

⑦ 용접의 자동화가 용이하며 복잡한 구조

⑧ 제품의 성능과 수명이 향상된다.

⑨ 작업 공정이 단축되며 경제적이다.

해답

 12

정격2차 전류 250A, 정격사용률 40%의 아크 용접기로써 실제로 200A의 전류로 용접한다면 허용사용률은 몇 %인가?

① 22.5

② 42.5

③ 62.5

④ 82.5

해설 허용사용율 $= \dfrac{(정격2차전류)^2}{(실제용접전류)^2} \times 정격사용율 = \dfrac{(250)^2}{(200)^2} \times 40 = 62.5$

 **13**

아크 용접 시 용접봉의 용융금속 이행형식이 될 수 없는 것은?

① 단락형

② 스프레이형

③ 글로뷸러형

④ 전류형

해설 **용접봉의 용융금속 이행형식**
① 글로뷸러형
　㉠ 비교적 큰 용적이 단락되지 않고 옮겨가는 형식
　㉡ 서브머지드 용접과 같이 대전류 사용
　㉢ 일명 핀치 효과형이라고도 함
② 스프레이형 : 미세한 용적이 스프레이와 같이 날려 보내어 옮겨가서 용착
③ 단락형 : 표면장력의 작용으로 모재로 옮겨가서 용착

 **14**

경납땜에 사용되는 용가재 중 은납에 관한 설명 중 틀린 것은?

① 구리, 은, 아연이 주성분인 합금이다.

② 구리, 구리합금, 스테인리스강 등에 사용한다.

③ 융점은 황동 납보다 높고 유동성이 좋다.

④ 불꽃 경납땜, 고주파 유도 가열 경납땜, 노내 경납땜에 사용한다.

해설 **은납**
① 융점은 황동보다 낮고 유동성이 좋다.
② 구리, 은, 아연이 주성분
③ 구리, 구리합금, 스테인리스강 등에 사용
④ 불꽃 경납땜, 고주파 유도 가열 경납땜, 노내 경납땜에 사용

문제 15

직류 용접기와 교류 용접기의 비교 설명 중 틀린 것은?

① 무부하 전압은 교류 용접기가 높다.
② 직류 용접기가 역률이 양호하다.
③ 교류 용접기의 구조가 직류 용접기보다 간단하다.
④ 교류 용접기는 극성변화가 가능하다.

해설 **직류 용접기와 교류 용접기의 비교 설명**

비교	직류	교류
아크 안정	안정	불안정(아불)
극성변화	가능	불가능(극불)
무부하전압	40~60V	70~80V
구조	복잡	간단(구간)
역률	우수	떨어짐(역떨)
가격	고가	저가(가저)
판 이용	박판	후판(판후)

문제 16

플라스마 절단방식에서 텅스턴 전극과 모재 사이에서 아크 플라스마를 발생시키는 것은?

① 이행형 아크 절단
② 비이행형 아크 절단
③ 단락형 아크 절단
④ 중간형 아크 절단

해설 **이행형 아크 절단** : 플라스마 절단방식에서 텅스턴 전극과 모재 사이에서 아크 플라스마를 발생시키는 것

문제 17

가스용접 작업에 관한 안전사항 중 틀린 것은?

① 아세틸렌 병은 저압이므로 누워서 사용하여도 좋다.
② 가스누설 점검은 수시로 비눗물로 점검한다.
③ 산소병을 운반할 때는 캡(cap)을 씌워 이동한다.
④ 작업종료 후에는 메인밸브 및 콕을 완전히 잠근다.

해설 아세틸렌 병은 반드시 세워서 사용한다.

해답 15. ④ 16. ① 17. ①

18

용접면을 가볍게 접촉시키면서 대전류를 흐르게 하여 접촉면에 전기 불꽃을 발생시켜 그 열로 두 개의 면을 접합시키는 용접은?

① 플래시 용접　　　　　　② 마찰용접

③ 프로젝션용접　　　　　　④ 심 용접

해설 **플래시 용접** : 용접면을 가볍게 접촉시키면서 대전류를 흐르게 하여 접촉면에 전기불꽃을 발생시켜 그 열로 두 개의 면을 접합시키는 용접

 **19**

TIG 용접에 사용되는 전극의 조건으로 틀린 것은?

① 고용융점의 금속　　　　② 전자 방출이 잘되는 금속

③ 전기 저항률이 큰 금속　　④ 열 전도성이 좋은 금속

해설 **티그 용접에 사용되는 전극의 조건**
① 전기 저항률이 적은 금속　② 열 전도율이 좋은 금속
③ 전자 방출이 잘되는 금속　④ 고용융점의 금속

20

산업보건기준에 관한 규칙에서 근로자가 상시 작업하는 장소의 작업 면의 조도 중 정밀작업 시 조도의 기준으로 맞는 것은? (단, 갱내 및 감광재료를 취급하는 작업장은 제외한다.)

① 300럭스 이상　　　　　　② 750럭스 이상

③ 150럭스 이상　　　　　　④ 75럭스 이상

해설 **근로자가 상시 작업하는 장소의 작업면 조도 중 정밀작업 시 조도의 기준** : 300럭스 이상

21

테르밋 용접에서 테르밋제의 주성분은?

① 과산화바륨과 마그네슘 분말　② 알루미늄 분말과 산화철 분말

③ 아연 분말과 알루미늄 분말　④ 과산화바륨과 산화철 분말

해설 **테르밋제의 주성분** : 알루미늄 분말과 산화철 분말

 해답

 **22**

탄산가스 아크 용접법에서 아크를 안정시키기 위하여 혼합가스를 사용한다. 다음 중 공급가스로서 사용되지 않는 것은?

① $CO_2 - O_2$

② $CO_2 - Ar$

③ $CO_2 - H_2$

④ $CO_2 - Ar - O_2$

해설 **탄산가스 아크 용접법에서 혼합가스**

① $CO_2 - Ar$ ② $CO_2 - Ar - O_2$ ③ $CO_2 - O_2$

 **23**

불활성 가스 텅스텐 아크 용접에서 사용되는 가스로서 무색, 무미, 무취로 독성이 없으며 대기 중에는 약 0.94% 정도 포함되어 있으며 용접부 보호능력이 우수한 가스는?

① 헬륨(He)

② 수소(H_2)

③ 아르곤(Ar)

④ 탄산가스(CO_2)

해설 **아르곤가스** : 불활성 가스 텅스텐 아크 용접에서 사용되는 가스로서 무색, 무미, 무취로 독성이 없으며 대기 중에는 0.94% 정도 포함되어 있으며 용접부 보호능력이 우수한 가스

 **24**

일반적으로 곧고 긴 용접선의 용접에 적합하며 이음면 위에 뿌려놓은 분말 플럭스 속에 용가재(전극)를 찔러 넣은 상태에서 용접하는 용극식의 자동 용접법은?

① 불활성가스 아크 용접

② 전자빔 용접

③ 플라스마 아크 용접

④ 서브머지드 아크 용접

 **25**

서브머지드 아크 용접에서 사용 재료로 가장 적당하지 않은 것은?

① 탄소강

② 주강

③ 주철

④ 스테인리스강

해설 **서브머지드 아크 용접에서 사용되는 재료**

① 탄소강 ② 주강 ③ 스테인리스강

해답 22. ③ 23. ③ 24. ④ 25. ③

문제 26

탄산가스 아크 용접(CO$_2$ gas shielded arc welding)의 원리와 같은 용접방식은?

① 미그(MIG) 용접 ② 서브머지드 아크 용접

③ 피복금속 아크 용접 ④ 원자수소 아크 용접

해설 탄산가스 아크 용접의 원리와 같은 용접방식은 미그 용접이다.

문제 27

고진공 상태에서 충격열을 이용하여 용접하며 원자력 및 전자제품의 정밀 용접에 적용되는 용접은?

① 전자 빔 용접 ② 레이저 용접

③ 원자수소 아크 용접 ④ 플라스마 제트 용접

해설 **전자 빔 용접** : 고진공 상태에서 충격열을 이용하여 용접하며 원자력 및 전자 제품의 정밀 용접에 적용

문제 28

MIG 용접의 특성이 아닌 것은?

① 직류 역극성 이용 시 청정작용에 의해 알루미늄, 마그네슘 등의 용접이 가능하다.

② TIG 용접에 비해 전류밀도가 낮다.

③ 아크 자기제어 특성이 있다.

④ 정전압 특성 또는 상승 특성의 직류 용접기가 사용된다.

해설 **미그용접의 특성**

① 티그 용접에 비해 전류밀도가 높다.

② 직류 역극성 이용 시 청정작용에 의해 알루미늄, 마그네슘 등의 용접이 가능

③ 정전압 특성 또는 상승 특성의 직류 용접기가 사용된다.

④ 아크 자기제어 특성이 있다.

보충 **청정작용** : 산화피막제거

 **29** 일렉트로 가스 아크 용접에서 사용되지 않는 보호가스는?

① CO_2 ② Ar

③ He   ④ N_2

> **해설** 일렉트로 가스 아크 용접에서 사용되는 가스
> ① CO_2 ② Ar   ③ He(헬륨)

 **30** 다이캐스팅용 알루미늄합금에 요구되는 성질이 아닌 것은?

① 유동성이 좋을 것

② 금형에 대한 점착성이 좋을 것

③ 응고수축에 대한 용탕 보급성이 좋을 것

④ 열간 취성이 적을 것

> **해설** 다이캐스팅용 알루미늄합금에 요구되는 성질
> ① 금형에 대한 점착성이 없을 것
> ② 열간 취성이 적을 것
> ③ 유동성이 좋을 것
> ④ 응고수축에 대한 용탕 보급성이 좋을 것

 **31** 스테인리스강 용접 시 열영향부(H.A.Z) 부근의 부식저항이 감소되어 입계부식 현상이 일어나기 쉬운데 이러한 현상의 주된 원인으로 맞는 것은?

① 탄화물의 석출로 크롬 함유량 감소

② 산화물의 석출로 니켈 함유량 감소

③ 유황의 편석으로 크롬 함유량 감소

④ 수소의 침투로 니켈 함유량 감소

> **해설** 스테인리스강 용접 시 열영향부(H.A.Z) 부근의 부식저항이 감소되어 입계부식 현상이 일어나기 쉬운데 이러한 현상의 주된 원인은 탄화물의 석출로 크롬함유량 감소

해답   29. ④   30. ②   31. ①

문제 32

탄산가스 아크 용접에서 와이어에 적당한 탈산제를 첨가하여 용착금속 내에 기공을 방지하는 데 사용되는 원소로 맞는 것은?

① Mn, Si
② Cr, Si
③ Ni, Mn
④ Cr, Ni

해설 탄산가스 아크 용접에서 와이어에 적당한 탈산제를 첨가하여 용착금속 내에 기공을 방지하는 데 사용되는 원소 : Mn, Si

문제 33

주철의 마우러(maurer)의 조직도란 무엇인가?

① C 와 Si 양에 따른 주철 조직도
② Fe 와 Si 양에 따른 주철 조직도
③ Fe 와 C 양에 따른 주철 조직도
④ Fe 및 C 와 Si 양에 따른 주철 조직도

해설 주철의 마우러 조직도 : C와 Si의 양에 따른 주철 조직도

문제 34

Al-Cu-Si계의 합금으로서 Si에 의해 주조성을 개선하고 Cu에 의해 피삭성을 좋게 한 주조용 알루미늄 합금은?

① Y합금
② 배빗메탈
③ 라우탈
④ 두랄루민

해설 **알루미늄 합금**
① 라우탈 : Al+Cu+Si (알구소)
② 두랄루민 : Al+Cu+Mg+Mn (알구마망)
③ Y합금 : Al+Cu+Mg+Ni (알구마니)
④ 일렉트론 : Al+Zn+Mg (알아마)
⑤ 로엑스 : Al+Cu+Mg+Ni+Si (알구마니소)
⑥ 실루민 : Al+Si (실알소)

문제 35 표면강화 열처리법 중에서 가열시간이 짧기 때문에 산화, 탈탄, 결정입자의 조대화는 일어나지 않지만, 급열 냉급으로 인한 변형과 마텐자이트 생성에 따른 담금질 균열의 발생이 우려되는 것은?

① 화염 경화법　　　　　　　② 가스 침탄법
③ 액체 침탄법　　　　　　　④ 고주파 경화법

해설 **고주파 경화법** : 가열시간이 짧기 때문에 산화, 탈탄, 결정입자의 조대화는 일어나지 않지만, 급열 냉급으로 인한 변형과 마텐자이트 생성에 따른 담금질 균열의 발생이 우려됨.

문제 36 강을 담금질한 후 0℃ 이하로 냉각하고 잔류 오스테나이트를 마텐자이트화하기 위한 방법은?

① 저온뜨임　　　　　　　　② 고온뜨임
③ 오스템퍼　　　　　　　　④ 서브제로처리

해설 **서브제로 처리** : 강을 담금질한 후 0℃ 이하로 냉각하고 잔류 오스테나이트를 마텐자이트화하기 위한 방법

문제 37 주강의 대표적인 특성에 대한 설명으로 틀린 것은?

① 수축이 크다.
② 유동성이 나쁘다.
③ 고온 인장강도가 낮다.
④ 표피 및 그 인접부위의 품질이 나쁘다.

해설 **주강의 특성**
① 표피 및 그 인접부위의 품질이 좋다.
② 고온 인장강도가 낮다.
③ 유동성이 나쁘다.
④ 수축이 크다.

해답

35. ④　36. ④　37. ④

문제 38

Fe-C계 평형상태도상에서 탄소를 2.0~6.67% 정도 함유하는 금속 재료는?

① 구리   ② 티탄

③ 주철   ④ 니켈

해설 **주철 탄소 함유량** : 2.0~6.67%

문제 39

엘린바의 주요 성분원소가 아닌 것은?

① 철   ② 니켈

③ 크롬   ④ 인

해설 **엘린바** : ① $Fe+Ni(35\%)+Cr(12\%)$
          ② 고급시계 부품 사용
인바 : ① $Ni(35\sim36\%)+Mn(0.4\%)+Fe$
        ② 시계추에 사용
어드벤스 : 구리(54%)+Ni(44%)+망간(1%)+Fe(0.5%)
퍼멀로이 : $Ni(70\sim80\%)+Fe(10\sim30\%)$
쾌삭황동 : 황동+납
코로손합금 : ① $Cu+Ni+Fe(1\sim2\%)$
          ② 전화선, 통신선에 사용

문제 40

구리(47%)-아연(11%)-니켈(42%)의 합금으로 니켈 함유량이 많을 수록 융점이 높고 색은 변색한다. 융점이 높고 강인하므로 철강을 위시하여 동, 황동, 백동, 모넬메탈 등의 납땜에 사용하는 것은?

① 양은납   ② 은납

③ 인청동납   ④ 황동납

해설 **양은납** : ① 구리(47%)+니켈(42%)+아연(11%)
         ② 융점이 높고 강인함.
         ③ 철강, 동, 황동, 백동, 모넬메탈 등의 납땜에 사용

 **41**

베어링용 합금이 갖추어야 할 조건 중 옳지 않은 것은?

① 충분한 경도와 내압력을 가져야 한다.

② 전연성이 풍부해야 한다.

③ 주조성, 절삭성이 좋아야 한다.

④ 내식성이 좋고 가격이 저렴해야 한다.

해설 베어링용 함금이 갖추어야 할 조건
① 전연성이 없을 것
② 충분한 강도와 내압력을 가져야 한다.
③ 주조성, 절삭성이 좋아야 한다.
④ 내식성이 좋고 가격이 저렴해야 한다.

 **42**

화염 경화법의 장점에 해당되지 않는 것은?

① 부품의 크기나 형상에 제한이 없다.

② 국부 담금질이 가능하다.

③ 일반 담금질법에 비해 담금질 변형이 많다.

④ 설비비가 적게 든다.

해설 화염 경화법의 장점
① 일반 담금질법에 비해 담금질 변형이 적다.
② 설비비가 적게 든다.
③ 국부 담금질이 가능하다.
④ 부품의 크기나 형상에 제한이 없다.

 **43**

연강재료의 인장시험편이 시험 전의 표점거리가 60mm이고 시험후의 표점거리가 78mm일 때 연신율은 몇 %인가?

① 77%

② 130%

③ 30%

④ 18%

해설 연신율$= \dfrac{78-60}{60} \times 100 = 30\%$

 해답

41. ② 42. ③ 43. ③

 **44** 용접변형 교정법으로 맞지 않는 것은?

① 얇은 판에 대한 점수축법　　② 형재에 대한 직선수축법
③ 국부 템퍼링법　　　　　　　④ 가열한 후 해머링하는 방법

해설 **용접변형 교정법**
① 얇은 판에 대한 점수축법 : 열 응력을 이용, 소성변형을 일으켜 변형 교정
② 형재에 대한 직선수축법 : 가열하여 발생하는 열응력으로 소성변형을 일으키게 하여 변형 교정
③ 가열한 후 해머링하는 방법
④ 후판에 대하여는 가열 후 압력을 걸고 수냉하는 방법
⑤ 소성변형시켜 교정하는 방법
⑥ 외력을 이용한 소성법

 **45** 피복아크 용접 시 열효율과 가장 관계가 없는 항목은?

① 용접봉의 길이　　　　　　　② 아크길이
③ 모재의 판 두께　　　　　　　④ 용접속도

해설 **피복아크 용접 시 열효율과 관계 있는 것**
① 용접속도
② 아크길이
③ 모재의 판 두께

 **46** 자동제어의 장점으로 가장 거리가 먼 것은?

① 제품의 품질이 균일화되어 불량률이 감소된다.
② 인간 능력 이상의 정밀 고속작업이 가능하다.
③ 인간에게는 부적당한 위험환경에서 작업이 가능하다.
④ 설비나 장치가 간단하며 이동이 용이하다.

해설 **자동제어의 장점**
① 제품의 품질이 균일화되어 불량률이 감소한다.
② 인간 능력 이상의 정밀 고속작업이 가능
③ 인간에게는 부적당한 위험환경에서 작업이 가능

해답　　　　　　　　　　　　　　　**44.** ③　**45.** ①　**46.** ④

 **47**

용접 구조물의 본용접 시 용접 순서를 결정할 때 주의사항으로 틀린 것은?

① 동일 평면 내에 이음이 많을 경우, 수축은 가능한 한 자유단으로 보낸다.
② 가능한 한 수축이 큰 이음부를 먼저 용접한다.
③ 물품의 중심에 대하여 항상 대칭적으로 용접을 진행한다.
④ 리벳과 용접을 병행하는 경우 리벳이음을 먼저 한 후 용접이음을 한다.

해설 용접이음을 먼저 한 후 리벳이음을 한다.

 **48**

지그(jig)를 구성하는 기계요소에 해당되지 않는 것은?

① 공작물의 내마모장치
② 공작물의 위치결정장치
③ 공작물의 클램핑 장치
④ 공구의 안내장치

해설 **지그를 구성하는 기계요소**
① 공구의 안내장치
② 공작물의 위치결정장치
③ 공작물의 클램핑 장치

 **49**

용접부의 비파괴 검사 중 비자성체 재료에 이용할 수 없는 것은?

① 방사선 투과 검사
② 초음파 탐상 검사
③ 침투 탐상 검사
④ 자분 탐상 검사

해설 **자분 탐상 검사**(MT) : 비자성체 재료 이용 불가

 **50**

잔류응력의 측정법에서 정성적 방법이 아닌 것은?

① 자기적 방법
② 응력 와니스법
③ 응력 이완법
④ 부식법

해설 **잔류응력의 측정법에서 정성적 방법**
① 부식법   ② 응력 와니스법   ③ 자기적 방법

해답   47. ④   48. ①   49. ④   50. ③

문제 51

용접 비드의 토(toe)에 생기는 작은 홈을 말하는 것으로 용접전류가 과대할 때, 아크길이가 길 때, 운봉속도가 너무 빠를 때 생기기 쉬운 용접결함은?

① 언더컷   ② 오버랩

③ 기공   ④ 용입불량

해설 언더컷의 원인 *(전부용아)*

① 용접속도가 너무 빠를 때

② 부적당한 용접봉 사용 시

③ 아크길이가 길 때

④ 전류가 너무 높을 때

기공의 원인 *(이용아과수)*

① 이음부에 기름, 페인트, 녹 등이 부착해 있을 경우

② 용접봉 또는 용접부에 습기가 많을 경우

③ 용접부가 급냉 시

④ 아크길이 및 운봉법이 부적당 시

⑤ 과대전류 사용 시

⑥ 수소, 산소, 일산화탄소가 너무 많을 때

오버랩의 원인 *(전부삽용)*

① 전류가 너무 낮을 때

② 부적합한 용접봉 사용 시

③ 용접속도가 너무 느릴 때

④ 용접봉 운봉속도 불량

⑤ 용접봉 유지각도 불량

문제 52

용접 이음을 설계할 때의 주의사항 중 틀린 것은?

① 맞대기 용접에서는 뒷면 용접을 할 수 있도록 해서 용입부족이 없도록 한다.

② 용접 이음부가 한곳에 집중하지 않도록 설계한다.

③ 맞대기 용접은 가급적 피하고 필릿 용접을 하도록 한다.

④ 아래보기 용접을 많이 하도록 설계 한다.

해설 필릿 용접을 피하고 가급적 맞대기 용접을 한다.

문제 53

용접 비드 바로 밑에서 용접선에 아주 가까이 거의 평행하게 모재 열 영향부에 생기는 균열은?

① 토 균열　　　　　② 크레이터 균열
③ 루트 균열　　　　④ 비드 밑 균열

 **저온균열의 유형**

① 비드 밑 균열 : 용접 비드 바로 밑에서 용접선에 아주 가까이 거의 평행하게 모재 열영향부에 생기는 균열
② 라미네이션 균열 : 모재의 재질 결함으로서 강괴일 때 기포가 압연되어 생기는 것으로 설퍼밴드와 같은 층상으로 편재해 있어 강재 내부 노치를 형성하는 균열
③ 토 균열 : 맞대기이음, 필릿 이음 등의 경우 비드 표면과 모재의 경계부에서 발생
④ 라멜라티어 균열 : T이음, 모서리 이음 등에서 강의 내부에 평행하게 층상으로 발생되는 균열
⑤ 루트 균열 : 맞대기 용접의 가접, 첫층 용접의 루트 근방의 열영향부에 발생하는 균열
⑥ 힐 균열 : 필릿 시 루트부분에 발생하는 저온균열이며 모재의 수축, 팽창에 의한 뒤틀림이 주요 원인

문제 54

다음 그림의 용접 도면을 설명한 것 중 맞지 않는 것은?

① a : 목두께
② l : 용접 길이(크레이터 제외)
③ n : 목길이의 개수
④ (e) : 인접한 용접부 간격

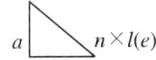

용접 도면

① a : 목두께
② l : 용접 길이
③ n : 용접부 개수
④ (e) : 인접한 용접부 간격

 55

축의 완성지름, 철사의 인장강도, 아스피린 순도와 같은 데이터를 관리하는 가장 대표적인 관리도는?

① c 관리도

② nP 관리도

③ u 관리도

④ $\bar{x} - R$ 관리도

 **$\bar{x} - R$ 관리도** : 축의 완성지름, 철사의 인장강도, 아스피린 순도와 같은 데이터를 관리하는 가장 대표적인 관리도

 **56**

작업시간 측정방법 중 직접측정법은?

① PTS법

② 경험견적법

③ 표준자료법

④ 스톱워치법

 작업시간 측정방법 중 직접측정법 : 스톱워치법

 **57**

준비작업시간 100분, 개당 정미작업시간 15분, 로트 크기 20일 때 1개당 소요작업시간은 얼마인가? (단, 여유시간은 없다고 가정한다.)

① 15분

② 20분

③ 35분

④ 45분

소요작업시간 $= \dfrac{100}{20} + 15 = 20$분

 58

소비자가 요구하는 품질로서 설계와 판매정책에 반영되는 품질을 의미하는 것은?

① 시장품질

② 설계품질

③ 제조품질

④ 규격품질

시장품질 : 소비자가 요구하는 품질로서 설계와 판매정책에 반영되는 품질

 **59**

로트의 크기가 시료의 크기에 비해 10배 이상 클 때, 시료의 크기와 합격판정개수를 일정하게 하고 로트의 크기를 증가시킬 경우 검사특성곡선의 모양 변화에 대한 설명으로 가장 적절한 것은?

① 무한대로 커진다.
② 별로 영향을 미치지 않는다.
③ 샘플링 검사의 판별 능력이 매우 좋아진다.
④ 검사특성곡선의 기울기 경사가 급해진다.

해설 검사특성곡선의 모양 변화에 대한 설명 : 별로 영향을 미치지 않는다.

 **60**

다음 중 샘플링 검사보다 전수검사를 실시하는 것이 유리한 경우는?

① 검사항목이 많은 경우
② 파괴검사를 해야 하는 경우
③ 품질특성치가 치명적인 결점을 포함하는 경우
④ 다수 다량의 것으로 어느 정도 부적합품이 섞여도 괜찮을 경우

해설 샘플링 검사보다 전수검사를 실시하는 것이 유리한 경우 : 품질특성치가 치명적인 결점을 포함하는 경우

 해답

Best partner, Best service

무료동영상과 함께하는
용접기능장 필기 최근 기출문제

초판 발행	2017년 1월 20일
개정2판 발행	2018년 1월 15일
개정3판 발행	2019년 2월 15일
개정4판 발행	2021년 1월 5일
개정5판 발행	2022년 1월 5일
개정6판 발행	2023년 1월 5일
개정7판 발행	2024년 1월 5일
개정8판 발행	2025년 1월 5일
개정9판 발행	2026년 1월 10일

우수회원인증	
닉네임	
신청일	

필히 (**파랑, 빨강**)볼펜 사용. **화이트** 사용 금지

지은이 ▪ 최갑규
펴낸이 ▪ 홍세진
펴낸곳 ▪ 세진북스

주소 ▪ (우)10207 경기도 고양시 일산서구 산율길 56(구산동
전화 ▪ 031-924-3092
팩스 ▪ 031-924-3093
홈페이지 ▪ http://www.sejinbooks.kr

출판등록 ▪ 제 315-2008-042호(2008.12.9)
ISBN ▪ 979-11-5745-751-9 13580

값 ▪ **25,000원**

SEJIN Books
세진북스

세진북스에는 당신과 나
그리고 우리의 미래가 있습니다.